配电自动化系统实用技术

陈　彬　张功林　黄建业　编

机械工业出版社

本书紧密结合配电自动化生产实际，贯彻电网公司全寿命周期管理理念，共分10章，详细地介绍了配电自动化系统（含主站、子站、终端）的规划建设、设计选型、安装调试、系统验收、运行管理、检测试验各个环节的内容，并阐述了当下供电企业一线技术人员和管理人员所关心的配电网系统故障特征与处理技术、配电网继电保护配置原则与典型模式。本书最后以国内外配电自动化工程实例和智能配电网工程实例来介绍实际应用。

本书可作为供电企业从事配电系统和配电网自动化系统运行和维护的技术人员和管理人员的培训教材，也可供从事配电网运行、调度、设计、试验等工作的技术人员参考。

（责任编辑邮箱：jinacmp@ 163. com）

图书在版编目（CIP）数据

配电自动化系统实用技术/陈彬，张功林，黄建业编．—北京：机械工业出版社，2015.8（2022.4 重印）

ISBN 978-7-111-50935-6

Ⅰ.①配…　Ⅱ.①陈…　②张…　③黄…　Ⅲ.①配电自动化　Ⅳ.①TM76

中国版本图书馆 CIP 数据核字（2015）第 168095 号

机械工业出版社（北京市百万庄大街 22 号　邮政编码 100037）
策划编辑：吉　玲　责任编辑：吉　玲　崔利平　任正一
版式设计：霍永明　责任校对：陈延翔
封面设计：张　静　责任印制：郜　敏
北京富资园科技发展有限公司印刷
2022 年 4 月第 1 版第 4 次印刷
184mm×260mm · 17.25 印张 · 424 千字
标准书号：ISBN 978-7-111-50935-6
定价：49.80 元

电话服务　　　　　　　　网络服务
客服电话：010-88361066　机　工　官　网：www.cmpbook.com
　　　　　010-88379833　机　工　官　博：weibo.com/cmp1952
　　　　　010-68326294　金　书　网：www.golden-book.com
封底无防伪标均为盗版　机工教育服务网：www.cmpedu.com

前　言

配电网是从电源侧（输电网和发电设施）接受电能，并通过配电设施就地或逐级分配给各类用户的电力网络。作为电力系统的末端直接与用户相连起分配电能作用的网络，配电网直接影响着电力用户所获得电能的供电可靠性、电能质量和服务水平。配电网是由配电网络（其中包括馈线、降压变压器、各类开关等配电设备）、继电保护、自动化装置、测量及计量仪表、通信设备所构成的一个配电系统。从广义上讲，配电网可包括0.4～110kV各电压等级的电网。目前，我国的配电自动化主要适用于中压配电网（包括20kV、中压以及6.6kV等级）。

配电自动化（Distribution Automation）是以一次网架和设备为基础，以配电自动化系统为核心，综合利用多种通信方式，实现对配电系统的监测与控制，并通过与相关应用系统的信息集成，实现配电系统的科学管理。实施配电自动化的目的是改善和提高供电企业对配电网的调度、运行和生产的管理水平。配电自动化的实现，不但配电网调度和相关生产运行人员可以具备有效的工具和科学的手段来管理配电网，而且在加强安全防护、减轻劳动强度、优化工作流程及数据分析应用等方面发挥积极的作用。它将有利于提高供电可靠性、提高供电质量、提高服务水平及提高企业的经济效益。利用自动化装置或系统，监视配电线路的运行状况，及时发现线路故障，迅速诊断出故障区间并将故障区间隔离，快速恢复对非故障区间的供电。

我国从20世纪90年代后期开始开展配电网自动化的试点建设，现在已由探索和试点阶段走向实用阶段。随着配电网建设改造和配电自动化系统建设工作的大规模开展，供电企业一线技术人员和管理人员对这方面技术需求日益提高，因此亟需出版一本全面介绍配电自动化系统实用技术的工程应用类书籍。

本书共分10章，详细地介绍了配电自动化系统（含主站、子站、终端）的规划建设、设计选型、安装调试、系统验收、运行管理、检测试验各个环节的内容，并阐述了当下供电企业一线技术人员和管理人员所关心的配电网系统故障特征与处理技术、配网继电保护配置原则与典型模式。本书最后以国内外配电自动化工程实例和智能配电网工程实例来介绍实际应用。

本书由国网福建省电力有限公司电力科学研究院陈彬高工主编并负责全书内容的修改、审定工作，张功林工程师执笔第4章、第9章、第10章和第7章部分内容，黄建业工程师执笔第2章、第8章和第7章部分内容，其他章节由陈彬高工执笔。感谢福州大学电气工程与自动化学院硕士研究生高源、章德华认真细致地完成了书稿的部分插图绘制和文字编校工作。作者还对书中所列参考文献的作者表示感谢。

限于作者水平，书中不妥和错误之处在所难免，诚望读者批评指正。

编　者

目　　录

前言
第1章　绪论 …… 1
1.1　配电自动化的概念与系统构成 …… 1
1.1.1　配电自动化的概念 …… 1
1.1.2　配电自动化系统的构成 …… 5
1.2　配电自动化的现状与发展 …… 9
1.2.1　国外配电自动化的现状与发展 …… 9
1.2.2　国内配电自动化的现状与发展 …… 14
1.3　配电自动化系统的实现方式 …… 15
1.3.1　简易型 …… 16
1.3.2　实用型 …… 17
1.3.3　标准型 …… 17
1.3.4　集成型 …… 18
1.3.5　智能型 …… 19
第2章　配电自动化系统规划建设 …… 21
2.1　建设原则 …… 21
2.1.1　总体原则 …… 21
2.1.2　配电主站建设原则 …… 22
2.1.3　配电子站建设原则 …… 23
2.1.4　配电终端建设原则 …… 24
2.1.5　信息交互建设原则 …… 25
2.1.6　安全防护建设原则 …… 25
2.1.7　馈线自动化建设原则 …… 26
2.2　实施条件 …… 26
2.2.1　对配电设备的要求 …… 26
2.2.2　对配电网络的要求 …… 26
2.2.3　对通信通道的要求 …… 27
2.3　规划要求、步骤与内容 …… 29
2.3.1　规划总体要求 …… 29
2.3.2　规划实施步骤 …… 29
2.3.3　面向配电自动化的配网现状分析内容 …… 31
2.3.4　面向配电自动化的配电网架与设备优化规划内容 …… 32
2.3.5　配电自动化系统各组成部分规划内容 …… 33
2.3.6　投资估算与效益分析内容 …… 35
第3章　配电自动化系统设计选型 …… 38
3.1　一次设备的特性与选型 …… 38
3.1.1　断路器 …… 38
3.1.2　隔离开关 …… 44
3.1.3　负荷开关 …… 46
3.1.4　熔断器 …… 51
3.1.5　电流互感器 …… 55
3.1.6　电压互感器 …… 59
3.2　配电自动化主站 …… 62
3.2.1　架构设计 …… 62
3.2.2　功能要求 …… 63
3.2.3　软硬件配置 …… 80
3.2.4　技术要求 …… 82
3.3　配电子站 …… 83
3.3.1　架构设计 …… 83
3.3.2　功能要求 …… 84
3.3.3　软硬件配置 …… 84
3.3.4　技术要求 …… 84
3.4　配电终端 …… 85
3.4.1　构成设计 …… 85
3.4.2　基本要求 …… 86
3.4.3　馈线终端 …… 87
3.4.4　站所终端 …… 91
3.4.5　技术要求 …… 91
3.5　故障指示器 …… 92
3.5.1　构成设计 …… 93
3.5.2　基本要求 …… 95
3.5.3　技术要求 …… 95
3.6　用户分界开关 …… 100
3.6.1　构成设计 …… 100
3.6.2　基本要求 …… 101
3.6.3　技术要求 …… 101
3.7　信息交互 …… 103
3.7.1　架构设计 …… 103
3.7.2　与配电生产管理系统的交互 …… 104
3.7.3　与调度自动化系统的交互 …… 105
3.7.4　与营销相关应用系统的交互 …… 105

3.7.5 技术要求 …… 105
3.8 安全防护 …… 107
3.8.1 架构设计 …… 107
3.8.2 子站终端要求 …… 109
3.8.3 纵向通信要求 …… 109
3.8.4 主站要求 …… 110
3.8.5 横向边界要求 …… 110
3.9 通信系统 …… 111
3.9.1 架构设计 …… 111
3.9.2 骨干层通信 …… 112
3.9.3 接入层通信 …… 113
3.9.4 技术要求 …… 120
3.9.5 通信网络管理系统 …… 121
3.10 馈线自动化 …… 123
3.10.1 馈线自动化对网架和设备的要求 …… 124
3.10.2 馈线自动化模式 …… 125
3.10.3 技术要求 …… 130
第4章 配电自动化系统安装调试 …… 131
4.1 主站安装 …… 131
4.1.1 作业前准备 …… 131
4.1.2 作业过程与内容 …… 132
4.2 主站调试 …… 134
4.2.1 作业前准备 …… 134
4.2.2 作业过程与内容 …… 135
4.3 终端安装 …… 135
4.3.1 作业前准备 …… 135
4.3.2 作业过程与内容 …… 136
4.4 终端调试 …… 138
4.4.1 作业前准备 …… 138
4.4.2 作业过程与内容 …… 138
4.5 系统联调 …… 139
4.5.1 作业前准备 …… 139
4.5.2 作业过程与内容 …… 141
第5章 配电自动化系统验收 …… 144
5.1 验收的形式与原则 …… 144
5.1.1 验收形式 …… 144
5.1.2 验收原则 …… 145
5.2 工厂验收 …… 145
5.2.1 验收条件 …… 145
5.2.2 验收内容 …… 146
5.2.3 验收流程 …… 148
5.2.4 评价标准 …… 149
5.2.5 质量文件 …… 149
5.3 现场验收 …… 150
5.3.1 验收条件 …… 150
5.3.2 验收内容 …… 150
5.3.3 验收流程 …… 151
5.3.4 评价标准 …… 151
5.3.5 质量文件 …… 152
5.4 实用化验收 …… 153
5.4.1 验收条件 …… 153
5.4.2 验收内容 …… 153
5.4.3 验收流程 …… 154
5.4.4 评价标准 …… 154
5.4.5 质量文件 …… 154
第6章 配电自动化系统运行维护管理 …… 156
6.1 总体要求 …… 156
6.2 管理职责 …… 156
6.3 运行管理 …… 157
6.3.1 制度与人员要求 …… 157
6.3.2 运行维护要求 …… 157
6.3.3 缺陷管理 …… 158
6.3.4 检修管理 …… 159
6.3.5 投运和退役管理 …… 160
6.3.6 软件管理 …… 160
6.4 检验管理 …… 160
6.5 技术管理 …… 161
6.6 通信通道管理 …… 161
6.7 运行考核考评管理 …… 162
第7章 配电自动化系统检测 …… 164
7.1 检测对象与种类 …… 164
7.2 主站检测 …… 164
7.2.1 测试环境 …… 164
7.2.2 软硬件配置 …… 165
7.2.3 测试项目与方法 …… 166
7.3 配电自动化终端检测 …… 172
7.3.1 测试环境 …… 172
7.3.2 软硬件配置 …… 173
7.3.3 实验室测试项目与方法 …… 174
7.3.4 现场检验项目与方法 …… 184
7.4 系统检测 …… 185
7.4.1 测试环境 …… 185
7.4.2 软硬件配置 …… 187

7.4.3 测试项目与方法 …………………… 188
7.5 物理仿真检测 ………………………… 190
7.5.1 测试环境 ………………………… 191
7.5.2 软硬件配置 ……………………… 191
7.5.3 测试项目与方法 ………………… 192
第8章 配电系统故障特征与处理技术 …………………… 198
8.1 配电系统中性点接地方式 …………… 198
8.1.1 中压配电网中性点接地方式 …… 198
8.1.2 低压配电网中性点接地方式 …… 201
8.2 短路故障 ……………………………… 203
8.2.1 短路故障特征分析 ……………… 203
8.2.2 短路故障定位算法 ……………… 205
8.2.3 非故障区段供电恢复 …………… 208
8.2.4 紧急状态下大面积断电快速恢复 ……………………… 210
8.3 单相接地故障 ………………………… 211
8.3.1 单相接地故障特征 ……………… 211
8.3.2 单相接地故障选线算法 ………… 219
第9章 配网继电保护配置原则与典型模式 ………………… 224
9.1 配电网继电保护配置原则及其整定方法 …………………………… 224
9.1.1 配电网继电保护配置原则 ……… 224
9.1.2 配电网继电保护整定方法 ……… 224
9.2 配电网继电保护典型模式介绍 ……… 229
9.3 配电网继电保护典型模式保护原理及其配置方式 ………………… 231
9.3.1 基于断路器和分界开关的两级电流保护方式 ………………… 231
9.3.2 基于断路器和分界开关的三级电流保护方式 ………………… 233
9.3.3 基于集中监控的馈线自动化保护方式 ……………………… 234
9.3.4 基于开关重合模式的馈线自动化保护方式 …………………… 235
9.3.5 基于智能分布式终端的快速保护方式 ……………………… 238
9.3.6 基于差动保护的快速保护方式 ……………………………… 239
第10章 实例分析 ……………………… 240
10.1 国内A市实用型配电自动化工程 …… 240
10.1.1 区域概况 ……………………… 240
10.1.2 网架建设 ……………………… 240
10.1.3 设备改造 ……………………… 241
10.1.4 主站建设 ……………………… 242
10.1.5 配电自动化终端建设 ………… 245
10.1.6 通信系统建设 ………………… 245
10.2 国内B市集中型配电自动化工程 …… 246
10.2.1 区域概况 ……………………… 246
10.2.2 网架建设 ……………………… 247
10.2.3 设备改造 ……………………… 247
10.2.4 主站改造 ……………………… 248
10.2.5 配电自动化终端建设 ………… 249
10.2.6 通信系统建设 ………………… 251
10.2.7 信息交换总线建设 …………… 253
10.2.8 停电管理系统建设 …………… 255
10.3 日本配电自动化工程 ……………… 260
10.3.1 日本配电自动化通信方式 …… 260
10.3.2 日本配电自动化系统软件功能 ………………………… 261
10.3.3 日本配电自动化发展历程 …… 261
10.3.4 日本配电自动化带来的效益 … 262
10.4 韩国配电自动化工程 ……………… 263
10.4.1 韩国配电自动化设备简介 …… 263
10.4.2 韩国配电自动化通信方式 …… 263
10.4.3 韩国配电自动化系统软件功能 ………………………… 264
10.4.4 韩国配电自动化带来的效益 … 264
10.4.5 韩国配电自动化发展历程 …… 264
10.5 美国博尔德市智能配电网工程 …… 265
10.5.1 博尔德市未来电网的特征 …… 265
10.5.2 博尔德市智能电网 …………… 266
参考文献 ……………………………… 267

第1章 绪论

1.1 配电自动化的概念与系统构成

1.1.1 配电自动化的概念

电力工业是国民经济发展的基础环节，安全可靠的电能供应直接关系到国民经济各行各业的发展。电力系统是由发电、输电、变电、配电、用电等设备和技术组成的一个将一次能源转换为电能的统一系统。一般而言，电能是不能大量长期存储的，其生产和消费的过程是在同一瞬间完成的，即发电、变电、输电、配电各环节和用电是同步进行的。电力系统各环节示意图如图1-1所示。

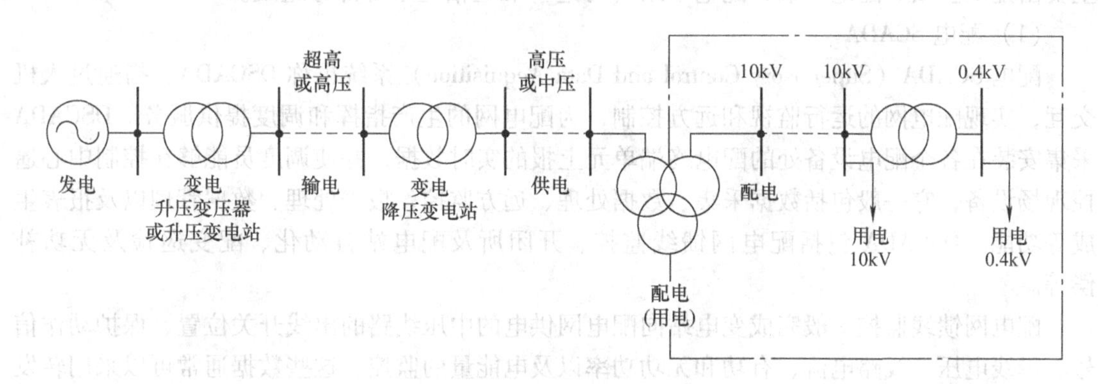

图1-1　电力系统各环节示意图

电能转换过程示意图如图1-2所示。

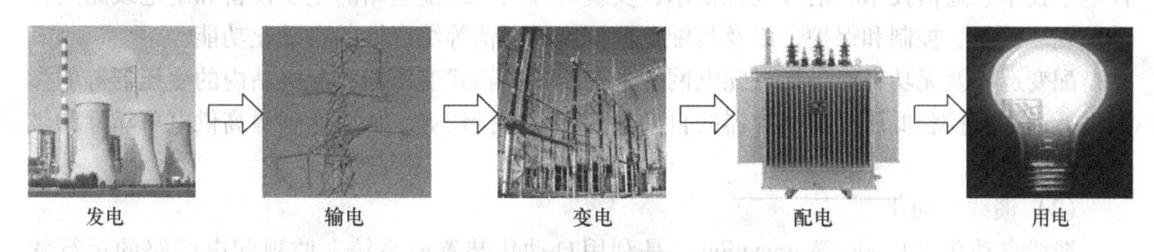

图1-2　电能转换过程示意图

其中，配电网是从电源侧（输电网和发电设施）接受电能，并通过配电设施就地或逐级分配给各类用户的电力网络。作为电力系统的末端直接与用户相连起分配电能作用的网络，配电网直接影响着电力用户所获得电能的供电可靠性、电能质量和服务水平。配电网是由配电网络（其中包括馈线、降压变压器、各类开关等配电设备）、继电保护、自动化装置、测量及计量仪表、通信设备所构成的一个配电系统。从广义上讲，配电网可包括0.4～

110kV 各电压等级的电网。目前，我国的配电自动化主要适用于中压配电网（包括 20kV、中压以及 6.6kV 等级）。

配电自动化（Distribution Automation）是以一次网架和设备为基础，以配电自动化系统为核心，综合利用多种通信方式，实现对配电系统的监测与控制，并通过与相关应用系统的信息集成，实现配电系统的科学管理。实施配电自动化的目的是改善和提高供电企业对配电网的调度、运行和生产的管理水平。配电自动化的实现，不但配电网调度和相关生产运行人员可以具备有效的工具和科学的手段来管理配电网，而且在加强安全防护、减轻劳动强度、优化工作流程及数据分析应用等方面发挥积极的作用。它将有利于提高供电可靠性、提高供电质量、提高服务水平及提高企业的经济效益。利用自动化装置或系统，可监视配电线路的运行状况，及时发现线路故障，迅速诊断出故障区间并将故障区间隔离，快速恢复对非故障区间的供电。

1. 配电自动化系统

配电自动化系统（Distribution Automation System）是实现配电网的运行监视和控制的自动化系统，具备配电 SCADA、馈线自动化、配电网分析应用及与相关应用系统互连等功能，主要由配电主站、配电终端、配电子站（可选）和通信通道等部分组成。

（1）配电 SCADA

配电 SCADA（Supervisory Control and Data Acquisition）系统也称 DSCADA，指通过人机交互，实现配电网的运行监视和远方控制，为配电网的生产指挥和调度提供服务。DSCADA 采集安装在各个配电设备处的配电终端单元上报的实时数据，并使调度员能够在控制中心遥控现场设备，它一般包括数据采集、数据处理、远方监控、报警处理、数据管理以及报表生成等功能。DSCADA 包括配电网馈线监控、开闭所及配电站自动化、配变巡检及无功补偿等。

配电网馈线监控一般完成变电站向配电网供电的中压线路的出线开关位置、保护动作信号、母线电压、线路电流、有功和无功功率以及电能量的监控。这些数据通常可以采用转发的方式从地区调度或市区调度自动化系统中获得。

开闭所及配电站自动化（Distribution Substation Automation，DSA）利用计算机技术、现代电子技术、通信技术和信号处理技术，实现对开闭所或配电站的主要设备和配电线路的自动监视、测量、控制和保护，以及与配电网调度的通信等综合性的自动化功能。

配变巡检及无功补偿是指对配电网柱上变压器、箱式变压器、配电站内的变压器等的参数进行远方监控和低压补偿电容器的自动投切和远方投切等，从而达到提高供电可靠性和供电质量的目的。

（2）馈线自动化

馈线自动化（Feeder Automation）是利用自动化装置或系统，监视配电线路的运行状况，及时发现线路故障，迅速诊断出故障区间并将故障区间隔离，快速恢复对非故障区间的供电。馈线自动化包括故障诊断、故障隔离和恢复供电系统，馈线数据检测和电压、无功控制系统。主要是在正常情况下，远方实时监视馈线分段开关与联络开关的状态及馈线电流、电压情况，并实现线路开关的远方分合闸操作，以优化配电网的运行方式，从而达到充分发挥现有设备容量的目的；在线路发生故障时，能自动记录故障信息、自动判别和隔离馈线故障区段以及恢复对非故障区段的供电，从而达到减小停电面积和缩短停电时间的目的。上述

过程无需人工参与，由配电自动化系统自动完成。

馈线自动化有两种模式，

1）就地型：不需要配电主站或配电子站控制，通过终端相互通信、保护配合或时序配合，在配电网发生故障时，隔离故障区域，恢复非故障区域供电，并上报处理过程及结果。就地型馈线自动化包括重合器方式、智能分布式等。

2）集中型：借助通信手段，通过配电终端和配电主站/子站的配合，在发生故障时，判断故障区域，并通过遥控或人工隔离故障区域，恢复非故障区域供电。集中型馈线自动化包括半自动方式、全自动方式等。

(3) 配电网分析应用

配电网分析应用可实现配电网运行、调度和管理等各项应用需求，支持通过信息交互总线实现与其他相关系统的信息交互；提供丰富、友好的人机界面，可以实现网络拓扑、潮流分析、短路电流计算、负荷模型的建立和校核、状态估计、负荷预测、供电安全分析、网络结构优化和重构、电压调整和无功优化、培训仿真等应用功能；供配电网运行人员对配电线路进行监视和控制，完成对配电网运行状态的有效分析，实现配电网的优化运行。

(4) 与相关应用系统互联

通过标准化的接口适配器完成与上一级电网调度（一般指地区电网调度）自动化系统和生产管理系统（或电网GIS平台）互联的需要，实现上一级电网和配电网图模向配电网自动化系统的导入。通过信息交互总线向相关应用系统提供配电网图形、网络拓扑、实时数据、准实时数据、历史数据、配电网分析结果等信息，也可从上一级调度自动化系统、配电生产管理系统、配电地理信息系统、营销管理信息系统、95598系统等相关应用系统获取信息。

配电自动化系统与其他系统数据交互类型见表1-1。

表1-1 配电自动化系统与其他系统数据交互类型

序号	数据类型	数据流向	用途
1	输电网及高压配电网的网络拓扑、变电站图形、设备参数等	来自调度自动化系统	图形、模型补充
2	输电网及高压配电网的实时数据、历史数据等	来自调度自动化系统	监测数据、统计数据源
3	变电站馈线开关遥控命令	去往调度自动化系统	控制数据
4	配电网络图、电气接线图、单线图、地理图、线路地理沿布图	来自配电地理信息系统	图形来源
5	网络拓扑、馈线模型、拓扑和设备数据	来自配电地理信息系统	模型、数据库来源
6	配电网实时运行数据、事项告警、统计计算数据、历史数据	去往配电地理信息系统	数据显示、统计来源
7	配电网设备参数信息（台账）、生产计划数据等	来自配电生产管理系统	参数数据库、补充数据来源
8	配电网实时运行数据、统计计算数据、历史数据	去往配电生产管理系统	数据显示、统计来源
9	公变和专变运行数据、停电信息	来自营销管理信息系统	实时、准实时数据来源
10	配电网实时运行数据、统计计算数据、历史数据	去往营销管理信息系统	数据统计来源

(5) 配电主站

配电主站（master station of distribution automation system）是配电自动化系统的核心部

分，主要实现配电网数据采集与监控等基本功能和电网分析应用等扩展功能。配电主站是实现配电网运行、调度和管理等各项应用需求的主要载体，应构建在标准、通用的软硬件基础平台上，具备可靠性、可用性、扩展性和安全性，并根据各地区的配电网规模、实际需求和应用基础等情况合理配置软件功能，采用先进的系统架构，具有一定的前瞻性，满足调控合一要求和智能配电网发展方向。

（6）配电子站

配电子站（slave station of distribution automation system）为优化信息传输及系统结构层次、方便通信系统组网而设置的中间层，定位在变电站或大型开关站中，负责辖区内配电终端的数据集中与转发，实现所辖范围内的配电网信息汇集、处理以及故障处理、通信监视等功能。包括通信子站和监控子站。

目前，国内新建子站基本为通信子站，将其作为主站系统与终端之间的一层设备。它作为中继节点，一方面，完成数据的分层集中与中转，使终端数据与自动化主站完成数据交换，实现数据的上传下达，另一方面，通信子站包括通信控制器，具备对多介质网络完成协议转换的功能；通信子站不承担配网自动化的应用功能。监控子站除了具备通信子站的基本功能外，在所辖区域内的配电线路发生故障时，子站应具备故障区域自动判断、隔离及非故障区域恢复供电的能力，并将处理情况上传至配电主站；还具备信息储存和人机交互功能。

（7）配电终端

配电终端（remote terminal unit of distribution automation system）是安装于中压配电网现场的各种远方监测、控制单元的总称，主要包括配电开关监控终端（Feeder Terminal Unit，FTU，即馈线终端）、配电变压器监测终端（Transformer Terminal Unit，TTU，即配变终端）、开关站和公用及用户配电所的监控终端（Distribution Terminal Unit，DTU，即站所终端）等。随着配电自动化技术的发展，其他类型配电终端还包括配电线路分段控制器、分支分界控制器、带通信故障指示器等。

其中，馈线终端（FTU）是安装在配电网馈线回路的柱上等处并具有遥信、遥测、遥控等功能的配电终端；站所终端（DTU）是安装在配电网馈线回路的开关站、配电室、环网柜、箱式变电站等处，具有遥信、遥测、遥控等功能的配电终端；配变终端（TTU）是用于配电变压器的各种运行参数的监视、测量的配电终端。

（8）配电线路故障指示器

配电线路故障指示器（distribution line fault indicator）是安装在配电线路上用于检测线路短路故障和单相接地故障、并发出报警信息的装置。

其中，可利用无线或光纤等通信方式进行的故障信息传输的配电线路故障指示器又称为带通信故障指示器，一般由两部分组成，一部分是有通信功能的故障指示器探头，另一部分是通信终端（通信集中器）。故障指示器探头检测短路故障或接地故障，发出故障指示信号，通过短距离通信系统上传至通信终端（通信集中器）；通信终端（通信集中器）接收探头的数据信息，进行分析、编译，并向主站系统转发。带通信功能的故障指示器根据使用场合分为架空线型故障指示器和电缆型故障指示器，可选择带有电流测量或（和）温度测量功能。

（9）信息交互

遵循 IEC61970、IEC61968 标准，实现相关应用系统间的信息交互（information exchange)。信息交互基于消息传输机制，实现实时信息、准实时信息和非实时信息的交换，支持多系统间的业务流转和功能集成，完成配电自动化系统与其他相关应用系统之间的信息共享。信息交互宜遵循 IEC61968 的标准构架和接口方式。信息交互必须满足电力二次系统安全防护规定，采取安全隔离措施，确保各系统及其信息的安全性。

2. 配电网地理信息系统

配电网地理信息系统（Geographic Information System，GIS）是利用现代地理信息系统技术，将配电网络、用户信息及地理信息、配电网实时信息进行有机集成，并运用于整个配电网的生产和管理过程的系统。包括配电电网建模系统、配电生产管理系统、配电生产 WEB-GIS 管理系统、优化改进信息管理系统和配调管理系统。GIS 是使电力系统数据信息管理达到可视化的重要组成部分，在降低信息维护成本、提高配电网信息共享的灵活性等方面为供电企业带来较大利益和诸多便利。但随着应用的逐步深入，供电企业的生产管理对配电地理信息系统的要求也越来越高，需要不断扩展系统功能并提高智能化程度。

配电地理信息系统构建的基础是建立配电网信息结构模型。其信息可以分为两大类：一类是围绕配电网设备的各种信息，另一类是围绕用户的各种信息。这两类信息互相联系并且具有层次性，配电网信息结构模型如图 1-3 所示。

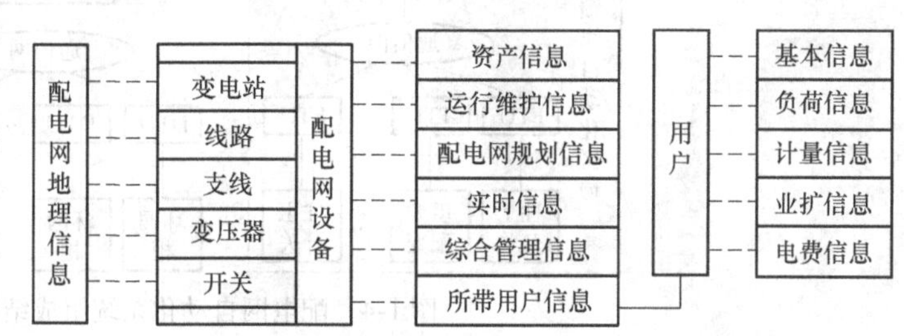

图 1-3 配电网信息结构模型

配电网地理信息系统包括设备管理（Facilities Management，FM）、用户信息系统（Customer Information System，CIS）以及停电管理系统（Outage Management System，OMS）。FM 是指将开闭所、配电站、箱式变、馈线、变压器、开关、电杆等设备的技术数据反映在地理背景图上。CIS 是指对大量用户信息，如用户名称、地址、用电量和负荷、供电优先级、停电记录等进行管理，便于判断故障影响范围。OMS 是指接到停电投诉后，查明故障地点和影响范围，选择合理的操作顺序和路径，并自动将有关处理过程信息转给用户投诉电话应答系统。将 DSCADA 和 GIS 结合，可在地理背景图上直观、在线、动态地分析配电网运行情况。

配电自动化系统和配电网地理信息系统一起构成配网管理系统（Distribution Management System，DMS）。

1.1.2 配电自动化系统的构成

以某供电企业的配电网自动化系统组成结构和配电网自动化系统典型结构逻辑图为例，如图 1-4 和图 1-5 所示，配电自动化系统主要由配电主站、配电终端、配电子站（可选）和通信通道组成。其中，配电主站是数据处理/存储、人机联系和实现各种应用功能的核心；配电终端是安装在一次设备运行现场的自动化装置，根据具体应用对象选择不同的类型；配电子站是主站与终端的中间层设备，一般用于通信汇集，也可根据需要实现区域监控功能；通信通道是连接配电主站、配电终端和配电子站之间实现信息传输的通信网络。配电自动化系统通过信息交互总线，与其他相关应用系统互连，实现更多应用功能。

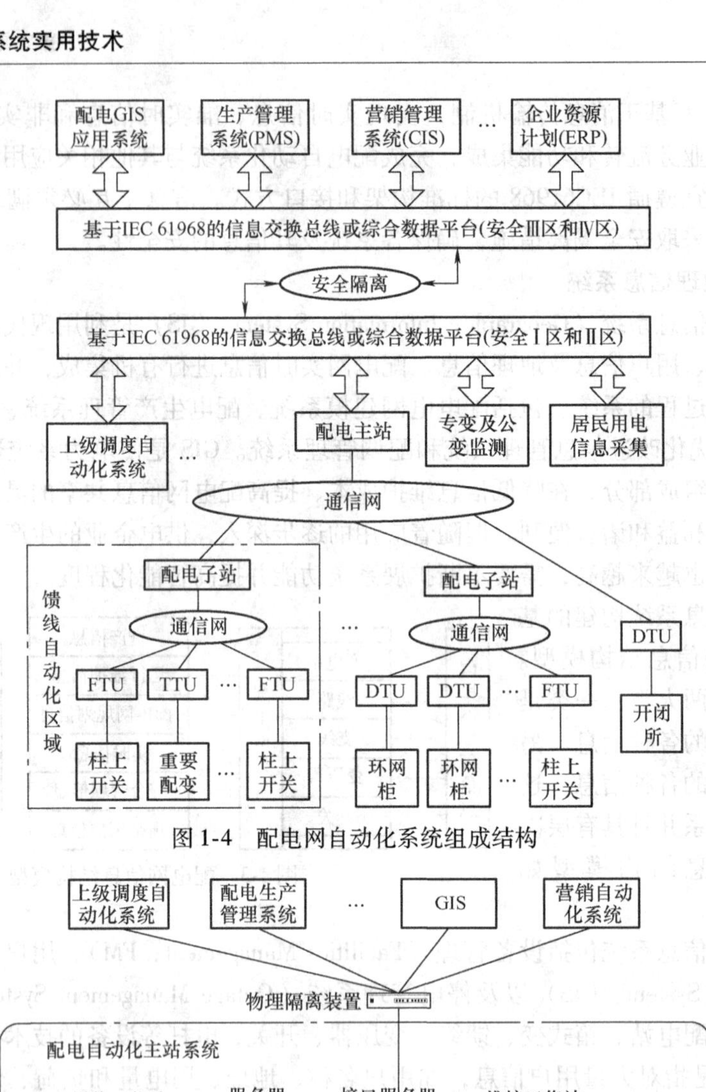

图 1-4　配电网自动化系统组成结构

图 1-5　配电网自动化系统典型结构逻辑图

配电主站主要由计算机硬件、操作系统、支撑平台软件和配电网应用软件等组成，通过基于IEC 61968的信息交换总线或综合数据平台与上级调度自动化、专变及公变监测系统、居民用电信息采集系统等实时/准实时系统实现快速信息交换和共享；与配电GIS、生产管理、营销管理、ERP等管理系统接口，扩展配电管理方面的功能，并具有配电网的高级应用软件，实现配电网的安全经济运行分析及故障分析处理功能等。图1-6为配电主站系统硬件构成。

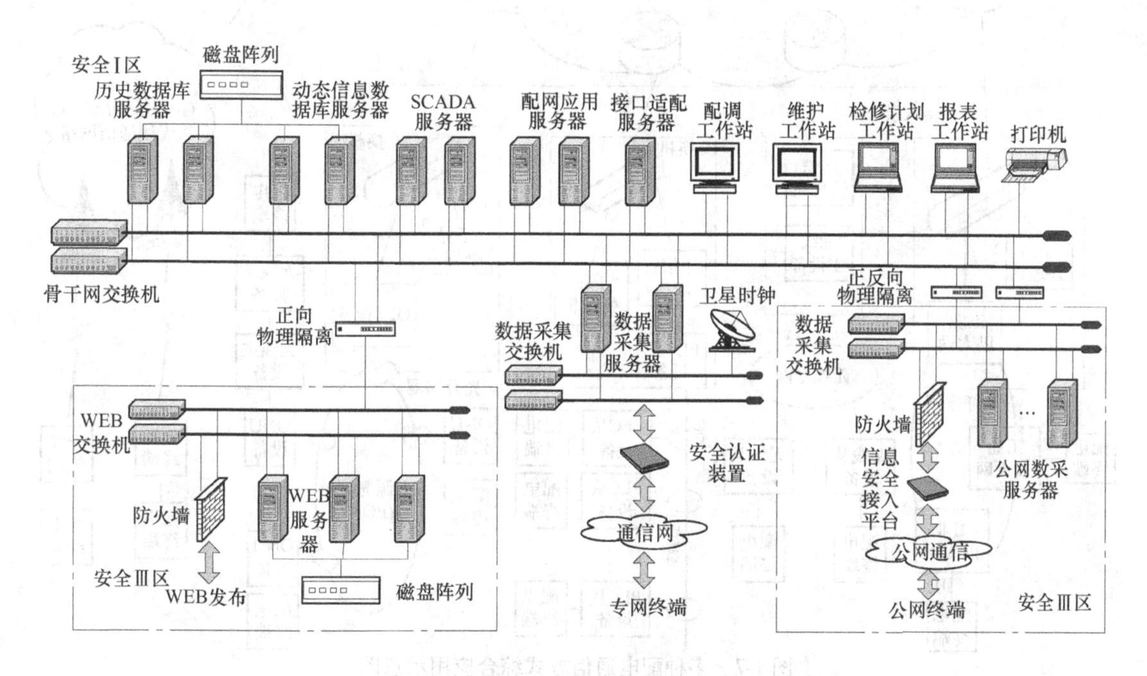

图1-6 配电主站系统硬件构成

站所终端、馈线终端和配变终端应具备数据采集、事件记录、时间校对、远程维护、参数设置、数据存储、自诊断和自恢复以及通信、电源管理等功能；馈线终端和站所终端应具备接受远方控制以及判断线路相间故障的能力；馈线终端、站所终端和故障指示器应具备后备电源，保证在主电源失电的情况下能够维持一定时间的工作。

配网通信系统的主要功能是提供通道，将主站或子站的控制命令准确地传送到为数众多的配电终端，并且将反映远方设备运行情况的数据信息收集到主站或子站，从而实现主站与各子站及远方终端之间的互相通信，传递数据信息、设备状态、控制命令等功能。配电通信系统可利用专网或公网，配电主站与配电子站之间的通信通道为骨干层通信网络，配电主站（子站）至配电终端的通信通道为接入层通信网络。多种配电通信方式综合应用示意图如图1-7所示。

信息交互宜采用面向服务架构，在实现各系统之间信息交换的基础上，对跨系统业务流程的综合应用提供服务和支持。接口标准宜遵循IEC61968-1中信息交换模型的要求。配电网自动化系统与相关应用系统的信息交互如图1-8所示。

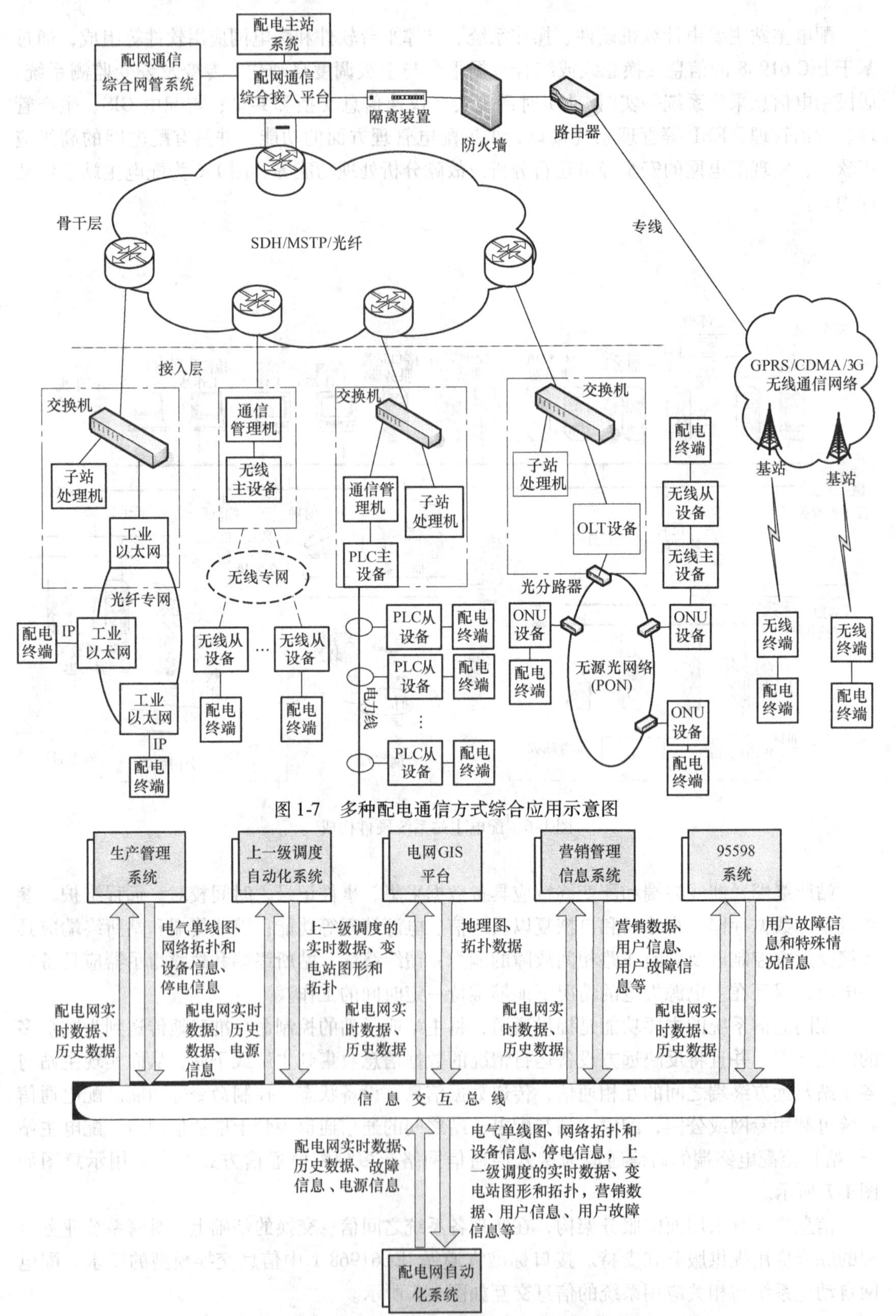

图 1-7　多种配电通信方式综合应用示意图

图 1-8　配电网自动化系统与相关应用系统的信息交互

1.2 配电自动化的现状与发展

1.2.1 国外配电自动化的现状与发展

1. 概述

20世纪30年代英国研发出用时延开关来控制用户负荷的装置，从那时起配电自动化发展大致经历了三个阶段。第一阶段：20世纪50年代应用了自动隔离故障区间的时限装置，通过装置的相互配合识别故障地点和在重要线段进行故障自动隔离，并对健全区域恢复供电，这一时期可称为局部自动化阶段，以日本东芝公司的重合器与电压时间型分段器配合模式和美国Cooper公司的重合器与重合器配合模式为代表。第二阶段：20世纪70年代，各种远程监控开关装置和电量自动测量装置投入使用，特别是随着计算机和数据通信技术的发展，形成了包括远程监控、故障隔离、负荷管理等功能的配电自动化技术，它是一种基于通信网络、馈线终端单元和后台计算机网络的实时应用系统，在配电网正常运行时，能起到监视配电网运行状况和遥控改变运行方式的作用，出现故障时能够及时察觉，并由调度员通过遥控隔离故障区域和恢复健全区域供电。第三阶段：20世纪末期，随着负荷密集区配电网规模和网格化程度的快速发展，仅凭借调度员的经验调度配电网越来越困难，同时为进一步提高用户的电能质量，开始研发地理信息系统并应用于配电自动化，建立了自动绘图、设备管理、地理信息系统（AM/FM/GIS），实施离线的配电管理系统（DMS）与在线的实时系统的数据集成，进入了运行监控结合设备及需求侧负荷管理（DSM）的综合性自动化发展阶段。国外知名公司，如ABB、SIEMENS、GE、SNC、ASC等都有自己的DMS产品，并且得到广泛的应用。

配电自动化是在不断的发展中逐步完善的。由于各国国情不同，国外配网自动化在建设理念、发展进程和建设模式上存在差异。按照配电自动化技术研究和工程应用的水平，主要可分为发达国家、次发达国家和发展中国家三类。发达国家以美国、欧洲和日本等国家为代表，次发达国家以新加坡、韩国等国家为代表，发展中国家以印度、泰国等国家为代表。

2. 发达国家的配电网自动化

（1）美国配电网自动化

20世纪90年代美国提出配电自动化这一术语，其重心在于减少停电时间，改善对客户的服务质量，提高供电可靠性，增加用户的满意度。

美国的配电网线路多为放射型结构，电压等级为14.4kV，采用中性点接地方式。线路上多采用智能化重合器与分段器相配合，并大量采用单相重合闸，提高供电的可靠性。线路重合器直接采用高压合闸线圈，并且有多次重合功能，各级重合器之间利用重合次数及动作电流定值差异来实现配合，在无人变电站增设了可靠的通信及检测装置，可准确地反映变电站的运行工况。美国配电自动化发展大致经历了三个阶段：第一阶段实现故障自动隔离，进行自动抄表；第二阶段从20世纪80年代中期开始，进行了大量的配电自动化的试点工作及馈线自动化、营业自动化、负荷控制的试点工作，但大部分为各自独立的新时期自动控制系统；第三阶段从20世纪90年代中后期开始，由于计算机及网络通信技术的发展，以及电力工业的市场化改革，以配电管理系统、配电自动化、用户自动化为主要内容的综合自动化成为配电网自动化的发展应用方向。图 1-9 所示为美国长岛电力公司配电网馈线自动化系统示意图。

美国配电自动化发展较早，其主要的经验是：配电自动化主要目的是提高供电可靠性。美国社会发展水平较高，配电网管理水平较好，对供电可靠性要求较高且效应十分明显。设备水平较高，实现免维护。

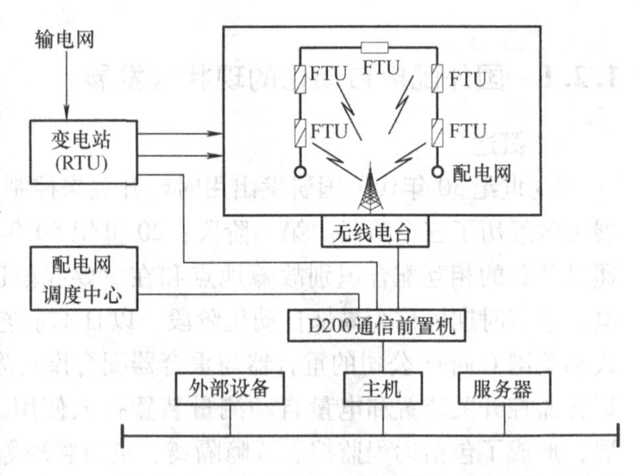

图 1-9　美国长岛电力公司配电网馈线自动化系统示意图

（2）欧洲配电网自动化

欧洲配电网自动化发展较早，20 世纪 30 年代英国就开发出用时间开关控制用户负荷的装置。德国在 20 世纪中叶就开始了对配电网自动化的研究，其供电可靠性一直处于世界的前列。

1）英国配电网自动化。

英国的配电线路和美国一样，以放射状为主，电压等级在中压，中性点接地，其配电网自动化的重心在于提高供电可靠性。

英国电力公司为了提高供电可靠性，对配电网自动化一直持积极态度。英国东方电力公司是英格兰和威尔士地区最大的电力公司之一，运行和维护了大不列颠的最大电网。东方公司的电网自 1995 年以来已经改造成为英国最可靠的电网之一，为了提升公司的市场竞争力，1997 年东方电网根据当时的二次配电网，进行工程“ARC”（自动化和遥控）建设。公司选择在电网关键点的电线杆上安装自动重合闸装置，并与选择电网的开断点一起实现监控（采用新型的地面安装式环网柜），通过使用远动系统解决电网的供电可靠性问题。公司在调研的基础上，采用了施耐德提出的分步阶段实施的规划方案，较快地收回投资，产生效益，并有计划地选择多家设备厂家的产品进行配电网自动化建设，如施耐德电气公司的远动设备和环网柜，FKI Whipp 公司和 Bourne 公司提供柱上自动重合闸装置，ABB 提供户内开关装置等，经过两年的改造，完成了东方电网名为“ARC”的项目，实现了两大目标：每百户平均断电次数（Customer Interruption，CI）减少 15%，用户平均断电分钟数（Customer Minute Lost，CML）减少 30%。

2）德国配电网自动化。

德国配电网普遍采用环式供电，德国电网结构相对稳定，电力系统供电可靠性已经达到了很高的水平，客观上对配电自动化的需求较少，诸如提高运行管理水平，优化网络结构所带来的效益对于德国电网而言并不明显，因此其配电网建设的主要目标不在于电网的扩张，而是在网络关键点实现配电网自动化，以减少投资并较大幅度地减少恢复供电的时间。

德国配电公司在经历了多年的快速发展历程后，面临成本压力，为了降低线损和维修费用，目前的主要工作不是电网的扩张，更多的是电网结构优化、改造和老旧设备的拆除等。在电网规划和优化的各个环节中计算机专业软件得到了广泛的应用，例如，采用可靠性计算方法，支持规划人员在满足目标情况下进行决策。此种方法不仅在规划中得到广泛应用，同时在网络设计、网络运作（开关状态计算、故障判断管理、以可靠性为中心的检修维护）、

网络薄弱环节和瓶颈分析等方面，得到了更为广泛的应用。在配电网运行方式安排时不但考虑运行时的安全性、可靠性，而且对经济性（如潮流、线损等）也相当重视。通过详细计算来安排合理的运行方式，例如，通过开环点的优化来降低线损。通过上述这些专业软件的运用，把电网规划中的经济指标、技术指标和可靠性指标进行量化，并以此为基础对不同规划方案进行量化分析，提出符合未来发展趋势方案比较，而为规划科学决策提供了技术手段。

建设配电网自动化过程中，德国的一些配电公司从实际需要出发，通常采用的建设方式是：在网架结构成熟区域，经过站点优化和技术经济比较后，在网络关键站点实现自动化功能，以较少的投资来换取较大幅度减少的恢复供电时间；在电网结构相对稳定后，局部区域网络关键点实施应用自动化技术，这对德国配电网而言是比较有利的。

（3）日本配电网自动化

日本配电自动化经历了从自动重合器和自动配电开关配合实现故障隔离和恢复供电，再到利用现代通信及计算机技术，实现集中遥信、遥控，并对配电网系统实现信息的自动化处理及监控的发展过程。日本供电可靠性处于世界领先地位，日本大量实施了配电自动化，并在6kV和200V的线路和设备上大力推进不停电作业技术，大大提高了供电可靠性。日本配电自动化系统功能少而精，但随着通信技术的快速发展及计算机水平的提高，更多的功能已经逐渐在日本配电自动化系统上大量应用。日本中压配网普遍采用电力载波通信技术。日本与欧美国家有所不同，其供电半径小，可靠性要求高，环网供电方式比较多，变电站多采用具有2、3次重合闸的重合器，并在变电站设有短路故障指示器，根据短路电流的大小，推算出故障距离的长度，实现故障隔离。

日本九个供电公司（北海道、东北、东京、北陆、中部、关西、中国、四国、九州）由于历史和自然的因素，他们在提高配电网可靠性方面的侧重点也不一样。日本九州电力与东京电力公司都基本实现了中压馈线的自动化。日本九州电力公司的配电系统供电可靠率达到了99.999%，已成为世界上最可靠的配电网之一。九州电力配电网自动化系统结构如图1-10所示。

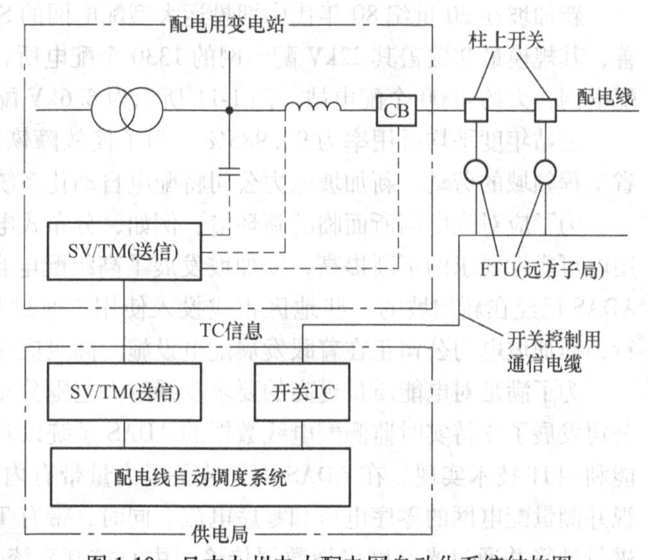

图1-10 日本九州电力配电网自动化系统结构图

到1997年年底，覆盖日本全国的日本9大电力公司及远离日本本土的冲绳电力公司均已基本上实现了配电自动化。据统计，日本配电网自动化系统的应用率在营业所级为100%，在配电线路级超过了90%。

3. 次发达国家的配电网自动化

（1）韩国配电网自动化

韩国从1987年开始配电自动化问题的研究，最初曾考虑委托国外咨询公司，但发现咨询顾问的思路不符合韩国实际情况，并且咨询费用很高，后决定由韩国电力公司研究院牵头，联合当地有关企业自己干，直到1993年才确定基本技术方案。

韩国配电自动化系统的建设初衷是提高供电可靠性，但建设后意外地发现配电自动化系统建设带来的最大收益并非是减少停电时间获得的经济收益，而是通过推迟配电网投资和降低网损、扩大供电范围的方式得到的巨大收益，尽管通过提高供电可靠性带来的形象改善也带来一定的附加效益，但韩国的配电自动化系统自此走上了可靠性和经济效益并重的建设模式。

整体上，韩国馈线自动化主要采用两种方法、三种模式。对于人口集中的大城市供电网络，主要采用大规模DAS和单服务器型大规模DAS相结合的配电网模式，对于人口少的农村地区，采用小规模DAS。

韩国配电网比较注重配电自动化的通信建设。近年来，韩国的通信技术飞速发展，开发和制造配电自动化系统正好利用这一有利趋势，利用以无线电和光缆为媒体的个人通信业务（Personal Communication Service，PCS）系统，增强现有通信网络的通量和传输能力。韩国的通信方式逐渐向光纤、CDMA和TRS方式集中，但由于电话线通信方式在农村地区采用太多，今后相当一段时间内难以全部更换。

（2）新加坡配电网自动化

新加坡配电网用电负荷已趋于饱和，电网发展较为成熟，供电可靠率达到99.9997%，达到世界供电可靠性先进之列。新加坡配电网规划的理念是“经济、可靠、及时、迎合需求”，规划方法强调电网运行与维护的简洁性、网络拓展的灵活性和网络可靠性、安全性、经济性的综合考虑。

新加坡在20世纪80年代中期投运大型配电网的SCADA系统，在90年代加以发展和完善，其规模最初覆盖其22kV配电网的1330个配电所，目前已将网络管理功能扩展到6.6kV配电网，大约4000个配电站。图1-11所示为6.6kV配电网无线通信监视系统。

主站年度平均可用率为99.985%。为了使故障恢复时间最小化，并有效地利用设施节省工程领域的劳动，新加坡电力公司将配电自动化系统发展到旗下的所有22个分公司。

为了应对配电网所面临的新环境，例如，分布式电源的大规模接入及设备对电能质量和用电可靠性要求的不断提高，新加坡发展了高级配电自动化系统（Advanced DAS，ADAS）。ADAS已经在新加坡的一些地区正式投入使用。通过利用ADAS掌握的配电网进行精确运行，新加坡电力公司正在着眼发展配电设施的高级应用及电力供应的可靠性管理技术。

为了满足对电能质量更高的要求及缓解大范围分布式电源对大电网的冲击，新加坡电力公司发展了支持实时监测配电线数据的ADAS系统以对电能质量进行管理，这种实时监测功能利用IT技术实现。在ADAS内，装备了大量带有内置传感器的开关，这些开关被用来监视并测量配电网的零序电压和零序电流。同时，带有TCP/IP接口的RTU可以对测量的数据进行计算并通过光纤网络把数据传输回中心控制系统，这些高级RTU功能的实现也完善了ADAS的整体系统结构。ADAS通过RTU实现的高级功能主要分两类：电能质量监测和故障现象预警。

4. 发展中国家的配电网自动化

（1）泰国配电网自动化

泰国的配电自动化从2000年开始，由PEA供电公司与加拿大蒙特利尔的SNC—Lavalin

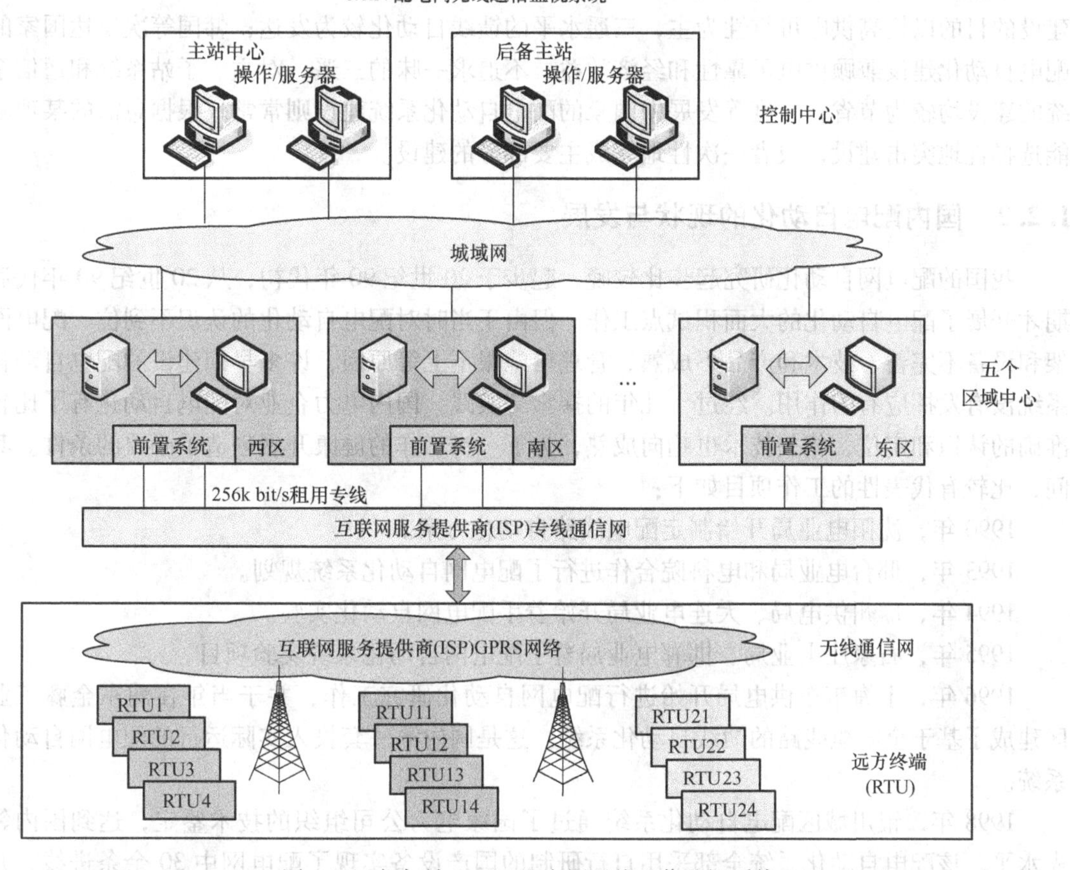

图1-11　新加坡6.6kV配电网无线通信监视系统

签订合同，建设一个DMS，包括计算机系统、SRTU、FRTU及MARS通信系统及六个调度中心大楼。泰国的配电自动化首阶段目标是提高供电可靠性降低运行成本、提高利润率、改善PEA对五个工业最发达负荷地区的客户服务质量。第二阶段将计划在其他7个地区实现配电自动化。泰国配电自动化的特点是投资集中、规模大，工程全部由一个公司统一负责，较好地改善了各系统的集成兼容性问题。由于泰国多数为乡村地区，通信手段主要采取微波等无线通信，其DMS中的用户信息系统（CIS）、地理信息系统（GIS）集成度较高，几乎与馈线自动化同步建设。

（2）印度配电网自动化

印度的电力工业非常落后，电力短缺状况严重，至今全国只有不到50%的家庭可以用电。同时印度配电网的一个显著特点是网损巨大，造成高网损的原因除了配电网的实际网损外，更大量的是由偷电、拒缴电费而引起。因此印度的配电自动化建设并没有走发达国家先开发馈线自动化，再逐步建成综合配电自动化的道路，而是由最迫切需要的远程自动抄表功能开始，开发了自动抄表系统（AMR）。自动抄表系统的应用解决了回收电费困难以及偷电普遍的现象，极大改善了印度电力企业的经营效益，也为进一步发展配电自动化奠定了良好的基础。另外，印度极为发达的软件业使配电自动化在软件集成方面有了比其他国家更为深入的研究。

综上可见，国外的配电网自动化建设存在不同的模式：美日欧等发达国家的配电自动化建设的目的以提高供电可靠性为主，三遥水平的馈线自动化较为发达；韩国等次发达国家的配电自动化建设兼顾供电可靠性和经济效益，不追求一味的三遥，对主、子站系统和通信系统的建设均较为节省；印度等发展中国家的配电自动化系统建设则常常仅根据急需的某项功能选择性地突击建设，或者一次性地完成主要部分的建设。

1.2.2 国内配电自动化的现状与发展

我国的配电网自动化研究起步比较晚，起步于20世纪90年代初，从20世纪90年代后期才开展了配电自动化的大面积试点工作。但由于当时对配电自动化的认识不到位、配电网架和设备不完善、技术和产品不成熟、管理措施跟不上等原因，许多早期建设的配电自动化系统没有发挥应有的作用。经过十几年的探索与实践，国内电力企业对配电自动化有了比较准确的认识和定位，相关技术也趋向成熟，为下一步工作的健康开展创造了必要的条件。其间，比较有代表性的工作项目如下：

1990年，沈阳电业局开始制定配电线路自动化方案。

1993年，邢台电业局和电科院合作进行了配电网自动化系统规划。

1994年，广州供电局、大连电业局开始着手配电网自动化实验。

1995年，石家庄电业局、邯郸电业局着手配电网自动化系统实验项目。

1996年，上海市东供电局开始进行配电网自动化研究工作，并于当年在浦东金藤工业区建成了基于全电缆线路的馈线自动化系统。这是国内第一套投入实际运行的配电网自动化系统。

1998年，银川城区配电自动化系统通过了国家电力公司组织的技术鉴定，达到国内领先水平。该配电自动化系统全部采用自行研制的国产设备实现了配电网中30余条进线、几十条馈线、7个开闭所和小区变压器的全面监控，取得了大量经验。这是我国第一套通过技术鉴定的配电自动化系统。

1999年，在江苏镇江和浙江绍兴试点以架空和电缆混合线路为主的配电网自动化系统，并起草了我国第一个配电网自动化系统功能规范。

2003年，当时国内规模最大的配电网自动化应用项目青岛配电网自动化系统通过国家电网公司验收，并在青岛召开了配电网自动化实用化验收现场会。

2002~2003年，杭州、宁波配电网自动化系统和南京城区配电网调度自动化系统先后实施，其中，杭州供电局的配电网自动化系统经过7年的建设和实用化推广，于2008年通过验收；南京供电公司的配电网自动化系统于2005年通过工程验收和技术鉴定。

2005年，国家电网公司农电重点科技项目县级电网调度/配电/集控/GIS一体化系统，在四川省双流县成功应用。这种类型的系统在近几年得到较好推广，说明简易、实用型的配电网自动化系统在中小型供电企业有着广泛的市场。

2006年开始，上海电力公司在所辖13个区供电所全面开展了采用电缆屏蔽层载波为主要通信手段，以遥信、遥测为主要功能的配电网监测系统的建设工作。

2008年9月，广州供电局根据配网自动化初步设计方案和广东电网公司要求，开始在天河区和越秀区进行了试点项目建设，至2009年年初，基本建成了配网自动化主站系统，建立了配网自动化基础支撑平台，实现了配网自动化SCADA基本应用功能。

2009年5月，国家电网公司明确提出建设“具有信息化、自动化、互动化的智能电网”，计划到2020年全面建成统一的坚强智能电网。智能电网战略目标的提出给配电自动化注入了新的内涵，也给配电自动化带来了新的生机。国网公司明确指出配电系统是建设坚强智能电网的六大环节之一，而配电自动化是配电系统实现智能化的工具和手段，因此，智能配网也为配电自动化的发展指明了方向。

当前，我国配电自动化的发展趋势：

1）功能分层分布。配电网自动化与通信系统是密切相关的。为了贯彻功能下放、分级分层、提高事故响应速度的原则，配电网自动化系统一般分三层：主站、子站、馈线。依据配电网规模的大小，主站层还可再分为主站和区域站两层。目前在主站与子站之间一般采用光纤通信，分两种：光纤以太网、光纤环网，这两种光纤通信方式的造价相近，光纤环网更成熟一些，但光纤以太网是发展方向，光纤以太网目前技术实现及相关设备已得到实践检验，正在推广应用。子站与馈线之间目前一般采用光纤、双绞线、电力线载波和无线等多种通信手段混合的方式。馈线通信采用光纤通信，也可分为两种：光纤以太网、光纤环网，这两种光纤通信方式的造价相近。配电自动化中有些问题光纤环网难于解决，只能采用光纤以太网。

2）配电网系统保护。配电自动化包括馈线自动化和配电管理系统，其中馈线自动化实现对馈线信息的采集和控制，同时也实现了馈线保护。馈线自动化的核心是通信，以通信为基础可实现配电网全局性的数据采集与控制，从而实现配电SCADA、配电高级应用（PAS）。同时，以地理信息系统（GIS）为平台实现了配电网的设备管理、图资管理。而SCADA、GIS和PAS的一体化则促使配电网自动化成为提供配电保护与监控、配电网管理的全方位自动化运行管理系统。

3）电能质量。随着以高速数字信号处理器（DSP）为基础的实时数字信号处理技术的迅速发展，并得到广泛的应用，采用模拟量控制的电能质量控制装置在被数字量代替。

4）主站一体化。所谓的一体化配电网自动化系统，就是把数据采集与监控系统（SCADA）、配电管理系统（DMS）、地理信息系统（GIS）、管理信息系统（MIS）、高级应用软件包（PSD）以及变电站综合自动化、馈线自动化和通信系统集成一个体系结构良好、平台统一、信息共享、高效灵活的信息系统。

1.3 配电自动化系统的实现方式

配电自动化系统的建设与改造必须针对具体供电企业的实际情况而有所区别，不能简单地完全套用单一模式，应在全面评估实施区域的供电可靠性指标、配电网架特点、配电设备及自动化系统现状的基础上，合理选择不同类型的配电自动化实现方式；不同实现方式可以在同一地区的不同区域并存，或由低到高地升级和转化。

关于实现方式的分类，国家和行业未做明确划分和定义，这里引用国内某大型电网公司的一种分类：分为简易型、实用型、标准型、集成型和智能型等。其中，后三种实现方式应根据其功能及特点，部分或全部具备下列基本特征：

① 完全符合国际标准的系统构架和数据模型。

② 可以对超量实时数据进行准确可靠地处理。

③ 具备基于配网拓扑的分析应用和实用功能。
④ 针对配网调度和故障抢修的“停电管理系统”。
⑤ 采用信息交换总线实现与相关系统的互联。
⑥ 各种通信方式综合应用支持配电信息传输。

1.3.1 简易型

简易型配电自动化系统是基于就地检测和控制技术的一种准实时系统。它采用故障指示器来获取配电线路上的故障信息，由人工现场巡视线路上的指示器翻转变色来判断故障（也可将故障指示信号上传到相关的主站，由主站来判断故障区段）。简易型的配电自动化线路示意图如图 1-12 所示。

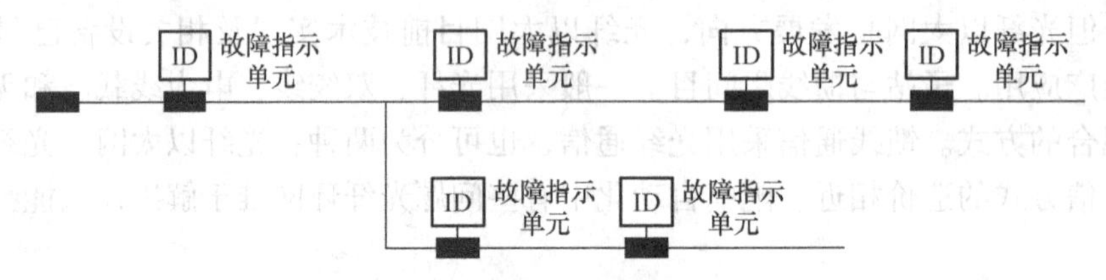

图 1-12 简易型第一种模式的配电自动化线路示意图

在配电开关采用重合器或配电断路器，可以通过开关之间的逻辑配合（如时序等）就地实现配电网故障的隔离和恢复供电，如图 1-13 所示。

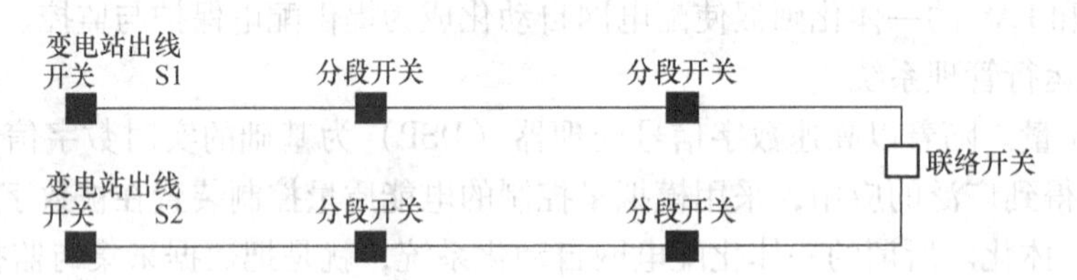

图 1-13 简易型第二种模式的配电自动化线路示意图

1. 工作原理

故障指示器具有在流过故障电流时翻转变色的功能。因此一旦发生故障，故障指示器即可翻转变色，通过人工巡视线路来确定故障位置。对于带通信故障指示器，则可利用无线公网等通信方式上报故障信号，由相关的主站来判断故障位置。

如果配电线路开关采用重合器或配电断路器，可实现就地控制功能。根据动作的原理可分为电流型和电压型两种方式，在故障发生时，通过线路开关间的电流-时间型或电压-时间型的保护配合，实现线路故障的就地识别与隔离。

2. 主要特点

对配电主站和通信通道没有明确的要求，可不需要通信系统和主站而独立工作，结构简单、成本低、易于实施。但不能实现实时监测。

3. 适用范围

适用于简单接线的城乡配电线路（单辐射或单联络配电线路）、城市中无专门通信条件区域的配电线路、仅需故障指示功能的配电线路。

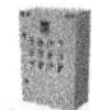

1.3.2　实用型

实用型配电自动化系统是利用多种通信手段（如光纤、载波、无线公网/专网等），以两遥（遥信、遥测）为主，并对部分具备条件的一次设备可实行单点遥控的实时监控系统。它的主站具备基本的SCADA功能，对配电线路、开闭所、环网柜等的开关、断路器以及重要的配变等实现数据采集和监测，根据配电终端数量或通信方式的需要，该系统可以增加配电子站（或通信汇接站）。在一些没有条件或没有必要实时监测的线路，依然可以采用简易型的配电自动化模式。实用型配电自动化系统结构图如图1-14所示。

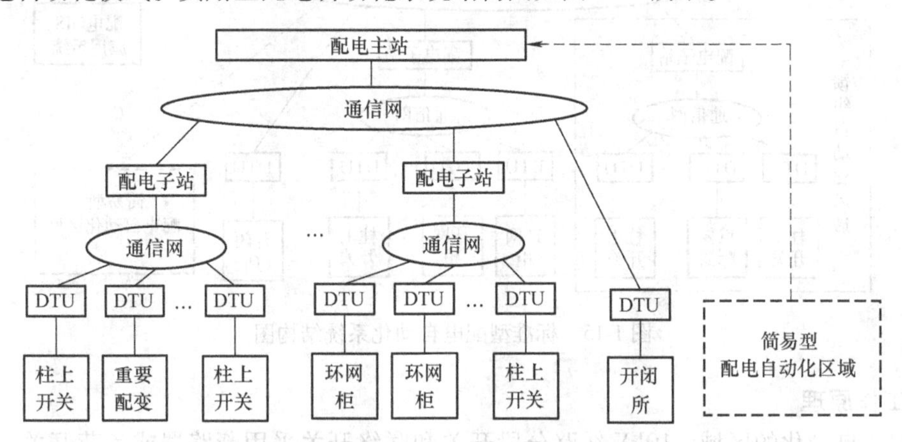

图1-14　实用型配电自动化系统结构图

1. 工作原理

通过FTU/DTU/TTU等配电终端采集线路/台区的运行数据，经通信网直接传输或经配电子站到配电主站，在主站端可实现对相关配电设备和局部/全部配电网的运行状况监测；在配电一次设备和通信手段满足必要条件的前提下，通过具备三遥功能的配电终端，可接收主站下发的遥控命令实现对配电负荷开关、断路器的远方操作。主站既可以是独立的配电监控主站，也可扩展为调配一体化模式的系统。

2. 主要特点

结构比较简单、以监测为主、具备简单的控制功能，对通信系统要求不高，投资比较节约、实用性强。它主要为配电运行管理部门和配电网调度服务。

3. 适用范围

适用于中等规模配电网且已设立或准备设立配电网调度机构的供电企业。其通信通道具备基本条件，配电一次设备具备遥信和遥测（部分设备具备遥控）条件，但不具备实现集中型馈线自动化功能条件，以配电SCADA监控为主要实现功能。

1.3.3　标准型

标准型配电自动化系统是在实用型的基础上增加基于主站控制的馈线自动化功能（即FA：故障定位、隔离、恢复非故障区供电），它对通信系统要求较高，一般需要采用可靠、高效的通信手段（如光纤），配电一次网架应该比较完善且相关的配电设备具备电动操动机构和受控功能。该类型系统的主站具备完整的SCADA功能和FA功能，当配电线路发生故障时，通过主站和终端的配合实现故障区段的快速切除与自动恢复供电。另外，它与上级调度自动化系统和配电 GIS 应用系统要实现互联，以获得丰富的配电数据，建立完整的配网模型，可以支持基于全网拓扑的配电应用功能。它主要为配网调度服务，同时兼顾配电生产和运行管理部门的应用。标准型配电自动化系统结构如图 1-15 所示。

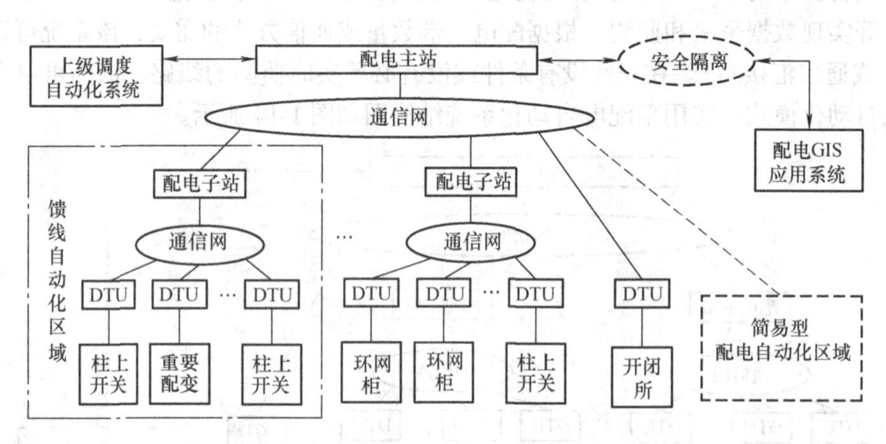

图 1-15　标准型配电自动化系统结构图

1. 工作原理

在馈线自动化的区域，10kV 线路分段开关和联络开关采用断路器或负荷开关，配备具有三遥功能的 FTU/DTU，通过可靠、高效的通信手段（如光纤），由配电主站或通过子站实现快速故障定位、隔离和恢复非故障区供电。FTU/DTU/TTU 采集的线路/台区的运行数据经通信网传输到配电子站及主站，实现对局部/全部配电网的运行监控、故障隔离与自动恢复供电。有条件区域还可实现网络重构。

配电主站通过与上级调度自动化系统的互联，可以获得相关变电站的配电出线信息；通过与配电 GIS 的互联（可以内嵌或外挂），将配电馈线的模型和图形以及设备参数等导入配电主站，组成完整的配网拓扑，另外，配电主站也将实时信息传给 GIS。这些互连应该遵循 IEC61968 的接口标准，避免采用私有格式。

2. 主要特点

系统结构比较完整、实时功能比较齐全、自动化程度较高，建设成本较高。该模式的主站应该为调/配一体化模式。

3. 适用范围

适用于多电源、多联络、多分段的配电网且一次设备比较完善的城市配电，配电自动化和信息化基础较好，其中馈线自动化建议在新区或电缆化程度较高的区域里实施。

1.3.4　集成型

集成型配电自动化系统是在标准型的基础上，通过信息交换总线或综合数据平台技术将企业里各个与配电相关的系统实现互联，最大可能地整合配电信息、外延业务流程、扩展和丰富配电自动化系统的应用功能，全面支持配电调度、生产、运行以及用电营销等业务的闭环管理，同时也为供电企业的安全和经济指标的综合分析以及辅助决策而服务。集成型配电

自动化系统结构如图1-16所示。

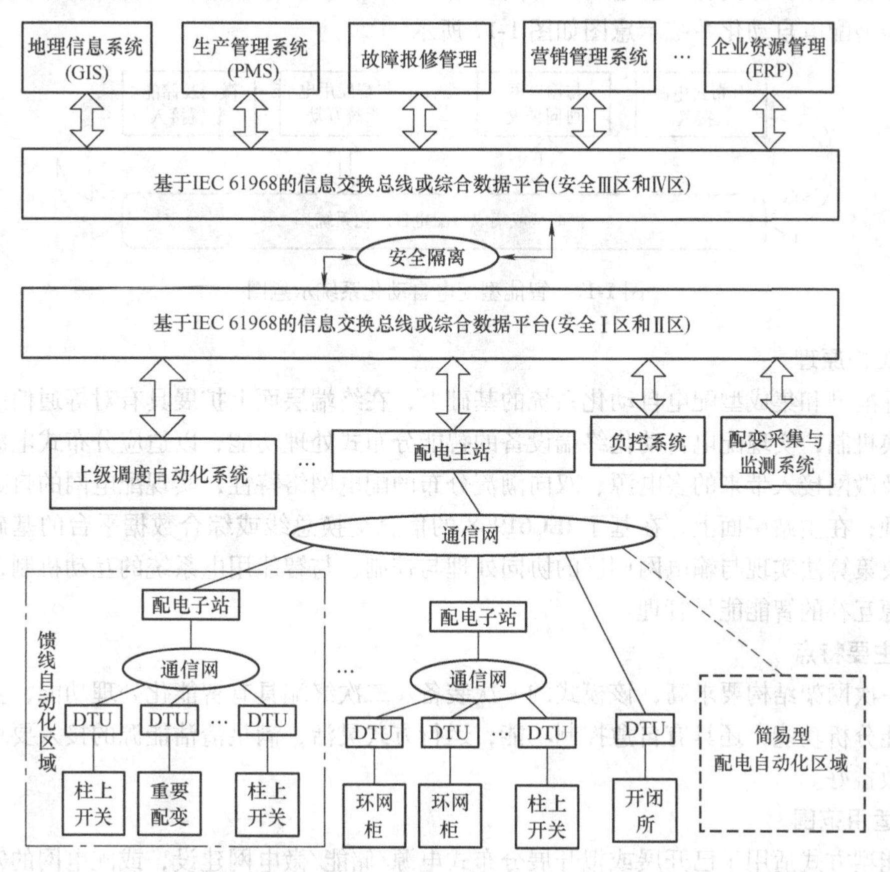

图1-16　集成型配电自动化系统结构图

1. 工作原理

实时部分与标准型基本相同，但对配电线路/设备的数据采集和实时监控应有更大的规模。配电主站通过基于IEC61968的信息交换总线或综合数据平台与上级调度自动化、负荷控制、配变监测等实时/准实时系统实现快速信息交换和共享；与配电GIS、生产管理、营销管理、ERP等管理系统的接口，扩展配电管理方面的功能，并具有配电网的高级应用软件，实现配电网的安全经济运行分析及故障分析功能等。

2. 主要特点

系统结构完整、自动化程度高、管理功能完善、运行方式灵活，建设成本高。

3. 适用范围

适用于配电网规模较大、配电一次网架和设备条件比较成熟、配电自动化系统初具规模、各种相关应用系统运行经验较为丰富的大中型城市配电，且供电企业的信息化建设基础好。

1.3.5　智能型

智能型配电自动化系统是在标准型或集成型配电自动化系统基础上，扩展对于分布式电源、微网以及储能装置等设备的接入功能，实现智能自愈的馈线自动化功能以及与智能用电系统的互动功能，并具有与输电网的协同调度功能，以及多能源互补的智能能量管理分析软件。智能型配电自动化系统示意图如图 1-17 所示。

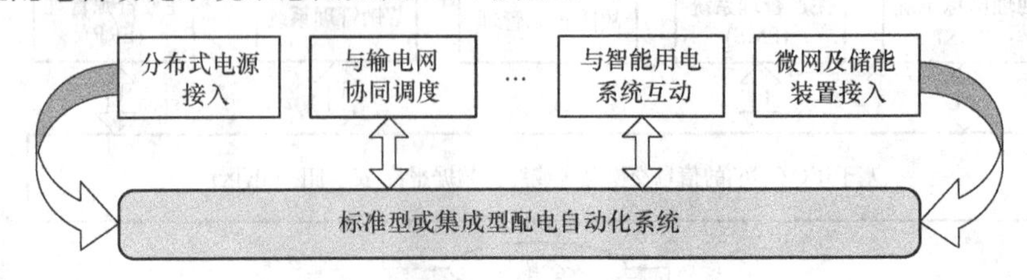

图 1-17　智能型配电自动化系统示意图

1. 工作原理

在标准型和集成型配电自动化系统的基础上，在终端层面上扩展具有对等通信的网络化信息交换机制，实现配电自动化终端设备的智能分布式处理功能，以适应分布式电源、储能装置以及微网接入带来的多电源、双向潮流分布的配电网络特性，实现配电网的自愈控制与协调处理；在主站层面上，在基于 IEC61968 的信息交换总线或综合数据平台的基础上，扩展智能决策算法实现与输电网调度的协同处理与控制，与智能用电系统的互动机制，以及实现多能源互补的智能能量管理。

2. 主要特点

对一次网架结构要求高，该模式的一次装备、二次终端具有智能化处理功能，主站系统具有智能分析功能，还具有自愈控制功能，运行方式灵活，满足清洁能源的接入要求，建成后综合效益好。

3. 适用范围

智能型方式适用于已开展或拟开展分布式电源/储能/微电网建设，或配电网的安全控制和经济运行辅助决策有实际需求，且配电自动化系统和相关基础条件较为成熟完善的地区。

第2章 配电自动化系统规划建设

2.1 建设原则

2.1.1 总体原则

配电自动化系统规划建设需满足以下十大总体原则：

1）配电自动化建设与改造宜以提升配网生产管理水平和提高供电可靠性为目标，以配电配网调度和配电网的生产指挥为应用主体，以挖掘资源和整合信息为重要手段，以强化配电自动化项目管理和实用化应用为抓手，提升配电自动化实用化应用水平，实现对配电网的监视和控制，满足与相关应用系统的信息交互、共享和综合应用需求。

2）配电自动化建设与改造应满足相关国际、行业、企业标准及相关技术规范要求；按照“统筹考虑、全面规划、分析现状、优化设计、因地制宜、分步实施、信息共享、增强效益、充分利用、适当改造、上级重视、专业协作”的总体原则进行规划设计和建设。

3）配网自动化建设与改造必须针对具体供电企业的实际情况而有所区别，不能简单地完全套用单一模式，应在全面评估实施区域的供电可靠性指标、配电网架特点、配电设备及自动化系统现状的基础上，合理选择简易型、实用型、标准型、集成型和智能型等不同类型的配电自动化实现方式；不同实现方式可以在同一地区的不同区域并存。

4）配电自动化宜结合配电网一次网架的建设与改造进行，避免仅为实施配电自动化而对配电一次网架进行大规模改造；配电自动化改造按照设备全寿命周期管理要求，应选择模块化、少维护、低功耗的设备，通过继承或适当改造，充分利用原有一次设备、配电主站、配电终端、配电子站和通信通道等资源，对新上系统和设备应考虑先进、可靠、经济、实用的方针，注重性价比；配电网规划应考虑配电自动化建设和改造需求。

5）配电自动化系统的应用尤其应注重实用化要求，通过与相关应用系统信息交互与服务共享，实现功能扩展和综合应用；应根据实际需要设计功能要求以降低运维的难度和工作量，尽量扩大覆盖范围以实现规模效益；应根据实施区域特点和相关应用系统的实际情况，分步实现配电自动化系统的主要应用功能。

6）配电自动化系统的设计应满足扩展性、延伸性、兼容性和可靠性要求，首先是要做好规划，在充分调研和论证的基础上，摸清本企业配网的信息资源，重点设计和解决好DMS/SCADA 和 GIS之间的关联，尤其是在系统对外接口、信息交换机制、图/模/库建立及转换上要考虑周密，解决好实时应用和管理应用的关系，采取有效技术措施实现配电自动化系统与相关系统数据信息的交互、集成、共享和综合应用，减少功能交叉和冗余，避免重复投资。

7）配电自动化系统的监控对象和信息应依据一次设备的现状及配电自动化的实现方式合理选择，满足配电网运行和调度需求；各类信息应根据实时性及网络安全性的要求合理分层分流。

8）在配网自动化系统的建设过程中，应满足配网调控一体化技术支持系统的功能要求，并考虑配电网智能化扩展应用。

9）配电网建设与改造应同步考虑配电通信网络的需求，并根据实施区域具体情况选择适宜的通信方式，实现规范接入。

10）配电自动化系统与相关系统间的信息交互应遵循相关标准，在涉及电力企业生产控制大区和管理信息大区之间的信息传递时，必须满足电力二次系统安全防护相关规定要求，确保信息传输的安全可靠。

2.1.2 配电主站建设原则

配电主站是配电自动化系统的核心部分，主要实现配电网数据采集与监控等基本功能和电网分析应用等扩展功能。它的建设必须充分考虑配电自动化的建设规模、馈线自动化的实施范围和方式，以及建设周期等诸多因素。配电主站应构建在标准、通用的软硬件基础平台上，具备可靠性、实用性、安全性、可扩展性和开放性。对于初次建设的主站系统必须保证主站系统的基础平台在初建时一次性建设到位，避免今后重复地建设和改造。

1. 可靠性原则

由于主站系统服务对象是配电自动化系统，主站系统是实现配电自动化系统安全与经济运行的支持系统，因此其系统可靠性设计处于重要位置。可靠性设计体现在以下4个方面：

1）主站系统的硬件应该采用国际上通用的、标准的、先进的和适合自身系统定位的计算机、网络设备和UPS电源等硬件。在主站计算机系统的服务器选择上，应采用高性能的专用服务器，同时在服务器性能选择上应高于各个网络工作站性能指标。采用双服务器策略，增强计算机系统服务器可靠性，确保配电网描述数据、配电网运行的历史数据安全是目前配电自动化系统主站建设的主流方向。

2）在主站计算机系统的网络结构上，应采用双网络体系结构，确保网络通信畅通。一些主要网络工作站如配电调度工作站、前置服务器等，应采用双机冗余配置，运行模式采用双机双工运行方式，确保在一台设备运行出现故障时，另一台处于工作状态。主、备节点和应用服务切换或任何单一故障不影响系统的正常运行。

3）主站系统的软件宜采用成熟可靠的支撑和应用软件，满足相关技术标准和规范。另外，配电主站应有安全、可靠的供电电源保障。

4）主站系统应满足一致性要求，系统所有节点上的图形、模型和数据保持一致，系统数据维护录入接口必须唯一，所有应用的人机界面风格应保持一致。

2. 实用性原则

主站的软件除了满足配网SCADA和与上级调度自动化系统进行数据交互的基本功能之外，可以根据配电自动化主站的实际需求、相关信息管理系统的应用需求和配网自动化研究开发的需求，在具备数据条件的情况下可进行应用软件功能的建设。在条件成熟后可以逐步开展馈线自动化（FA）、配电网的分析和为其他系统提供分析功能和数据接口的相关应用。

配电主站要根据实施地区的配电网规模和应用需求合理配置。配电主站系统支撑平台应一次性建设，功能选择应依据系统容量要求，软硬件分步扩展，力求经济实用。

1）对于系统实时信息接入数量小于10万点的城市，可建设小型配电主站；推荐设计选

用“基本功能”构建系统，实现完整的配电 SCADA 功能和馈线故障处理功能。

2）对于地级市或配电自动化系统实时信息接入数量在 10 ~ 50 万点的城市，可建设中型配电主站；推荐设计选用“基本功能 + 扩展功能（配电应用部分）和信息交互功能”构建系统，通过信息交互总线实现配电自动化系统与相关应用系统的互联，实现基于配电网拓扑的部分扩展功能。

3）对于直辖市、省会城市或按电网规划五年内配电自动化系统实时信息接入数量大于 50 万点的城市，可建设大型配电主站；推荐设计选用“基本功能 + 扩展功能（配电应用及智能化部分）和信息交互功能”构建系统，通过信息交互总线整合信息，实现部分智能化应用，为配电网安全、经济运行提供辅助决策。

3. 安全性原则

安全防护应满足《电力二次系统安全防护总体方案》、《配电二次系统安全防护方案》等安全防护方案的规定和要求，确保信息传输的安全可靠。在系统互联安全性方面：系统与其他系统互联时采用路由器和防火墙，避免非法访问；在操作安全性方面：使用节点机和操作人员双重校核，确保操作合法性和安全性；在配置安全性方面：系统的关键节点采用双备冗余设计，能够满足 7 ×24h 连续运行，系统配置双网，可进行负载均衡安排及通信故障自恢复；在数据安全性方面：系统具备完善的软件和数据的安全措施以及备份、恢复功能，防止人为破坏和病毒侵害。

4. 可扩展性与开放性原则

主站系统应满足开放性要求，支持异构混合平台并提供标准接口和服务，支持用户和第三方应用软件的开发及统一管理。采取有效技术措施实现配网自动化系统与相关系统数据信息的交互、集成、共享和综合应用，减少功能交叉和冗余，实现对配电网的调控一体化管理。遵循最新的 IEC61970/61968 等标准，实现信息交互模型 CIM/CIS（公用信息模型/组件接口规范）标准接口，同时采用先进的 CORBA 组件技术，达到系统的标准化、构件化，使系统具有更好的开放性，实现第三方应用功能或应用系统的即插即用。

利用软总线技术，主站系统实现具有实时处理效率的面向服务架构（SOA），通过增加和变更软总线的各个服务，满足供电企业配电自动化系统不断变化的功能需求；系统采用模块设计，便于扩展，网络节点、硬件设备、配电子站及配电远方终端的接入，软件功能模块等均具有可扩展性，可在条件具备之后增补开发新的应用功能。主站系统应满足配网调控一体化技术支持系统的功能要求，配电调度功能应满足智能电网调度技术支持系统建设框架和总体设计的要求。

2.1.3　配电子站建设原则

配电自动化子站为优化系统结构层次、提高信息传输效率、便于配电通信系统组网而设置的中间层，实现所辖范围内的信息汇集、处理或故障处理、通信监视等功能。配电子站分为通信汇集型子站和监控功能型子站。通信汇集型子站负责所辖区域内配电终端的数据汇集、处理与转发；监控功能型子站负责所辖区域内配电终端的数据采集处理、控制及应用。随着主站系统和通信网络的性能提升，目前主流采用的是通信汇集型子站，一般情况下不推荐配置监控子站。

作为主站系统与配电终端的一层设备，配电自动化子站主要实现所辖范围内配电终端上传信息的汇总、管理，并向配电主站系统转发，同时将从配电主站接收的控制命令下发至配电终端的功能。其建设原则如下：

1）当配电终端数量庞大，配电终端与配电主站之间直接通信较为困难，需要实现数据分层分类管理时，宜建设通信汇集型子站。

2）在尚未建设配电主站，但确需先期实现区域性馈线自动化与人机交互功能的，可配置监控功能型子站。

3）子站应根据配电自动化系统实际需求、配电网结构、通信等条件选择通信汇集型或监控功能型子站。

4）配电子站应设置在通信和运行条件满足要求的变电站或大型开关站内。配电子站应支持多种通信方式，通信规约应与配电终端一致并可根据实际需要灵活配置通信方式、扩充通信端口。

2.1.4 配电终端建设原则

配电终端是安装于中压配电网现场的各种远方监测、控制单元的总称，主要包括配电开关监控终端（Feeder Terminal Unit，FTU，即馈线终端）、配电变压器监测终端（Transformer Terminal Unit，TTU，即配变终端）、开关站和公用及用户配电所的监控终端（Distribution Terminal Unit，DTU，即站所终端）等。配电终端功能还可通过远动装置（Remote Terminal Unit，RTU）、综合自动化装置或重合闸控制器等装置实现。

1）配电终端应采用模块化、可扩展、低功耗的产品，具有高可靠性和适应性；配电终端的容量宜根据配电站所的发展需要确定，发展时间宜考虑10年；配电终端的结构形式应满足现场安装的规范性和安全性要求。

2）支持以太网或标准串行接口，与配电主站/子站之间的通信宜采用符合DL/T 634《远动设备及系统》和DL 451《循环式远动规约》标准的101、104通信规约和CDT通信协议。

3）根据不同的应用对象选择相应的类型，其中：

① 配电室、环网柜、箱式变电站、以负荷开关为主的开关站应选用站所终端（DTU）。

② 柱上开关应选用馈线终端（FTU）。

③ 配电变压器应选用配变终端（TTU）。

④ 架空线路或不能安装电流互感器的电缆线路，可选用具备通信功能的故障指示器。

⑤ 以断路器为主的开关站可选用保护与测控合一的综合自动化装置或远动装置（RTU）。

4）根据不同的应用场合选择终端配置类型，原则如下：

① 对于供电可靠性要求较高的线路设备，如有环网出线和重要负荷的开闭所、主干线环网柜、主干节点配电站房、有特殊要求的部分重要架空线路等，应安装可实现“三遥”终端设备。

② 对于负荷较密集且用户对供电可靠性有一定要求的混合线路进行“二遥”建设，可预留升级成“三遥”的空间。

③ 对于负荷较分散且用户对供电可靠性要求不高的一般架空线路，可按照实行“二遥”功能进行部署。在光纤网络无法铺及的地区，可以在线路的分支节点上装设带通信功能的故

障指示器。

④ 对于已装设远动装置（RTU）、综合自动化装置或重合闸控制器的开关设备，不再重复安装配电自动化终端设备。

⑤ 根据配网调度等应用需求，优先对环网以及重要用户相关配电设备及自动化终端进行改造。

2.1.5　信息交互建设原则

信息交互是基于消息传输机制，实现实时信息、准实时信息和非实时信息的交换，支持多系统间的业务流转和功能集成，完成配电自动化主站系统与其他相关应用系统之间的信息共享。依据“源端数据唯一、全局信息共享”原则，通过多系统之间的信息交换和服务共享，实现停电管理应用、用户互动、分布电源接入与控制等功能。

1. 信息交互的方式

配电自动化系统与其他系统间的信息交互推荐采用信息交换总线方式，基于IEC61970/61968标准，采用CIM模型和CIS接口规范，通过统一的标准来实现信息的共享，在此基础上采用面向服务架构（SOA），实现相关模型、图形和数据的发布与订阅。

2. 信息交互的安全性

若需实现大型部署系统与配电自动化系统信息交互，由信息交互总线负责实现穿越信息安全物理隔离装置和消息适配功能。在满足电力二次系统安全防护规定的前提下，信息交互总线应具有通过正/反向物理隔离装置穿越生产控制大区和管理信息大区实现信息交互的能力，确保各系统及其信息的安全性。

3. 信息交互的一致性

配电自动化系统和相关应用系统在信息交互时应采用统一编码，确保各应用系统对同一个对象描述的一致性。电气图形、拓扑模型和数据的来源（如上一级调度自动化系统、配电自动化系统、电网GIS平台、生产管理系统等）和维护应保证唯一性。

4. 对相关应用系统数据要求

配电主站可向相关应用系统提供配电网图形（配电网络图、电气接线图、电气单线图等）、网络拓扑、实时数据、准实时数据、历史数据、配电网分析结果等信息，也可从上一级调度自动化系统、生产管理系统、电网GIS平台、营销管理信息系统、95598系统等相关应用系统获取主要信息。

2.1.6　安全防护建设原则

配电自动化系统是将配电网在线数据和离线数据、配电网数据和用户数据、电网结构和地理图形进行信息集成，完成对电网正常运行及事故情况下的监测、保护、控制、用电和配电管理而构成的一个系统。系统的安全性将直接对电网安全产生影响，因而非常有必要建立一个完整的配电自动化安全防护体系。其建设必须符合的原则和规定有《电力二次系统安全防护规定》、《电力二次系统安全防护总体方案》、《配电网二次系统安全防护方案》、《中低压配电网自动化系统安全防护补充规定》。

安全防护分为四个部分：子站终端的安全防护（PI1）、纵向通信的安全防护（PI2）、主站的安全防护（PI3）和横向边界的安全防护（PI4）。子站终端的安全防护（PI1）是在子站终端设备上配置安全模块。对于纵向通信的安全防护（PI2）通过纵向加密认证装置或模块实现。自动化系统主站前置机应采用经国家指定部门认证的安全加固的操作系统，并采取严格的访问控制措施。配电自动化主站二次系统安全防护体系的建设应与系统同步建设。对于横向边界的安全防护（PI4）采用正反向隔离装置。

2.1.7 馈线自动化建设原则

馈线自动化是利用自动化装置或系统，监视配电线路的运行状况，及时发现线路故障，迅速诊断出故障区间并将故障区间隔离，快速恢复对非故障区间的供电。

对于供电可靠性有进一步要求，需实施馈线自动化的区域，应根据配电网网架结构和一次设备的现状，结合通信实施条件，合理选择下列馈线自动化主要方式：

1）配电主站与配电终端之间具备主从通信条件，且开关设备具备电动操动机构的配电线路，可采用集中型全自动方式。

2）通信通道性能不满足遥控要求或开关设备不具备电动操动机构的配电线路，可采用集中型半自动方式。

3）配电终端之间具备对等通信条件的配电线路，可采用就地型智能分布式。

4）不具备通信手段或通道性能不满足遥控要求的配电线路，可采用就地型重合器方式。

2.2 实施条件

2.2.1 对配电设备的要求

需要实现遥信功能的设备，应至少具备一组辅助触头；需要实现遥测功能的设备，应至少具备电流互感器，二次侧电流额定值宜采用5A、1A，宜具备电压互感器；需要实现遥控功能的设备，应具备电动操动机构。

为满足故障隔离、负荷转移和恢复对非故障用户的供电、提高供电可靠性的需求，应采用可靠性高、免检修、少维护、可电动操作的无油化开关设备，包括负荷开关、断路器、环网柜等设备。中压配网线路分段、联络设备应采用智能型的负荷开关、断路器或环网柜。中压配网线路分段、联络设备所配控制器（FTU/DTU）应具有保护功能、远动接口，支持常用电力标准通信规约。

配电设备新建与改造前，应考虑配电终端所需的安装位置、电源、端子及接口等。实施配电自动化的配电环网柜、开关柜等在安装时必须考虑预留配电终端的安装位置。

配电终端应具备可靠的供电方式，如配置电压互感器等，且容量满足配电终端运行以及开关操作等需求。配电自动化实施区域的配电站（所）应配置配电终端专用后备电源，确保在主电源失电情况下，后备电源能够维持配电终端运行一定时间及至少一次的开关分合闸操作。

2.2.2 对配电网络的要求

实施配电自动化建设与改造的区域，其配电网网架结构应布局合理、成熟稳定，且供电可靠性指标应已达到99.9%以上，不满足可靠性要求的区域，配电自动化建设与改造宜结

合配电网一次网架的建设与改造进行，配电网规划应考虑配电自动化建设和改造需求。

配电网应根据区域类别、地区负荷密度、性质和地区发展规划，选择相应的接线方式。配电网的网架结构宜简洁，并尽量减少结构种类，以利于配电自动化的实施。优先采用环网供电，开环方式运行，组成环网的电源应分别来自不同的变电站或同一变电站的不同段母线。未具备互连条件的辐射型线路为提高供电可靠性，可按就地智能化目标来规划并组织实施。当供电可靠性要求很高时，可采用来自不同变电站电源点的多回馈线组成双环网的接线方式。

中压配电网主干线导线截面应按中长期规划选型，相互联络的中压主干线路应有转移线路负荷电流的能力。实施馈线自动化的配电线路应满足供电安全 N-1 准则要求，具备负荷转供路径和足够的备用容量。实现配电自动化的网架宜简单、清晰，多联络线路的运行负载率高、经济性好，但复杂的联络关系给运行和维护带来较多困难，其实现自动化的难度和成本均较高，需提供较智能的主站系统和资深的运行维护人员。单辐射线路的供电可靠性较低，故障后无法通过配电自动化系统实现负荷转供。无法通过“N-1”校验的线路，在故障后也无法通过配电自动化系统实现负荷转供。推荐的环网供电的中压接线模式如图 2-1、图 2-2 和图 2-3 所示。

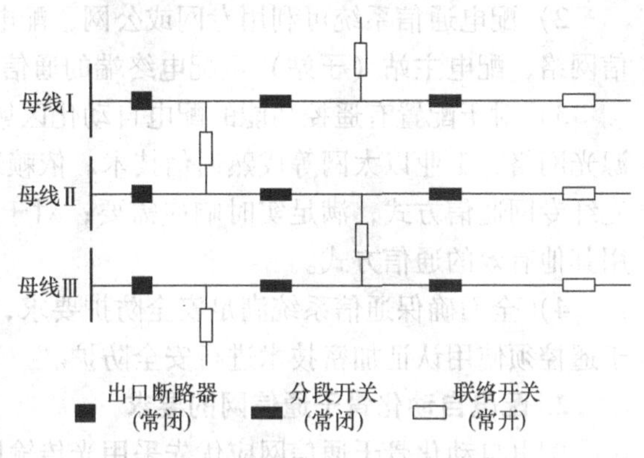

图 2-1　多分段适度联络

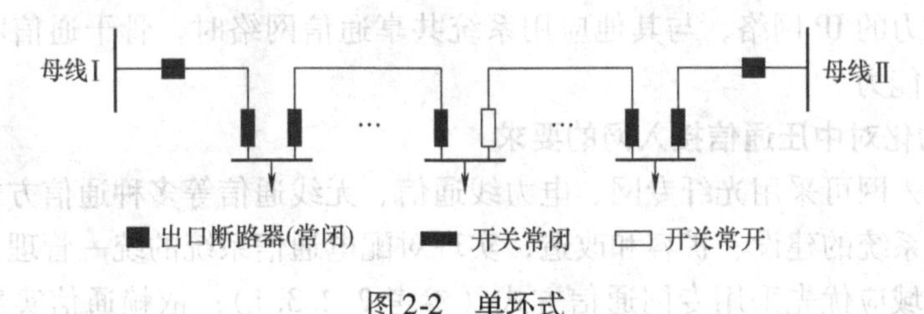

图 2-2　单环式

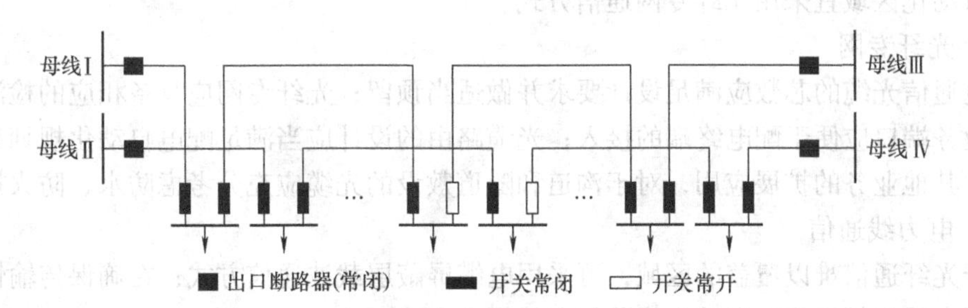

图 2-3　双环式

配电网设计、建设和改造时应考虑通信网络设计、建设和改造，预留通信管道。

2.2.3　对通信通道的要求

1. 基本要求

配电自动化对通信系统的要求，主要取决于网络的整体规模、接线的复杂程度、自动化系统的功能要求及所要达到的自动化水平等。配电通信系统作为配电网各类信息传输的载体，在建设和改造时应充分考虑并满足配电自动化系统的需求，以覆盖全部配电终端为目的，为配电终端信息接入提供符合要求和标准的通信网络。应根据实施区域具体情况选择适宜的通信方式，实现规范接入。

1）配电通信系统的建设和改造应充分利用现有通信资源，完善配电通信基础设施，避免重复建设。在满足现有配电自动化系统需求的前提下，结合配电网改造工程较多、网架变动频繁的现状，充分考虑业务综合应用和通信技术发展前景，统一规划、分步实施、适度超前，提高通信基础设施利用率。

2）配电通信系统可利用专网或公网，配电主站与配电子站之间的通信通道为骨干层通信网络，配电主站（子站）至配电终端的通信通道为接入层通信网络。

3）对于配置有遥控功能的配电自动化区域应优先采用光纤专网通信方式，可以选用无源光网络、工业以太网等成熟通信技术。依赖通信实现故障自动隔离的馈线自动化区域采用光纤专网通信方式，满足实时响应需要；对于配置“两遥”或故障指示器的情形，可以采用其他有效的通信方式。

4）全面确保通信系统满足安全防护要求，所有通信方式，包括光纤专网通信在内，对于遥控须使用认证加密技术进行安全防护。

2. 配电自动化骨干通信网的要求

配电自动化骨干通信网应优先采用光传输网络，在条件不具备的特殊情况下，也可采用其他专网通信方式作为补充，并充分利用光传输网络链路层和业务层的保护功能，形成具有动态路由迂回能力的IP网络，与其他应用系统共享通信网络时，骨干通信网应具备支持虚拟专网（VPN）能力。

3. 配电自动化对中压通信接入网的要求

中压通信接入网可采用光纤专网、电力线通信、无线通信等多种通信方式，并应同步考虑通信网络管理系统的建设、扩容和改造，实现对配电通信系统的统一管理。具备遥控功能的配电自动化区域应优先采用专网通信方式（参考2.2.3.1）；依赖通信实现故障自动隔离的馈线自动化区域宜采用光纤专网通信方式。

（1）光纤专网

配电通信光缆的芯数应满足设计要求并做适当预留；光纤专网应具备相应的检测和管理功能，业务端口应便于配电终端的接入；光缆路由的设计应当满足配电自动化规划布局的要求，兼顾其他业务的扩展应用，对于沟道和隧道敷设的光缆应充分考虑防水、防火措施。

（2）电力线通信

对于光纤通信难以覆盖的区域，可采用电缆屏蔽层载波通信方式；在确保传输性能情况下，应优先采用便于施工和减少线路停电的耦合方式。

（3）无线公网通信

无线公网通信方式宜选择GPRS/CDMA/3G通信技术，应符合相关安全防护和可靠性规定要求，采用可靠的安全隔离和认证措施，支持用户优先级管理，并宜以专线方式建立与运营商间高可靠性的网络联接。

（4）无线专网通信

无线专网通信方式宜选择符合国际标准、多厂家支持的宽带技术。

(5) 微功率（短距离）无线通信

微功率（短距离）无线通信覆盖范围较小，可用于其他通信方式难以覆盖的配电自动化终端的本地组网，并利用其他通信方式作为远程信道完成配电自动化终端的网络接入；微功率（短距离）无线通信使用的频段和发射功率应符合国家无线电管理的有关频率划分和功率限制的规定；微功率（短距离）无线通信接入应符合相关安全防护规定要求。

2.3 规划要求、步骤与内容

2.3.1 规划总体要求

配电自动化系统规划应满足以下五点总体要求：

1）配电自动化的建设与改造规划应与一次网架的规划同步进行，在进行本地区配网建设和改造的规划设计时，应将配网自动化系统的规划设计纳入其中，统一协调配合，以保证改造后的配网在供电可靠性、电压合格率以及技术与经济效益等方面目标指标的实现。

2）配电自动化的建设与改造规划分为近期和中远期规划。配电自动化的近期规划，主要是根据一次网架规划及项目立项情况，收集配电自动化建设与改造的需求、方案，并进行评审，建立配电自动化建设与改造项目库。配电自动化中远期规划，主要是根据一次网架、区域用地性质和负荷预测情况等，选择自动化实施区域，并制定分阶段实施方案。配电自动化主站系统应根据应用需求及自动化技术发展情况、远景，制定相应的功能规划。

3）配电自动化建设与改造项目分为新建和扩建两类。新建项目指项目单位首次开展配电自动化系统建设的项目；扩建项目指在已有配电自动化系统基础上进行扩建的项目，包括除新建项目外，所有的配电自动化建设与改造工作。

4）配网自动化规划应注重差异化。由于各地市配网规模差异较大，相应的配网基础条件和管理模式上也可不尽相同，在考虑配网自动化建设时应针对具体情况而有所区别，因地制宜地选配功能，逐步实现配网自动化系统建设实施规范化和设备选型标准化的目标。

5）配电自动化规划应综合考虑经济效益和社会效益，从提高供电安全性和可靠性，提高工作效率和管理水平，减少运行维护费用和各种损耗，推迟电源建设投资，改善社会公众形象等各方面进行分析，在可能条件下尽量进行定量分析，计算投资效益。

2.3.2 规划实施步骤

配电自动化建设与改造规划应立足于目前实施配网自动化的现状，总结国内配网自动化建设与运行的经验和不足，参考国外成功经验，从满足供电企业配网运行管理主要需求出发，确定本次规划的总体原则和系统总体结构，制订合理的、科学的分阶段实施方案和投资估算，最终给出完整、全面的配网自动化规划。

一般实施步骤如下：

1）针对地区经济和电网发展现状，结合供电企业需求，确定配电自动化建设与改造的规范范围和年限。规划范围划分原则宜与行政区划分或配电网架规划区域划分原则一致，并在规划中清晰界定各规划分区域的地理范围。规划年限应明确目标年限，即规划水平年，近期规划一般以 3 年为限，中远期规划一般以 5 ~ 10 年为限；由于我国大部分城乡经济发展水平较快，配电网建设与改造变化较大，不宜对中远期的规划项目和投资估算的准确和详细程度上要求太高。

2）规划编制工作应建立在对现状充分了解的基础之上，因此，规划人员宜以本章第2.2节提到的实施条件为依据，在规划区域内开展面向配电自动化的配网现状分析，收资形式可分为资料搜集、口头咨询、现场勘查等，内容涵盖社会经济概况、配电网架及运行情况、配电一次设备现状、配电自动化系统现状、配电通信系统现状、配电管理现状、配网调度运行现状等。规划要广泛征求有关部门意见，由于配电自动化涉及运维检修、发展策划、调度控制、营销用电、信息科技、设计科研等部门和配电、自动化、通信、继电保护、运行方式、调度运行等专业。因此，规划要明确组织牵头单位，编制过程中要广泛征求各部门、各专业的意见，最终要经过各专业有丰富实际经验的专家评审，以保证其可行性、合理性、先进性。

3）综合供电企业具体需求和规划区域现状分析，确立本次规划的总体目标，并明确规划水平年应达到的关键量化指标。在总体目标下，具体描述配电网架及设备优化、配电主站、配电自动化终端子站、配电通信系统等方面的规划目标。

对于总体目标要明确分阶段实现的目标，通常对于一个新实施的配电自动化系统，大致分为以下几个阶段：

① 试点建设阶段。选择对所在供电企业具有典型代表意义的区域或配电网络，建立小规模试点系统。通过试点考察设备（验证开关、户外控制装置运行的可靠性），对一些重要问题进行现场验证（如通信系统、通信规约、控制方式等重要问题经现场实际运行加以掌握），验证系统方案、研究运行管理模式，确定适合本地的通信系统方案，研究有效的系统功能，探索与之相关的管理体制等。

② 扩大完善阶段。由于试点建设阶段一般范围较小，有时不能全面反映系统实际运行会遇到的问题，系统的规模效应也不能体现，在这种情况下，在试点基础上有必要进一步扩大范围的系统建设和试验运行，以全面检验方案的可行性、系统的实用性、技术的成熟性，充分发挥规模效益。

③ 发展提高阶段。通过较大范围的应用，从技术、设备、人员、管理等方面建设和规范化管理，配电自动化系统在配电运行和管理中发挥了积极作用。为了使其进一步发挥更高级的作用，在条件许可情况下，进行高级功能提升和自动化实现方式拓展。

4）对于现状分析中发现不满足实施条件的配电网架和设备，应先进行改造，但是宜结合配电网一次网架的建设与改造进行，避免仅为实施配电自动化而对配电一次网架进行大规模改造；因此，规划人员需要编制面向配电自动化的配电网架与设备优化规划。优化规划将对相应年限内原有的配电网络规划方案中涉及规划范围的部分进行分析，并提出网架优化方案和设备改造建设内容。

5）开展配电自动化主站规划，依据规划目标，编制配电主站系统建设原则、体系结构、功能配置、软硬件配置和信息交互平台建设等内容。

6）开展配电自动化子站规划，依据规划目标，编制配电子站建设原则、体系结构、功能及技术指标、建设实施等内容。

7）开展配电自动化终端规划，依据规划目标，编制配电终端建设原则、技术要求、建设实施、规模分析等内容。

8）开展配电自动化通信规划，依据规划目标，编制配电通信系统建设原则、体系结构、建设实施等内容。

9）开展信息安全防护规划，依据规划目标，编制信息安全防护建设原则和建设实施等内容。

10）配电自动化建设与改造是系统性工程，为保证配电自动化主站、子站、终端规划和配电网络及设备优化规划的顺利实施，建议编制分阶段实施规划，可分为初步建设、推广完善、发展提高等阶段，明确各阶段各分区的规划目标和建设内容。

11）配电自动化在我国覆盖的程度集中在社会经济发达的部分城市，近年来才逐渐扩大建设与改造的规模和范围；为弥补技术标准和运行管理方面的不足，从而保障后续配电自动化系统健康有序运行，建议配套编制两个方面内容，一方面是系统各部分的技术标准要求，另一方面是系统全过程运行管理职责和要求。

12）配电自动化建设在2000 年年初曾经在全国很多城市甚至农村地区一时兴起，然而，很多供电企业对投资估算和建设效益的量化分析不足，导致一些地方出现了虎头蛇尾的现象。因此，在规划中应专门进行投资估算和建设效益的量化分析，从而修正规划方案，提高配电自动化建设改造的科学合理性和投入产出比。

2.3.3　面向配电自动化的配网现状分析内容

作为配电自动化规划编制的前提，面向配电自动化的配网现状分析是指以配电自动化实施条件为依据，在规划区域内开展的配网现状分析。内容涵盖社会经济概况、配电网架及运行情况、配电一次设备现状、配电自动化系统现状、配电通信系统现状、配电管理现状、配网调度运行现状等。

1. 规划区域概况

1）统计规划区域的供电行政区域和面积，分析区域定位、用电水平、用户性质、可靠性要求等。

2）统计规划区域内变电站、电缆及架空类中压馈线、开闭所及环网柜、主干节点配电站房、柱上开关、公用配变等配电设备数量。

3）绘制规划区域地理图、中压配网地理接线图及电气接线图。

4）统计规划区域主要供电技术经济指标，如售电量、最大负荷、供电可靠性等。

2. 配电网架及运行情况

1）分析变电网络、中压网络结构类型和联络情况，并对中压网络进行 N-1 供电安全性校验，从而梳理出单辐射、联络关系复杂、无法通过 N-1 校验等需要优化改造的中压馈线。

2）绘制规划区域内中压馈线典型接线图和电气接线图。

3. 配电一次设备情况

普查、梳理配电自动化实现遥测、遥信、遥控功能的配电一次设备情况，分类统计开闭所及环网柜、主干节点配电站房、柱上开关等设备配置电流互感器（TA）、电压互感器（PT）、辅助触头以及电动操动机构、后备电源的情况，并检查是否可预留安装终端的尺寸空间，估算自动化改造的成本、可行性、必要性。

4. 配电自动化系统现状

1）绘制规划区域现有配电自动化系统结构图。

2）统计分析配电主站、子站、终端及通信系统建设现状。

5. 配网管理现状

分析供电企业现有与配电网管理及配电自动化设备建设运维管理相关的部门、班组的机构设置、职责分工、运作情况。如某供电企业的配电运维检修工区负责中压配电设备的运行操作、事故处理和工作许可与终结，配网调度组、工程建设班、操作抢修班、电气运检班、线路运检班和带电作业班6个班组，开展配网故障抢修的物资派送和人员调配，市区内中压及以下配电网络的抢修与维护，95598报修工单的接派单及跟踪指导工作，指挥市区内0.4kV配电网络运行操作和事故处理等。

6. 配网调度运行现状

分析配网调度机构设置、职责分工、运作情况。

一般有两种类型。一种是按统一调度、分级管理原则，采用地区调度控制中心、配网调度控制中心二级调度管理，各级调度机构在电网运行工作中是上、下级关系。中压及35kV供电网络由地区调度控制中心管辖，中压配电网络由配网调度控制中心管辖。两者管辖分界如下：220kV及以下变电站变压器中压侧开关由前者管辖；变电站所有中压母线包括连接在母线上的电压互感器和避雷器、母联开关单元、馈线开关单元、电容器组、消弧线圈、接地变、接地检测装置以及上述设备的继电保护和安全自动装置由后者管辖。

另一种是将供电企业的配网调度控制中心并入地区调度控制中心。其配网管理职责将包括负责城区10kV配网调度、配网异常和事故处理；受理配网停役申请单；编制、执行城市配网的运行方式和检修计划；10kV馈线开关、配电站所开关定值的计算及用户侧进线总开关继电保护定值边界限额下达和核校；配电自动化职能管理及主站系统的规划、筹建、调试、维护；配电自动化设备在线监视及遥控操作；配电网运行分析，参与配电网事故分析与调查；参与配网业扩、网改方案审查，对配网规划、建设提出合理性建议；配电通信的职能管理、技术监督和通信网规划等内容。

2.3.4 面向配电自动化的配电网架与设备优化规划内容

依据“面向配电自动化的配网现状分析”的统计分析结果，对于现状分析中发现的不满足实施条件的配电网架和设备，在经过技术经济性评估后应进行配电自动化改造；因此，规划人员需要编制面向配电自动化的配电网架与设备优化规划。优化规划将对相应年限内原有的配电网络规划方案中涉及规划范围的部分进行分析，并提出网架优化方案和设备改造建设内容。

1. 配电网架优化规划

通过对规划区域地理特征、负荷发展特点、电源分布情况的分析提出适合的配电网自动化发展的规划水平年目标网架，结合现状年配电网网架结构的特点和目标供电模型提出相应的网架优化方案。

1）分析地理特征、负荷发展特征、配网电源分布特征，绘制地理、负荷、电源分布特征图。

2）制定网架优化原则。配电网的网架结构宜简洁，并尽量减少结构种类，以利于配电自动化的实施。其原则如下：

① 单电源辐射接线应逐步改造成为单联络或多联络接线，但联络数一般不宜超过三个

以免造成转供方式复杂。

② 架空线路原则上采用多分段适度联络接线模式。

③ 电缆网架结构应根据功能分区选择单环网、多环式等模式。

④ 在既有架空线路又有电缆线路的混合类型网架中，根据实际情况，灵活采用上述各种接线模式。

⑤ 线路不具备负荷转供条件的区域，可对线路的供电方式进行适当地改造（如新增线路和改变联络关系等），使其满足供电安全 N-1 准则要求。

3）提出适合配电自动化发展实施的规划水平年目标网架，并据此分析统计需要建设和改造的中压馈线。

4）网络的优化可结合负荷的发展和新增电源点的配套出线对网架进行优化，也可通过改变运行方式来简化网架结构。根据优化原则分年度分片区分馈线制定网络优化方案。

2. 配电设备改造规划

一次设备的自动化升级改造是开展配电自动化的设备基础，配电自动化的实施应充分尊重配网一次设备的现状情况，不宜对一次网络有大规模的改造，对新建配电网络，应根据实施配电自动化的要求对配网一次设备结构进行优化，在设备选型、运行方式等方面创造基本的自动化控制条件。

1）制定配电设备改造和建设原则，其原则如下：

① 对于供电可靠性要求一般的线路，可以在现有的线路和设备条件下进行“一遥”或“两遥”的配电自动化建设。若部分设备不具备条件，可通过加装电流互感器和辅助触头来实现相应功能。

② 对于供电可靠性要求较高且开关设备具备电动操动机构的线路，可以在现有的线路和设备条件下进行“三遥”的配电自动化建设。

③ 对有环网出线和重要负荷的开闭所、主干线环网柜、架空干线联络开关等，若不具备实现“三遥”的条件，宜对其开关设备进行相应改造，如改造电动操动机构、加装辅助触头，安装 TA 和 PT，拓展安装空间等，使其具备实现配电自动化“三遥”的条件。

④ 运行年限长，主要结构、机件陈旧，故障率高的设备不宜进行自动化改造，若需实施配电自动化则建议更换靠性高、免检修、少维护、体积小、重量轻，可电动操作、带通信接口、可根据需要配置控制器的设备。

2）根据配电设备规划目标和上述改造建设原则，对需要实现遥测、遥信、遥控等配电自动化功能的配电一次设备，分年度分片区分设备类型制定自动化升级改造方案。

2.3.5　配电自动化系统各组成部分规划内容

1. 配电主站规划

1）参考 2.1 节制定建设原则、分阶段不同的规划目标并编制分阶段实施方案。

以某供电企业的主站系统的规划目标为例。该单位配电主站系统将按照“统筹规划、分步实施”的原则在规划期内分两个阶段进行建设：初期将按照标准型主站系统配置进行建设，期间逐步过渡成集成型主站系统。第一阶段，配置 SCADA 功能和集中型馈线自动化功能，能够通过配电网自动化系统主站和配电远方终端的配合，实现配电网故障区段的快速切除与自动恢复供电，并可通过与上级调度自动化系统、生产管理系统、配电网 GIS 平台等其他应用系统的互连，建立完整的配电网模型，实现基于配电网拓扑的各类应用功能，为配电网生产和调度提供较全面的服务。第二阶段，通过信息交互总线实现配电网自动化系统与相关应用系统的互连，整合配电信息，外延业务流程，扩展和丰富配电网自动化系统的应用功能，支持配电生产、调度、运行及用电等业务的闭环管理，为配电网安全和经济指标的综合分析以及辅助决策提供服务。

2）参考3.2节和3.7节编制配电主站的架构设计、功能要求、软硬件配置、信息交互建设等内容。绘制配电自动化主站系统整体架构图、典型主站系统配置图，完成配电网自动化系统与相关应用系统的信息交互图、主站系统功能配置表、硬件配置方案及组件清单、软件配置方案及模块清单、信息交互平台软硬件配置清单等。

2. 配电子站规划

1）参考2.1节制定建设原则，制定分阶段不同的规划目标，编制分阶段实施方案。

2）参考3.3节编制配电子站的架构设计、功能及技术指标、建设规划等内容。绘制配电自动化子站系统体系架构图、分年度子站系统建设概况示意图，完成子站典型配置清单等。

3. 配电终端规划

1）参考2.1节制定建设原则，分阶段制定不同的规划目标并编制分阶段实施方案。

以某供电企业为例，其提出统筹考虑系统建设的实用性、先进性，规划对供电可靠性要求较高，带开闭所、环网柜和配电站的电缆线路进行“三遥”建设，实现故障判断、故障自动隔离及非故障区段快速恢复供电等馈线自动化的功能。对于负荷较密集且用户对供电可靠性有一定要求的混合线路进行“二遥”建设，并预留升级成“三遥”的空间。对于负荷较分散且用户对供电可靠性要求不高的一般架空线路可按照实行“二遥”功能进行部署或不进行自动化建设。这类架空线路可采用馈线终端实现自动化，也可采用带有通信功能的故障指示器实现对线路的监测和故障报警。

再以某供电企业为例，其提出构建坚强智能配电网的建设目标，本着从主到次、统筹规划、逐年分梯度有序地开展建设的思路，实现馈线故障区域的自动隔离，非故障区域恢复供电，有效降低区内故障率，缩短线路故障处理时间，实现馈线信息远程监控和对重要一次设备的远程操控，于规划目标年实现规划内信息节点的全覆盖，全面实现配电自动化，有效提升配电自动化水平。

2）参考3.4～3.6节和3.10节编制配电终端的技术要求、建设规划、规模分析等内容。在开闭所、环网柜、配电站房、柱上开关、配电线路分支等关键节点上配套建设站所终端（DTU）、馈线终端（FTU）和带有通信功能的故障指示器等监测设备，使得规划区域内配电设备实现自动化功能。绘制终端布点图、各类终端占比图等，分年度完成馈线功能规划表、三遥功能站所终端（DTU）建设项目表、二遥功能站所终端（DTU）建设项目表、三遥部署两遥功能的馈线终端（FTU）建设项目表、二遥功能馈线终端（FTU）建设项目表、带通信功能故障指示器建设项目表等。

4. 配电自动化通信规划

1）参考2.1节制定建设原则，通信网络系统的建设可分为骨干层和终端接入层两部分，其中骨干通信层又可分为主站层和子站接入层两部分。

以某供电企业为例，其根据“统筹规划、分步实施”的建设原则，骨干层通信网络的

建设将与主站和子站系统的建设同期进行，光缆的建设将均沿电力走廊进行敷设，地上部分与电力杆塔同杆架设，地下部分与电力电缆同沟敷设。终端接入层通信网络的建设将结合各个配电子站及所辖配电终端的建设情况，采用同期进行建设的思路，以各配电子站终端隶属区域内各通信子站所处的地理位置进行统筹安排，拟从各通信子站建设光缆线路延伸至下辖开闭所、环网柜或配电站变压器侧，形成规划范围内信息接入量全覆盖的接入层通信网络。

2）按照通信系统建设原则，结合自动化终端建设和主站、子站系统的建设内容，参考 3.9 节，编制配电网通信的体系结构、建设规划等内容。绘制配电自动化通信网络架构图，分年度完成三遥节点通信网络建设规模表、二遥节点通信网络建设规模表等。

3）有条件的地区，可规划建设在配电主站端配置的配网通信综合网管系统，实现对配网通信设备、通信通道、重要通信站点的工作状态统一监控和管理，包括通信系统的拓扑管理、故障管理、性能管理、配置管理、安全管理等。配网通信综合网管系统一般采用分层架构体系。集中监控主站系统将设置于主站系统内，在各配电子站设立相应的通信监控分站系统，分站向主站发送所采集的各种数据，通信监控分站到通信监控主站通过骨干光纤通信网的以太网通道进行通信联接。每个监测子站将监测所辖的所有子环网线路，并监测相邻的主环线路，实时监测被测线路上的光功率值，实现光纤实时告警功能。各个监测分站的测试结果和告警信息通过 TCP/IP 通道上传到监控主站，由主站统一进行数据汇总、分析、统计，对传输系统、通信设备、通信电源、通信业务电路及其机房环境等各种网络资源进行综合监测，绘制配电通信网监控系统的体系架构图等。

5. 信息安全防护规划

1）参考 2.1 节制定建设原则、分阶段不同的规划目标，编制分阶段实施方案。

2）参考 3.8 节编制信息安全防护的架构设计、主站及子站终端安全防护建设规划、纵向通信及横向边界安全防护建设规划等内容。

2.3.6　投资估算与效益分析内容

1. 投资估算

1）列出各部分配电自动化建设及改造内容的单价。

① 配电自动化规划建设所涉及的对各种一次开关设备，如开闭所、环网柜、配电站房、柱上开关进行的加装 TA/PT、辅助触头、电操动机构和拓展内部空间的改造单价。

② 站所终端（DTU）、馈线终端（FTU）和带通信功能故障指示器终端、通信等部分的建设单价。

③ 主站软硬件系统、子站软硬件系统、信息安全防护的建设造价。

2）依据面向配电自动化的配电网架与设备优化规划、配电自动化系统各组成部分规划的建设规模，完成配电设备自动化改造、配电自动化终端建设、配电自动化通信设备建设、配电自动化主站/子站/安全防护系统建设等各部分投资费用估算。

2. 效益分析

配电自动化的实施应用后，带来多方面的效益，可以从经济效益、管理效益、社会效益来分析论述。

（1）经济效益分析

对配电自动化的经济效益分析将主要从增售电量效益、降低线损率效益、提高运行可靠性效益和降低经营成本效益四个方面进行阐述。

1）增售电量效益分析。随着配电自动化改造建设的实施，配电主干网转供能力不足的问题将得到解决，故障隔离、处理的时间将得到有效缩短，将极大地提高规划区域内供电质量和供电可靠性，售电量有望获得较大增长，从而带来巨大的经济效益。

2）降低线损率效益分析。通过配电自动化体系的建设，规划区域内配电网的线损率将得到有效地降低。线损率的下降可减少购电总量，降低购电成本和减少企业的经营成本，同时减少电力无谓的损耗将减少发电而产生的空气污染，产生环保方面的社会效益。

3）提高运行可靠性效益分析。配电自动化建设实施后，将采用遥控的操作方式对重要一次设备的正常检修实施倒闸操作，这必将有效地缩短设备停电、供电操作时间，有效地减少用电用户的平均停电时间，提高电网的电压合格率和供电可靠率。

4）降低经营成本效益分析。配电自动化改造建设可通过降低线损带来一定的节能效益，从而减少供电企业的购电费用，进而减少经营成本，同时，通过配电自动化的实施应用，经营成本中一些项目也可得到不同程度地降低。配电自动化的改造建设除了加强以主干网开关遥控为基础的远程操作，还通过"一遥"、"二遥"等手段实现整个配电网络的运行监测和故障自动/半自动定位，由于不对一次设备做大规模改造，提高了设备利用率，有效地延长了设备的投资周期，将有效减少每年设备的维护费用和材料费用。

（2）管理效益分析

对企业管理而言，配电自动化的实施应用具有以下意义：

1）可提高对配电网的运行监控能力，实现配电网运行的全面实时监控，合理安排配网运行方式和维修计划，提高日常工作效率和生产管理水平。

2）可大大缩短配电网的故障停电时间，实现故障的快速定位、隔离和恢复供电，缩短人工查找和处理故障的时间；采用遥控方式对重要一次开关设备进行操作，有效减少了人工操作，降低了作业风险，减轻了生产运行人员劳动强度；而且还可缩小故障影响范围，提高故障处理速度，提升用户满意度和客户服务水平，切实提高用户供电可靠性。

3）实现配电网各个应用系统的数据整合、共享，统一调度管理平台，实现配电网系统的规范化及集中、精细化管理，提高工作效率的同时提升配网管理水平。

4）掌握配电网运行情况，结合历史数据的分析可以合理安排和及时调整配网运行方式，实现全局的无功优化控制，提高供电质量，为配电网的建设发展提供依据。

5）对供电可靠性、线损率和电能质量等指标给出更加科学、准确的统计数据，为给出合理的决策支持信息，制定更加科学的电网建设方案和发展规划，制定科学合理的管理制度和工作考核制度提供更加可靠的数据支撑。

6）针对配电自动化系统，出台新的管理办法，加大管理力度，实现企业的精益化管理，对配电服务水平、工作效率以及人员素质的提升有很大的帮助，不仅有助于企业降低成本、提高效率，对改善企业形象、开拓电力市场也有很大的帮助。

（3）社会效益分析

配电自动化实施建设后所产生的社会效益可分为用户效益、行业效益以及宏观效益三个方面。其中用户效益包括用户经济收益以及用户满意度的提升；行业效益包括行业经济效益以及行业综合效益；宏观效益包括拉动经济增长、减少空气污染、改善投资环境等方面的成效。

据调研，由于电网供电可靠性及电能质量的问题，因停电原因每年对工业用户、商业、居民用户及其他电力用户均将造成巨大的直接或间接的经济损失，而且停电损失会随着经济增长和人均收入的增加而逐年增加。配电自动化实施建设后，随着电能质量、负荷转供能力和配电网可靠性的提高，将使各类电力用户减少停电损失的同时创造更多的经济效益。同时，通过新设备的投入及对配电网络的优化，电网的供电可靠性和电压合格率将得到较大的改善，将大幅度地降低用户的非计划停电时间，提升用户用电满意度。

同时，配电自动化的建设对电力行业的长远发展具有很重要的意义。配电自动化建设完成后，规划区域内保供电能力将提升到一个新的阶段，通过增售电量等环节将给发电企业带来丰厚的经济效益。同时，配电自动化改造工程的实施将使电力系统内设计、建设、施工等单位企业同时受益。并且，通过配电自动化的建设，电力企业经广泛宣传，在改进设备和技术的同时加强管理，提高员工素质，改善服务水平，将树立一个全新的形象。

从宏观上，配电自动化建设是一项投资大、工期长的大工程，在建设过程中将使配电设备及材料制造厂家直接受益。由于投资的倍增效应，一些与配电自动化改造工程不直接相关的行业如：机械加工、建筑材料、设计和科研单位均将间接受益。配电自动化建设完成后，由于线损率的降低每年可节约大量电能，这将减少电力生产过程中的污染物排放，从而减少了治理费用和污染物带来的损失。另外非计划停电次数的减少和售电量的增加意味着广大用户更多地采用电能这一清洁能源替代煤气、天然气等一次能源，这同样起到了减少空气污染的作用。

配电网是政府改善投资环境、扩大对外开放、发展外向型经济的必要基础设施。配电自动化建设工程的实施将使规划区域基础设施水平进一步提高，从而带来投资环境的进一步改善，为招商引资创造良好的投资环境。以基础设施建设为主要内容的投资环境的改善还可以使外向型企业得以增加收入，促进自身与本地区共同健康、稳步地发展。

第3章 配电自动化系统设计选型

3.1 一次设备的特性与选型

3.1.1 断路器

断路器是配电网中最主要的开关设备，正常时用以切断和接通正常负荷电流，发生短路故障时通过继电保护装置的作用自动切断短路电流。

1. 型号及技术参数

（1）型号

断路器根据其装设地点的不同，分户内和户外两大类；按其灭弧原理的不同，可分为油（少油或多油）断路器、气吹（空气或六氟化硫）断路器、真空断路器和磁吹断路器等。目前，配电网中常用真空断路器和 SF_6 断路器。

断路器的型号，由字母和数字两部分组成，即：

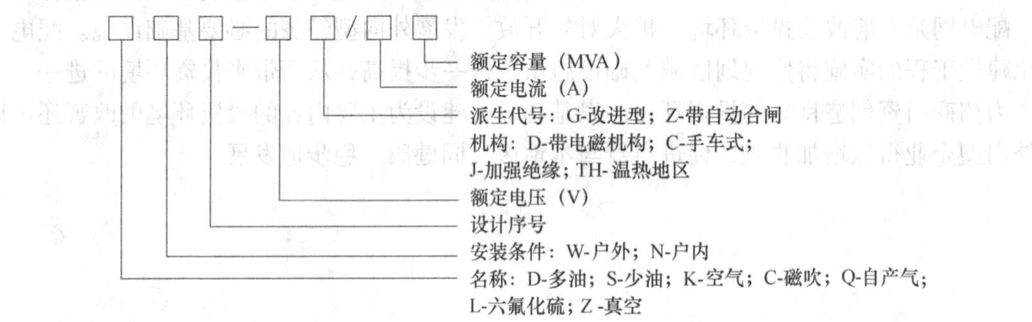

例如，ZN-10/600 型，表示额定电流为 600A，额定电压为 10kV 户内真空断路器。

（2）技术参数

1）额定电压 U。指允许连续工作的线电压，额定电压决定了相间和相对地的绝缘水平，是考虑各部分间的距离和外形尺寸的主要依据。对于用于配电网的断路器，额定电压有 3kV、6kV 和 10kV 等。

2）最高工作电压。考虑到电网的电压降落，变压器出口端电压应高于线路额定电压，位于变压器出口位置的断路器可能在高于额定电压下长期工作，因此规定断路器有一最高工作电压。配电网中，断路器最高工作电压有 3.5kV、6.9kV 和 11.5kV 等。

3）额定电流。指断路器长期允许通过的工作电流。在此电流下断路器各部分温升不得超过规定的容许值。额定电流的大小，主要是由断路器的触头结构及导电部分的截面决定的。断路器额定电流有 630A、1000A、1250A、2000A 和 3000A 等。

4）额定断路电流（或额定断路容量）。指断路器在额定电压下能开断的最大电流，是断路器开断能力的标志，其大小取决于灭弧结构和介质。当电压低于额定电压时，容许短路

电流可以超过额定断路电流，但不是按电压降比例无限增长，而是有一极限值，即为极限开断电流。

5）额定遮断容量（MVA）。表明了断路器的分断能力，又称为额定断流（开断）容量。通常用额定开断电流与额定线电压的乘积来表示

$$S_{ed}=\sqrt{3}I_{ek}\cdot U_{ex} \tag{3-1}$$

式中，S_{ed}表示额定遮断容量（MVA）；I_{ek}表示额定开断电流（kA）；U_{ex}表示额定线电压（kV）。

额定遮断容量的大小决定了断路器灭弧装置的结构和尺寸。

6）动稳定电流。表明断路器所能承受短路电流产生的电动力效应，即断路器在该力作用下，各部分机构不发生永久性变形或破坏。在冲击短路电流作用下，承受电动力的能力。动稳定电流的大小由导电及绝缘等部分的机械强度所决定。

7）热稳定电流。指断路器所能承受短路电流热效应的能力，即在此电流作用下，断路器各部分温升不超过短时允许的最高温升。

8）合闸时间。指合闸线圈通电起至三相触头全部接通为止所经过的时间。

9）分闸时间。指分闸线圈通电起至三相电弧完全熄灭时为止所经过的全部时间，等于断路器的固有分闸时间加上燃弧时间。

（3）断路器的基本要求

由于断路器要在正常工作中接通和切断负荷电流，在故障时切断短路电流，并受装置环境变化的影响，所以对它的基本要求是：在各种情况下都应具有足够的开断能力，具有尽可能短的动作时间和高度的工作可靠性；能够实现自动重合闸及结构简单等。

2. SF_6 断路器

SF_6 断路器是采用高绝缘性能的 SF_6 气体作为绝缘和灭弧介质的气吹断路器。SF_6 气体是目前最理想的灭弧介质和绝缘介质。纯净状态下，SF_6 气体是无色、无味、无毒、不燃烧的惰性气体，相对密度是空气的5.1倍。SF_6 气体绝缘性能约为空气的2.5～3倍，灭弧能力比空气高出近百倍，因此采用 SF_6 作为设备的绝缘介质和灭弧介质，既可大大缩小设备外形尺寸，又可利用简单的灭弧结构达到很大的开断能力。此外，SF_6 气体不含氧（O）和碳（C），不存在触头氧化和介质绝缘下降的问题，延长触头使用寿命以及检修周期。

根据 SF_6 气体的压力系统不同，SF_6 断路器分为双压力式结构和单压力式结构两种。

双压力式 SF_6 断路器内部分为高压力区和低压力区，低压力区的 SF_6 气体主要作为断路器的内绝缘，高压力区的 SF_6 气体只在断路器断路过程中，用来吹熄电弧。

单压力式 SF_6 断路器内 SF_6 气体只有一种较低的压力（0.3～0.5MPa），作为断路器的内绝缘。在断路器断开过程中，由动触头带动活塞压气或抽气，造成短时气压升高，吹熄电弧。当断路器的分断动作完成后，压气作用亦停止，触头间又恢复低压力的气体状态。

由于单压力式结构较简单，易于制造，气体压力低，SF_6 气体在低温下无液化问题，可靠性高，维护容易。因此，SF_6 断路器多采用这种变开距的灭弧方式。如LN1、LN2型断路器均为单压力式结构。图3-1所示为LN2-10型户内式 SF_6 断路器外形结构，断路器三极装在一个箱底上，内部相通，箱内有1根三相联动轴，通过3个主拐臂、3个绝缘拉杆操动导电杆，每极分为上下两个绝缘筒，构成断口和对地的外绝缘，内绝缘则用 SF_6 气体。图3-2

所示为其灭弧室工作原理，断路器的静触头和灭弧室中的压气活塞是相对固定不动的，跳闸时装有动触头和绝缘喷嘴的气缸由断路器操动机构通过连杆带动，离开静触头，造成气缸与活塞的相对运动，压缩 SF_6 气体，使之通过喷嘴吹弧，从而使电弧迅速熄灭。

图 3-1　LN2-10 型 SF_6 断路器

1—接线端子　2—绝缘筒（内有气缸和触头）

3—下接线端子　4—操动机构箱

5—小车　6—断路弹簧

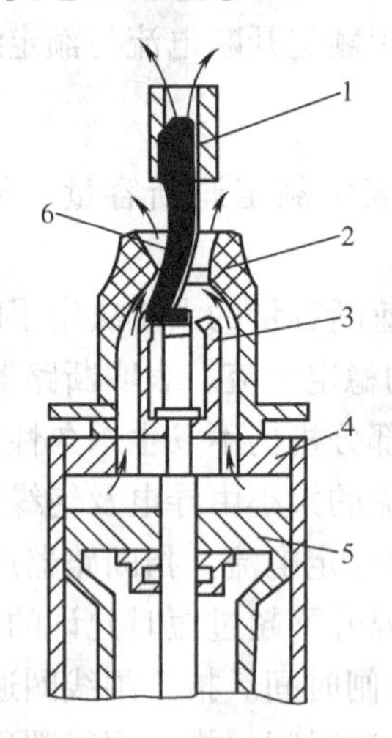

图 3-2　灭弧室结构和工作原理

1—静触头　2—绝缘喷嘴　3—动触头

4—气缸（连同动触头由操动机构传动）

5—压气活塞（固定）　6—电弧

SF_6 断路器对加工工艺与材料要求较高；断路器密封性能要好，故要采取专门措施，防止低氟化合物对人体或材料的危害和影响；密封面较多，对密封件的材料与工艺要求较高，并要求有清洁的装配环境。SF_6 断路器在安装后、检修后、运行前及在一定的运行周期中，要测定其漏气量。

SF_6 断路器如果发生漏气现象，空气中的水分子将不可避免地进入设备内部，使设备内部含水量升高，在电弧高温下，SF_6 和水分子将发生化学反应，生成一些强酸和一些剧毒物质。强酸（氟氢酸等）对设备具有一定的腐蚀作用，剧毒物质漏出对大气环境会造成污染；另一方面，渗入设备的水分在低温下，容易结露，附着在绝缘件表面，引起绝缘表面沿面放电。此外，SF_6 断路器需保持一定的气体压力才能正常工作。因此，要求 SF_6 断路器必须密封良好，进行漏气测量是十分必要的。

10kV 电压等级的 SF_6 断路器技术参数见表 3-1。

表 3-1　SF_6 断路器技术参数

型　号	额定电压/kV	额定电流/A	总重量/kg
LN2-10	10	1250	120
LW3-10	10	100	150

3. 真空断路器

(1) 灭弧原理及结构

真空断路器利用真空度约为 1×10^{-4}mm 汞柱高度（1.31×10^{-2}Pa）的高真空作为内绝缘和灭弧介质。

由于真空中气体稀薄，分子的自由行程大，发生碰撞概率小，真空间隙在均匀电场下绝缘强度很高。实测表明，断路器的实际开距在几毫米至几十毫米范围内，真空比其他绝缘介质强度都高；间隙在 2mm 以下时，其绝缘强度高于高压空气和 SF_6 气体。但随着开距的加大，其击穿电压的增加不很明显，所以真空断路器耐压强度的提高，只能采用多间隙串联方法解决，不能用增加触头开距的方法。

由于真空中不存在气体游离，电弧的形成主要是触头金属蒸气的导电作用，造成间隙击穿而发弧，这种电弧称为“真空电弧”。真空电弧在电流第一次过零时熄灭，因此燃弧时间很短（至多半个周期），而且不致产生很高的过电压，同时，触头温度下降，蒸发作用急剧减弱，而残存质点仍在扩散，因此真空介质在电弧熄灭后绝缘强度恢复极快，速度可达 20kV/μs。

真空断路器有落地式、悬挂式、手车式三种形式，它是实现无油化改造的理想设备。真空断路器有户内式和户外式，图 3-3 为 ZN28-10 型户内真空断路器型外形结构图，ZN28 系列真空断路器主要由真空灭弧室、操动机构（配电磁或弹簧操动机构）、绝缘体、传动件、机架等组成。

灭弧室由动静触头、屏蔽罩、波纹管、玻壳（玻璃、陶瓷或树脂材料制成的外壳）等组成，图 3-4 为真空断路器灭弧室的结构图。真空断路器的触头为圆盘状，被放置在真空灭弧室内。由于触头设计为特殊形状，在电流通过时产生一个横向磁场，使真空电弧在主触头表面切线方向快速移动。在屏蔽罩内壁上，凝结了部分金属蒸气，电弧在自然过零时，暂时熄灭，触头间的介质强度迅速恢复。电流过零后，外加电压虽然恢复，但触头间隙不会再被击穿，真空电弧在电流第一次过零时就能完全熄灭。

图 3-3　ZN28-10 型真空断路器型外形结构

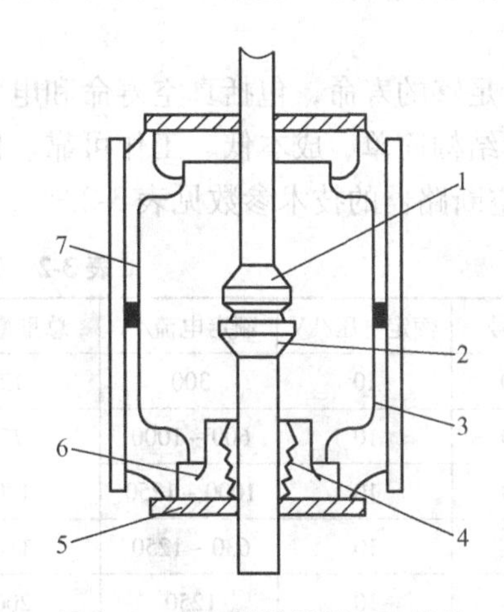

图 3-4　真空断路器灭弧室结构

1—静触头　2—动触头　3—屏蔽罩　4—波纹管

5—与外壳接地的金属法兰盘　6—波纹管屏蔽罩　7—波壳

（2）特点

真空断路器由于采用了新型的真空灭弧室，因而具有与其他断路器不同的特点：

1）干真空灭弧室的熄弧能力强且触头行程短，缩短了开断时间，因而开断电流大。

2）触头断口开距小，一般为 9 ~ 12mm，分合闸所需能量小，明显地降低了机械冲击，使元件磨损程度降低，因而使用寿命长，一般可达20年左右。

3）空灭弧室与触头结构简单且不需检修，维护工作量小。

4）体积小、重量轻。

5）开断电流在密封容器内进行，操作时声音较小，没有易燃易爆介质和火灾危险，对环境污染极小。

6）主回路接触电阻小，触头电磨损小，具有频繁操作和快速切断能力，因而适宜于切断电容性负载电路。

但由于结构上的特点，真空断路器也存在着如下缺点：

1）易产生操作过电压。主要是开断小电流时，产生截流过电压和高频多次重燃过电压。所以，采用真空开关一般应采取有效的抑制操作过电压措施。

2）灭弧室的真空度在运行中还不能随时检查，只能通过专门耐压试验或使用专门仪器检查其真空度。如果真空度降低或不能使用时，只有更换真空灭弧室。

（3）要求

真空断路器在运行中受到电、热、机械、大气以及时间等各种因素的影响，因此在设计中必须满足下列要求：

1）绝缘安全可靠。要求真空断路器在内部过电压（电力系统中参数突变时产生的过电压）和外部过电压（雷电过电压）的作用下绝缘不致损坏。

2）在允许的负载电流下能正常工作，应具备良好的散热条件，避免因温升过高而损坏。

3）具有一定的过载能力。

4）足够的机械强度。

5）限制截流值和重燃率。目的是避免真空断路器本身和其他高压设备因过电压而遭到损坏。

6）足够的寿命，包括真空寿命和电气操作寿命。

7）结构简单、成本低、工作可靠、使用和维护方便。

真空断路器的技术参数见表3-2。

表3-2　真空断路器技术参数

型　　号	额定电压/kV	额定电流/A	总重量/kg	型　　号	额定电压/kV	额定电流/A	总重量/kg
ZN1-10	10	300	12	3AF-10	10	1600～3150	
ZN1-10	10	600～1000	75	ZN8-10	10	1250	
ZN1-10	10	1000～1250	120	ZN9-10	10	1250	140
ZN5	10	630～1250	110	ZN10-10	10	1250	
ZN7-10	10	1250	200	ZN－35	35	6300～1250	614

4. 断路器选型

（1）选型原则

由于断路器同时具备控制和保护性质，要求其具备足够的开断能力，能在尽可能短的时间内熄灭电弧，同时具备高度的动作可靠性，以及足够的防火和防爆能力。在结构上也要力求体积小、重量轻、物美价廉，以便于运行操作和检修等。此外，断路器还应能在不调节其机构或更换其部件的情况下，保证所规定的安全操作次数。

断路器选型时，除根据正常运行时的额定电压、额定电流等条件选择外，为确保电气设备的可靠运行，并且在通过最大可能的短路电流时，不致损坏电气设备，还应按短路电流所产生的热效应和电动力效应对电气设备进行校验。因此，“按正常运行条件选择，按短路条件进行校验”是选择断路器的一般原则。

（2）断路器选型

断路器应选择和校验的项目包括额定电压、额定电流、遮断容量、短路电流的动稳定及热稳定校验等。

1）按工作电压选择。断路器的额定电压应大于其装设地点电网的额定电压，即

$$U \geqslant U_N \tag{3-2}$$

式中，U 表示高压断路器额定电压（kV）；U_N 表示电网额定电压（kV）。

电网的额定电压是国家规定的各级线电压，断路器的额定电压是指铭牌上标明的线电压。

2）按工作电流选择。断路器的额定电流应大于其所在线路的最大工作电流，即

$$I \geqslant I_{L \cdot max} \tag{3-3}$$

式中，I 表示断路器的额定电流（A）；$I_{L \cdot max}$ 表示断路器所在线路的最大工作电流（A）。

3）环境条件。如室内、室外、温度、湿度、高原等，根据具体要求而定。

4）在短路情况下的热稳定校验。由于断路器的导电部分由各种金属导电材料做成，各种材料在短路时都有最高允许温度，对断路器进行短路情况下的热稳定校验，因此实际上就是校验它的载流部分在短路电流作用下，是否超过其最高允许温度。如果不超过最高允许温度，则说明了所选断路器的热稳定符合要求。

在实际工作中，按下列公式计算断路器的热稳定校验

$$I_\infty \leqslant I_t \cdot \sqrt{\frac{t}{t_{jx}}} \tag{3-4}$$

式中，I_∞ 为短路稳态电流（kA）；I_t 为设备在 t（s）时间内允许通过的热稳定电流（kA），可查表得出；t_{jx} 为假想时间（s），可计算求得。

5）在短路情况下的动稳定校验。当很大的短路电流通过断路器的导电部分时，将产生很大的电动力，该电动力对其有破坏的作用。断路器在出厂时，厂家都用一个最大允许电流的幅值 i_{max} 或有效值 I_{max} 来表示其动稳定的程度，即断路器不致因上述电流通过时产生的电动力而损坏。

断路器在短路情况下的动稳定校验应满足下列要求：

$$\begin{aligned} I_{max} &\geqslant I_{ch} \\ i_{max} &\geqslant i_{ch} \end{aligned} \tag{3-5}$$

上两式中，I_{max}、i_{max} 为制造厂规定允许通过的最大电流的有效值及幅值，由产品目录中查得；I_{ch}、i_{ch} 为按三相短路情况计算所得的断路器所在电路的短路冲击电流有效值和冲击电流峰值。

6）断路器的断路能力校验。断路器应能保证安全可靠地将供电线路中发生的短路电流切断。制造厂在产品目录中提供了断路器在额定电压下的允许切断的电流和允许切断的短路容量的数据。

校验时应满足下列要求：

$$
\begin{aligned}
I_{dn} &\geqslant I_{dt} \\
S_{dn} &\geqslant S_{dt}
\end{aligned}
\tag{3-6}
$$

式中，I_{dn}为断路器的额定允许切断电流，也称开断电流（kA）；S_{dn}表示允许切断的额定短路容量，也称额定开断容量（MV·A）；I_{dt}为电力系统在t（s）时（开断时间）的三相短路电流（kA）；S_{dt}为电力系统在t（s）时三相短路功率（MV·A）。

10kV配电网中，主要采用真空断路器或六氟化硫断路器。中压六氟化硫自吹型断路器在开断小感性电流时，过电压倍数低于2.5倍，因此适用于切换并联电抗器。当用于切断和保护架空配电网或切断空载变压器时，真空断路器或六氟化硫断路器都能满足要求，而从维护工作角度看，真空断路器的工作量更少些，因此，在中压配电系统中大量选用真空断路器。但在选用真空断路器时，应注意真空断路器在开断小电流时真空电弧的截流现象，电弧可能在电流自然零点前被切断，产生截流过电压。截流过电压的幅值，与截断电流和负荷特征阻抗的乘积成正比，因而必要时需用阻容回路或氧化锌压敏电阻加以抑制。

3.1.2 隔离开关

隔离开关是高压开关中的一种，用于有电压无负荷的情况下分断与关合电路，其主要用途是将需检修的电气设备与电源可靠隔离，构成明显的断开间隙，此间隙的绝缘及相间绝缘都是足够可靠的、能够充分保证人身和设备的安全，并保证其他电气设备（包括线路）的安全检修。

隔离开关无专门的灭弧装置，无法用于切断、接通负荷电流和短路电流，否则会在触头间形成电弧，不仅可能损坏隔离开关，而且可能引起相间闪络，造成相间短路，同时可能危及工作人员人身安全。因此，隔离开关应在断路器分断后方可操作。通常在隔离开关与断路器之间设有闭锁装置，防止发生误操作。

在某些情况下，隔离开关也可分断一定的小电流，对于10kV的隔离开关，在正常情况下，它允许的操作范围是：分、合电压互感器和避雷器；分、合母线充电电流；分、合一定容量的变压器或一定长度的电缆或架空线路。

1. 型号及技术参数

（1）型号

隔离开关按绝缘支柱数量可分为单柱式、双柱式和三柱式；按刀开关的运动方式，可分为水平旋转式、垂直旋转式、摇动式和插入式；按有无接地开关，可分为有接地开关和无接地开关；按安装环境可分为户内式和户外式；按操动机构可分为手动、电动和气动等类型。

隔离开关的型号含义：

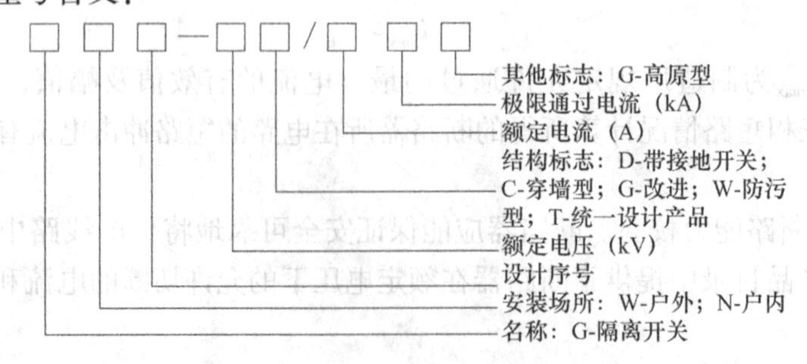

（2）技术参数

1）额定电压。指隔离开关正常工作时，允许施加的电压等级，单位为 kV。

2）额定电流。指隔离开关可以长期通过的最大工作电流，单位为 A。隔离开关长期通过额定电流时，其各部分的发热温度不超过允许值。

3）最高工作电压。由于输电线路存在电压损失，电源端的实际电压总是高于额定电压，因此，要求隔离开关能够在高于额定电压的情况下长期工作，在设计制造时就给隔离开关确定了一个最高工作电压。

4）动稳定电流。隔离开关在闭合位置时，所能通过的最大短路电流，称为动稳定电流，亦称额定峰值耐受电流，它表明隔离开关在冲击短路电流作用下，承受电动力的能力。这个值的大小由导电及绝缘等部分的机械强度所决定。动稳定电流值为有效值，单位为 kA。

5）热稳定电流。热稳定电流是隔离开关在规定时间内，允许通过的最大电流，它表示隔离开关承受短路电流热效应的能力。隔离开关的铭牌规定一定时间（1、2、4s）的热稳定电流，以热稳定电流短路电流的有效值表示，单位为 kA。

6）工频电压下的耐压水平。指隔离开关可承受规定的工频电压 1min，且不发生闪络、击穿，单位为 kV。

7）在雷击情况下的抵抗水平。即冲击耐压水平，单位为 kV。

表 3-3 为 GN19-10 型户内隔离开关技术参数。

表 3-3　GN19-10 型户内隔离开关技术数据表

型　号	额定电压/kV	最高工作电压/kV	额定电流/A	4s 热稳定电流（有效值）/kA	动稳定电流（峰值）/kA	额定绝缘水平：1.2/50μs 全波冲击电流 相对地、相间和断口间（峰值）/kV		额定绝缘水平：工频耐压 1min 相对地、相间和断口间（有效值）/kV		质量/kg
GN19-10/400-12.5			400	12.5	31.5					27
GN19-10/630-20			630	20	50					28
GN19-10/1000-31.5			1000	31.5	80					46.8
GN19-10/1250-40			1250	40	100					52
GN19-10C1/400-12.5			400	12.5	31.5					39
GN19-10C1/630-20			630	20	50					40
GN19-10C1/1000-31.5			1000	31.5	80					58
GN19-10C1/1250-40	10	11.5	1250	40	100	75	85	30	34	70
GN19-10C2/400-12.5			400	12.5	31.5					39
GN19-10C2/630-20			630	20	50					40
GN19-10C2/1000-31.5			1000	31.5	80					
GN19-10C2/1250-40			1250	40	100					70
GN19-10C3/400-12.5			400	12.5	31.5					48
GN19-10C3/1250-40			1250	40	100					88
GN19-10/600-40G			600	16						
GN19-10/600-40G			600	16						

(3) 对隔离开关的基本要求

按照隔离开关所担负的工作任务，应具下列基本要求：

1）有明显的断开点。隔离开关应具有明显的断开点，易于鉴别电器是否与电网断开。

2）隔离开关断开点间应具有可靠的绝缘，即要求断开点间有足够的绝缘距离，应保证在过电压及相间闪络的情况下，不致引起击穿而危及工作人员安全。

3）具有足够的短路稳定度。隔离开关在运行中，会受到短路电流热效应及电动力的作用，所以要求具有足够的稳定度，尤其不能因电动力的作用而自动断开，否则将引起严重事故。

4）结构简单、动作可靠。户外型隔离开关在冰冻的环境里，能可靠地进行分、合闸。

5）隔离开关若装有接地开关，必须装设联锁机构，以保证先断开隔离开关，后闭合接地开关；先断开接地开关，后闭合隔离开关的操作顺序。

2. 开关结构

隔离开关主要由导电部分、绝缘部分、传动部分和底座部分组成。隔离开关无灭弧装置，结构比较简单。

GN19 系列隔离开关是近期生产的 10kV 户内式产品。额定电流有 1000A 和 1250A 两种，其结构特点是每相导电部分通过两个支撑绝缘子固定在底架上，三相平行安装。每相动触头中间均有拉杆瓷绝缘子，拉杆瓷绝缘子与底架上的主轴相连。主轴通过拐臂与连杆及操动机构连接，以对隔离开关进行操作。GN19-10 型隔离开关的结构如图 3-5 所示。

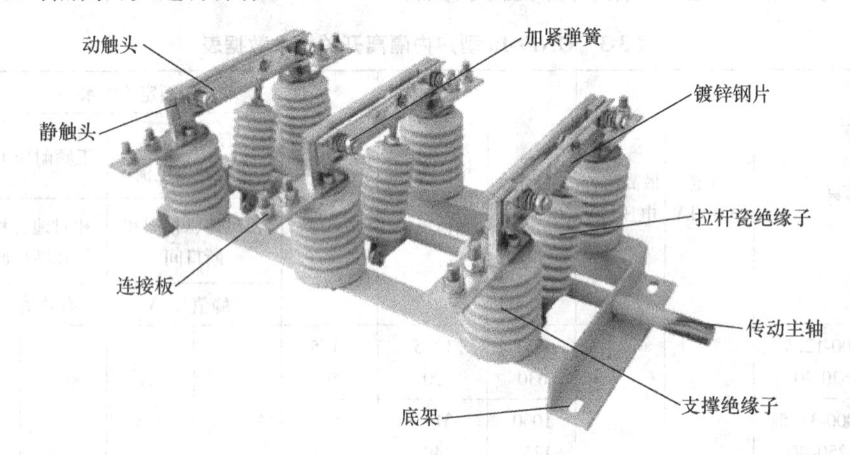

图 3-5　GN19-10 型隔离开关的结构

导电部分主要是由动触头与静触头组成，静触头装在两端的支撑绝缘子上，每相动触头由两片槽形铜片组成，这种动触头不仅增大了动触头的散热面积，有利于降低温升，而且提高了动触头的机械强度和开关的动稳定性。动触头的一端通过轴铜（螺栓）安装在静触头上，转动动触头的另一端与静触头成可分连接，而动触头与静触头的接触压力靠两端加紧弹簧来维持。

3.1.3　负荷开关

负荷开关是介于高压隔离开关与高压断路器之间的一种高压电器，广泛应用在 10～35kV 配电网中，其结构较为简单，相当于隔离开关和简单灭弧装置的结合，能够开断正常的负荷电流或规定内的过负荷电流，但无法切断短路电流，因此多数情况下，负荷开关与熔

断器配合使用，借助熔断器切断短路电流，即可代替断路器工作。此外在配电网络中，也常用负荷开关开断小电流，如变压器的激磁电流、供电线路对地电容电流等，用负荷开关开断电容器特别有效。负荷开关与隔离开关类似，具备明显的断开点，因此也具有隔离电源、保证安全检修的作用。

1. 型号及技术参数

（1）型号

高压负荷开关按结构划分主要有产气式负荷开关、压气式负荷开关、真空式负荷开关和 SF_6 负荷开关等，按安装地点分有户内式和户外式两类。

负荷开关的型号，由字母和数字两部分组成，即：

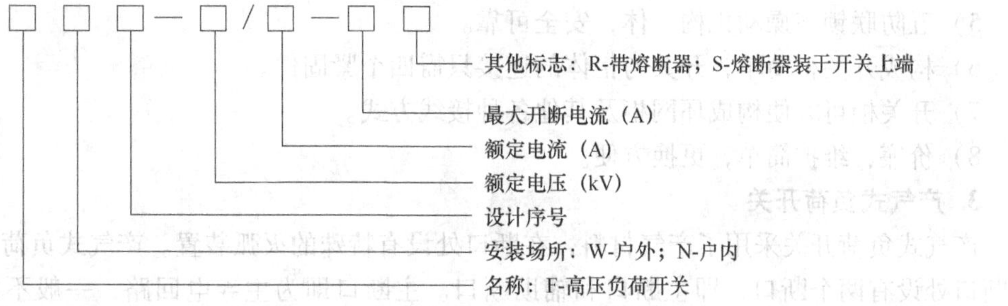

例如，FN2-10R/400型，表示额定电流为400A、设计序号为2、额定电压为10kV、带熔断器（装在开关的上端）的户内式负荷开关。

（2）技术参数

1）额定电流：指负荷开关长期正常运行并能够开断的电流。

2）额定峰值动稳定电流：指允许短时耐受电流。

3）额定热稳定电流：其数值等于负荷开关的额定短路关合电流值。

4）额定电缆充电开断电流：空载情况下的电缆回路充电电流为容性电流，电缆越长，其电容越大，充电电流值也越大。国标规定负荷开关额定电缆充电开断电流值为10A。

5）额定空载变压器开断电流：对于10～35kV电压等级的负荷开关，国标规定该值为开断额定容量为1250kV·A配电变压器的空载感性电流。

6）单个电容器组额定开断电流：其数值等于负荷开关额定电流值的0.8倍。

2. 压气式负荷开关

压气式负荷开关为框架式结构，图3-6所示为一压气式负荷开关外观。三相回路部件由三相整体绝缘支持件固定在框架上，动触杆采用空心作为压气的气缸结构，其内装有活塞固定在下绝缘支持件上，由主轴（机构连接轴）驱动三相触杆上下直线运动，起到触头的接触与分离作用。动触杆上下运动的同时，在空腔内的活塞形成压气，从顶端的耐弧塑料喷口喷出，吹动电弧，使电弧运动而熄灭。气体的压力及吹气速率与活塞的运动速度有关，在开断过程中，活塞在主触头分离之前需形成预压气后，才能使主触头分离，打开吹气口，保证气体

图3-6　户内压气式负荷开关外观

的流量，使电弧能可靠灭弧。

压气式负荷开关的灭弧性能决定于压气形式及气体压缩后短时间在电弧处形成较强的吹气量，为了减轻电弧对主断口接触部位的烧损，主断口处的导电部位通常采用铜钨合金材料。

压气式负荷开关的主要特点：

1）三相可自动脱扣。

2）无六氟化硫泄漏毒气威胁。

3）采用压气灭弧原理，开断性能稳定可靠。

4）体积小搬运轻巧，可左右安装。

5）五防联锁与操动机构一体，安全可靠。

6）构成开关柜简单，开关与柜体的连接只需四个紧固件。

7）开关柜可方便构成环网柜及其他各种接线方式。

8）价廉，维护简单，更换方便。

3. 产气式负荷开关

产气式负荷开关采用了产气材料，在断口处设有特殊的灭弧装置。产气式负荷开关通常在断口处设有两个断口，即主断口和辅助断口。主断口即为主导电回路，一般不能产生电弧；辅助断口通常是作为灭弧断口。正常时，辅助断口不通电流，在开断时，主断口分开前辅助断口接通，主断口分开后短时间内辅助断口通过电流，在辅助断口断开时产生电弧，在电弧高温作用下产气材料产气，形成压缩气体，气体通过一定的通口吹灭电弧，完成开断功能。

产气材料产气量的多少，取决于电弧大小及电弧燃弧时间，要求燃弧时间越短越好。灭弧的效果取决于灭弧室结构。当气压太小时，不能形成足够的吹气效果；当气压太大时，可导致灭弧室的损坏。

产气式负荷开关主要有圆筒形和窄缝型吹气两种结构，这两种结构主要特点是形成的吹气方向是顺着动触杆或是单方向，以保证吹气效果。图 3-7 所示为 FN7 型产气式高压负荷开关的外观结构。

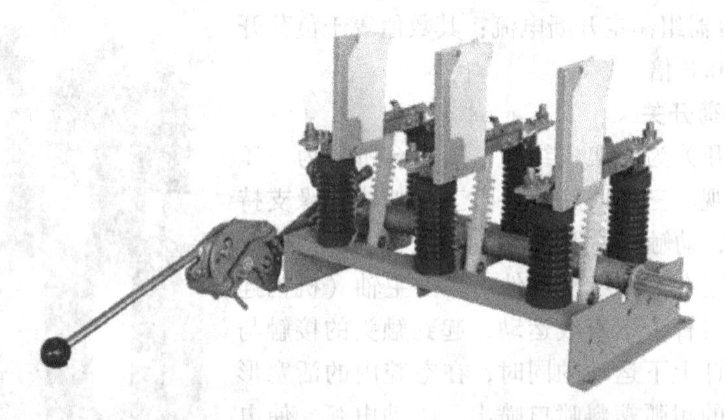

图 3-7　FN7 型产气式高压负荷开关外观

产气式负荷开关完全采用了开断电流时断口的电弧产气来实现灭弧的。因此，产气的绝缘材料是十分关键的，既要保证产生足够的气体，又不能形成产气后的残留物，烧损度小，

还要有足够的导热性。负荷开关常用的绝缘产气材料有聚四氟乙稀、聚酞胺、耐压有机玻璃、涤纶树脂、三聚氢胺等。

4. 真空式负荷开关

真空负荷开关完全采用了真空开关管的灭弧优点以及相应的操动机构。由于负荷开关不具备开断短路电流的能力，因此，在结构上设计比较简单，其主要特点是动作次数可适应于频繁场合，电流小，常见的真空负荷开关有户内型及户外柱上型两种。真空负荷开关的主要特点是无明显电弧，不会发生火灾及爆炸事故，可靠性好，使用寿命长，几乎不需要维修，体积小，重量轻，可配用于各种成套的保护装置，特别是城市电网箱式变电站、环网等供电设施，还有很多的优点。

（1）技术性能

真空负荷开关主要用于负荷电流的开断与关合，从结构上可以简化，其额定的技术性能从配电的角度看，同相断口间开路状态下的耐压值应符合有关标准的规定，它不要求开断短路电流的能力，但必须保证有关合短路电流的能力。所以，它应具有一般断路器所具有的接触压力和操作力。

（2）通电流特性

1）长期通电流特性。真空负荷开关的长期通电流特性，是根据真空开关管的接触电阻和在额定电流下导体内产生的温升来决定的。

考虑到温升及关合时的作用所设计的真空负荷开关的长期通电流特性，主要是真空开关管内的动静触头的接触面及有关导电部位的连接处，除此之外，对户外使用的真空开关，由于盛夏的日光照射对其温升的影响也不能被忽视，所以开关的内部温升应考虑日照影响，我国有关标准要求在产品试验中将电流增加为120%额定电流作为温升的试验标准。

根据上述温升的因素和特点，实际上还有在额定电流下，箱体（铸钢、铁）在电流下的涡流发热对开关温升的影响。

2）短时通电流特性（热稳定及动稳定）。真空负荷开关的短时通电流（动热稳定）特性，是指上级保护开关在开断系统短路电流之前的短时间内，能允许通过的短路电流。我国标准规定为在额定短时耐受下耐受2s的通流时间，如果需要，可以选取小于或大于2s的值。推荐值为0.5s、1s、3s和4s。额定短时耐受电流通常又称为热稳定电流，比动稳定电流小2.5倍。通过这样的短时间故障电流下，应保证触头不熔焊。

（3）合分负荷特性

1）空载操作。真空负荷开关操作比较频繁，空载操作一般规定为10 000次，不同的场合次数规定也不全相同，例如，在配电线路中的自动配电开关（重合分段器），其操作次数一般有5000次即可。

2）负载操作。真空开关在额定电压、额定频率的条件下，能开断负载功率因数为0.65～0.75的额定标称电流。由于真空灭弧室的燃弧时间较短，触头间可认为几乎没有损耗，所以一般合分负荷电流不会存在技术上的问题。

3）关合短路电流。真空负荷开关虽没有开断短路电流的要求，但根据实际使用情况，应具备关合短路电流的能力，并能可靠地关合。如用于配电断路器（重合分段器）时，因本身的操作功能要求，能迅速地切除故障区间，把停电范围缩至最小，符合重合闸的功能。因此，在故障还没有切除之前，开关触头上要短时通过故障电流，保证关合正常。

由于真空开关管动静触头的行程（开距）较小，其操作力也小，而且触头的损耗又小。所以，最适合于做关合短路电流机会较多的场合，例如，线路用配电断路器。另外，近处故障，即在开关的出口处发生短路进行合闸时，尽管在开关的操作电压几乎为零的情况下，也必须能够完全合上，这就要求开关的操动机构及合闸电源必须符合要求。

（4）操作及使用特性

1）手动操作真空负荷开关。手动操作真空负荷开关一般都采用连杆机构，使机构先贮能，达到足以合闸的能量时，快速释放，使之保证有足够的合闸速度，使手动操作条件不受人体力及其他因素而影响开关合闸速度。当合闸的同时，机构对分闸机构贮能，使分闸保证足够的速度。对于在检修中需要慢分或慢合时，则采用手动解除部分连板实现。

2）自动式真空负荷开关。自动操作的真空负荷开关，常用于自动配电开关，也可用于环网的开关柜上，开关柜的控制信号由人工给出，对开关进行自动合闸、分闸。其合闸保持方式有锁钩保持和常时激磁两种。所谓常时激磁是把电流信号转换为电压，使合闸机构保持在合闸状态，短路电流消失后真空负荷开关自行分闸。

由于上述两种自动配电开关不具备开断系统的短路电流能力，所以在自动操作中，要在上一级保护用断路器分断故障电流之后才能分断。如果采用控制回路上无电压的延时开断方法，或用短路电流流过期间主触头不打开的过电流闭锁方法，则延时开断的延时时间应比变电站继电器动作时间加上断路器开断时间更多一些，一般设为2s左右。

3）机械寿命试验。机械寿命试验主要检查下述几项因寿命带来的变化：导电部件紧固螺栓有无松动，接触电阻值有无变化；测定动部件的磨损量；测定动作电压；检查有无损坏、变形等。

5. 六氟化硫负荷开关

六氟化硫负荷开关结构类型较多，常用于环网开关柜，利用六氟化硫气体良好的绝缘性能，减小柜体体积，提高开断性能。由于六氟化硫气体受管理方面的限制，在10kV配电网中应用会受到一定的限制。

6. 负荷开关选型

凡不需要短路保护，只要求控制操作的场合均宜选择负荷开关。应根据使用地点的参数、操作频繁程度选择不同型式的产品。操作不多的场合可选用产气式或压气式负荷开关，操作频繁或气体绝缘设备中，应选用SF_6或真空负荷开关。

负荷开关的选择类似断路器，按正常工作条件选择，按短路状态进行校验。

（1）按正常工作条件选择

1）类型和型式。根据负荷开关的安装地点、使用条件等因素，确定其型式。

2）额定电压。负荷开关的额定电压应不小于装设地点的电网额定电压。

3）额定电流。负荷开关的额定电流应不小于装设回路的最大持续工作电流。

（2）按短路状态进行校验

1）断流能力校验。负荷开关的最大开断电流（或功率）应不小于它可能开断的最大过负荷电流（或功率）。

2）动稳定校验。应满足

$$i_{max} \geqslant i_{ch}^{(3)} \text{或} I_{max} \geqslant I_{ch}^{(3)} \tag{3-7}$$

式中，i_{max}表示负荷开关的动稳定电流峰值（kA）；I_{max}表示负荷开关的动稳定电流有效值（kA）；$i_{ch}^{(3)}$表示三相短路冲击电流（kA）；$I_{ch}^{(3)}$表示三相短路冲击电流有效值（kA）。

3）热稳定校验。应满足

$$I_t^{\,2}t \geqslant I_{\infty}^{(3)\,2}t_{jx} \tag{3-8}$$

式中，I_t表示负荷开关t（s）内允许通过的热稳定电流；t表示负荷开关的热稳定时间；$I_{\infty}^{(3)}$表示三相短路电流周期分量有效值；t_{jx}表示短路发热的假想时间。

3.1.4　熔断器

熔断器是一种常用的简单的保护型电器，可用于保护线路、变压器及电压互感器等。当网络发生过负荷或短路故障时，熔断器可单独地自动断开短路，从而达到保护的目的。熔断器与高压负荷开关配合使用，可以切断和接通负荷电流，在某些电路中可代替价格昂贵的断路器。熔断器结构简单、体积小、重量轻、价格低廉，使用和维修方便，有些特殊结构的熔断器还具有切断时间短和限流效应大等优点，因此至今在保护性能要求不高的地方仍广泛采用。

熔断器由熔体、支持金属熔体的触头和保护外壳（又称熔管）三部分组成。熔断器串接在电路中，当电路发生故障，故障电流大大超过熔体的额定电流时，熔体被迅速加热而熔断，从而切断电流，切除故障电路。

1. 技术特性

（1）型号

熔断器种类很多，按装设地点的不同，分户内和户外两大类；按是否有限流作用又可分为限流式和不限流式。我国目前生产的用于户内的高压熔断器有RN1、RN2系列；用于户外的有RW4、RW10（F）系列。

熔断器的型号含义如下：

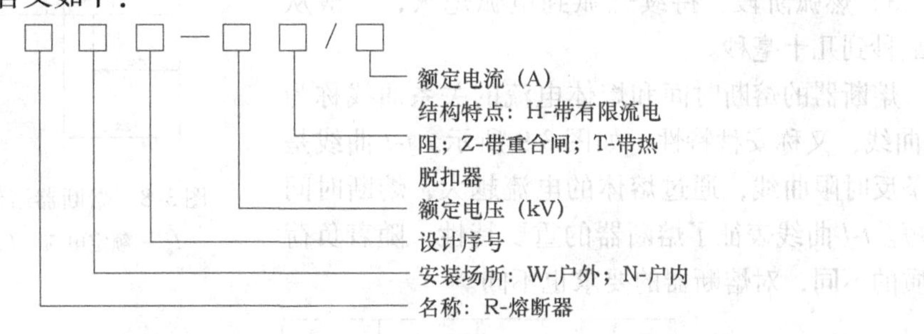

（2）技术参数

1）熔断器的额定电流。指熔断器的载流部分和接触部分长期允许通过的最大电流，该电流不会损坏熔断器。

2）熔体的额定电流。指熔体本身允许长期通过的最大电流，该电流不得超过熔断器的额定电流。

3）熔体的熔断电流。指熔体能熔断的最小电流。

4）熔断器的断流电流。指熔断器所能切除的最大电流，当实际电流值超过该电流时，可能会损坏熔断器，也可能由于电弧不能熄灭而引起相间短路，使事故扩大。

表3-4为RN、RW系列高压熔断器技术参数。

表 3-4 RN、RW 系列高压熔断器技术参数

型　号	额定电压/kV	额定电流/A	总质量/kg	型　号	额定电压/kV	额定电流/A
RN1 ~ 3	3	25 ~ 200	8.9	RW4 ~ 10	10	50
RN1 ~ 6	6	25，75	13.6	RW4 ~ 10	10	100
RN1 ~ 10	10	25 ~ 200	21	RW4 ~ 10	10	200
RN2 ~ 3	3	0.5	8.0	RW5 ~ 35	10	100
RN2 ~ 6	6	0.5	8.0	RW7 ~ 10	10	100 ~ 250
RN2 ~ 10	10	0.5	10	RW9 ~ 10	10	100，200
RN3 ~ 10，35	10，35	50	6.5	RW10 ~ 10F	10	50 ~ 100
RN3 ~ 10，35	10，35	100	6.6	RW11 ~ 10	10	100
RN3 ~ 10，35	10，35	150	6.6	RW12 ~ 10	10	100
RN3 ~ 10，35	10，35	200		BRW1 ~ 10	10	80

（3）技术特性

熔断器能自动断开电路的工作原理是：利用熔点较低的金属丝（或金属片），即称为熔体的导体，串联在被保护的电路中，当电路或电路中的设备发生过载或短路故障时，低熔点的金属丝（片）被灼热而熔化，从而切断电路。熔体在切断电路的过程中，往往产生强烈的电弧，同时使灼热的金属蒸气向四周喷溅并发出爆炸声。为了安全和有效地熄灭电弧，所以将金属丝（片）装在一个封闭的盒子或管内组成一个整体。图 3-8 为熔断器熔件的安秒特性曲线。

熔断器开断电路的过程可大致分为以下三个阶段来描述：

1）弧前阶段：过电流开始到熔断件熔化，可以从几毫秒到几小时，完全由过电流的大小和熔体的安秒特性决定。

2）燃弧初期阶段：熔断件熔化到产生电弧，一般为几毫秒。

3）燃弧阶段：持续燃弧到电弧熄灭，一般从几毫秒到几十毫秒。

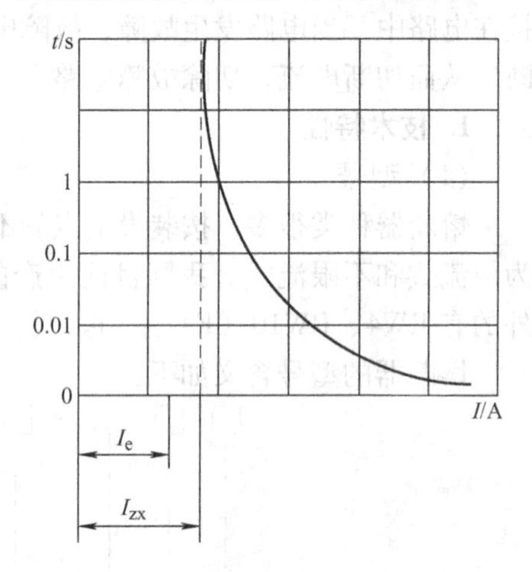

图 3-8 熔断器熔件的安秒特性曲线

I_e— 额定电流　I_{zx}— 最小熔化电流

熔断器的熔断时间和熔体电流的关系曲线称为 *t-I* 曲线，又称安秒特性，如图 3-9 所示。*t-I* 曲线是一条反时限曲线，通过熔体的电流越大，熔断时间越短。*t-I* 曲线表征了熔断器的重要特性，随着负荷性质的不同，对熔断器的要求也不同。

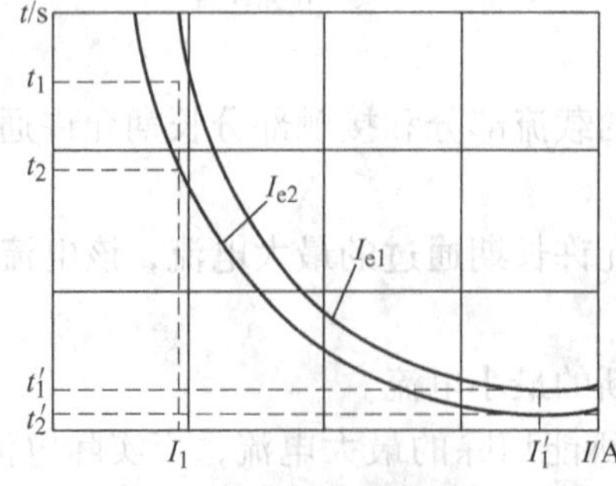

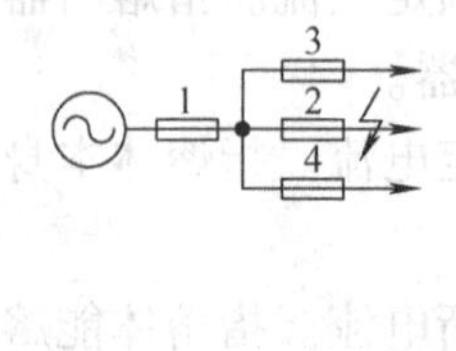

图 3-9 熔断器熔断时间和熔体电流的关系曲线

I_{e1}— 熔断器 1 熔体的额定电流　I_{e2}—熔断器 2 熔体的额定电流

2. 熔断器选型

高压熔断器的选型应满足以下要求：

1）满足额定电压、额定电流的参数要求。

2）熔体的熔断特性要与上、下级的熔体的熔断特性及继电保护的动作时间相配合。

3）确定熔体熔断特性要结合生产厂家给出的特性曲线来整定。

4）熔断器的断流容量必须大于安装处的短路功率，其分断能力应与安装点最大短路电流相匹配。

5）熔断器间的配合，普遍遵循的原则是保护熔断器的最大开断时间应不超过75%后备熔断器的最小熔断时间，从而保证其在任何情况下都能先于后备熔断器切除故障。其熔断电流的选定采用的方法有两种：一是时间-电流曲线法；二是利用从时间电流导出的配合表法。前一种方法最准确，可用于要求配合十分严格的条件下；后一种方法用起来较为简单一些。

当利用时间-电流曲线选择熔断件时，一要整个线路的熔断件都选用同一型号；二要能正确地开断安装处的最大故障电流；三要取保护熔断件的最大开断（熔化）时间不大于被保护（后备）熔断件最小熔化时间的75%。K型、T型、N型熔断件配合用表分别见表3-5、表3-6、表3-7。K型熔断件、T型熔断件时间-电流特性分别见表3-8、表3-9。

表 3-5　K 型熔断件配合用表

保护熔断件额定值/A	被保护熔断件额定值/A													
	12	15	18	23	30	38	45	60	75	100	120	150	210	300
	保护熔断件安装处的最大故障电流/A													
9		190	350	510	650	840	1060	1340	1700	2200	2800	3900	5800	9200
12			210	440	650	840	1060	1340	1700	2200	2800	3900	5800	9200
15				300	540	840	1060	1340	1700	2200	2800	3900	5800	9200
18					320	710	1060	1340	1700	2200	2800	3900	5800	9200
23						430	870	1340	1700	2200	2800	3900	5800	9200
30							500	1100	1700	2200	2800	3900	5800	9200
38								600	1350	2200	2800	3900	5800	9200
45									850	1700	2800	3900	5800	9200
60										1100	2200	3900	5800	9200
75											1450	3500	5800	9200
100												2400	5800	9200
120													4500	9200
150													2400	9100
210														4000

表 3-6　T 型熔断件配合用表

保护熔断件额定值/A	被保护熔断件额定值/A													
	12	15	18	23	30	38	45	60	75	100	120	150	210	300
	保护熔断件安装处的最大故障电流/A													
9		350	680	920	1200	1500	2000	2540	3200	4100	5000	6100	9700	15 200
12		350	375	800	1200	1500	2000	2540	3200	4100	5000	6100	9700	15 200

（续）

保护熔断件额定值/A	被保护熔断件额定值/A													
	12	15	18	23	30	38	45	60	75	100	120	150	210	300
	保护熔断件安装处的最大故障电流/A													
15				530	1100	1500	2000	2540	3200	4100	5000	6100	9700	15 200
18					680	1280	2000	2540	3200	4100	5000	6100	9700	15 200
23						730	1700	2540	3200	4100	5000	6100	9700	15 200
30							900	2100	3200	4100	5000	6100	9700	15 200
38								1400	2600	4100	5000	6100	9700	15 200
45									1500	3100	5000	6100	9700	15 200
60										1700	3800	6100	9700	15 200
75											1750	4400	9700	15 200
100												2200	9700	15 200
120													7200	15 200
150													4000	13 800
210														7500

表 3-7　N 型熔断件配合用表

保护熔断件额定值/A	被保护熔断件额定值/A													
	8	10	14	20	25	30	40	50	60	75	85	100	150	200
	保护熔断件安装处的最大故障电流 /A													
5	22	150	280	400	490	640	1250	1450	2000	2650	3500	4950	8900	10 000
8			175	350	490	640	1250	1450	2000	2650	3500	4950	8900	10 000
10				200	370	640	1250	1450	2000	2650	3500	4950	8900	10 000
15					200	450	1250	1450	2000	2650	3500	4950	8900	10 000
20						175	1250	1450	2000	2650	3500	4950	8900	10 000
25							900	1450	2000	2650	3500	4950	8900	10 000
30								1300	2000	2650	3500	4950	8900	10 000
40									1300	2500	3500	4950	8900	10 000
50										1700	3200	4950	8900	10 000
60											2000	4950	8900	10 000
75												3700	8900	10 000
85													6000	10 000
100														10 000
150														3000

表 3-8　K 型熔断件时间-电流特性

额定电流/A	300s 或 600s 熔化电流/A		10s 熔化电流/A		0.1s 熔化电流/A	
	最　小	最　大	最　小	最　大	最　小	最　大
6	12	14.4	13.5	20.5	72	86
8	15	18	18	27	97	116
10	19.5	23.4	22.5	34	128	154
12	25	30	29.5	44	166	199
15	31.0	37.2	37.0	55	215	258

（续）

额定电流/A	300s 或 600s 熔化电流/A		10s 熔化电流/A		0.1s 熔化电流/A	
	最 小	最 大	最 小	最 大	最 小	最 大
20	39	47	48.0	71	273	328
25	50	60	60	90	350	420
30	63	76	77.5	115	447	546
40	80	96	98	148	565	680
50	101	121	126	188	719	862
65	128	153	159	237	918	1100
80	160	192	205	307	1180	1420
100	200	240	258	388	1520	1820
150	332	398	460	696	2646	3182
200	480	576	760	1150	3880	4650

表 3-9 T 型熔断件时间-电流特性

额定电流/A	300s 或 600s 熔化电流/A		10s 熔化电流/A		0.1s 熔化电流/A	
	最 小	最 大	最 小	最 大	最 小	最 大
6	12	14.4	15.3	23	120	144
8	15	18	20.5	31	166	199
10	19.5	23.4	26.5	40	224	269
12	25	30	34.5	52	296	355
15	31.0	37.2	44.5	67	388	466
20	39	47	57.0	85	496	595
25	50	60	73.5	109	635	762
30	63	76	93	138	812	975
40	80	96	120	178	1040	1240
50	101	121	152	226	1310	1570
65	128	153	195	291	1650	1975
80	160	192	248	370	2080	2500
100	200	240	319	475	2620	3150
150	332	396	557	830	4286	5143
200	480	576	850	1275	6250	7470

3.1.5 电流互感器

电流互感器（TA，旧称 CT）是一种专门用于变换电流的特种变压器，广泛应用于发电厂、变电所等输电、供电系统中，供测量、保护用，它能将电力系统中的大电流变换为标准小电流，用以给测量仪表和继电保护装置供电。

电流互感器的作用有以下几个方面：

1）测量作用：测量电力线路中的电流、电能（与电压互感器配合）。

2）标准化、小型化作用：电流互感器可以将不同的额定一次电流变换成较小的标准电流，这样可以减小仪表和继电器的尺寸，简化其规格，有利于仪表和继电器标准化、小型化。

3）绝缘作用：由于电流互感器的一、二次绕组之间有足够的绝缘强度，对二次设备进行维护时，不需中断一次系统的运行，二次设备出现故障时也不会影响到一次侧，提高了一次系统和二次系统的安全性和可靠性。

4）保护作用：把很大的故障电流传给保护装置，保护装置使电网断电，保护了电网，通过电流互感器的适当接线，还可以取得零序电流，供保护及自动装置使用。

1. 工作原理与接线

图3-10为电流互感器基本结构原理图，由一次绕组、铁心、二次绕组组成。一次绕组匝数少且粗，有的型号直接利用穿过铁心的一次电流回路作为一次绕组；而二次绕组匝数很多，导体较细。电流互感器的一次绕组串接在一次电路中，二次绕组与仪表、继电器电流线圈串联，形成闭合回路，阻抗很小，工作时二次回路接近短路状态。

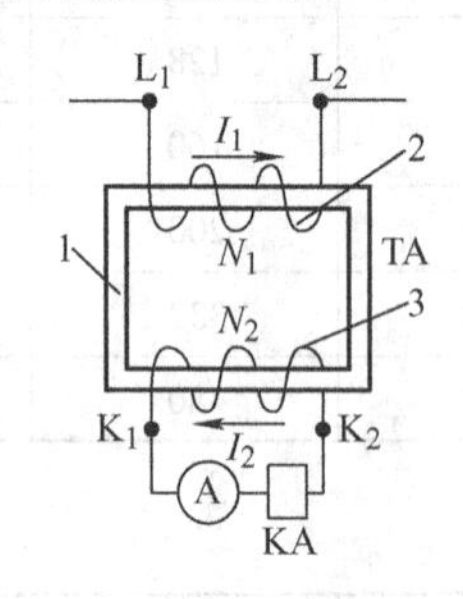

图3-10 电流互感器结构原理

1— 铁心 2— 一次绕组 3— 二次绕组

电流互感器的电流比用K_i表示，则

$$K_i=\frac{I_{1N}}{I_{2N}}\approx\frac{N_2}{N_1} \tag{3-9}$$

式中，I_{1N}、I_{2N}为电流互感器一次侧和二次侧的额定电流；N_1、N_2为一次和二次绕组匝数。

电流比一般表示成如“100/5”的形式。

电流互感器的接线方式有4种。图3-11a所示是单相式接线，电流互感器线圈中通过的

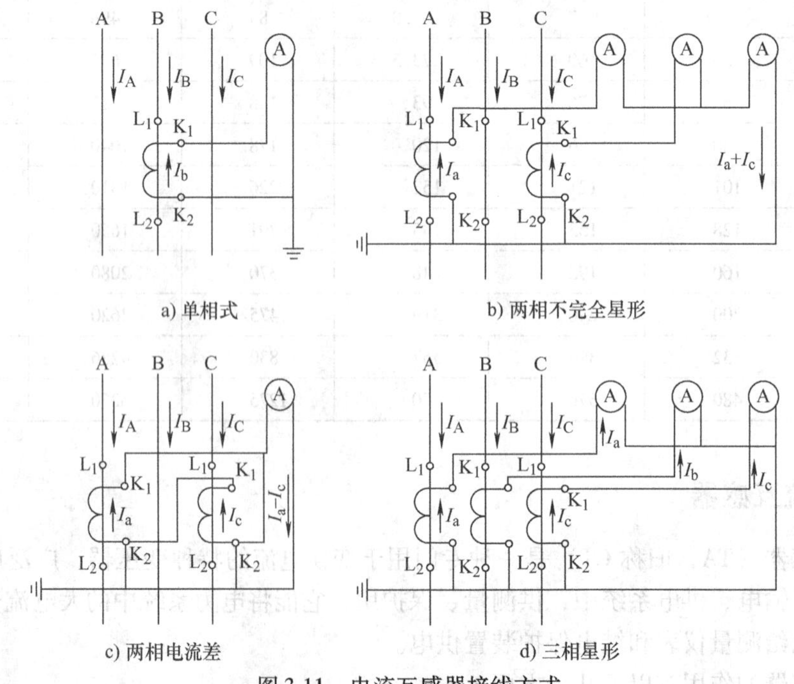

图3-11 电流互感器接线方式

电流为一次电路对应的电流，适用于负荷平衡的三相电路。图3-11b所示是两相式不完全星形接线，广泛用作相负荷平衡或不平衡三相装置中的测量仪表用。图3-11c所示是两相电流差接线（又叫两相一继电器式接线），适用于中性点不接地系统，作过电流保护之用。图3-11d所示是三相星形接线，广泛用于三相不平衡高压或低压系统中，作三相电流、电能测量及过电流保护之用。

2. 型号及技术参数

（1）类型与型号

电流互感器的种类很多，按安装地点分为户内式和户外式，20kV及以下制成户内式，35kV及以上制成户外式。按安装方式可分为穿墙式、支持式和装入式三种。穿墙式装在墙壁或金属结构的孔中，可节约穿墙套管；支持式安装在平面或支柱上；装入式嵌套在35kV及以上变压器或多油断路器油箱内的套管上，故也称为套管式。按绝缘方式可分为干式、浇注式、油浸式等，干式用绝缘胶浸渍，适用于低压户内的电流互感器；浇注式利用环氧树脂做绝缘，目前仅用于35kV及以下的电流互感器；油浸式多为户外型。按一次绕组的匝数分为单匝式（包括母线式、心柱式、套管式）和多匝式（包括线圈式、线环式、串级式）。按一次电压分为高压和低压两大类。按用途分为测量用和保护用两大类。

高压电流互感器多制成不同准确级的两个铁心和两个绕组，分别接测量仪表和继电器，以满足测量和保护的不同要求。电气测量用的电流互感器的铁心在一次电路短路时应易于饱和，以限制二次电流的增长倍数。而继电保护用的电流互感器的铁心则在一次电路短路时不应饱和，使二次电流与一次电流成比例增长，以适应保护灵敏度的要求。

图3-12是户内高压LQJ-10型电流互感器外形图。它有两个铁心和两个二次绕组，分别为0.5级和3级，其中0.5级用于测量，3级用于继电保护。图3-13是户内低压LMZJ1-0.5型（500～800A/5A）的外形图。它不含一次绕组，穿过其铁心的母线就是一次绕组（相当于1匝）。它用于500V及以下的配电装置中。

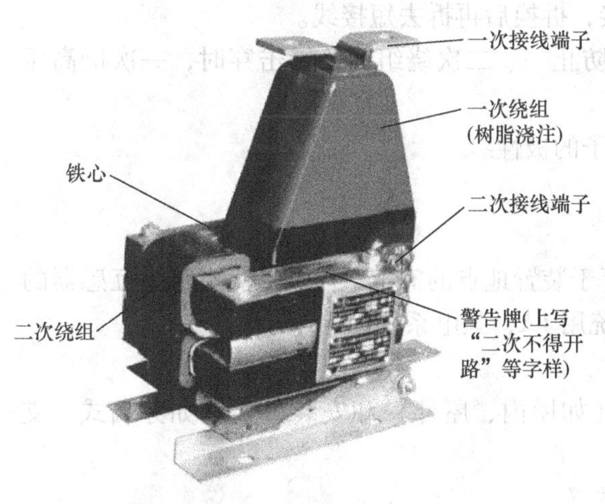

图3-12　LQJ-10型电流互感器

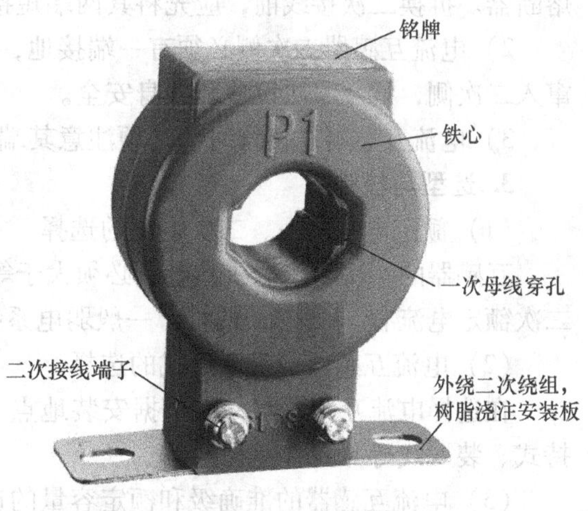

图3-13　LMZJ1-0.5型电流互感器

电流互感器型号表示如下：

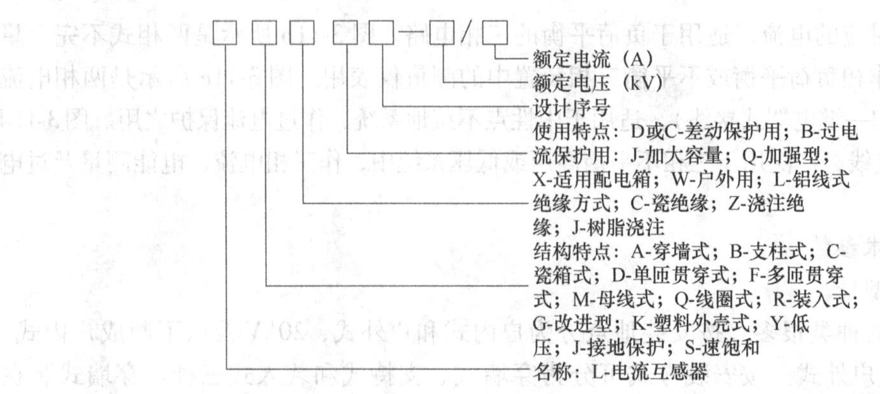

如 LFC-10/200 型电流互感器，表示 10kV、200A、瓷绝缘、多匝贯穿式电流互感器。

（2）技术参数

1）额定工作电压，互感器允许长期运行的最高相同电压有效值，单位为 kV。

2）额定一次电流，作为互感器性能基准的一次电流值，单位为 A。

3）额定二次电流，作为互感器性能基准的二次电流值，通常为 5A 或 1A。

4）额定电流比，额定一次电流与额定二次电流之比。

5）额定负荷，确定互感器准确级所依据的负荷值。电流互感器二次 K_1、K_2 端子以外的回路阻抗都是电流互感器的负荷。通常以视在功率伏安或以阻抗欧姆表示。

6）额定功率因数，二次额定负荷阻抗的有功部分与额定阻抗之比。

7）准确度等级，在规定使用条件下，互感器的误差在该等级规定的限值之内。常用的准确度有 0.2 级、0.5 级、0.2S 级、0.5S 级、P 级等，如 0.5 级一般用于测量回路，0.2S 级一般用于计量回路，P 级用于保护装置。

（3）注意事项

1）电流互感器工作时二次回路不得开路，否则一方面互感器铁心由于磁通剧增而产生过热，可能烧毁电流互感器，并产生剩磁，降低互感器的准确度；一方面在二次侧会感应出较高的电压，危及人身和设备安全。为防止二次侧开路，规定在电流互感器二次侧不准装设熔断器。拆换二次接线前，应先将其两端短接，拆换后再拆去短接线。

2）电流互感器二次侧必须有一端接地，防止一、二次绕组间绝缘击穿时，一次侧高压窜入二次侧，危及二次设备和人身安全。

3）电流互感器在接线时，必须注意其端子的极性。

3. 选型与校验

（1）额定电压及一、二次电流的选择

互感器的一次额定电压和电流必须大于等于装置地点的额定电压和计算电流。互感器的二次额定电流有 5A 和 1A 两种。一般弱电系统用 1A，强电系统用 5A。

（2）电流互感器种类和型式的选择

在选择电流互感器时，应根据安装地点（如屋内、屋外）和安装方式（如穿墙式、支持式、装入式等）选择其型式。

（3）电流互感器的准确级和额定容量的选择

为了保证测量仪表的准确度，电流互感器的准确级不得低于所供测量仪表的准确级。

为了保证电流互感器的准确级，互感器二次侧所接负荷 S_2 应不大于该准确级所规定的

额定容量 S_{2N}。二次负荷 S_2 由二次回路的阻抗 $|Z_2|$ 来决定，即

$$S_2 = I_{2N}^{\ 2}|Z_2| \approx I_{2N}^{\ 2}(\sum|Z_i| + |Z_{WL}| + R_{XC}) \approx I_{2N}^{\ 2}(\sum|Z_i| + R_{WL} + R_{XC}) \tag{3-10}$$

式中，$\sum|Z_i|$ 是二次回路中所有串联的仪表、继电器电流线圈阻抗；$|Z_{WL}|$ 为连接导线阻抗；R_{XC} 为接头接触电阻。

对于保护用电流互感器来说，通常采用10P准确级，也就是说电流互感器的复合误差为10%。由上式可知，在互感器准确度级一定即允许的二次负荷 S_2 值一定的条件下，其二次负荷阻抗与其二次电流或一次电流的平方成反比。所以一次电流越大，允许的二次阻抗越小；反过来，一次电流越小，则允许的二次阻抗越大。生产厂家一般按照出厂试验绘制出当电流互感器误差为10%时的一次电流倍数 K_1（即 I_1/I_{1N}）与最大允许的二次负荷阻抗 $|Z_{2.al}|$ 的关系曲线，如图3-14所示，一般称为电流互感器的10%误差曲线。如果已知互感器的一次电流倍数 K_1，可从互感器的10%误差上查得对应的允许二次负荷阻抗 $|Z_{2.al}|$。假设实际的二次负荷阻抗 $|Z_2| \leqslant |Z_{2.al}|$，则说明此互感器满足准确级要求。

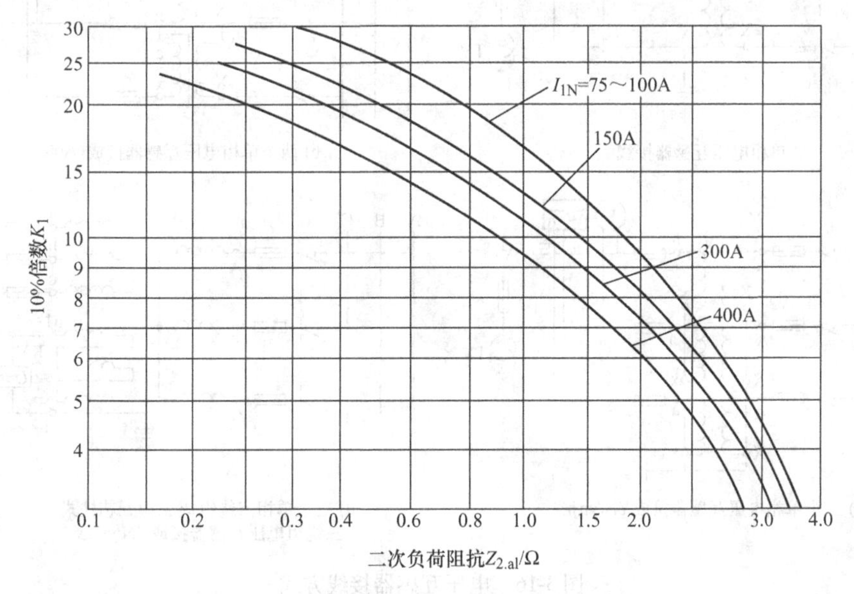

图3-14 某型电流互感器的10%误差曲线

（4）热稳定校验

电流互感器的热稳定度是以热稳定倍数 K_t 来表示的，所以其热稳定度校验条件为：$(K_tI_{1N})^2t \geqslant (I_\infty^3)^2 t_{ima}$，多数电流互感器的热稳定试验时间 t 取1s。

3.1.6 电压互感器

电压互感器（俗称PT）用于测量高压装置的电压。其一次绕组与高压电路并联，二次绕组与测量仪表或继电器的电压线圈并联。电压互感器的构造原理、接线图和工作特性都与变压器相同，主要区别在于电压互感器采用矩形整体卷铁心，尺寸小，质量轻；容量通常只有几十到几百伏安，且多数情况下其负荷是恒定的；二次负荷是仪表和继电器的电压线圈，阻抗很大，通过的电流很小，因此其工作状态近于空载，二次电压接近于二次电势值，只取决于一次电压值。

1. 工作原理与接线

电压互感器的基本结构原理如图3-15所示，由一次绕组、二次绕组、铁心组成。一次绕组匝数较多，二次绕组的匝数较少，相当于降压变压器。

电压互感器的电压比用K_u表示，其值为电压互感器一次绕组和二次绕组额定电压之比（或一次绕组和二次绕组匝数之比）。

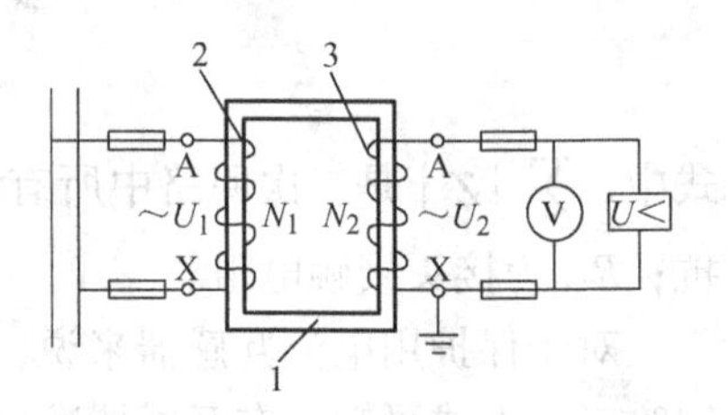

图3-15　电压互感器结构原理
1—铁心　2——次绕组　3—二次绕组

电压互感器在三相电路中有如图3-16所示的四种常见的接线方案。

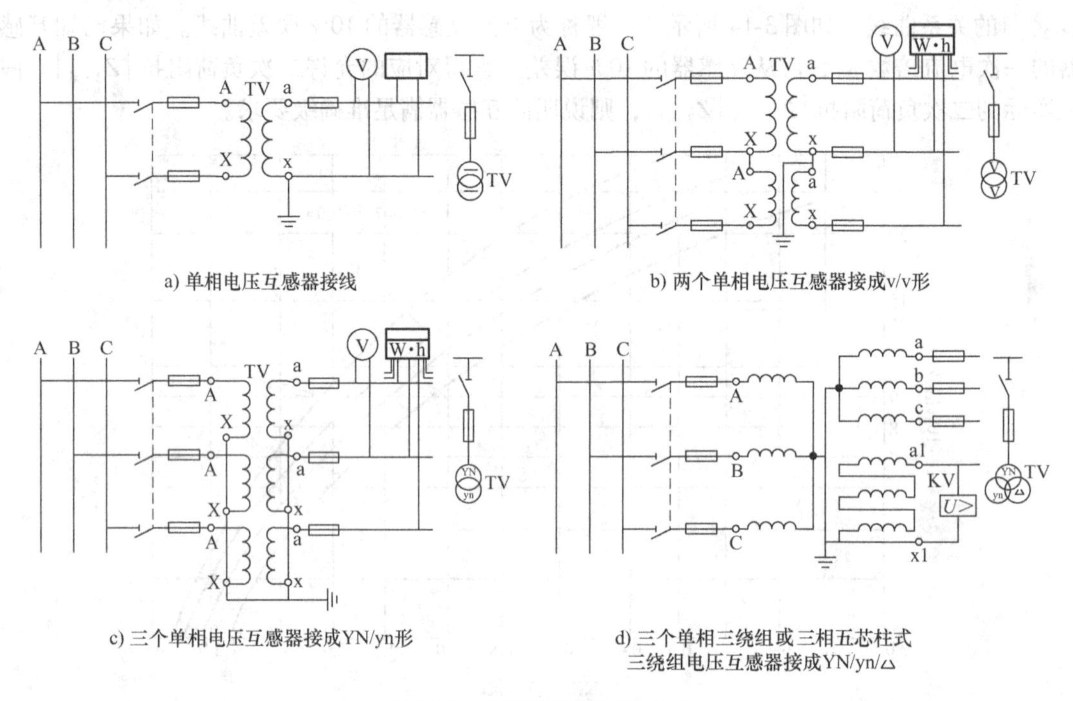

a) 单相电压互感器接线
b) 两个单相电压互感器接成v/v形
c) 三个单相电压互感器接成YN/yn形
d) 三个单相三绕组或三相五芯柱式三绕组电压互感器接成YN/yn/△

图3-16　电压互感器接线方式

1）一相式接线。一个单相电压互感器的接线，供仪表、继电器接于一个线电压。

2）两相式接线。又叫V、v形（即v/v）接线，两个单相电压互感器可接成此方式的接线，供仪表、继电器接于三相三线制电路的各个线电压。广泛地应用在6～10kV的高压配电装置中。

3）YN、yn（即YNyn）形接线。三个单相电压互感器可接成YNyn形，供电给要求线电压的仪表、继电器及接相电压的绝缘监察电压表。由于小电流接地系统在一次侧发生单相接地时，另两相的电压要升高到线电压，即为原来的$\sqrt{3}$倍，所以绝缘监察电压表不能接入按相电压选择的电压表，而要按线电压选择其量程，否则在发生单相接地时，电压表可能被烧坏。

4）YN、yn、d0（即YNyn△）形接线。可由三个单相三绕组电压互感器或一个三相五

心柱式三绕组电压互感器接成。接成 yn 的二次绕组，供电给需线电压的仪表、继电器及作为绝缘监察的电压表，接成△（开口三角形）的辅助二次绕组接电压继电器。一次电压正常工作时，由于两个相电压对称，因此开口三角形两端的电压接近于零。当某一相接地时，开口三角形两端将出现近100V的零序电压，使电压继电器动作，发出信号。

2. 型号

电压互感器按相数可分为单相和三相两类。按绝缘及其冷却方式可分为干式（含环氧树脂浇注式）和油浸式两类。

电压互感器型号的表示和含义如下：

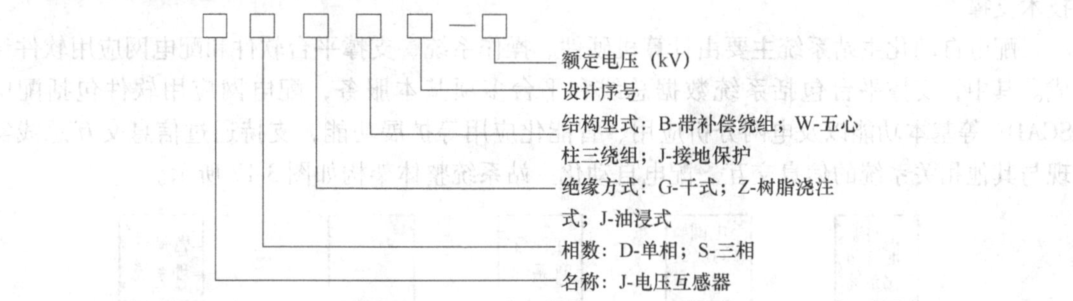

3. 选型与注意事项

（1）电压互感器的选择

电压互感器应按装设地点的条件及一次电压、二次电压（一般为100V）、准确度等级等条件进行选择。电压互感器的一、二次侧均有熔断器保护，因此不需校验短路稳定度。

电压互感器的准确度也与其二次负荷容量有关，需满足 $S_{2N} \geqslant S_2$，S_2 为二次侧所有仪表、继电器电压线圈所消耗的总视在功率，即

$$S_2 = \sqrt{\left(\sum P_u\right)^2 + \left(\sum Q_u\right)^2} \tag{3-11}$$

式中，$\sum P_u = \sum (S_u \cos\varphi_u)$ 和 $\sum Q_u = \sum (S_u \sin\varphi_u)$ 分别为仪表、继电器电压线圈消耗的总有功功率和无功功率。

（2）注意事项

1）电压互感器在工作时其二次侧不得短路。

由于电压互感器一、二次侧都是在并联状态下工作的，如发生短路，将产生很大的短路电流，有可能烧毁互感器，甚至影响一次电路的安全运行。因此，电压互感器的一、二次侧都必须装设熔断器以进行短路保护。

2）电压互感器的二次侧有一端必须直接接地。

这与电流互感器二次侧接地的目的相同，也是为了防止一、二次绕组的绝缘击穿时，一次侧的高电压窜入二次侧，危及人身和设备的安全。

3）电压互感器在连接时，也要注意其端子的极性。

我国规定，单相电压互感器的一次绕组端子标以U、X，二次绕组端子标以u、x，端子U与u、X与x各为对应的“同名端”或“同极性端”。三相电压互感器，按照相序，一次绕组端子分别标以U、X，V、Y，W、Z，二次绕组端子分别标以u、x，v、y，w、z，端子U与u、V与v、W与w、X与x、Y与y、Z与z各为对应的“同名端”或“同极性端”。

3.2 配电自动化主站

3.2.1 架构设计

配电自动化主站系统（Master Station of Distribution Automation System）作为配电自动化系统的核心部分，主要实现配电网数据采集与监控等基本功能和电网拓扑分析应用等扩展功能，同时具备与其他应用信息系统进行信息交互的功能，为配电网调度指挥和生产管理提供技术支撑。

配电自动化主站系统主要由计算机硬件、操作系统、支撑平台软件和配电网应用软件组成。其中，支撑平台包括系统数据总线和平台多项基本服务，配电网应用软件包括配电SCADA等基本功能以及电网分析应用、智能化应用等扩展功能，支持通过信息交互总线实现与其他相关系统的信息交互。配电自动化主站系统整体架构如图3-17所示。

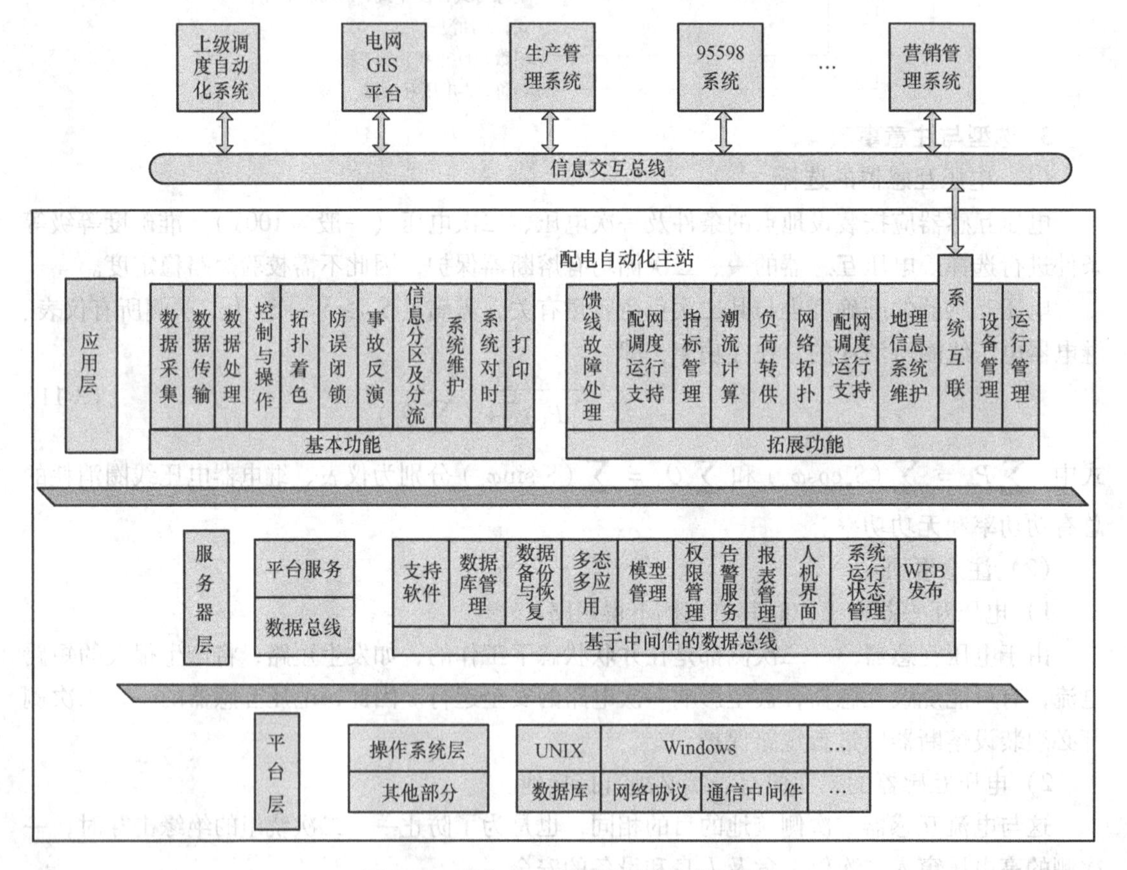

图3-17 配电自动化主站系统整体架构

主站系统采用标准的三层结构，由下至上为：平台层（操作系统、通信中间件及数据库等支撑平台）、中间层（业务逻辑、服务器层）、应用层。

（1）平台层

1）操作系统：UNIX/Windows。

2）数据库：商用数据库。

3）各种网络协议、通信中间件等。

（2）服务器层

各种专用功能的服务器模块构成系统逻辑处理的核心。该部分利用数据库资源，将系统需处理的信息有效地组织，并进行分析，为后台各种应用提供支持。

（3）应用层

应用层为配电各部门的各种应用提供人机交互的界面。完成对服务器数据的再组织和多种方式的展示。

系统三层结构通过专用通信支撑软件软总线实现各层模块之间的数据传送。网络内每个运行软总线的机器都被认为是一个节点。节点机之间可以通过软总线通信，各个节点机之间建立对等的关系，在一台机器上可以查看网络内其他和本节点机的模块运行情况、数据通信情况、主辅情况，并可对运行的模块进行管理。

3.2.2　功能要求

配电自动化主站系统分为基本功能与选配功能。基本功能是指系统建设时均应配置的功能，选配功能是指系统建设时可根据自身配网实际和运行管理需要进行选用的功能。主站系统的基本功能和选配功能定义见表 3-10。

表 3-10　配电自动化主站功能列表

软件/功能	基本功能	选配功能	软件/功能	基本功能	选配功能
支撑软件	√		事项分类及分流	√	
数据库管理	√		二次设备监视	√	
数据备份与恢复	√		系统时钟和对时	√	
系统建模	√		打印	√	
多态多应用	√		馈线故障处理	√	
多态模型管理	√		网络拓扑分析	√	
权限管理	√		状态估计	√	
告警服务	√		潮流计算	√	
报表管理	√		解合环分析	√	
人机界面	√		负荷转供	√	
系统运行状态管理	√		负荷预测	√	
WEB 发布	√		网络重构	√	
数据采集	√		配网运行与操作仿真	√	
数据处理	√		配网调度运行支持应用	√	
数据记录	√		系统互联	√	
操作与控制	√		分布式电源/储能/微网接入与控制		√
网络拓扑着色	√		配电网的自愈		√
全息历史/事故反演	√		经济运行		√
信息分流及分区	√				

1. 平台服务

（1）支撑软件

支撑软件提供一个统一、标准、容错、高可用率的用户开发环境，主要包括关系数据库软件和动态信息数据库软件，其中关系数据库软件用于存储电网静态模型及相关设备参数，动态信息数据库软件用于高效处理配网海量的实时、历史数据及其数据质量，为各项应用分析提供完整的运行方式变化轨迹。

（2）数据库管理

数据库管理主要要求包括数据库维护工具、数据库同步、多数据集、离线文件保存、带时标的实时数据处理、具备可恢复性。

数据库维护工具具有完善的交互式环境的数据库录入、维护、检索工具和良好的用户界面，可进行数据库删除、清零、复制、备份、恢复、扩容等操作，并具有完备的数据修改日志；数据库同步具备全网数据同步功能，任一元件参数在整个系统中只需输入一次，全网数据保持一致，数据和备份数据保持一致；多数据集可以建立多种数据集，用于各种场景如训练、测试、计算等；离线文件保存支持将在线数据库保存为离线的文件和将离线的文件转化为在线数据库的功能；带时标的实时数据处理在全系统能够统一对时及规约支持的前提下，可以利用数采装置的时标（而非主站时标）来标识每一个变化的遥测和遥信，更加准确地反映现场的实际变化；可恢复性是指主站系统故障消失后，数据库能够迅速恢复到故障前的状态。

（3）数据备份与恢复

系统应对其中的数据提供安全的备份和恢复机制，保证数据的完整性和可恢复性。具体要求包括全数据备份、模型数据备份、历史数据备份、定时自动备份、全库恢复、模型数据恢复、历史数据恢复。

全数据备份能够将数据库中所有信息备份；模型数据备份能够单独指定所需的模型数据进行备份；历史数据备份能够指定时间段对历史采样数据进行备份；定时自动备份能够设定自动备份周期，对数据库进行自动备份；全库恢复能够依据全数据库备份文件进行全库恢复；模型数据恢复能够依据模型数据备份文件进行模型数据恢复；历史数据恢复能够依据历史数据备份文件进行历史数据恢复。

（4）系统建模

配电自动化主站的系统建模功能要求具备图模库一体化的网络建模工具、外部系统信息导入建模工具。

图模库一体化的网络建模工具可根据站所图、单线图等构成配电网络的图形和相应的模型数据，自动生成全网的静态网络拓扑模型。图模库一体化的网络建模工具应符合IEC61968 和 IEC61970 建模标准，并可进行合理扩充，形成配电自动化网络模型描述；支持实时态、研究态和未来态模型统一建模和共享；具备网络拓扑建模校验功能，对拓扑错误能够以图形化的方式提示用户进行拓扑修正；提供网络拓扑管理工具，用户可以更加直观地管理和维护网络模型；支持用户自定义设备图元和间隔模板，支持各类图元带模型属性的复制，提高建模效率。

外部系统信息导入建模工具，包括配电地理信息系统（GIS）或生产管理系统（PMS）导入中压配网模型，以及从调度自动化系统导入上级电网模型，并实现主配网的模型拼接，

其数据交换格式遵循 IEC61968 和 IEC61970 规范；须支持 SVG、G 语言、CIM 等格式的图模导入；支持站所图、线路单线图、线路沿布图、系统联络图等图形的导入；支持图模数据的校验、形成错误报告；支持上级电网模型与配网模型的拼接，以及配电网多区域之间的模型拼接功能；图模导入宜以馈线/站所为单位进行导入；主配网模型拼接宜以中压母线出线开关为边界。

（5）多态多应用

多态多应用机制保证了配网应用功能对多场景的应用需求。要求系统具备实时态、研究态、未来态等应用场景；各态下可灵活配置相关应用，同一种应用可在不同态下独立运行；多态之间可相互切换。

（6）多态模型管理

多态模型管理应能满足对配电网动态变化管理的需要，反映配电网模型的动态变化过程，提供配电网各态模型的转换、比较、同步和维护功能。多态模型管理要求多态模型间的切换，实时监控操作对应实时态模型，分析研究操作对应研究态模型，设备投退役、计划检修、网架改造对应未来态模型，各态之间可以切换，以满足对现实和未来模型的应用研究需要；支持各态模型之间的转换、比较、同步和维护等；支持多态模型的分区维护统一管理；支持设备异动管理。

（7）权限管理

权限管理能根据不同的工作职能和工作性质赋予人员不同的权限和权限有效期，包括层次权限管理、权限绑定和权限配置等功能。层次权限管理可定义应采用层次管理的方式，具有角色、用户和组三种基本权限主体；权限绑定可与工作站节点相关，不同工作站节点可赋予不同的权限；权限配置可与岗位职责相关，不同岗位用户可赋予不同的操作权限。

（8）告警服务

告警服务应作为一种公共服务为各应用提供告警支持，包括告警动作、告警分流、告警定义、画面调用和告警信息存储、打印等功能。告警动作包括语音报警、音响报警、推画面报警、打印报警、中文短消息报警、需人工确认报警、上告警窗、登录告警库等；告警分流可以根据责任区及权限对报警信息进行分类、分流；告警定义可根据调度员责任及工作权限范围设置事项及告警内容，告警限值及告警死区均可设置和修改；画面调用可通过告警窗中的提示信息调用相应画面；告警信息存储、打印指告警信息可长期保存并可按指定条件查询、打印。

（9）报表管理

报表管理为各应用提供制作各种统计报表，要求数据来源支持 DSCADA 及其他各种应用数据；具备报表属性设置、报表参数设置、报表生成、报表发布、报表打印、报表修改、报表浏览等功能；具有灵活的报表处理功能，可针对报表数据进行各种数学运算；可按班、时、日、月、季、年生成各种类型报表；具备定时统计生成报表功能。

（10）人机界面

配电网监控功能应提供丰富、友好的人机界面，供配电网运行人员对配电线路进行监视和控制，要求具备界面操作、图形显示、交互操作画面和数据设置、过滤、闭锁功能，并要求支持多屏显示、图形多窗口、无级缩放、漫游、拖拽、分层分级显示等；支持图模库一体化建模，包括图形编辑、数据库维护等功能；支持设备快速查询和定位；提供并支持国家标准一、二级字库汉字及矢量汉字。界面操作提供方便、直观和快速的操作方法和方便多样的调图方式，满足菜单驱动、操作简单、屏幕显示信息准确等要求；图形显示实现实时监视画面应支持厂站图、线路单线图、配电网络图、地理沿布图和自动化系统运行工况图等；交互操作画面包括遥控、人工置位、报警确认、挂牌和临时跳接等各类操作执行画面等；数据设置、过滤、闭锁功能是指可根据需要设置、过滤、闭锁各种类型的数据。

（11）系统运行状态管理

系统运行状态管理能够对配电主站各服务器、工作站、应用软件及网络的运行状态进行管理和控制，包括节点状态监视、软硬件功能管理、状态异常报警、在线/离线诊断测试工具，并提供冗余管理、应用管理、网络管理等功能。节点状态监视是动态监视服务器 CPU 负载率、内存使用率、网络流量和硬盘剩余空间等信息；软硬件功能管理是对整个主站系统中硬件设备、软件功能的运行状态等进行管理；状态异常报警是对于硬件设备或软件功能运行异常的节点进行报警；在线、离线诊断测试工具提供完整的在线和离线诊断测试手段，以维护系统的完整性和可用性，提高系统运行效率。

（12）WEB 发布

WEB 发布功能主要包括网上发布、报表浏览和权限限制等。网上发布是指将实时监测数据以安全的方式发布在网上；报表浏览能够在 WEB 服务器提供各种报表，供相关人员浏览；权限限制是指在 WEB 服务器中制定权限，限制不同人员的浏览范围，从而保证数据的安全性。

2. 基本功能

配电自动化主站应具备数据采集、数据处理、数据记录、操作与控制、网络拓扑着色、全息历史/事故反演、信息分流及分区、系统时钟和对时、打印等基本功能。

（1）数据采集

配电自动化主站数据采集功能应能满足配电网实时监控的需要，实现各类数据的采集和交换，包括电力系统运行的实时量测，如一次设备（线路、变压器、母线、开关等）的有功、无功、电流、电压值以及主变档位（有载调压分节头档位）等模拟量；开关位置、隔离开关位置、接地开关位置、保护硬触头状态以及远方控制投退信号等其他各种开关量和多状态的数字量；保护、安自装置、备自投等二次设备数据；电网一次设备、二次设备状态信息数据；控制数据，包括受控设备的量测值、状态信号和闭锁信号等；各类 RTU、FTU、DTU、TTU 及子站上传的数据；卫星时钟、周波、直流电源、UPS 或其他计算机系统传送来的数据及人工设定的数据。

配电自动化主站应支持广域分布式数据采集和大数据量采集的实时响应需要，支持数据采集负载均衡处理。广域分布式数据采集即广域范围内的不同位置通过统筹协调工作共同完成多区域一体化的数据采集任务并在全系统共享。

配电自动化主站应支持多种通信规约（如 DL/T 634、IEC 60870-101、IEC 60870-104 或其他国内标准、国际标准规约），多种应用，多类型的数据采集、交换以及多种通信方式（如光纤、载波、无线等）的信息接入和转发功能。通过公网通信实现的数据采集还应符合国家电力监管委员会电力二次系统安全防护规定。

数据采集功能还要求错误检测、通信通道运行工况监视、统计、报警、管理以及通信终端在线监视功能，实现对接收的数据进行错误条件检查并进行相应处理。

（2）数据处理

数据处理应具备模拟量处理、状态量处理、非实测数据处理、点多源处理、数据质量码、平衡率计算、计算及统计等功能。

模拟量处理即要求主站能处理一次设备（线路、变压器、母线、开关等）的有功、无功、电流、电压值以及主变档位等模拟量。模拟量处理应可实现有效性检查、数据过滤、零漂处理（零漂参数可设置）、限值检查（不同时段使用不同限值）、数据变化率的限值检查、自动设置数据质量标签、工程单位转换等功能。当模拟量在指定时间段内的变化超过指定阈值时，给出告警。配电自动化主站还应支持人工输入数据；按用户要求定义并统计某些量的实时最大值、最小值和平均值，以及发生的时间；支持量测数据变化采样。

状态量处理要求主站能处理包括开关位置、隔离开关位置、接地开关位置、保护状态以及远方控制投退信号等其他各种信号量在内的状态量。状态量用一位二进制数表示，1表示合闸（动作/投入），0表示分闸（复归/退出）。主站支持双位遥信处理，对非法状态可做可疑标识；支持误遥信处理，对抖动遥信的状态做可疑标识；支持检修状态处理，对状态为检修的遥信变化不做报警；支持人工设定状态量；支持保护信号的动作计时处理，当保护动作后一段时间内未复归，则报超时告警；支持保护信号的动作计次处理，当一段时间内保护动作次数超过限值，则报超次告警；所有人工设置的状态量应能自动列表显示，并能调出相应接线图。

非实测数据处理是指非实测数据可由人工输入也可由计算得到，以质量码标注，并与实测数据具备相同的数据处理功能。

多数据源处理是指主站具备多源数据处理技术，同一测点的多源数据在满足合理性校验并经判断选优后将最优结果放入实时数据库，提供给其他应用功能使用。配电自动化主站应能定义指定测点的相关来源及优先级；能根据测点的数据质量码自动选优，同时也应支持人工指定最优源；选优结果应具有数据来源标志。状态估计数据可作为一个后备数据源，在其他数据源无效时可以选用状态估计数据。

数据质量码是指主站应对所有模拟量和状态量配置数据质量码，以反映数据的质量状况。图形界面应能根据数据质量码以相应的颜色显示数据。数据质量码至少应包括未初始化数据、不合理数据、计算数据、实测数据、采集中断数据、人工数据、坏数据、可疑数据、采集闭锁数据、控制闭锁数据、替代数据、不刷新数据、越限数据等类别。计算量的数据质量码由相关计算元素的质量码获得。

统计计算功能要求主站支持统计计算，应能根据调度运行的需要，对各类数据进行统计，提供统计结果，主要的统计功能应包括数值统计、极值统计、次数统计、正确率统计、合格率统计、停电设备统计和运行工况统计。数值统计包括最大值、最小值、平均值、总加值、负荷率、三相不平衡率，统计时段包括年、月、日、时等；极值统计包括极大值、极小值，统计时段包括年、月、日、时等；次数统计包括开关变位次数、遥控次数等；正确率统计应能统计遥控正确率和遥信变位正确率；合格率统计可对电压等用户指定的量进行越限时间、合格率统计，合格率可分时段统计，且用户可针对不同时段设定多重限值；停电设备统计应能统计停电范围，并可按厂站、线路、设备类型等条件分类查询；运行工况统计能正确统计配电终端月停运时间、停运次数。

(3) 数据记录

数据记录包括事件顺序记录（SOE）、周期采样、变化存储等功能。

事件顺序记录是指主站能以毫秒级精度记录所有电网开关设备、继电保护信号的状态、动作顺序及动作时间，形成动作顺序表。事件顺序记录内容包括记录时间、动作时间、区域名、事件内容和设备名，可根据事件类型、线路、设备类型、动作时间等条件对 SOE 记录分类检索、显示和打印输出，也可选择对某个设备的 SOE 进行屏蔽和解除屏蔽。

周期采样是指对系统内所有实测数据和非实测数据进行周期采样，要求支持批量定义采样点及人工选择定义采样点，采样周期可选择。

变化存储是指主站支持记录测量变化即存储的能力，完整记录设备运行的历史变化轨迹。主站应能对系统内所有实测数据和非实测数据进行变化存储，并支持批量定义存储点及人工选择定义存储点。

(4) 操作与控制

操作和控制是指主站可实现人工置数、标识牌操作、闭锁和解锁操作、远方控制与调节功能，操作员应有相应的控制权限。

人工置数是指人为对系统的数据（包括状态量、模拟量、计算量）进行置数，人工置数的数据应进行有效性检查。

主站系统应提供自定义标识牌功能，常用的标识牌应包括锁住、保持分闸/保持合闸、警告、接地和检修。具有“锁住”标识牌的设备禁止对其进行操作；具有“保持分闸/保持合闸”标识牌的设备禁止对其进行合闸/分闸操作；“警告”标识牌可将某些警告信息提供给调度员，提醒调度员在对具有该标识牌的设备执行控制操作时注意某些特殊的问题；对于不具备接地开关的点挂接地线时，可在该点设置“接地”标识牌，系统在进行操作时将检查该标识牌；对于处于“检修”标志下的设备，可进行试验操作，但不向调度员工作站报警。通过人机界面完成对一个对象标识牌的设置或清除，用户在执行远方控制操作前应先检查对象的标识牌；单个设备应能设置多个标识牌；所有的标识牌操作应进行存档记录，包括时间、厂站、设备名、标识牌类型、操作员身份和注释等内容。

闭锁功能用于禁止对所选对象进行特定的处理，包括闭锁数据采集、告警处理和远方操作等；闭锁功能和解锁功能应成对提供；所有的闭锁和解锁操作应进行存档记录。

远方控制与调节包括对断路器、隔离开关、负荷开关的分合操作，分接头控制，投/切和调节无功补偿装置，投/切远方控制装置（就地或远方模式）和成组控制，其中成组控制是指预定义控制序列，实际控制时可按预定义顺序执行或由调度员逐步执行，控制过程中每一步的校验、控制流程、操作记录等与单点控制采用同样的处理方式。控制种类包括单设备控制、序列控制、群控和解/合环控制。单设备控制即常规的控制方式，针对单个设备进行控制；序列控制是指操作员预先定义控制条件及控制对象，可将一些典型的序列控制存储在数据库中供操作员快速执行；群控与序列控制类似，区别是群控在控制过程中没有严格的顺序之分，可以同时操作；解/合环控制可完成解/合环控制安全校验，下发相应的控制命令。操作方式有单席操作/双席操作和普通操作/快捷操作。

对开关设备实施控制操作一般应按三步进行，选点-返校-执行，只有当返校正确时，才能进行“执行”操作。在进行选点操作时，当遇到控制对象设置禁止操作标识牌、校验结果不正确、遥调设点值超过上下限、另一个控制台正在对这个设备进行控制操作或选点后有

效期内未有相应操作时，选点应自动撤销。

当对属于其他系统（如上级调度自动化系统）控制范围内的设备控制操作时，配电自动化系统应可通过信息交互接口将控制请求向其提交。

为保证控制和调节的安全性，必须制定相应措施。操作必须在具有控制权限的工作站上才能进行；操作员必须有相应的操作权限；双席操作校验时，监护员需确认；操作时每一步应有提示，每一步的结果有相应的响应；操作时应对通道的运行状况进行监视；提供详细的存档信息，所有操作都记录在历史库，包括操作人员姓名、操作对象、操作内容、操作时间、操作结果等可供调阅和打印。

防误闭锁包括多种类型的远方控制自动防误闭锁功能，如基于预定义规则的常规防误闭锁和基于拓扑分析的防误闭锁功能。常规防误闭锁支持在数据库中针对每个控制对象预定义遥控操作时的闭锁条件，如相关状态量的状态、相关模拟量的量测值等，并支持多种闭锁条件的组合；实际操作时，按预定义的闭锁条件进行防误校验，校验不通过应禁止操作并提示出错原因。拓扑防误闭锁不依赖于人工定义，通过网络拓扑分析设备运行状态，约束调度员安全操作。拓扑防误闭锁要求主站具备开关操作、刀开关操作、接地开关操作等防误闭锁功能和挂牌闭锁功能，其中开关操作防误闭锁功能包括合环提示、解环提示、挂牌闭锁负荷失电提示、负荷充电提示、带接地合开关提示等，刀开关操作防误闭锁功能包括带接地合刀开关提示、带电分合刀开关提示、非等电位分合刀开关提示、刀开关操作顺序提示等，接地开关操作防误闭锁功能包括带电合接地开关提示、带刀开关合接地开关提示等。

（5）网络拓扑着色

拓扑着色是指主站系统可根据配网开关的实时状态，确定各种电气设备的带电状态，分析供电源点和各点供电路径，并将结果在人机界面上用不同的颜色表示出来，包括电网运行状态着色、供电范围及供电路径着色、动态电源着色、负荷转供着色和故障指示着色等。电网运行状态着色是依据电网拓扑分析的结果，应用不同颜色表示电网元件的运行状态（带电、停电、接地等）；供电范围及供电路径着色是依据电网拓扑分析的结果，显示配电线路的供电范围及供电路径；动态电源着色是依据电网拓扑分析的结果，动态显示不同电源点的供电区域；负荷转供着色是依据负荷转供分析结果，显示负荷转供的所有路径；故障指示着色是依据故障信号对故障停电区域进行着色显示。

（6）全息历史/事故反演

全息历史/事故反演是指主站系统检测到预定义的事故时，应能自动记录事故时刻前后一段时间的所有实时稳态信息，以便事后进行查看、分析和反演。全息历史/事故反演包括事故反演的起动和处理、事故反演和全息历史反演。

主站系统能以保存数据断面及报文的形式存储一定时间范围内所有的实时稳态数据，可反演事故前后系统的实际状态。事故反演的起动既能由预定义的触发事件自动起动，也应支持指定时间范围内的人工起动，触发事件包括设备状态变化、测量值越限、计算值越限、测量值突变、逻辑计算值为真、操作命令。事故反演应具备多重事故记录的功能，记录多重事故时，事故追忆的记录存储时间相应顺延，还应能指定事故前和事故后追忆的时间段。

事故反演应提供检索事故的界面，并具备在研究态下的事故反演功能；应能通过任意一台工作站进行事故反演，并可以允许多台工作站同时观察事故反演。反演的运行环境相对独立，与实时环境互不干扰；反演时，断面数据应与反演时刻的电网模型及画面相匹配；应能通过专门的反演控制画面，选择已记录的任意时段内电力系统的状态作为反演对象（局部反演）；应能设定反演的速度（快放或慢放），并能暂停正在进行的事故反演。

全息历史反演能反演历史存储区间内任一时刻的运行方式断面；全息历史数据应符合网络分析、状态估计、潮流计算等其他应用功能的分析要求。

（7）信息分流及分区

主站系统应具有完善的责任区及信息分流功能，以满足配电网运行监控的需求，并适应各监控席位的责任分工。信息分流及分区功能模块主要包括责任区的设置和管理、数据分类的设置和管理，以及根据责任区及应用数据的类型进行相应的信息分层分类采集、处理和信息分流等功能。

责任区设置和管理是指主站系统支持根据配电线路以及配电管理区域划分为不同的责任区域并为其命名。主站系统支持的责任区中的对象支持部分配电线路集合、配电管理区域的各种组合关系，也可根据需要对具体的某个设备设置其所属的责任区。主站系统应提供责任区的在线设置与管理界面，并具备新定义设备所属责任区、修改设备所属责任区、删除设备所属责任区，具有根据厂站、线路和电压等级批量定义责任区等功能。

信息分流是指系统的每台工作站应能分配一个或多个已定义的责任区域，每台工作站应只负责处理所辖责任区内的信息，实现各个工作站之间的信息分流和安全有效隔离。实时告警信息窗只显示本责任区范围内的告警信息，无关的告警信息不出现在该工作站；历史告警查询只能查询本责任区范围内的告警；人工操作如遥控、置数、标识牌操作等只对本责任区范围内的对象有效，禁止操作无关的对象；数据维护如限值修改只能对本责任区范围内的对象有效。

（8）系统时钟和对时

主站系统可采用北斗或 GPS 时钟对时，可以支持多种时钟源；对接收的时钟信号的正确性应具有安全保护措施，保证对时安全，并可人工设置系统时间；主站可对各种终端/子站设备进行对时。

（9）打印

系统具备各种信息打印功能，包括定时和召唤打印各种实时和历史报表、批量打印报表、各类电网图形及统计信息打印等功能。

3. 扩展功能

主站系统的拓展功能包括配电网分析应用功能和智能化功能，完成对配电网运行状态的有效分析，实现配电网的优化运行。扩展功能的选配应当注意以下几点：

1）配网分析应用软件应充分考虑配电网可观测性不强的实际情况，综合利用量测采集的实时数据、准实时数据以及人工数据，对配网数据进行补全并综合分析，实现配网全网状态可观测。

2）配网分析应用软件应随着配电自动化建设的深入而逐步建设和深化应用，突出配网分析应用软件的实用价值。

3）配电网状态估计、潮流计算、负荷预测等功能宜使用在配电网络结构稳定、模型参数完备、量测数据采集较齐全的区域。

4）分布式电源接入、配电网自愈、经济运行等智能化功能宜使用在配电自动化建设完善，并成熟运用各种配网分析应用软件，积累了丰富配网运行管理经验的地区。

主站系统的扩展功能包括馈线故障处理、网络拓扑分析、状态估计、潮流计算、解合环分析、负荷转供、负荷预测、网络重构、配网运行与操作仿真、配网调度运行支持应用、系统互联、分布式电源/储能/微网接入与控制、配电网自愈和经济运行等。

（1）馈线故障处理

馈线故障处理是指当配电线路发生故障时，主站系统根据故障信息进行故障定位、隔离和非故障区域的恢复供电。馈线故障处理包括故障定位、隔离及非故障区域的恢复、故障处理安全约束、故障处理控制方式、主站集中式与就地分布式故障处理的配合和故障处理信息查询等功能。

故障定位、隔离及非故障区域的恢复要求主站系统支持各种拓扑结构的故障分析，电网的运行方式发生改变对馈线自动化的处理不造成影响；可根据故障信号快速自动定位故障区段，并调出相应图形以醒目方式显示（如特殊的颜色或闪烁）；可并发处理多个故障，能根据每条配电线路的重要程度对故障进行优先级划分，重要线路的故障可以优先进行处理；可根据故障定位结果确定隔离方案，故障隔离方案可自动执行或者经调度员确认执行；可自动设计非故障区段的恢复供电方案，避免恢复过程导致其他线路的过负荷；在具备多个备用电源的情况下，能根据各个电源点的负载能力，对恢复区域进行拆分恢复供电。

故障处理安全约束是指主站系统可灵活设置故障处理闭锁条件，避免保护调试、设备检修等人为操作的影响；故障处理过程中应具备必要的安全闭锁措施（如通信故障闭锁、设备状态异常闭锁等），保证故障处理过程不受其他操作干扰。

故障处理控制方式是指对于不同遥控条件的设备，可选择不同控制方式。对于不具备遥控条件的设备，系统通过分析采集遥测、遥信数据，判定故障区段，并给出故障隔离和非故障区域的恢复方案，通过人工介入的方式进行故障处理，达到提高处理故障速度的目的；对于具备遥测、遥信、遥控条件的设备，系统在判定出故障区间后，调度员可以选择远方遥控设备的方式进行故障隔离和非故障区域的恢复，或采用系统自动闭环处理的方式进行控制处理。

主站集中式与就地分布式故障处理的配合是指主站系统可依据就地分布式故障处理投退信号，对主站的集中式馈线故障处理功能进行正确闭锁；当就地分布式故障处理的运行工况异常时，主站集中式馈线故障处理能够自动接管相应区域的线路故障处理。

故障处理信息查询是指故障处理的全部过程信息应保存在历史数据库中，以备故障分析时使用。用户可按故障发生时间、发生区域、受影响客户等方式对故障信息进行检索和统计。

（2）网络拓扑分析

网络拓扑分析是指主站系统可根据电网连接关系和设备的运行状态进行动态分析，分析结果可以应用于配电监控、安全约束等，也可针对复杂的配电网络模型形成状态估计、潮流计算使用的计算模型。主站系统的网络拓扑分析应适用于任何形式的配电网络接线方式；具备电气岛分析功能，分析电网设备的带电状态，按设备的拓扑连接关系和带电状态划分电气岛；支持人工设置的运行状态；支持设备挂牌、投退役、临时跳接等操作对网络拓扑的影响；支持实时态、研究态、未来态网络模型的拓扑分析；可依据配电网络拓扑结构生成数值计算需要的计算网络模型，为状态估计、潮流计算、解合环分析提供计算基础。

（3）状态估计

状态估计是指主站系统利用实时量测的冗余性，应用估计算法来检测与剔除坏数据，提高数据精度，保持数据的一致性，实现配电网不良量测数据的辨识，并通过负荷估计及其他相容性分析方法进行一定的数据修复和补充。配电网不良量测数据的辨识，对配电自动化尚未完全覆盖区域可综合利用负荷管理、用电信息采集等系统中的准实时数据，补全配网数据，进行综合分析；对实时数据采集较全，配网全网状态可观测的区域，可通过对来自不同源的数据进行一致性校验。

实时量测的类型包括电流、电压、有功功率、无功功率等。主站系统应支持人工启动、周期启动、事件触发等多种启动方式；可人工调整量测的权重系数；状态估计分析结果可快速获取，满足不同配电网应用分析软件对数据的需求。

（4）潮流计算

潮流计算是根据配电网络指定运行状态下的拓扑结构、变电站母线电压（即馈线出口电压）、负荷类设备的运行功率等数据，计算节点电压，以及支路电流、功率分布，计算结果为其他应用功能做进一步分析做支撑。主站系统应支持实时态、研究态和未来态电网模型的计算；支持多种负荷计算模型的潮流计算，包括恒定电流、恒定容量、恒定有功等负荷模型；对于配电自动化覆盖区域由于实时数据采集较全，可进行精确潮流计算；对于自动化尚未覆盖或未完全覆盖区域，可利用用电信息采集、负荷管理系统的准实时数据，利用状态估计尽量补全数据，进行潮流估算；潮流计算结果提示告警，能根据线路热稳限值（最大可带负荷）、母线电压限值提示越限告警信息；计算结果比对，提供多数据断面的潮流计算结果比对功能。

（5）解合环分析

解合环分析是指主站系统能够对指定方式下的解合环操作进行计算分析，对该解合环操作进行风险评估。主站系统的解合环分析可基于实时态、研究态、未来态电网模型进行；能够实现解合环路径自动搜索；对于模型参数完备、相关量测采集齐全的环路，能够计算合环稳态电流值、合环电流时域特性、合环最大冲击电流值；对于缺少上级电源模型或相关量测的环路，能够利用潮流估算的结果，结合工程经验值，对合环最大冲击电流做出估算；能够分析解合环操作对环路上其他设备的影响；能够提供解合环前后潮流值比较。

（6）负荷转供

负荷转供是指主站系统根据目标设备分析其影响负荷，并将受影响负荷安全转至新电源点，提出包括转供路径、转供容量在内的负荷转供操作方案。负荷转供包括负荷信息统计、转供策略分析、转供策略模拟和转供策略执行。

负荷信息统计分为两步。一是目标设备设置，包括检修设备、越限设备或停电设备；二是分析目标设备影响到的负荷及负荷设备基本信息。

转供策略分析包括转供路径搜索、转供容量分析和转供客户分析。首先采用拓扑分析的方法，搜索得到所有合理的负荷转供路径；然后结合拓扑分析和潮流计算的结果，对转供负荷容量以及转供路径的可转供容量进行分析；最后采用拓扑分析方法，对双电源供电客户转供结果进行分析。

转供策略模拟是指主站系统支持模拟条件下的方案生成及展示。

转供策略执行是指主站系统依据转供策略分析的结果，采用自动或人工介入的方式对负荷进行转移，实现消除越陷、减少停电时间等目标，形成闭环控制。

（7）负荷预测

配电网负荷预测主要针对 6～20kV 母线、区域配电网进行负荷预测，在对系统历史负

荷数据、气象因素、节假日，以及特殊事件等信息分析的基础上，挖掘配网负荷变化规律，建立预测模型，选择适合策略预测未来系统负荷变化。要求主站系统应具备最优预测策略分析功能，可根据对系统负荷与相关因素关系的定量分析，将智能化方法与传统方法相结合，根据负荷规律的特点，自动形成最优预测策略；支持自动启动和人工启动负荷预测；支持多日期类型负荷预测，针对不同的日期类型设计相应的预测模型和方法，分析各种类型的日期模型（例如，工作日、周末和假日等）对负荷的影响；支持基于分时气象信息的负荷预测，考虑各种气象因素对负荷的影响；支持多预测模式对比分析；支持计划检修、负荷转供、限电等特殊情况对配网负荷影响的分析。

（8）网络重构

配电网网络重构的目标是在满足安全约束的前提下，通过开关操作等方法改变配电线路的运行方式，消除支路过载和电压越限，平衡馈线负荷，使网损最小。要求主站系统结合配电网潮流计算分析结果对配电网络进行重构，实现网络优化，提高供电能力；综合分析配电网架结构和用电负荷等信息，并通过改变配网运行方式等相关措施，达到降低配网网损的目的；除满足正常运行方式下的配电网络优化调整外，还可满足新建、改建、扩建配电网络以及故障条件下的网络重构；依据网络重构在线分析的结果，采用自动或人工介入的方式实现闭环控制，实现配电网的动态调控。

（9）配网运行与操作仿真

配网运行与操作仿真能够在不影响系统正常运行的情况下，利用平台提供的多态多应用机制建立模拟环境，实现配网调度的日常操作、事故预演、事故反演以及故障恢复预演等功能。要求主站系统能模拟任意地点的各类故障和系统的状态变化，可人为设置假想故障，可自动演示故障的处理过程，包括故障定位、隔离过程和主站的恢复策略的预演等；可任意拉合开关进行模拟停电范围的分析，开关状态变化后线路和设备会根据供停电状态动态着色，直观反映模拟配电网情况。

（10）配网调度运行支持应用

配网调度运行支持应用是结合实时监测数据和相关调度作业信息，对调度运行与操作进行必要的安全约束以及辅助调度员决策，主要包括调度操作票、保电管理、多电源客户管理、停电分析等。

调度操作票功能应满足调度人员日常操作票管理工作的可靠性、安全性、快速性、方便性等要求。调度操作票共享系统网络模型、图形及运行方式，减少二次维护，保证开票环境的真实性；调度员在研究态下进行开票、安全防误校核，任何操作不应影响实时环境，支持自动或手动方式实现操作票模拟环境与实时环境的同步；实现设备状态的智能识别，实现对于不同类型的电气设备不同的运行状态的识别，包括运行状态、热备用状态、冷备用状态、检修状态等；采用图票一体化技术，由调度员在图形界面上点选设备，选择操作任务后，系统自动生成操作票；支持图形开票、操作预演、操作票执行时自动模拟功能，可将操作步骤自动分解，自动打开图形，自动定位到正在模拟的设备上；在操作票自动模拟过程中，应能自动调用潮流计算功能，在图形上实时显示潮流计算结果；操作票规则库可配置，支持各种操作票的写票、成票以及解释等过程；可以根据用户需要实现操作票流程的自定制；应能实现按人员统计、按操作项目统计、按设备类型统计，可以按年、按月统计操作票数量、合格率等。

保电管理结合保电计划信息和 DSCADA 信息，实时反映客户保电情况，对调度运行人员的操作给与提示和约束，协助制定检修计划。要求主站系统具备保电客户的编辑、查询、动态搜索等功能；提示保电客户相关信息，包括客户类型及客户重要级别等；依据保电信息，自动为保电客户及相关电源点设置和解除保电牌；动态进行操作安全约束校验，确保操作不影响保电客户供电。

多电源客户管理结合客户信息和 DSCADA 信息，动态反映双电源客户电源点运行方式。要求主站系统：具备多电源客户的编辑、查询、动态搜索、统计报表等功能；结合多电源信息和配电网络的实时运行方式，协助调度运行人员安全操作，保证多电源重要客户的供电可靠性。

停电分析结合未来态配电网络模型信息和计划检修信息，分析停电范围进行相关统计，形成停电客户信息并发布。包括停电范围分析，分析结果能够在图形上以醒目方式标识，并采用列表显示停电的区域；停电信息统计，依据停电范围分析的结果，统计停电区域的相关信息，如停电客户数、客户类型、区域信息、丢失负荷容量等；停电信息查询，可按线路、区域、时间范围等条件对历史停电信息进行过滤和查询；停电信息发布，可将停电分析的结果通过系统信息交互接口向 95598 系统发送，内容包括停电客户信息、停电时间、停电原因等。

(11) 系统互联

配电自动化系统通过标准化的接口适配器完成与上一级电网调度（一般指地区电网调度）自动化系统和生产管理系统（或电网 GIS 平台）互联的需要，实现上一级电网和配电网图模向配网系统的导入，系统交互的数据格式符合 IEC61968 、IEC61970 规范，对外部系统提供的数据能够进行数据完整性和有效性校验。

(12) 分布式电源/储能/微网接入与控制

分布式电源/储能/微网接入与控制是指主站系统满足分布式电源/储能装置/微网接入带来的多电源、双向潮流分布的配电网络监视、控制要求。要求主站具备对分布式电源/储能装置/微网接入、运行、退出的监视、控制等互动管理功能；实现分布式电源/储能装置/微网接入系统情况下的配网安全保护、独立运行、多电源运行机制分析等功能。

(13) 配电网自愈

配网自愈化控制是在馈线自动化的基础之上，结合配电网状态估计和潮流计算等分析的结果，自动诊断配电网当前所处的运行状态，并进行控制策略决策，实现对配电网一、二次设备的自动控制，消除配电网运行隐患，缩短故障处理周期，提高运行安全裕度，促使配电网转向更好的运行状态，赋予配电网自愈能力。包括智能预警，支持配电网在紧急状态、恢复状态、异常状态、警戒状态和安全状态等状态划分及分析评价机制，为配电网自愈控制实现提供理论基础和分析模型依据；校正控制，包括预防控制、校正控制、恢复控制、紧急控制，各级控制策略保持一定的安全裕度，满足 N-1 准则；具备相关信息融合分析的能力，在故障信息漏报、误报和错报条件下能够容错故障定位；支持配电网大面积停电情况下的多级电压协调、快速恢复功能；支持大批量负荷紧急转移的多区域配合操作控制；自愈控制宜延伸至配电高电压等级统一考虑。

(14) 经济运行

配电网经济优化运行的目标是在支持分布式电源分散接入条件下，分析智能调度方法，给出分布式电压无功资源协调控制方法，提高配电网经济运行水平。主站系统应支持分布式电源接入条件下的经济运行分析与优化控制；支持负荷不确定性条件下对配电网电压无功协

调优化控制；支持在实时量测信息不完备条件下的配电网电压无功协调优化控制；能够对配电设备利用率进行综合分析与评价；支持配电网广域备用运行控制方法，充分发挥配电设备容量潜力。

4. 配电自动化实现型式需具备功能

配电自动化主站的功能部署取决于配电自动化系统实现型式，配电自动化系统根据其规模和实现型式的不同，分为简易型、实用型、标准型、集成型和智能型。

（1）简易型

简易型方式用于基于就地检测和控制技术的一种准实时系统，采用故障指示器来获取配电线路的故障信息。开关设备采用重合器或具备自动重合闸功能的开关设备，通过开关设备之间的逻辑配合（如时序等）就地实现配电网故障的隔离和恢复供电。简易型方式适用于单辐射或单联络的配电一次网架或仅需故障指示功能的配电线路，对配电主站和通信通道没有明确的要求。

（2）实用型

实用型方式用于利用多种通信手段（如光纤、载波、无线公网/专网等），以实现遥信和遥测功能为主，并可对具备条件的配电一次设备进行单点遥控的实时监控系统。配电自动化系统具备基本的配电 SCADA 功能，实现配电线路、设备数据的采集和监测。根据配电终端数量或通信方式等条件，可增设配电子站。

实用型方式适用于通信通道具备基本条件，配电一次设备具备遥信和遥测（部分设备具备遥控）条件，但不具备实现集中型馈线自动化功能条件的地区，以配电 SCADA 监控为主要实现功能。

（3）标准型

标准型方式是在实用型的基础上实现完整的配电 SCADA 功能和集中型馈线自动化功能，能够通过配电主站和配电终端的配合，实现配电网故障区段的快速切除与自动恢复供电，并可通过与上级调度自动化系统、生产管理系统、电网 GIS 平台等其他应用系统的互联，建立完整的配网模型，实现基于配电网拓扑的各类应用功能，为配电网生产和调度提供较全面的服务。实施集中型馈线自动化的区域应具备可靠、高效的通信手段（如光传输网络等）。

标准型方式适用于配电一次网架和设备比较完善，配电网自动化和信息化基础较好，集中型馈线自动化实施区域具备相应条件的地区。

（4）集成型

集成型方式是在标准型的基础上，通过信息交互总线实现配电自动化系统与相关应用系统的互联，整合配电信息，外延业务流程，扩展和丰富配电自动化系统的应用功能，支持配电生产、调度、运行及用电等业务的闭环管理，为配电网安全和经济指标的综合分析以及辅助决策提供服务。

集成型方式适用于配电一次网架和设备条件比较成熟，配电自动化系统初具规模，各种相关应用系统运行经验较为丰富的地区。

（5）智能型

智能型方式是在标准型或集成型的基础上，通过扩展配电网分布式电源/储能装置/微电网的接入及应用功能，在快速仿真和预警分析的基础上进行配电网自愈控制，并通过配电网网络优化和提高供电能力实现配电网的经济优化运行，以及与其他智能应用系统的互动，实现智能化应用。

智能型方式适用于已开展或拟开展分布式电源/储能/微电网建设，或配电网的安全控制和经济运行辅助决策有实际需求，且配电自动化系统和相关基础条件较为成熟完善的地区。

不同实现型式的配电自动化系统，其主站功能部署见表 3-11。

表 3-11　不同型式主站功能部署

功能			实用型主站	标准型主站	集成型主站	智能型主站
平台服务	支撑软件	1）关系数据库软件	√	√	√	√
		2）动态信息数据库软件	√	√	√	√
		3）中间件	√	√	√	√
	数据库管理	1）数据库维护工具	√	√	√	√
		2）数据库同步	√	√	√	√
		3）多数据集	√	√	√	√
		4）离线文件保存	√	√	√	√
		5）带时标的实时数据处理	√	√	√	√
		6）数据库恢复	√	√	√	√
	数据备份与恢复	1）全数据备份	√	√	√	√
		2）模型数据备份	√	√	√	√
		3）历史数据备份	√	√	√	√
		4）定时自动备份	√	√	√	√
		5）全库恢复	√	√	√	√
		6）模型数据恢复	√	√	√	√
		7）历史数据恢复	√	√	√	√
	系统建模	1）图模一体化网络建模工具	√	√	√	√
		2）外部系统信息导入建模工具	◇	√	√	√
	多态多应用	1）具备实时态、研究态、未来态等应用场景	◇	√	√	√
		2）各态下可灵活配置相关应用	◇	√	√	√
		3）多态之间可相互切换	◇	√	√	√
	多态模型管理	1）多态模型的切换	◇	√	√	√
		2）各态模型之间的转换、比较及同步和维护	◇	√	√	√
		3）多态模型的分区维护、统一管理	◇	√	√	√
		4）设备异动管理	◇	√	√	√
	权限管理	1）层次权限管理	√	√	√	√
		2）权限绑定	√	√	√	√
		3）权限配置	√	√	√	√
	告警服务	1）语音动作	√	√	√	√
		2）告警分流	√	√	√	√
		3）告警定义	√	√	√	√
		4）画面调用	√	√	√	√
		5）告警信息存储、打印	√	√	√	√
	报表管理	1）支持实时监测数据及其他应用数据	√	√	√	√
		2）报表设置、生成、修改、浏览、打印	√	√	√	√
		3）按班、日、月、季、年生成各种类型报表	√	√	√	√
		4）定时统计生成报表	√	√	√	√

（续）

功　能			实用型主站	标准型主站	集成型主站	智能型主站
平台服务	人机界面	1）界面操作	√	√	√	√
		2）图形显示	√	√	√	√
		3）交互操作画面	√	√	√	√
		4）数据设置、过滤、闭锁	√	√	√	√
		5）多屏显示、图形多窗口、无级缩放、漫游、拖拽、分层分级显示	√	√	√	√
		6）图模库一体化	√	√	√	√
		7）设备快速查询和定位	√	√	√	√
		8）支持国家标准一、二级字库汉字及矢量汉字	√	√	√	√
	系统运行状态管理	1）节点状态监视	√	√	√	√
		2）软硬件功能管理	√	√	√	√
		3）状态异常报警	√	√	√	√
		4）在线、离线诊断工具	√	√	√	√
		5）冗余管理、应用管理、网络管理	√	√	√	√
	WEB 发布	1）网上发布	√	√	√	√
		2）报表浏览	√	√	√	√
		3）权限限制	√	√	√	√
配电SCADA功能	数据采集	1）满足配电网实时监控需要	√	√	√	√
		2）各类数据的采集和交换	√	√	√	√
		3）广域分布式数据采集	√	√	√	√
		4）大数据量采集	√	√	√	√
		5）支持多种通信规约	√	√	√	√
		6）支持多种通信方式	√	√	√	√
		7）错误检测功能	√	√	√	√
		8）通信通道运行工况监视、统计、报警和管理	√	√	√	√
		9）符合国家电力监管委员会电力二次系统安全防护规定	√	√	√	√
	数据处理	1）模拟量处理	√	√	√	√
		2）状态量处理	√	√	√	√
		3）非实测数据处理	√	√	√	√
		4）多数据源处理	√	√	√	√
		5）数据质量码	√	√	√	√
		6）统计计算	√	√	√	√
	数据记录	1）事件顺序记录（SOE）	√	√	√	√
		2）周期采样	√	√	√	√
		3）变化存储	√	√	√	√
	操作与控制	1）人工置数	√	√	√	√
		2）标识牌操作	√	√	√	√
		3）闭锁和解锁操作	√	√	√	√
		4）远方控制与调节	√	√	√	√
		5）防误闭锁	√	√	√	√

（续）

功能			实用型主站	标准型主站	集成型主站	智能型主站
配电SCADA功能	网络拓扑着色	1）电网运行状态着色	√	√	√	√
		2）供电范围及供电路径着色	√	√	√	√
		3）动态电源着色	√	√	√	√
		4）负荷转供着色	√	√	√	√
		5）故障指示着色	√	√	√	√
	全息历史/事故反演	1）事故反演的起动和处理	√	√	√	√
		2）事故反演	√	√	√	√
		3）全息历史反演	√	√	√	√
	信息分流及分区	1）责任区设置和管理	√	√	√	√
		2）信息分流	√	√	√	√
	系统时钟和对时	1）北斗或GPS时钟对时	√	√	√	√
		2）对时安全	√	√	√	√
		3）终端对时	√	√	√	√
	打印	各种信息打印功能	√	√	√	√
扩展功能	馈线故障处理	1）故障定位、隔离及非故障区域的恢复	◇	√	√	√
		2）故障处理安全约束	◇	√	√	√
		3）故障处理控制方式	◇	√	√	√
		4）主站集中式与就地分布式故障处理的配合	◇	√	√	√
		5）故障处理信息查询	◇	√	√	√
	网络拓扑分析	1）适用于任何形式的配电网络接线方式	◇	√	√	√
		2）电气岛分析	◇	√	√	√
		3）支持人工设置的运行状态	◇	√	√	√
		4）支持设备挂牌、投退役、临时跳接等操作对网络拓扑的影响	◇	√	√	√
		5）支持实时态、研究态、未来态网络模型的拓扑分析	◇	√	√	√
		6）计算网络模型的生成	◇	√	√	√
	状态估计	1）计算各类量测的估计值	◇	◆	◆	√
		2）配电网不良量测数据的辨识	◇	◆	◆	√
		3）人工调整量测的权重系数	◇	◆	◆	√
		4）多起动方式	◇	◆	◆	√
		5）状态估计分析结果快速获取	◇	◆	◆	√
	潮流计算	1）实时态、研究态和未来态电网模型潮流计算	◇	◆	◆	√
		2）多种负荷计算模型的潮流计算	◇	◆	◆	√
		3）精确潮流计算和潮流估算	◇	◆	◆	√
		4）计算结果提示告警	◇	◆	◆	√
		5）计算结果比对	◇	◆	◆	√

（续）

功能			实用型主站	标准型主站	集成型主站	智能型主站
扩展功能	解合环分析	1）实时态、研究态、未来态电网模型合环分析	◇	◆	◆	√
		2）合环路径自动搜索	◇	◆	◆	√
		3）合环稳态电流值、环路等值阻抗、合环电流时域特性、合环最大冲击电流值计算	◇	◆	◆	√
		4）合环操作影响分析	◇	◆	◆	√
		5）合环前后潮流比较	◇	◆	◆	√
	负荷转供	1）负荷信息统计	◇	◆	◆	√
		2）转供策略分析	◇	◆	◆	√
		3）转供策略模拟	◇	◆	◆	√
		4）转供策略执行	◇	◆	◆	√
	负荷预测	1）最优预测策略分析	◇	◆	◆	√
		2）支持自动起动和人工起动负荷预测	◇	◆	◆	√
		3）多日期类型负荷预测	◇	◆	◆	√
		4）分时气象负荷预测	◇	◆	◆	√
		5）多预测模式对比分析	◇	◆	◆	√
		6）计划检修、负荷转供、限电等特殊情况分析	◇	◆	◆	√
	网络重构	1）提高供电能力	◇	◆	◆	√
		2）降低网损	◇	◆	◆	√
		3）动态调控	◇	◆	◆	√
	配网运行与操作仿真	1）故障仿真与预演	◇	◆	◆	◆
		2）操作仿真	◇	◆	◆	◆
	配网调度运行支持应用	1）调度操作票	◇	◆	◆	◆
		2）保电管理	◇	◆	◆	◆
		3）多电源客户管理	◇	◆	◆	◆
		4）停电分析	◇	◆	◆	◆
	系统互联	1）信息交互遵循 IEC 61968 标准	◇	◆	√	√
		2）支持相关系统间互动化应用	◇	◆	√	√
	分布式电源/储能/微网接入	1）分布式电源/储能设备/微网接入、运行、退出的监视、控制等互动管理功能	◇	◇	◇	√
		2）分布式电源/储能装置/微网接入系统情况下的配网安全保护、独立运行、多电源运行机制分析等功能	◇	◇	◇	√
	配网的自愈	1）智能预警	◇	◆	◆	◆
		2）校正控制	◇	◆	◆	◆
		3）相关信息融合分析	◇	◆	◆	◆
		4）配电网大面积停电情况下的多级电压协调、快速恢复功能	◇	◆	◆	◆
		5）大批量负荷紧急转移的多区域配合操作控制	◇	◆	◆	◆

（续）

功能			实用型主站	标准型主站	集成型主站	智能型主站
扩展功能	经济运行	1）分布式电源接入条件下的经济运行分析	◇	◆	◆	◆
		2）负荷不确定性条件下对配电网电压无功协调优化控制	◇	◆	◆	◆
		3）在实时量测信息不完备条件下的配电网电压无功协调优化控制	◇	◆	◆	◆
		4）配电设备利用率综合分析与评价	◇	◆	◆	◆
		5）配电网广域备用运行控制方法	◇	◆	◆	◆

注：表中“√”表示需配置，“◆”表示可选配，“◇”表示无需配置。

3.2.3 软硬件配置

1. 软件配置

配电自动化主站系统软件配置一般遵循以下原则：

1）系统应采用先进的、成熟稳定的、标准版本的工业软件，有软件许可。软件配置应满足开放式系统要求，由实时多任务操作系统软件、支持软件及应用软件组成，采用模块化结构，具有实时性、可靠性、适应性、可扩充性及可维护性。

2）系统应采用成熟稳定的、完整的操作系统软件，它应包括操作系统安装包、编译系统、诊断系统和各种软件维护、开发工具。操作系统能防止数据文件丢失或损坏，支持系统生成及用户程序装入，支持虚拟存储，能有效管理多种外部设备。

3）数据库的规模应能满足配电网自动化主站系统基本功能所需的全部数据的需求，并适合所需的各种数据类型；数据库的各种性能指标应能满足系统功能和性能指标的要求；数据库应用软件应具有实时性，能对数据库进行快速访问，对数据库的访问时间必须小于0.5ms，同时具有可维护性及可恢复性；对数据库的修改，应设置操作权限，并记录用户名、修改时间、修改前的内容等详细信息。

4）系统应采用系统组态软件用于数据生成，应满足系统各项功能的要求，为用户提供交互式的、面向对象的、方便灵活的、易于掌握的、多样化的组态工具，宜提供一些类似宏命令的编程手段和多种实用函数，以便扩展组态软件的功能。用户能很方便地对图形、曲线、报表、报文进行在线生成、修改。

5）应用软件应采用模块化结构，具有良好的实时响应速度和可扩充性，具有出错检测能力，当某个应用软件出错时，除有错误信息提示外，不允许影响其他软件的正常运行，应用程序和数据在结构上应互相独立，由于各种原因造成硬盘空间满，不得影响系统的实时控制功能。

6）当某种功能运行不正常时，不应影响其他功能的运行。

7）系统应具备良好的开放性，能方便植入第三方开发的应用软件，实现第三方功能即插即用。

主站软件的配置主要参考主站所需部署的功能，此处不再赘述。

2. 硬件配置

主站系统从应用分布上主要分为安全Ⅰ区实时监控、安全Ⅲ区公网数据采集、安全Ⅲ区

Web 发布等 3 个部分。如图 3-18 所示为主站系统硬件配置。主站系统主要由服务器、工作站和磁盘阵列等硬件组成。服务器一般包括 DMS 应用服务器、SCADA 服务器、历史数据服务器、前置服务器、WEB 服务器等。工作站包括调度员工作站、远程维护工作站、报表工作站、配电工作管理工作站等。磁盘阵列用于存储历史数据。

系统功能部署、硬件节点分布配置见表 3-12。

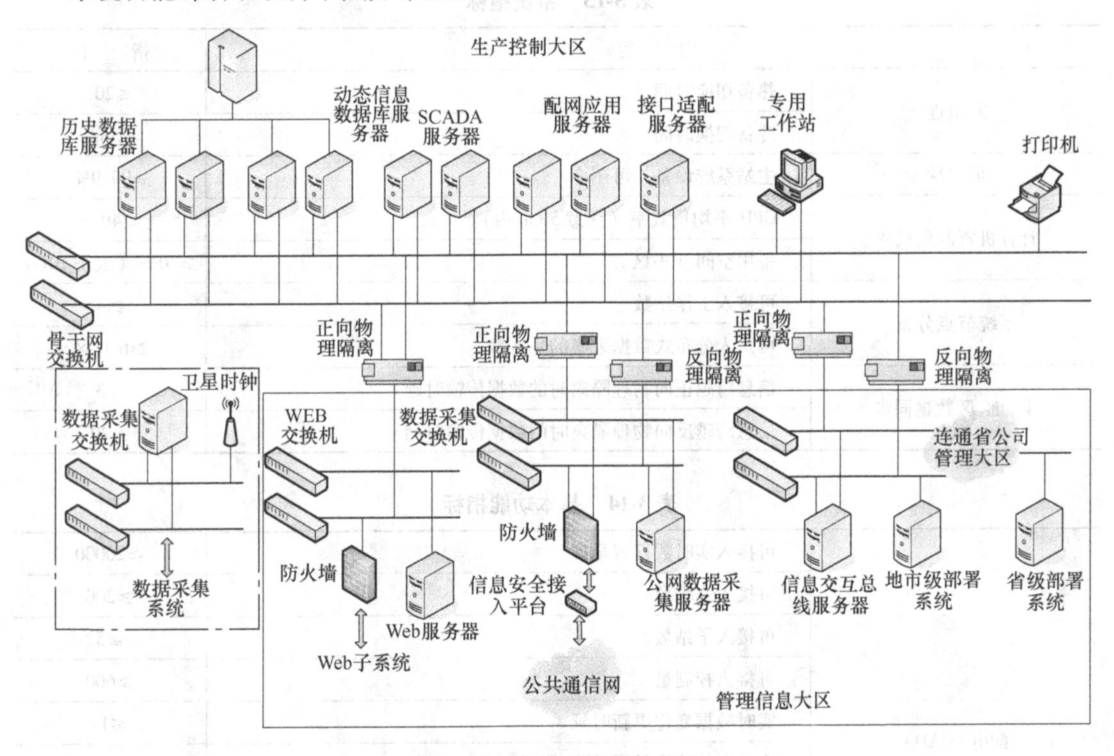

图 3-18 主站系统硬件配置

表 3-12 系统功能部署与节点分布配置表

安全区	硬件配置	功能说明
安全Ⅰ区	数据采集服务器	完成配电 SCADA 数据采集、系统时钟和对时的功能
	SCADA 服务器	完成配电 SCADA 数据处理、操作与控制、全息历史/事故反演、多态多应用、模型管理、权限管理、告警服务、报表管理、系统运行管理、终端运行工况监视等功能
	配网应用服务器	完成馈线故障处理、电网分析应用、配网实时调度管理、智能化应用等功能。在主站系统处理负载率符合指标的情况下，可以将配网应用服务器与 SCADA 服务器合并
	历史数据库服务器	完成数据库管理、数据备份与恢复、数据记录等功能
	动态信息数据库服务器	完成全息历史数据的处理和存储
	接口适配服务器	完成与外部系统的信息交互功能
	工作站	包括配调工作站、检修计划工作站、报表工作站、维护工作站等
安全Ⅲ区	公网数据采集服务器	完成公网配电通信终端（FTU、DTU、TTU 等）的实时数据采集
	WEB 服务器	完成安全Ⅰ区配电 SCADA 数据信息的网上发布功能
	动态信息数据库服务器	完成全息历史数据的处理和存储，供 WEB 应用分析使用

3.2.4 技术要求

配电自动化主站技术指标主要包括系统指标、基本功能指标、扩展功能指标和运行指标，各指标技术要求见表3-13～表3-16。

表3-13 系统指标

内容		指标
冗余性	热备切换时间	≤20s
	冷备切换时间	≤5min
可用性	主站系统设备年可用率	≥99.9%
计算机资源负载率	CPU平均负载率（任意5min内）	≤40%
	备用空间（根区）	≥20%（或是10G）
系统节点分布	可接入工作站数	≥4
	可接入分布式数据采集的片区数	≥6片区
Ⅰ、Ⅲ区数据同步	信息跨越正向物理隔离时的数据传输时延	<3
	信息跨越反向物理隔离时的数据传输时延	<20

表3-14 基本功能指标

配电SCADA	可接入实时数据容量	≥20000
	可接入终端数	≥200
	可接入子站数	≥5
	可接入控制量	≥600
	实时数据变化更新时延	≤1s
	主站遥控输出时延	≤2s
	数据记录时标精度	≤1ms
	历史数据保存周期	≥3年
	85%画面调用响应时间	≤3s
	事故推画面响应时间	≤10s

表3-15 扩展功能指标

馈线故障处理	系统并发处理馈线故障个数	≥10个
	单个馈线故障处理耗时（不含系统通信时间）	≤5s
状态估计	单次状态估计计算时间	≤15s
潮流计算	单次潮流计算时间	≤10s
负荷转供	单次转供策略分析耗时	≤5s
负荷预测	负荷预测周期	≤15min
	单次负荷预测耗时	≤15s
网络重构	单次网络重构耗时	≤5s
系统互联	信息交互接口信息吞吐效率	≥20kB
	信息交互接口并发连接数	≥5个

表 3-16　运行指标

模拟量	遥测综合误差	≤1.5%
	遥测合格率	≥98%
状态量	遥信动作正确率（年）	≥99%
遥控	遥控正确率（年）	≥99.99%
	遥控拒动率（年）	≤2%

3.3　配电子站

配电子站即配电自动化子站（Slave Station of Distribution Automation），是为优化系统结构层次、提高信息传输效率、便于配电通信系统组网而设置的中间层，实现所辖范围内的信息汇集、处理或故障处理、通信监视等功能，主要包括通信汇集型子站及监控功能型子站。

通信汇集型子站用于汇集配电终端上传的信息并向配电主站转发，同时将从配电主站接收的控制命令下发至配电终端；上下行对时，当地及远方维护（包括参数配置、工况显示、系统诊断等）；软硬件自诊断及通信通道监视，异常时向配电主站或当地发出告警。

监控功能型子站具备通信汇集型子站的基本功能；在区域配电网拓扑分析的基础上，实现馈线的故障定位、隔离、恢复非故障区域供电，并可将处理结果上报配电主站；还具备人机交互、信息存储和系统安全管理等功能。

3.3.1　架构设计

配电自动化系统应优先考虑配电终端直接接入配电主站；确需配置配电子站的，应根据配电自动化系统实际需求、配电网结构、通信等条件选择通信汇集型或监控功能型子站。当配电自动化建设区域内配电终端数量庞大、配电终端与配电主站之间直接通信较为困难或需要实现数据分层分类管理时可配置通信汇集型子站；若尚未建设配电主站，但需先期实现区域性馈线自动化与人机交互功能的，则可配置监控功能型子站。现阶段以通信汇集型子站为主流方向，一般不建议建设监控功能型子站。

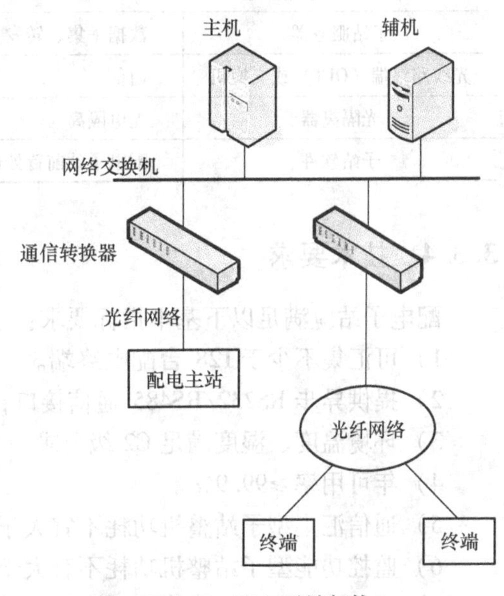

图 3-19　配电子站架构

配电自动化子站一般设置在通信和运行条件满足要求的变电站或大型开关站内，其架构相对简单，监控功能型子站包括子站服务器、通信交换机［或 EPON 设备光线路终端（OLT）］等，如图 3-19 所示；通信汇集型子站则更简单，仅需 1 台通信交换机［或 EPON 设备光线路终端（OLT）］和相关附件设备。

3.3.2 功能要求

通信汇集型子站应具备以下功能：

1）终端数据的汇集、处理与转发。

2）远程维护和自诊断。

3）接收并转发上级主站的控制命令。

4）接收事件顺序记录并向上级主站传送。

5）接收并执行对时命令。

6）终端的通信异常监视与上报。

7）具有程序自恢复功能。

监控功能型子站应具备以下功能：

1）应具备通信汇集型子站的基本功能。

2）在所辖区域内的配电线路发生故障时，子站应具备故障区域自动判断、隔离及非故障区域恢复供电的能力，并将处理情况上传至配电主站。

3）信息存储。

4）人机交互。

3.3.3 软硬件配置

配电自动化子站配置见表3-17，若为通信汇集型子站，则可不配置子站服务器和相关软件。

表3-17 配电自动化子站软硬件配置

软件/硬件配置	功 能 说 明
子站服务器	数据采集、转发、功能应用等
光线路终端（OLT）或交换机	通信
光隔离器	光电隔离
子站软件	配电子站前置处理软件、子站规约库、模型/图形及拓扑由主站服务器提供

3.3.4 技术要求

配电子站应满足以下基本指标要求：

1）可汇集不少于128台配电终端。

2）提供异步RS232/RS485通信接口，并具备2个以上以太网通信接口。

3）环境温度、湿度满足C2级要求。

4）年可用率≥99.9%。

5）通信汇集型子站整机功耗不宜大于30V·A（不含通信设备）。

6）监控功能型子站整机功耗不宜大于250V·A。

7）通信汇集型子站的快速瞬变干扰试验、高频干扰试验、浪涌试验、静电放电干扰试验、辐射电磁场干扰试验等至少满足GB/T13729-2002《远动终端设备》规定中Ⅳ级的要求。

8）支持多种通信方式，包括：以太网、专线MODEM、RS485、拨号MODEM以及无线

通信等方式；并可根据实际需要灵活配置、扩充通信端口。

9）通信规约应与配电终端的通信规约一致。

3.4 配电终端

配电终端即配电自动化终端（Remote terminal unit of distribution automation），是安装于中压配电网现场的各种远方监测、控制单元的总称。配电终端应用对象主要有开关站、配电室、环网柜、箱式变电站、柱上开关、配电变压器、配电线路等。根据应用的对象及功能，配电终端可分为馈线终端（Feeder Terminal Unit，FTU）、站所终端（Distribution Terminal Unit，DTU）和配变终端（Transformer Terminal Unit，TTU）。配电终端功能还可通过远动装置（Remote Terminal Unit，RTU）、综合自动化装置或重合闸控制器等装置实现。

3.4.1 构成设计

配电终端作为一个独立的智能设备，一般要求采用模块/插件式设计，包括主控模块、两遥（遥信、遥测）或三遥（遥信、遥测、遥控）模块、通信模块、电源模块、接口模块等，各模块可灵活配置，且模块的更换不影响一次设备的运行，便于升级和更换。

（1）主控模块

核心终端单元完成配电终端的主要功能，如模拟和数字信号测量、逻辑计算、控制输出和通信处理等。核心终端单元一般由高性能的嵌入式CPU或DSP构成，考虑到工作环境，设计时应采用先进的工业级芯片，满足电气隔离、电磁屏蔽、抗干扰要求。核心终端单元是配电终端中主要的功率消耗源，为延长停电工作时间和降低配电终端自身的发热量以适应高温环境，器件设计和选用时还应考虑低功耗的元器件。从更换维护方便和工作可靠考虑，核心终端单元宜安装在独立机壳中。

（2）电源模块

配电终端电源模块将交流电压（AC220V或AC110V）转换为终端的工作电压（DC24V/DC12V），对于配置三遥功能的配电终端，电源模块还需提供开关操作的电源。配电终端电源模块应具有双路电源切换功能，具有防雷、滤波、过电流、过电压保护及防雷器失效指示等功能。

配电终端要求配置后备电源，一般采用蓄电池作为后备电池。蓄电池的电压可选DC24V或DC48V，从安装维护和人身安全方面考虑，优先选用DC24V。蓄电池的容量选择要依据配电终端自身的功耗和系统要求的停电工作时间而定。一般来说，配电单元的功耗往往为4~5W，而停电后开关至少还需分、合闸操作各一次，同时配电终端也至少应能保证停电继续工作时间不少于24h，因此蓄电池的容量至少应在7A·h以上。

充电器具有交流降压、整流及隔离，蓄电池充放电管理，多电源自动切换，蓄电池容量监视等功能。充电器的功能可以采用专用集成电路来实现，亦可采用合适的单片机来实现。鉴于不同蓄电池充放电曲线各不相同，为达到蓄电池的最佳管理，采用智能控制效果更佳。有些核心终端单元已经集成了充电器功能。

（3）通信模块

通信模块负责管理终端与配电子站或主站的通信，终端至少应具有一个串行通信接口，一个维护接口和一个标准 10BASE-T RJ45 以太网接口；可以根据用户的实际需要配置各种通信模块。

（4）箱体及接口模块

由于大多配电终端安装在户外，受酸雨等的腐蚀较严重，因而机箱宜采用耐腐蚀的材料做成，最好采用不锈钢材料。为保证配电终端能够在 -25 ~ +70℃环境温度下正常工作，机箱设计时应考虑一定的隔热措施，如在箱体内侧敷一层隔热材料，在机箱顶都安装一层遮阳板避免阳光直射，箱体侧面开百叶窗孔与箱体底部的泄水孔构成对流散热。冬季温度低的场合，也可以在箱体底部安装加热设施，由配电终端根据环境温度投退加热器。设泄水孔的另一个作用是排水和除湿，当由箱体结合部或百叶窗渗入水时，或箱体内凝露滴水时，泄水孔可以提供排水通道，及时将水分排出控制箱。由于配电终端属于精密电子设备，应有一定的防尘除虫措施，一般要求控制箱的门及电缆孔应装设密封圈，百叶窗及泄水孔处应装设防虫网。

接口模块负责向开关传送命令，并将采集的外部信息（开关状态、测量信息、外部信息等）传送给主控模块。户外柱上开关建议使用标准控制电缆两极航空插头，并具备防误插措施，便于现场安装和测试。

配电终端其他各种附件包括就地远方控制把手、分合闸按钮、跳合位置指示灯、接线端子排等。

配电终端的路数由其应用场合决定，用于柱上开关的馈线终端实现 1 路基本配置；站所终端包括 5 种基本配置：即 4 路标准配置、6 路标准配置、8 路标准配置、12 路标准配置、16 路标准配置，可以根据站房的实际开关路数灵活组合。在基本配置的基础上，配电终端能够根据实际需要扩展监控功能（遥信、遥测、遥控功能）及监控容量，包括电流、电压、遥信和遥控量，而不会影响原有系统的正常运行。

3.4.2 基本要求

配电终端应具备遥测、遥信、遥控、对时、事件顺序记录等功能。

1）遥测功能。配电终端应能采集线路的电压、电流、频率、有功功率和无功功率等模拟量。一般线路的故障电流远大于正常负荷电流，要采集故障信息必须要求配电终端能提供较大的电流动态输入范围。故障电流测量主要用于完成继电保护功能和判断故障区段，对测量精度要求不高，但要求响应速度快，而且要滤出基波信号。测量正常运行情况下的电流对测量精度有较高要求，但响应可以慢些。配电终端一般还应对电源电压及蓄电池剩余容量进行监视。

2）遥信功能。配电终端应能采集开关的当前位置、通信状况、储能完成情况等重要信息。若配电终端自身有微机继电保护功能的话，还应对保护动作情况进行遥信。

3）遥控功能。配电终端应能接受远方命令控制开关合闸和跳闸，以及起动储能过程等。

4）远方控制闭锁与手动操作功能。在检修线路或开关时，相应的配电终端应具有远方控制闭锁功能，以确保操作的安全性，避免误操作造成的恶性事故。同时，配电终端应提供手动合闸、分闸按钮，以备当通信通道出现故障时能进行手动操作。

5）对时功能。配电终端应能接受配电主站或配电子站的对时命令，以便和系统时钟保

持一致。

6）统计功能。配电终端应能对开关的动作次数、动作时间及分断电流二次方的累计值进行监视。

7）事件顺序记录（Sequence of Event，SOE）功能。记录状态量发生变化的时刻和先后顺序。

8）事故记录功能。记录事故发生时的最大故障电流和事故前一段时间的平均电流，以便分析事故，确定故障区段，并为恢复健全区段供电时进行负荷重新分配提供依据。

9）定值远方修改和召唤定值功能。为了能够在故障发生时及时地启动事故记录等过程，必须对配电终端进行整定，并且整定值应能随着配电网运行方式的改变而自适应改变。

10）自检和自恢复功能。配电终端应具有自检测功能，并在设备自身故障时及时报警。配电终端应具有可靠的自恢复功能，死机时，通过监视定时器重新复位系统，能自动恢复正常运行。

11）通信功能。除了需提供一个通信口与远方主站通信外，配电终端应能提供标准的RS232或RS485接口和周边各种通信传输设备相连，完成通信转发功能。

根据实际需求，配电终端还可选配以下功能：

1）故障录波功能。尽管故障时电流、电压的小型记录是否具有作用仍是一个有争议的问题，但是对于中性点不接地的配电网，对零序电流的录波用来判断单相接地区段显然是有用的。

2）微机保护功能。虽然在选用柱上开关时可以选择过电流脱扣型设备，即利用开关本体的保护功能，但利用配电终端中的CPU进行交流采样构成的微机保护，则具有更强的功能和灵活性。因为这样做可以使定值自动随运行方式调整，从而实现内适应的继电保护策略。

3）电能采集功能。配电终端对采集到的有功和无功功率进行积分，可以获得粗略的有功和无功电能值，对于核算电费和估算线损有一定的意义。虽然瞬间干扰造成的误差可能会被累计，影响电能测量精度，但在分段开关处测电能的目的在于估算线损，侦察窃电行为，因此该测量精度一般可以容忍。当然为了进一步提高精度，可以采用状态估计算法。

配电终端是配电网自动化系统的核心设备之一，还有一些特别的性能要求，如抗雷电、高低温、风沙、振动、电磁干扰等恶劣环境，具有良好的维修性、可靠的供电电源等。

3.4.3 馈线终端

馈线终端（FTU）是安装在配电网馈线回路的柱上等处并具有遥信、遥测、遥控等功能的配电终端。FTU可分为插板式FTU和固定式FTU。插板式FTU三遥端子设计为插槽，可根据现场实际路数进行增减；固定式FTU三遥路数在出厂后即确定，应用场合相对固定。图3-20所示为两个典型FTU的结构型式。

（1）硬件设计

主控模块作为整个FTU的核心模块，包括以下几个组成部分：交流量采集回路、数字量采集回路、数字量输出（或开关量输出）回路、通信接口以及CPU和RAM、ROM等核心芯片，有时还加入DSP芯片以追求高性能的滤波和数字信号处理能力。I/O模块、电流电压端子等均由主控模块引出。

a) 插板式FTU

b) 固定式FTU

图 3-20　FTU 结构

图 3-21 为一个典型的 FTU 控制器的系统框图。

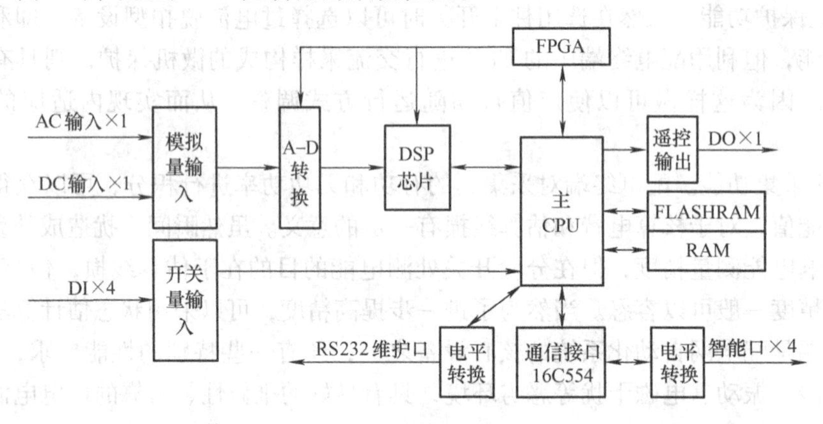

图 3-21　FTU 控制器系统框图

1）交流量采集回路。交流量采集回路设计需考虑 FTU 的应用场合，如需要监视的交流通道数和各通道的输入范围，前置低通滤波器的参数、A-D 转换的精度、输入范围和转换速度。馈线终端一般只需监视 1 条馈线，监视参数包括三相电压、三相电流共计 6 个交流量。如 FTU 需监视分段器，则需要考虑引入分段器两侧的馈线电压量以用于备用电源自动投入，此时监视参数量就达到了 9 个（6 路电压、3 路电流）。目前柱上 FTU 基本上基于这种考虑，设计 9 路交流量输入。

交流输入的量程既要满足 FTU 正常遥测的精度，又要满足故障检测的范围。一般在变电站设计时，保护 TA 的选择主要考虑在最大运行方式下的出口短路电流不致 TA 饱和，测量 TA 的选择则考虑额定运行时可保证足够的精度。通常故障电流往往是额定电流的几倍甚

至几十倍，这两者通常是矛盾的，因而变电站综合自动化系统应用的许多场合中，保护 TA 与测量 TA 也就往往是分开的。而配网自动化系统则有所不同，配电网柱上开关、分段开关、环网柜等开关设备的数量庞大，若所有开关的保护和测量 TA 均分开的话，则配网建设投资将大大增加，另一方面，FTU 需要上送的遥测量主要用于负荷控制和窃电监视等功能，并非用于电量计费，因此对 FTU 的测量精度要求也就大大降低，同时 FTU 的故障检测功能也主要是为指示故障，本身并不需要像传统的继电保护那样提供足够的精度来达到各级开关的配合。为便于安装调试，目前在用的开关中往往已经集成了 TA/PT 或电压、电流传感器。若再集成一组高精度的 TA 用于测量，开关的体积和制造费用就上升了。综合多个方面，在配电网自动化设计中，TA 的选取往往就采取折中做法，既能保证一定的测量精度，又能满足短路故障时不会深度饱和。根据国网公司 Q/GDW 514-2010《配电自动化终端/子站功能规范》规定：FTU电流、电压遥测精度不低于0.5 级；当输入电流为10 倍额定电流时，其故障电流的总误差应不大于 ±5%。

2）数字输入回路。数字输入回路（也称遥信回路、开入回路或 DI 回路）较为简单。FTU 内部工作电源一般取 DC24V 或 DC48V，数字量采集回路的电源通常也采用 DC24V 或 DC48V。FTU 需监控的开关主要有开关开合状态、储能状态、接地开关状态、开关压力信号、工作电源状态等，因此每馈线提供 6～8 个数字量输入即可满足要求。数字量输入回路的设计主要应考虑触点防抖问题，配电网中一般要求 FTU 准确提供真正变位的触头的第一次变位时间，有效滤除变位后的抖动，同时还能防止电磁干扰影响或机械振动影响的虚假变位导致遥信误报。因此，FTU 一般在硬件上增加低通滤波回路防止高频电磁干扰，软件上则采用变位记录并延时确认的方式避免触头抖动造成遥信误。

FTU 一般安装在户外甚至杆上，检修维护不便，设计时最好能考虑到遥信量自检功能。

FTU 数字量输入回路如发生变位，应立即上报主站。为降低 FTU 与主站系统的数据吞吐量，保证重要遥信及时上送，一般采用以下做法：不带时标的开关变位信息在第一时间上送主站，带时标的事件顺序记录（SOE）则允许延时上送，或召唤时才上传。

3）数字量输出回路。数字量输出回路（又称遥控输出回路、开关量输出回路或 DO 回路）是 FTU 的遥控执行接口，其安全可靠地工作对 FTU 至关重要。数字量输出从软件和硬件设计都应考虑为顺序逻辑控制出口（SBO），以保证动作可靠性。遥控输出宜提供相应的返校回路，由于机械执行机构需要一定时间才能完成一次分/合操作，提供返校通道能保证在错误的遥控命令已发出的情况下，通过返校回路还能及时发现错误命令并立即闭锁遥控出口，避免事故发生。返校回路也能保证 FTU 定期对遥控回路监视。FTU 在遥控执行时，返校通道上将产生由 1 到 0 的变位信号，CPU 将利用该信号与遥控命令核对，如错误则立即闭锁命令；如正确则独立记录遥控执行情况，以便于事后分析。

遥控输出设计的另一个问题是触头容量问题。一般 FTU 控制器提供的继电器大都是焊接在 PCB 上的继电器，其特点是体积小，动作速度快，驱动电流小，但触头容量有限，一般为 AC250V/5A 或 DC30V/5A。此容量可能不足以驱动某些开关操作，因此往往需要在 FTU 箱体内提供分、合闸重动继电器一对，同时在机构故障时还能起到保护 FTU 主控单元的作用。

4）通信接口。作为配电自动化远方终端，FTU 除了需完成交流采样和故障检测外，还应与配电网主站或子站通信，及时将遥测、遥信和故障信号传到主站或子站，并执行主站或子站的遥控命令。FTU 与主站系统的多种通信方案，常用的有光纤网络（包括有源工业以太网和无源 EPON 网络）、无线公网（GPRS、CDMA、3G 等）、无线专网等方式，电力线载波和串口通信基本淘汰。通信规约采用 IEC-60870-5-104 协议。

国网公司 Q/GDW 514-2010《配电自动化终端/子站功能规范》要求 FTU 应具备以太网接口、RS232 或 USB 调试接口、CAN 口等接口，随着 FTU 通信协议的统一、远程升级功能的要求，基本不采用串口作为调试口，而是以 RJ45 以太网口取代。

（2）软件实现

FTU 软件设计包括测量功能（交流电压、电流、功率、频率、功率因数等电量信号）、故障检测功能和通信协议实现。下面以故障检测功能的实现为例说明。

FTU 检测到故障之后，经计算生成故障信息，记录相关的故障测量信息和故障特征信息。故障测量信息包括故障前、故障起始、故障结束以及故障后的电压、电流幅值或波形；故障特征信息包括故障方向、故障发生时间及持续时间等。所有的记录信息可供 FTU 中其他应用软件使用，也可被远方按一定规约和格式调用。故障记录信息可以采用先进先出的方式，保证最近的几次故障能被随时访问。

1）相间短路故障检测。FTU 应能够自动检测配电网的各种短路故障，记录故障数据，并根据既定的通信规约上报主站。FTU 通过检测流入的交流相电流或零序电流（考虑到测量方便，实际上使用的是 $3I_0$）是否超过整定值来判别短路故障。

整定值的整定一般遵循以下原则：

① 电流整定值一般应大于线路的最大负荷电流值。

② 零序电流整定值要躲过系统正常运行时的不平衡电流值。

若线路挂接配变数量较多时，合闸时会发生较明显的励磁涌流现象，涌流电流最大时可以达到配电变压器额定电流的 6～8 倍，在配电网中励磁涌流通常需要 0.1～0.15s 才衰减完毕。为避免此 FTU 误判，可借鉴变压器保护常用的二次谐波制动原理，有效区分线路合闸和馈线故障。当并联电容器投入时，也会出现很大的合闸冲击电流，不过它衰减更快，可以通过二次谐波制动方案结合两个周波（100ms）的故障延时确认，来避免误报故障信号。

2）单相接地故障检测。单相接地选线和定位在配电网中是一个技术难点，如何快速准确地找到接地点，是国内外配网自动化系统必须面对的问题。实际上，配电自动化已经使小接地电流检测得到极大的改善：一方面借助 FTU 的丰富测量功能可获取线路三相电流、三相电压，使得电气特征量的选取可以不再局限于零序电流；另一方面 FTU 测量精度和采样频率的逐渐提高，有利于特征量的提取；而配电自动化的通信系统又使得新一代小接地电流方案可以综合广域的 FTU 测量的数据进行比较判断。研究表明，对于配电网小电流接地系统的接地故障检测，采用暂态零序电流或负序电流突变量方案比传统的稳态零序分量具有更大的优越性。配电主站通过分布于线路各点 FTU 搜集到的负序、零序电气量后，经过综合分析故障特征，可以比较准确地确定出故障线路及故障区段。配网自动化系统可以根据线路的结构对各 FTU 上送的接地检测数据进行比较判断：在含有接地点的电网中，比较变电站所有出线的暂态零序电流或负序电流有效值，如某一线路电流有效值明显大，则被选定为接地线路；比较接地线路上安装在不同位置的 FIU 送上来的暂态零序电流或负序电流有效值，如果某一区段两端装置测量到的暂态零序电流有效值有明显差别且靠近电源侧有效值大，则认定接地点在该区段上。

零序电流的测量有直接和间接两种方式。直接方式是 FTU 直接接入零序电流互感器，通过 AD 采样计算出零序电流值；间接方式是 FTU 接入三个相电流，通过软件计算三个相电流之和，间接获取零序电流值。负序电流测量能通过软件计算间接求得。

由于电流互感器误差、FTU 模拟电路处理及计算误差，即便是在一次电流对称、不接地的情况下，由三个相电流间接计算求得的零序电流或负序电流值也不为零，此电流称为不平衡电流。为了保证故障线路及线路区段检测的准确性，FTU 用于接地检测的特征量必须是暂态突变分量。条件允许的情况下，FTU 在检测到接地故障发生的同时，应将故障前后的各相电压、电流波形记录下来，远方主站可召唤录波数据，进行更为详尽准确的技术分析，以求接地故障的精确定位。在接地检测中，还存在一个各 FTU 数据同步问题，除通过远方发广播命令进行同步记录外，也可以在故障发生时刻同时标志，即通过检测零序电压的瞬时值是否超过门槛值来起动单相接地故障记录，门槛值可设定为 10% 额定相电压幅值。在没有接入零序电压的情况下，为了克服负荷不平衡电流的影响，FTU 通过检测暂态零序电流或负序电流突变量是否超过门槛值起动故障记录。

3.4.4　站所终端

站所终端是安装在配电网馈线回路的开关站、配电室、环网柜、箱式变电站等处，具有遥信、遥测、遥控等功能的配电终端。一般环网柜是两进两出、两进四出或两进六出，开闭所路数则最多，因此 DTU 至少需监控 4 路开关，DTU 根据路数分为 4 路、6 路、8 路、12 路和 16 路等，其中 12 路、16 路可由两台 6 路或 8 路 DTU 采用级联的方式相连。两台 DTU 一主一从，主 DTU 负责直接与主站通信，从 DTU 通过主 DTU 与主站间接通信。

DTU 与 FTU 相比，除了要求有更多的模拟量输入、DI、DO 外，其他的功能则完全相同，此处不再赘述。图 3-22 所示为一典型的 DTU 外观结构。

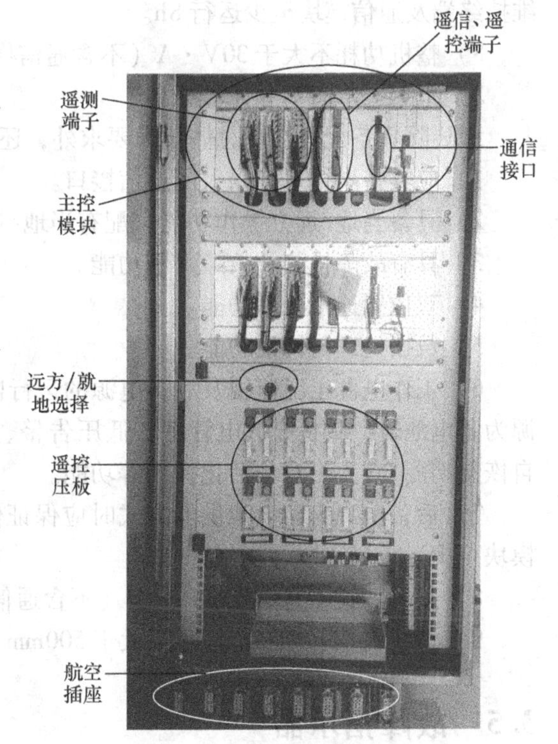

图 3-22　典型 DTU 外观结构

3.4.5　技术要求

1. 配电终端总体技术要求

配电终端基本功能应满足如下技术要求：

1）电压、电流、有功、无功等模拟量采集和开关动作、操作闭锁、储能到位等状态量采集满足《福建省配电自动化终端设备技术规范》要求。

2）配电终端应具备通信接口，并具备通信通道监视的功能；应具有当地及远方操作维护功能，可进行当地及远方修改整定参数、定值。

3）具备软硬件防误动措施，控制输出回路必须提供明显断开点，触头通断额定电流不少于 105 次。

4）具备板件及重要芯片的自诊断功能，出错告警，异常自复位、事件顺序记录功能。

5）具备对时功能，具备独立的维护接口，具备后备电源或相应接口。

6）配电终端应有独立的接地端子，配电终端中的接插件应满足 GB/T 5095，接触可靠，并且有良好的互换性。

2. 站所终端 DTU 技术要求

DTU 除具备配电终端总体技术要求外，还应满足以下要求：

1）应具备串行口和以太网通信接口。

2）具备当地/远方控制功能。

3）具备线路故障检测及故障判别功能。

4）双位置遥信处理功能。

5）数据处理与转发功能。

6）工作电源工况监视及后备电源的运行监测和管理功能。

7）提供通信设备的电源接口，后备电源应保证停电后能分、合闸操作不少于三次，并维持终端及通信模块至少运行 8h。

8）整机功耗不大于 30V·A（不含通信模块）。

3. 馈线终端 FTU 技术要求

FTU 除具备配电终端总体技术要求外，还应满足以下要求：

1）应具备串行口和以太网通信接口。

2）具备当地/远方操作功能，配有当地/远方选择开关及控制出口压板。

3）具有故障检测及故障判别功能。

4）双位置遥信处理功能。

5）数据处理与转发功能。

6）工作电源工况监视及后备电源的运行监测和管理。提供后备电源电压监视，后备电源为蓄电池时，具备充放电管理、低压告警、欠电压切除（交流电源恢复正常时，应具备自恢复功能）、人工自动活化控制等功能。

7）后备电源为蓄电池供电方式时应保证停电后能分、合闸操作三次，维持终端及通信模块至少运行 8h。

8）整机功耗不宜大于 30V·A（不含通信模块）。

9）馈线终端（FTU）尺寸不大于 500mm×300mm×900mm（宽×深×高）。

3.5 故障指示器

故障指示器是一种安装在配电线路上，在不加装线路 TA 的前提下，获取线路电流值，检测线路短路故障和单相接地故障，并发出报警信息的装置。线路发生故障后，巡线人员可借助故障指示器的报警显示，迅速确定故障区段，并找出故障点，大幅缩短故障查找时间，缩短停电时间，提高供电可靠性。随着国内城乡电网建设与改造步伐的加大，中压配电网络覆盖范围不断扩大，架空线路及电缆线路数量急剧上升，故障指示器凭借其迅速确定故障分支和区段，大幅度缩减故障查找和抢修时间等一系列特点，在配电网中得到越来越广泛的应用。

3.5.1 构成设计

故障指示器按应用对象可分为架空型、电缆型和面板型三种类型。架空型故障指示器传感器和显示（指示）部分集成于一个单元内，通过机械方式固定于架空线路（包括裸导线和绝缘导线），架空型故障指示器一般由三个相序故障指示器组成，且可带电装卸，装卸过程中不误报警。电缆型故障指示器传感器和显示（指示）部分集成于一个单元内，通过机械方式固定于电缆线路（母排）上，通常安装在电缆分支箱、环网柜、开关柜等配电设备上，由三个相序故障指示器和一个零序故障指示器组成。面板型故障指示器由传感器和显示单元组成，通常显示单元镶嵌于环网柜、开关柜的操作面板上的指示器。传感器和显示单元采用光纤或无线等方式通信，一、二次侧之间可靠绝缘。

根据是否具备通信功能故障指标器分为就地型故障指示器和带通信故障指示器。就地型故障指示器检测到线路故障并就地翻牌或闪光告警，不具备通信功能，故障查找仍需人工介入。带通信故障指示器由故障指示器和通信装置（又称集中器）组成，故障指示器检测到线路故障不仅可就地翻牌或闪光告警，还可通过短距离无线方式将故障信息传至通信装置，通信装置再通过无线公网或光纤方式将故障信息送至主站。带通信故障指示器还可选配遥测、遥信功能，并将遥测信息以及开关开合、储能等状态量报至主站。

根据故障指示器实现的功能可分为短路故障指示器、单相接地故障指示器和接地及短路故障指示器（又称二合一故障指示器）。短路故障指示器是用于指示短路故障电流流通的装置。其原理是利用线路出现故障时电流正突变及线路停电来检测故障。根据短路时的特征，通过电磁感应方法测量线路中的电流突变及持续时间判断故障。因而它是一种适应负荷电流变化，只与故障时短路电流分量有关的故障检测装置。它的判据比较全面，可以大大减少误动作的可能性。单相接地故障指示器可用于指示单相接地故障，其原理是通过接地检测原理，判断线路是否发生了接地故障。接地短路故障指示器在设计上，综合考虑了接地和短路时输电线路的特点。

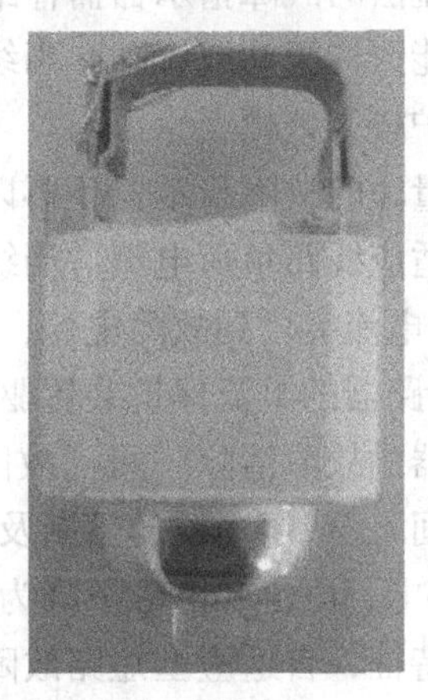

a) 实物图

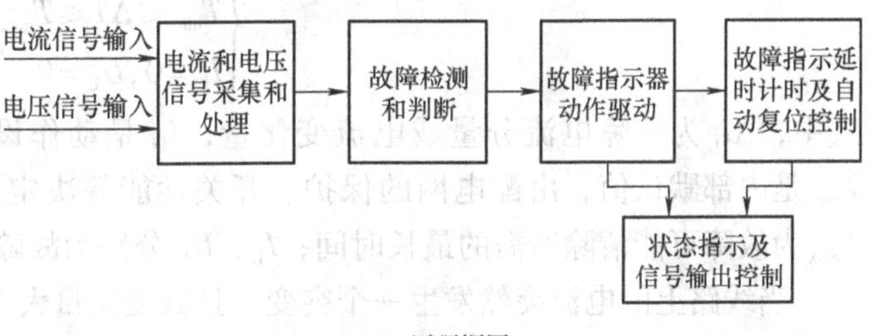

b) 原理框图

图3-23 故障指示器

故障指示器通常包括电流和电压检测、故障判别、故障指示器驱动、故障状态指示及信号输出和自动延时复位控制等部分，如图3-23所示。

故障指示器一般安装在架空线、架空电缆或地埋电缆、开关柜母排上，因此它通过检测空间电场电位梯度来检测电压，通过电磁感应检测线路电流。

故障判别功能主要是通过检测电流和电压的变化，来识别故障特征，从而判断是否给出故障指示。由于故障指示器的指示方式不同，因此相应的驱动方式也不同。故障指示器动作后，其状态指示一般能维持数小时至数十小时，便于巡线人员到现场观察。为了免维护，故障指示器一般都具有延时自动复位功能，在故障排除、恢复送电后自动延时复位，为下次故障指示准备。

当系统发生短路故障时，故障指示器检测到短路故障电流信号后自动动作，如由白色指示变为红色翻牌指示，或给出闪烁发光指示。运行人员由变电站出口开始，沿着动作了的故障指示器方向前行至分支处，再沿着有故障指示器动作的主干或分支线路前行，则该主干或分支线路上最后一个翻牌的故障指示器和第一个没有翻牌的故障指示器间的区段，即为故障点所在的区段。因此利用故障指示器，减小了巡线人员的工作强度，提高了故障排查效率和供电可靠性。

故障指示器故障检测判据有过电流法和突变量法两种。

（1）过电流法

故障指示器内设置一个动作值 I_D 和时间 T_D，当检测到流过故障指示器的线路电流 I_f、持续时间 T_f 满足以下条件，故障指示器判断线路发生故障，并给出故障指示。

$$I_f > I_D$$

$$T_f > T_D$$

（2）突变量法

采用过电流法的故障指示器需仔细审核安装点正常负荷电流和故障电流，选择适当的动作值，否则可能造成拒动或误动。当线路负荷发生变化后，则需要更换故障指示器或重新设置动作值，维护较为繁琐。

采用突变量法的故障指示器不再以电流的大小作为故障判定依据，而是以电流变化量作为判据，可自适应线路负荷电流。当线路发生故障后，线路电流的变化规律一般为：

1）从运行电流突增到故障电流，即有一个 ΔI 的变化。

2）上级断路器的电流保护装置驱动断路器跳闸或熔断器的熔丝熔断，因此故障电流维持时间是断路器的故障清除时间（故障清除时间 = 保护装置动作时间 + 开关动作时间 + 故障电流熄弧时间），或熔断器的熔断及燃弧时间。

3）线路停电，电流和电压下降为零。

根据这些特征，自适应型短路故障指示器的短路故障检测判据可概括为

$$\begin{cases} \Delta I_f > I_D \\ T_{min} \leqslant \Delta T \leqslant T_{max} \\ I_L = 0, U_L = 0 \end{cases}$$

式中，ΔI_f 为故障电流分量或电流变化量；I_D 是动作设定值；ΔT 为故障持续时间；T_{min}、T_{max} 是内部默认值，由配电网的保护、开关性能等决定，T_{min} 为故障可能切除的最短时间，T_{max} 为故障可能清除所需的最长时间；I_L、U_L 分别为故障后的线路电流和电压值。

当线路上的电流突然发生一个突变，且其变化量大于一个设定值，然后在一个很短的时间内电流和电压又下降为零时，则判定这个线路发生了短路故障。显然，该判据只与故障时短路电流分量有关，而与正常工作时的负荷电流的大小没有直接关系，且对故障特征考虑得

比较全面，可大大减小误动的可能性。如线路发生负荷波动、大负荷投切、合闸励磁涌流或投切负荷后人为停电，其电流变化特征如图3-24所示，采用突变量法后均可有效识别而不误动。

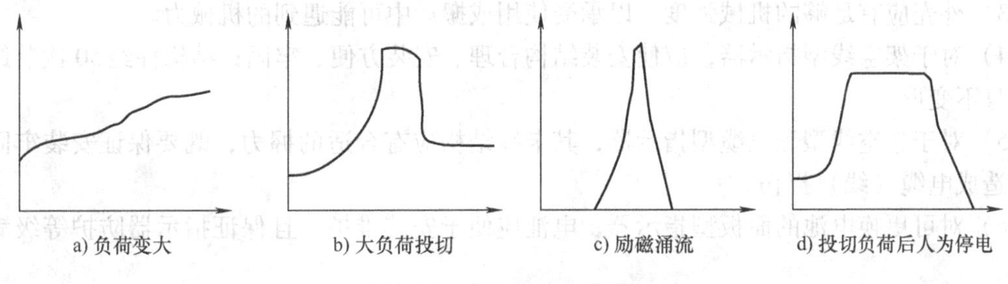

图3-24　各种线路电流特征

3.5.2　基本要求

一般情况下，在选择故障指示器时主要考虑以下技术条件。

1）正常工作条件：即故障指示器正常工作所需要的线路运行环境。由于故障指示器要利用线路电流来判断线路是否带电，从而决定是否要开始判断故障电流，而且有些故障指示器直接利用线路电流提取工作电源，因此存在一个最小的工作电流 I_s，即当线路电流大于该电流时，故障指示器才能正常工作，否则其处于休眠状态。该电流越小越好。一般具有后备电池的故障指示器要求的 I_s 会小一些，其适用范围较大，而直接从线路取工作电源的故障指示器要求的 I_s 要大得多，一般为10A左右，这将影响这种故障指示器的使用范围，比如在一些小的分支和负载较小的线路上就不能使用。

2）复位时间：故障指示器应能区分瞬时性故障和永久性故障，对于瞬时性故障，由于一般可以在重合闸后消除，因此要求故障指示器能够在来电后保持到预先设定好的复位时间再复位，这样便于运行人员查找出故障隐患，及时处理；而对于永久性故障，故障指示器可以在来电之后或预设的复位时间到后复位，主要是由于故障已经被消除，继续保持指示状态已经没有必要，甚至会耽误下次故障的指示。

3）正常工作环境：由于故障指示器在户外工作，因此应能够在较宽的温度范围内正常工作，目前多数故障指示器可以保证在 -40 ~ 85℃之间正常工作。同时还应考虑防雨防潮，目前多采用环氧灌封技术，该项指标基本都能满足。工作环境还应考虑电磁兼容性，由于户外电磁干扰复杂，如附近超高压线路的电晕放电、雷电闪络等电磁现象，往往会导致故障指示器误动或拒动，这种因素目前在国内还没有引起高度重视。

4）指示方式：目前的指示方式多为翻牌指示或LED闪光指示，翻牌指示在白天光照较好的时候可以清楚地观察，但在夜间或光照较暗的时候就很难观察到，而LED闪光指示情况正好相反，因此应该将两者结合起来，即翻牌和闪光指示同时存在，这样可以实现全天候正常指示。

3.5.3　技术要求

1. 故障指示器技术要求

(1) 外观与结构

1）外观应整洁美观、无损伤或机械形变，封装材料应饱满、牢固、光亮、无流痕，无气泡。

2）外形及安装尺寸，元件的焊接、装配应符合产品图样及有关标准的要求。

3）外壳应有足够的机械强度，以承受使用或搬运中可能遇到的机械力。

4）对于架空线型指示器，应使安装结构合理、安装方便、牢固；结构件经50次装卸应到位且不变形。

5）对于架空线型和电缆型指示器，其卡线结构应有合适的握力，既要保证安装牢固又不能造成电缆（线）损伤。

6）对可更换电池的面板型指示器，电池应便于安装维护，且保证指示器防护等级满足要求。

7）传感器的安装应方便可靠，且保证在不同截面、不同外径的电缆（线）上安装时，不影响故障检测性能。

（2）功能

1）短路故障指示。当配电线路发生短路故障时，故障线路段对应相线上的指示器应检测到短路故障，并发出短路故障报警指示。

2）单相接地故障指示。当配电线路发生单相接地故障时，故障线路段上的指示器应检测到接地故障，并发出接地故障报警指示。

3）故障远传报警。当发生短路、单相接地故障后，指示器除进行相应的本地报警指示外，至少还应具备以下功能之一：

① 通过开关触头输出故障状态信息。

② 通过无线通信形式输出故障数据信息。

③ 通过光纤通信形式输出故障数据信息。

4）故障报警复位。包括自动复位和手动复位两种复位方式。

① 自动复位：指示器应能根据规定时间或线路恢复正常供电后自动复位，也可以根据故障性质（瞬时性或永久性）自动选择复位方式。

② 手动复位：面板型应能手动复位。

5）电池低电量故障指示。对于由电池供电的面板型指示器，当电池电压降低到相应值时，指示器应具有电池低电量报警功能。

6）自检（测试）功能。对于面板型指示器，应具备手动检测功能，并能显示自检结果。

7）短路故障自动判定功能。指示器应自动跟踪线路负荷电流变化情况，自动判定短路故障电流并报警。

8）防止负荷波动误报警功能。在线路电流非故障波动时指示器不应误报警。

9）自动躲避合闸涌流功能。在配电线路进行送电合闸（或重合闸）时，安装在此线路的指示器应躲过冲击电流且不误动作。

10）带电装卸功能。架空线型和电缆型指示器应能带电装卸，装卸过程中不应误报警。

11）重合闸最小识别时间 0.2s。

① 故障指示器应能识别重合闸间隔为 0.2s 的瞬时性故障，并正确动作。

② 非故障分支上安装的故障指示器经受 0.2s 重合闸间隔停电后，在感受到重合闸涌流后不应该误动作。

（3）静态功率消耗

对装有电池的指示器，其电源容量理论待机时间应大于10年、报警指示时间大于2000h。

（4）使用寿命

能耐受2000次电气寿命试验或使用寿命不低于8年。

（5）电气性能

1）架空线型的指示器。

① 短路故障报警：指示器应能根据线路负荷变化自动确定故障电流报警动作值，且动作误差应不大于±20%；高低温运行环境下动作误差应不大于±25%。

② 可识别的短路故障报警电流最短持续时间应在20~40ms之间。

③ 接地故障报警：有定量设置的特征值，其动作误差应不大于±20%；高低温运行环境下动作误差应不大于±25%。

④ 自动复位时间：规定2~48h，推荐值2h、4h、8h、16h、24h。复位时间允许误差不大于±1%。

2）电缆型和面板型指示器。

① 短路故障报警：指示器应能根据线路负荷变化自动确定故障电流报警动作值，且动作误差应不大于±20%；高低温运行环境下动作误差应不大于±25%。

② 可识别的短路故障报警电流最短持续时间应在20~40ms之间。

③ 接地故障报警电流持续时间：由生产厂家提供，其允许误差不大于±10%；

④ 自动复位时间：规定2~48h，推荐值2h、4h、8h、16h、24h。复位时间允许误差不大于±1%。

⑤ 具有低电量报警功能的指示器，其报警电压允许误差不大于±2%。

（6）故障指示器在湿热条件下的工作

故障指示器在表3-18的湿热条件下，应能正常工作。

表3-18 交变湿热试验

参考试验	GB/T 2423.4 试验D
严酷等级	户内型：+40℃、户外型：+55℃
湿度	90%±3%
循环次数（周期）	（1、2、6）次
恢复气候条件	按GB/T 2423.4所述的受控条件下

注：1. 指示器再次检测前，应通风去除所有外部和内部的凝露。

2. 型式试验严酷等级不低于2周期。

（7）架空线型和电缆型指示器的卡线结构握力要求

对于架空线型和电缆型指示器，其卡线结构的握力应满足下列要求：

1）在垂直于压线弹簧所构成的平面方向的向下拉力应不小于指示器整体自重的8倍。

2）架空型故障指示器安装到钢芯铝绞线后，其沿铝绞线方向的横向拉力应不小于50N。

3）面板型、电缆型故障指示器安装到单芯电缆后，其沿电缆方向的横向拉力应不小于30N。

(8) 振动耐久性

面板型指示器的显示单元在经历表 3-19 所列的振动后，应仍可正常工作。

表 3-19　振动耐久试验主要参数

等　级	峰值加速度 $a/(m/s^2)$	每一轴线方向的扫频循环数
0	—	—
1	10	20
2	20	20

注：1. 0 级：不要求进行振动试验的产品。
2. 1 级：正常用于发电厂、变电站及其他工业设备并适用于正常运输条件的产品。
3. 2 级：安全系数要求很高或使用场所振动强度很高及运输条件很恶劣（如船上）的产品。

(9) 临近干扰

用于电缆线路的指示器，当相邻 100mm 的线路出现超过短路故障报警电流时，本线路指示器不应发生误报警；用于架空线路的指示器，当相邻 300mm 的线路出现超过短路故障报警电流时，本线路指示器不应发生误报警。

(10) 耐受短路冲击电流能力

故障指示器经受如下短路试验电流后，应能正常工作。

1) 短路故障电流（有效值）16kA、20kA 、25kA、31. 5kA。

2) 短路故障电流持续时间：2s、3s、4s。

3) 短路故障峰值电流及持续时间：2. 5 倍短路故障电流，时间 0. 3s。

(11) 故障指示器外壳

故障指示器外壳应采用阻燃性的非金属材料，并可经受表 3-20 所列的试验严酷等级。

表 3-20　严酷等级

等　级	有限使用的试验温度/℃	允许偏差/℃
1	550	±10
2	650	±10
3	750	±10
4	850	±15
5	960	±15
X	待定	待定

注：X 可以高于、低于或其他等级之间的任何等级。该等级可以在产品标准中规定。

(12) 故障指示器应具备的防护等级

故障指示器应具备如下要求的防护等级。

1) 电缆型和架空线型指示器防护等级不低于 IP67。

2) 面板型防护等级：传感器部分不低于 IP65，显示单元不低于 IP30。

3) 有耐浸水能力的架空线型和户外电缆型指示器不低于 IP68。

(13) 通信

带通信故障指示器与通信装置之间为双向或单向数据传输，采用光纤、串口或无线等通信方式，要求无线传输距离不小于 20m。通信协议可自定义。

2. 通信装置技术要求

（1）外观与结构

1）结构设计应紧凑、小巧，外壳封闭，能防尘、防雨、耐腐蚀，无光污染，防护等级不低于 IP54 级。

2）应有良好的接地处理，箱体外需配备不锈钢接地端子（不可涂漆），以便接至所安装场的接地网。

3）采用工业级不锈钢机箱，钢板厚度不小于 1.2mm；箱体颜色根据用户要求进行喷涂。

4）箱体上面应具备清晰的产品标识，标识内容包含名称、型号、额定电压、额定电流、产品编号、制造日期及制造厂名等。

5）箱（柜）体下方预留进线空间。

（2）功能要求

1）对故障指示器短路故障动作状态接收及上传。

2）对故障指示器接地故障动作状态接收及上传。

3）对故障指示器的负荷电流接收及上传。

4）对故障指示器发生故障时刻的突变量接收及上传。

5）可在线监测蓄电池电压及太阳能充电状况。

6）具有光纤通信、GPRS 和 RS 232/485 通信接口。

7）自诊断、自恢复功能。

8）提供远程或无线射频、RS 232/485 维护接口，通过无线调试盒配合个人 PC 近距离对指示器进行无线通信调试。

9）对时功能：接收远方主站的对时命令。

10）SOE 功能。

（3）性能要求

1）绝缘耐压：满足 DL/T 478—2001 电力行业标准。

2）可靠性指标：装置的快速瞬变干扰试验、高频干扰试验、浪涌试验、静电放电干扰试验、辐射电磁场干扰试验等应满足 DL/T 721—2000《配电网自动化系统远方终端》规定中的 4 级要求。

3）平均无故障时间不小于 50000h。

4）接地电阻≤4Ω。

5）外壳防护等级：户外的通信终端防护等级不低于 GB/T 4208 规定的 IP54 级。

6）整机功耗：通信终端整机静态功耗不大于 800mW。

（4）电源

1）采用太阳电池和铅酸蓄电池、超级电容模块（可选）相配合的供电方式。

2）太阳电池板规格要求不低于 30W、18V；铅酸蓄电池规格不低于：12V、7. 2A · h；超级电容模块规格不低于 2. 5F、16V。

3）电源优化管理：要求装置具备宽幅电压取电电路，太阳能取电电压范围不低于 9 ~ 36VDC，提升太阳电池取电效率；要求采用超级电容模块作为铅酸蓄电池充放电缓冲电路，降低铅酸蓄电池频繁充放电损耗。

（5）通信

通信装置与主站间为双向数据传输，采用串口、以太网、光纤或无线（GPRS、GSM）等，规约支持IEC60870-5-101或104协议。

3.6 用户分界开关

随着国民经济的高速发展，配电网建设的过程中10kV配电线路主网不断改良，安全运行率趋于稳定，但在配电线路用户T接点（也是供电部门与用户的责任分界点）处，一般仅安装分界隔离开关作为线路控制设备，在用户变压器高压侧安装跌落式熔断器或断路器。当T接的用户内部发生故障时，如故障发生在用户进线路，或故障虽发生在用户保护设备的内侧，但其继电保护动作时限与供电公司变电站出线保护动作时限配合不当时，均会造成变电站保护动作，如果故障性质是永久的，变电站重合不成功，则一个中压用户的事故将使整条配电线路停电，从而波及事故的产生。

用户分界开关俗称“看门狗”，是一种功能全新的10kV开关成套设备，安装在配电线路分支线上各用户的入口处，能够自动隔开所辖用户侧单相接地故障或相间短路故障的高压开关设备与控制设备。

3.6.1 构成设计

分界开关由开关本体和控制器两部分组成，通过航空插座及户外密封控制电缆进行电气连接。分界开关根据开关本体的类型可分为分界断路器和分界负荷开关。当用户分界开关配用负荷开关作为主开关时，称为用户分界负荷开关。分界负荷开关应保证在变电站出线开关跳闸之后及重合闸之前完成故障隔离，期间分界负荷开关根据检测到的过电流信号和失压信号进行故障逻辑判断。当用户分界开关配用断路器作为主开关时，称为用户分界断路器。分界断路器可根据检测到的过电流信号直接分闸隔离故障。

图3-25所示为一分界负荷开关的构成原理。

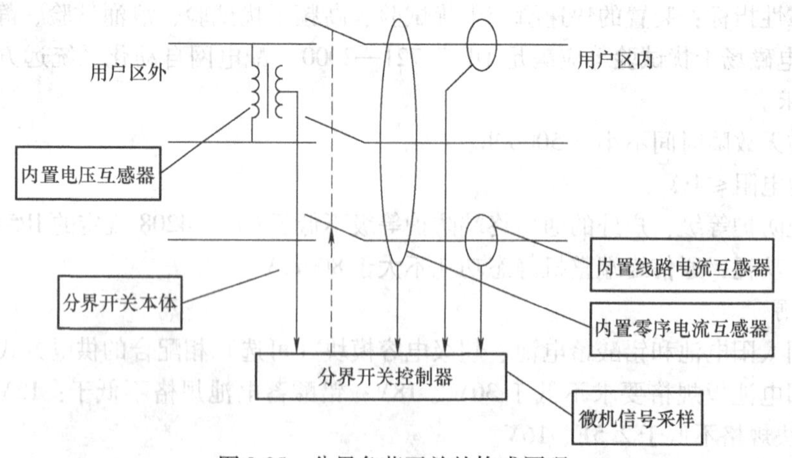

图3-25　分界负荷开关的构成原理

分界开关箱体内装有A相、C相电流互感器以及零序电流互感器，实时监测线路负荷电流和零序电流；B相和C相装有电压互感器。监测到的模拟量通过控制器与定值比较判断线

路故障性质，从而进行相应的动作，以实现分界开关的功能。

控制器与分界开关配套，具有检测故障和保护控制功能，当用户界内发生相间短路，若为分界断路器，直接跳闸切除界内故障，若为分界负荷开关，在变电站馈线断路器分闸，线路失电后，起动电磁脱扣器跳开开关；当用户界内发生单相接地故障，分界开关直接跳闸。分界开关故障处理动作逻辑见表3-21。

表3-21　故障处理动作逻辑

故障性质及故障点		保护处理
单相接地故障	中性点不接地系统用户界内	判定为永久性接地后跳闸
	中性点经消弧线圈接地用户界内	判定为永久性接地后跳闸
	中性点不接地系统用户界外	不动作
	中性点经消弧线圈接地用户界外	不动作
	中性点经小电阻接地用户界内	先于变电站保护动作跳闸
	中性点经小电阻接地用户界外	不动作
相间短路故障	用户界内	电源侧断路器跳闸后分界开关分闸
	用户界外	不动作

3.6.2　基本要求

分界开关应具备自动断开相间短路故障、自动切除单相接地故障、过负荷保护、监控与远方通信功能等功能。

（1）自动断开相间短路故障

相间短路故障是配网常见故障类型。当用户支线发生相间短路故障时，分界开关内置的电流互感器检测到短路电流超过开关的设定值，开关根据设定的时间分闸，切除故障用户支线，使变电站内线路重合成功。对于分界断路器，可与变电站出线开关配合，实现用户支线故障仅分界断路器分闸，变电站不动作。

（2）自动切除单相接地故障

单相接地故障在配网故障中占有一定的比例，尤其架空线路单相接地故障的比例远高于相间短路故障的比例。当发生负荷侧接地故障时，分界开关控制器通过对零序电压、零序电流及相位差的判断，起动保护回路，直接对开关进行分闸，甩掉故障用户支线，保证变电站及主干线路以及其他分支用户安全运行。

（3）过负荷保护

过负荷在配网中也是常见现象。长时间过负荷对设备和线路都会产生危害，甚至引发故障。当用户变压器发生过负荷现象，经延时确认判定为过负荷，保护动作切除隐患。

（4）监控与远方通信

分界开关控制器可选增加GSM、GPRS等无线模块，将采集的三相电流、电压、零序电流、开关状态、故障信息等及时传送至远程后台或移动终端，甚至实现远方遥控功能。分界开关控制器已预留扩展通道，亦可根据配网自动化发展需要，增加所需的功能。

3.6.3　技术要求

（1）控制器技术要求

1）具备单相接地保护和相间短路保护功能。

① 当界内发生单相接地故障时，零序保护在整定时间正确动作，作用于开关跳闸，隔离故障。界外（系统侧）发生单相接地故障时，不动作。

②当界内发生相间（含相间及接地短路）短路故障时，作用于分界开关跳闸，隔离故障，具体操作时限和原理由开关本体类型决定。

③ 当测到流过分界负荷开关的电流大于600A时，闭锁跳闸回路。

2）自诊断。装置在正常运行时定时自检，自检的对象包括定值区、开出回路、采样通道、EPROM等各部分。自检异常时，发出告警报告，点亮告警指示灯，并且闭锁分、合闸回路，避免误动作。

3）动作指示。故障分闸指示灯在故障后闪烁（延时48h自动复位或手动按钮复位），以方便查找故障。

4）通信功能。通过GPRS或光纤完成与上级数据监测站的通信，通信数据格式及规则遵循《IEC 60870-5-101 远动设备及系统 第5部分 传输规约 第101篇基本远动任务的配套标准（neq DL/T 634-2002）》和《DL/T634. 5101-2002》规定。

5）信息安全。控制器接收及应答远方遥控命令，要求符合《国家电网调〔2011〕168号》规定，支持基于非对称密钥技术的单向认证，能够鉴别远方主站下行命令的数字签名。

6）遥信功能。可采集开关合/分状态、开关储能状态、控制器手柄状态、设备故障、异常信息等状态量信息以及遥测越限、过电流、接地等故障信息，并向远方发送。

7）遥测功能。采集相电流及零序电流、线电压，并上报相间保护定值、零序保护定值、零序保护延时、TA饱和标志、零序TA饱和标志。

8）遥控功能。接收并执行遥控命令或当地控制命令，以及返送校核，执行操作。

9）数据处理。

① 根据参数设置，选择越死区值的遥测变化数据，采用主动或召唤方式上报。

② 遥信变位按事件顺序记录（SOE）处理，并将SOE信息主动上报。

③ 事故遥信变位SOE等信息需当地存储，存储容量大于128条。

④ 故障时刻模拟量记录，记录条数大于128条。

⑤ 遥测越限、过电流、接地等故障信息上报。

⑥ 支持主站召唤全数据（当前遥测值、遥信状态）。

⑦ 支持主站召唤历史数据（SOE记录、遥控记录、模拟量记录）。

10）对时功能。接收并执行本地或主站的对时命令。

（2）成套设备整体技术要求

1）就地判断并自动切除单相接地故障：当分界断路器负荷侧发生单相接地故障时，自动跳闸（可设置跳闸时限），切除单相接地故障。

2）就地判断并自动切除相间短路故障：当分界断路器负荷侧发生相间短路故障时，自动跳闸（可设置跳闸时限），切除相间短路故障。

3）安装于馈线分支/用户责任分界点，能检测线路电压、负荷电流、零序电流、故障电流。

4）具有遥测、遥信、遥控功能。

5）可灵活配套GPRS/CDMA、光纤、载波通信或3G模块，兼容不同的通信方式，能与

配电自动化主站进行通信。

6）具有装置自检功能，装置异常状态下，可上送异常信息并闭锁其控制输出。

7）具有参数设置功能，可就地或远方设定或更改保护控制参数。

8）适用于10kV配电网中性点不接地、经消弧线圈接地及低电阻接地各种接地方式。

3.7 信息交互

配网信息交互是基于消息传输机制，实现实时信息、准实时信息和非实时信息的交换，支持多系统间的业务流转和功能集成，完成配电网自动化系统与其他相关应用系统之间的信息共享。

根据Q/GDW 382-2009《配电自动化技术导则》中的要求，为了在总体上准确、完整地实现IEC61970/61968标准提出的系统功能和性能，配电主站与其他系统间的信息交互需建立先进而有效的信息交互总线，采用CIM模型和CIS接口规范，通过统一的标准来实现信息的共享，在此基础上采用面向服务架构（SOA），对跨系统业务流程的综合应用提供服务和支持。

3.7.1 架构设计

图3-26为配电网信息交互总线的系统架构图。配网信息交互总线是一个基于IEC61970/61968标准的应用基础架构的解决方案，采用面向服务架构（SOA）和粗粒度的消息机制，

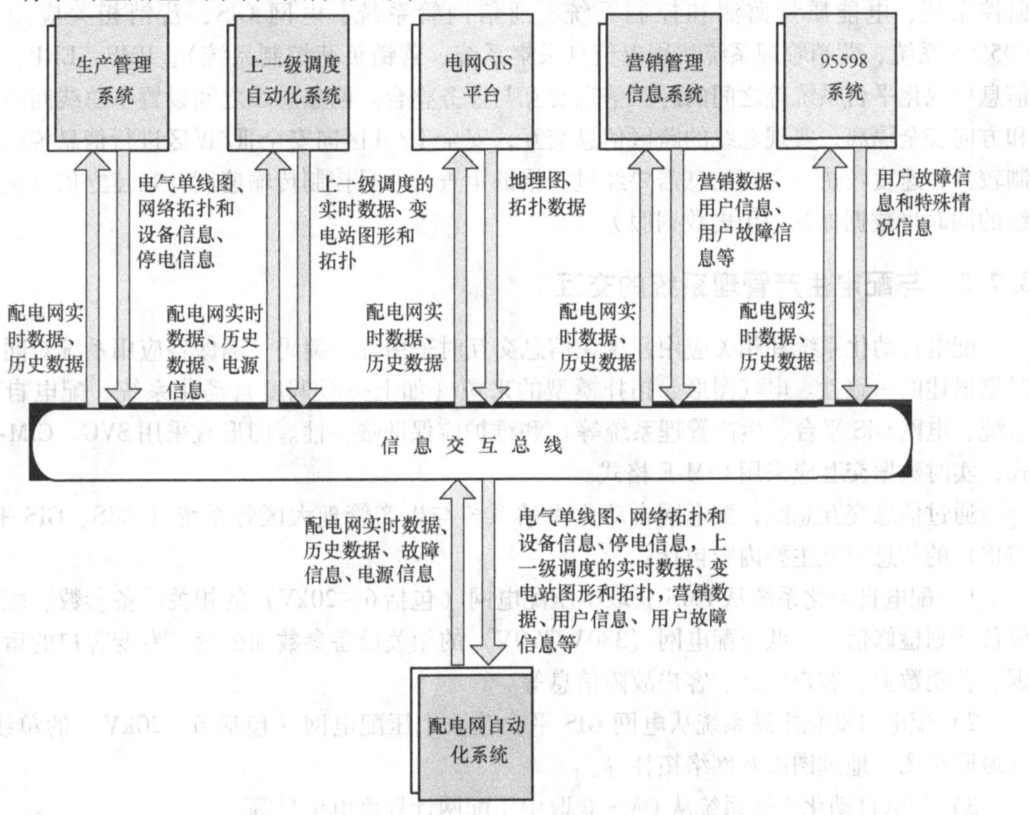

图3-26　配电网自动化系统与相关应用系统的信息交互

在已有的配电自动化系统 DMS、生产管理系统（PMS、GIS 系统）、用电信息采集系统、95598 系统、营销管理信息系统等基础上，实现数据自动同步，配电数据管理的流程化、信息化和应用集成。各系统之间不能直接连接，需要连接到信息交互总线上与其他系统进行信息交互，保证信息交互的灵活性、可靠性、安全性。

配网信息交互总线保证在一个异构的环境中实现信息稳定、可靠地传输，屏蔽掉实际中的硬件层、操作系统层、网络层等相对复杂、烦琐的界面，为客户提供一个统一、标准的信息通道，保证客户的逻辑应用和这些底层平台无关，最大限度地提高客户应用的可移植性、可扩充性和可靠性。最重要的是它提供一个基于应用—交换的先进应用整合理念，最大限度地减少应用系统互联所面临的复杂性，保证每一个应用系统的更新和修改都能够实时地实现，真正体现了应用整合的精髓。当新的应用系统出现时能够简便地纳入整个配网环境当中，与其他的应用系统相互协作，共同为客户提供服务，是实现企业应用互联和应用整合的最佳实现方案。

信息交互总线必须满足电力二次系统安全防护规定，采取有效的安全隔离措施，确保各系统及其信息的安全性。根据电力系统安全分区要求，信息交互总线采用了“总线 + 总线网关”的结构，由安全Ⅰ/Ⅱ区信息交互总线、安全Ⅲ/Ⅳ区信息交互总线网关、总线间防火墙和方向安全隔离三部分组成。安全Ⅰ/Ⅱ区总线和安全Ⅲ/Ⅳ区总线网关结构基本相同，但需要分别构建，并通过专用数据通信服务完成跨区信息交互。该结构预留与 SG186 系统总线进行信息交互的接口，实现与上一级调度自动化系统、配电自动化系统、电网设备在线监控系统、电能质量监测和控制系统、通信网管系统、电网 GIS、营销相关应用系统（95598 系统、营销管理系统、用电信息采集系统、营销负荷控制系统）、PMS、ERP、综合信息可视化平台系统等之间的跨区信息交互与业务整合。两条总线之间设置了总线间防火墙和方向安全隔离，实现总线的跨区信息交互，安全Ⅰ/Ⅱ区向安全Ⅲ/Ⅳ区进行信息传输，限制较少，速度较快。交互信息需要经过严格的审查，并且控制传输速度，在建立信息交互总线的同时将数据保存到历史数据服务器。

3.7.2 与配电生产管理系统的交互

配电自动化系统和相关应用系统在信息交互时采用统一编码，确保各应用系统对同一个对象描述的一致性。电气图形、拓扑模型的来源（如上一级调度自动化系统、配电自动化系统、电网 GIS 平台、生产管理系统等）和维护应保证唯一性。图形宜采用 SVG、CIM-G 格式，实时数据交互应采用 CIM-E 格式。

通过信息交互总线，配电网自动化主站系统与生产管理大区各系统（PMS、GIS 平台、OMS）的信息交互主要内容包括：

1）配电自动化系统从 PMS 获取中压配电网（包括 6 ~ 20kV）的相关设备参数、配电网设备计划检修信息、低压配电网（380V/220V）的相关设备参数和公变、专变客户的运行数据、营销数据、客户信息、客户故障信息等。

2）配电自动化主站系统从电网 GIS 平台获取中压配电网（包括 6 ~ 20kV）的单线图、区域联络图、地理图以及网络拓扑等。

3）配电自动化主站系统从 OMS 获取中压配网计划停电信息等。

4）配电自动化主站系统向 PMS 等相关系统推送配电网图形（系统图、站内图等）、网

络拓扑、实时量测数据、准实时数据、历史数据、馈线自动化分析结果等内容。

3.7.3 与调度自动化系统的交互

通过信息交互总线，配电主站与上一级调度自动化系统间的信息交互的主要内容包括：变电站图形、模型信息，一、二次设备实时监测数据等。

(1) 图模信息交互

配电主站需从调度自动化系统获取高压配电网（包括35kV、110kV）的网络拓扑、变电站图形、相关一次设备参数，以及一次设备所关联的保护信息；

配电主站与调度自动化系统之间图模信息的交互数据格式宜通过数据交互总线，遵循Q/GDW 624《电力系统图形描述规范》和《电网设备模型描述规范》标准，采用CIM-E/CIM-G数据格式予以实现。

(2) 实时监测数据交互

配电主站可通过直接采集或调度自动化系统数据转发方式获取变电站10kV/20kV电压等级相关设备的量测及状态等信息，支持调度自动化系统标识牌信息同步。

配电主站与调度自动化系统或变电站之间实时数据交互，宜通过防火墙等网络安全设备连接，采用DL/T 634.5104规约实现数据通信。

(3) 计算数据交互

配电主站从调度自动化系统获取端口阻抗、潮流计算、状态估计等计算结果，为配电网解合环计算等分析应用提供支撑。

(4) 远程调阅

配电主站应支持相关调度技术支持系统的远程调阅。

配电主站的画面远程调阅应遵循Q/GDW 624《电力系统图形描述规范》、《电网设备模型描述规范》、DL/T 476《电力系统实时数据通信应用层协议》规范。

3.7.4 与营销相关应用系统的交互

通过信息交互总线，配电主站与营销相关应用系统（95598系统、营销管理系统、用电信息采集系统、营销负荷控制系统）的信息交互的主要内容包括：

1）配电主站从用电信息采集系统获取配变及用户表相关信息。

2）配电主站从营销管理信息系统获取低压配电网的网络拓扑、低压公变和专变用户的设备参数和运行数据等详细信息。

3）配电主站从95598系统获取用户故障相关信息。

3.7.5 技术要求

为了保证配网自动化各业务系统之间的高效信息交互，以及信息交互总线的易用性、可维护、可扩展、安全性等，信息交互总线及其适配器应满足以下技术和功能要求。

(1) 信息交换模型管理

在满足数据一致性、标识一致性的前提下，配网自动化各相关业务系统之间的信息交互应依据IEC6 1968/61970标准进行建模和交换。在现有信息格式不能满足要求的情况下，可以提供相应的信息扩展功能，以满足配网自动化信息交互的特殊要求。由于IEC61968信息数量众多，格式复杂，应提供IEC61968信息及其之间联系的图形化描述与可视化功能，便于工作人员理解、生成、解析以及扩展IEC61968信息。

（2）信息交互日志与数据库

信息交互总线应该提供信息交互日志和数据库功能，便于系统的管理、维护和纠错。此外，通过在总线数据库中保存信息，也可避免相同数据的重复生成与传输，提高信息交互总线的运行效率。

（3）实时与准实时数据传输

面对电网应用中实时数据和准实时数据交互的特殊要求，信息交互总线应提供高速数据传输机制，保证此类数据交互的需求。信息交互总线能交换各个自动化系统的实时数据和历史数据，包括采用各种通信方式得到的数据；并将采集到的数据，转成统一的数据模型后进行数据处理。

（4）支持大容量消息

由于IEC 61968信息的粗粒度特征，业务系统之间交互的消息具有体积大的特点，信息交互总线应该支持处理兆字节级别的大容量消息。

（5）稳定性与可靠性

对于业务系统的信息交互请求，信息交互总线应该具备快速响应能力，并提供是否成功的状态反馈；对于高并发的特殊情况，应该具备均衡负载能力，以保证高吞吐量、高可靠性的信息交互。

（6）发布/订阅机制

为了保证业务系统之间的完全解耦，保证信息交互的透明化，实现信息交互总线的高效运行、易管理维护和可扩展性，信息交互总线应支持基于代理（Broker）的发布订阅引擎，由发布订阅引擎负责各业务系统的发布/订阅和信息路由。业务系统之间并不直接发生关系，具体应遵循WS-Notification系列的三个标准规范。

（7）支持多总线需求

由于电网系统安全分区的要求，跨区信息交互需要设置两条或多条信息交互总线，电网信息交互总线应具备多条总线之间的消息路由功能以及跨区通信能力。

（8）接入系统管理

对接入信息交互总线上的多个系统进行管理，能够直观浏览接入系统的名称、位置、连接参数等基础信息，能够查看各个接入系统对于公共信息模型的支持能力。提供禁用、启用等功能对集成至总线上的系统进行控制，满足在一些场合下临时禁止某个系统的数据被接入总线。

（9）支持数据集成模式

总线能提供联邦式的数据集成模式，通过总线提供的数据封装能力，接入各种结构化数据和非结构化数据并对最终客户隐藏接入对象的物理位置，从而使多个分布式应用系统看起来就像一个应用数据提供者。应用系统从总线获取数据时无需关心数据的来源，也不用了解该系统的连接协议等信息，接入总线的系统相对于数据应用系统保持透明。

（10）事件通知服务

当接入系统中的数据发生变更时，能通过事件接口以信息方式通知应用系统或将变化的数据发送给应用系统。

（11）数据同步管理

能够提供多种数据同步机制，以保证主数据与源头系统以及目标系统中的数据相一致。

（12）总线安全机制

为了保证信息交互的安全性，信息交互总线应具备适配器身份认证、权限分配、消息加密传输，以及异常告警等安全与主动防御机制。

（13）数据采集功能

信息交互总线应支持接收无源数据的功能，包括采用各种通信方式得到的实时数据及历史数据，转换成统一的数据模型后供其他相关系统进行数据处理。

（14）基于浏览器的管理界面

对智能支持平台进行配置、监视和管理，如总线与适配器的管理、发布/订阅引擎的配置与管理、IEC 61968 标准信息的管理、信息数据库的管理、日志数据库的管理。实现方式是：在服务中心建立上述管理功能的服务，在浏览器上利用 AJAX 方式远程调用这些服务。

（15）历史数据提取功能

总线能将各个应用系统之间交互的数据进行保存，数据存放在数据库中，并支持对历史数据的访问和查询。

3.8　安全防护

配电网自动化系统是配网调度实时监控中低压配电网的重要系统，位于生产控制大区中的控制区（I 区），为了确保配电网自动化系统的安全，抵御黑客、病毒、恶意代码等各种形式的恶意破坏和攻击，特别是抵御集团式攻击，防止电力二次系统的崩溃或瘫痪，以及由此造成的电力系统事故或大面积停电事故，依据国家电力监管委员会《电力二次系统安全防护总体方案》、《配电二次系统安全防护方案》和原国家经贸委第 30 号令《电网和电厂计算机监控系统及调度数据网络安全防护规定》，需在各个环节做好安全防护工作。

3.8.1　架构设计

图 3-27 所示为配电网自动化系统的典型结构。

配电网自动化系统主站与子站及终端的通信方式原则上以电力光纤通信为主，主站与主干配电网开闭所的通信应当采用电力光纤。对于不具备电力光纤通信条件的末梢配电终端，采用无线通信方式。无论采用哪种通信方式，都应对控制指令使用基于非对称密钥的单向认证加密技术进行安全防护。

当配电网自动化系统采用 EPON、GPON 或光以太网络等技术时应使用独立纤芯或波长；配电网监控专用通信网络应能与调度数据网络相联，并纳入统一安全管理。

当采用无线公网通信方式时，优先选用 TD-SCDMA，且采取（APN + VPN）逻辑隔离、访问控制、认证加密等安全措施。

按照典型的自动化系统的结构，安全防护分为以下四个部分：

1）子站终端的安全防护（PI1）。

2）纵向通信的安全防护（PI2）。

3）主站的安全防护（PI3）。

4）横向边界的安全防护（PI4）。

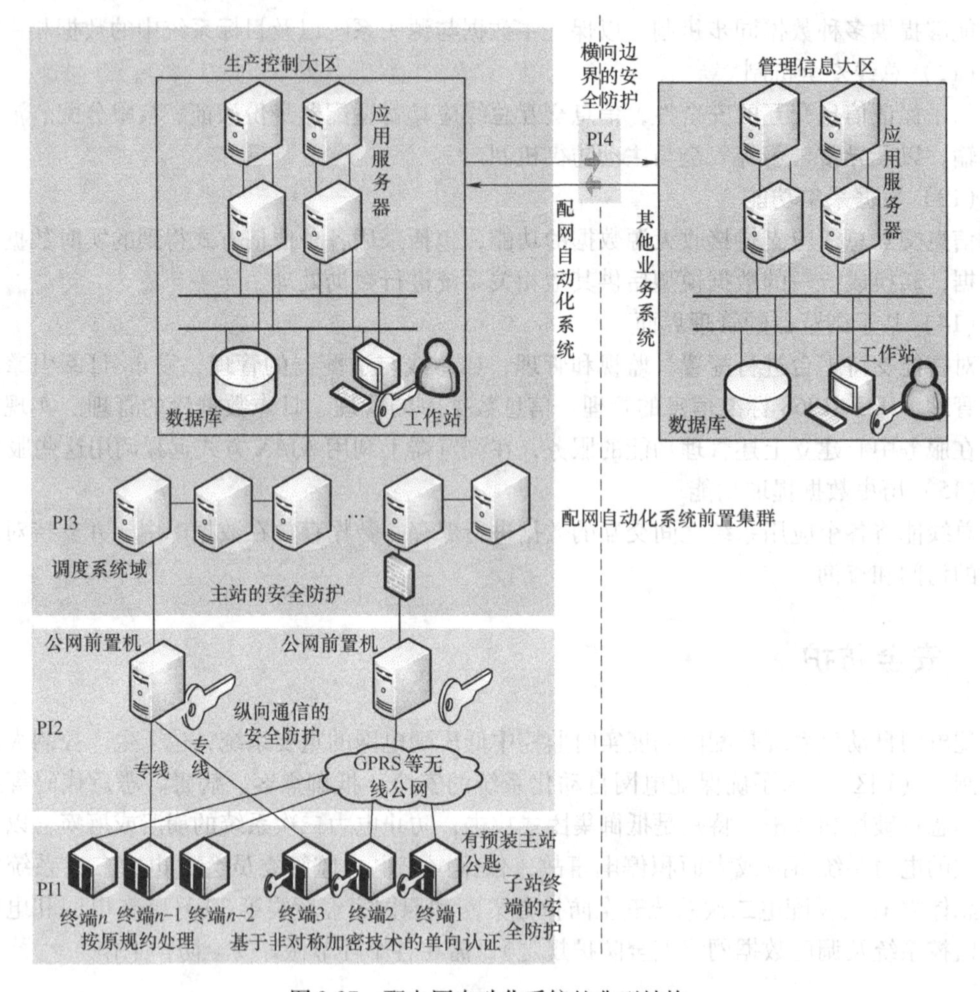

图 3-27　配电网自动化系统的典型结构

配电网自动化系统使用基于非对称加密技术的单向身份认证措施，实现控制（或参数设置）数据报文的完整性保护和主站身份鉴别，同时添加时间标签（或随机数）保证控制数据报文的时效性。为保持与 IEC 60870-5-104、IEC 60870-5-101 规约（简称 104、101 规约）等标准协议的兼容性，可在标准协议的报文之后增加单向认证机制，如图 3-28 所示。

标准协议控制(或参数设置)报文	时间(或随机数)	数字签名

图 3-28　复合报文结构示意图

自动化系统主站使用私钥对整个控制（或参数设置）命令报文和时间戳（或随机数）进行签名，将数字签名尾随在原控制命令报文后形成复合命令报文并发送。

配电终端在收到复合命令报文后，使用预装的主站公钥对复合命令报文中的签名进行验签，并比较时间戳的时效性，如果验证通过，则执行命令。若终端尚不具备安全功能，则仅处理复合报文中的原控制命令报文部分，忽略附加签名。

在实现控制（或参数设置）数据报文的完整性保护、主站身份鉴别和抗重放机制的基础上，还可对复合报文中的控制（参数设置）命令和时间戳（或随机数）等明文部分（或整个复合报文）进行加密，实现数据报文的机密性保护，报文的认证与加密方式见表 3-22。

这种机制同样可用于测量值、累积量等上行报文的加密。加密过程可采用对称加密算法或非对称加密算法。不具备相应安全功能的终端不处理实现机密性保护的报文。

表 3-22　报文的认证与加密方式

安全模式	下行报文	上行报文
单向认证（兼容模式）	主站采用私钥签名，终端采用公钥验签	按原有方式处理
单向认证 + 对称加密（非兼容模式）	主站采用私钥签名，并使用对称密钥对数据进行加密，终端使用同一对称密钥解密后采用主站公钥验签	终端采用对称密钥加密，主站采用同一对称密钥解密（可选）
单向认证 + 非对称加密（非兼容模式）	主站采用私钥签名、加密，终端采用主站公钥解密、验签	终端采用主站公钥加密，主站采用私钥解密（可选）

3.8.2　子站终端要求

在子站终端设备上配置主站公钥和验签模块，对来源于主站系统的控制命令和参数设置指令采取安全鉴别和数据完整性验证措施，以防范冒充主站对子站终端进行攻击，恶意操作电气设备，实现子站终端对主站的身份鉴别和抗重放攻击功能。

可以在子站终端设备上配置启动和停止远程命令执行的硬压板和软压板，如图 3-29 所示。硬压板是物理开关，打开后仅允许当地手动控制，闭合后可以接受远方控制；软压板是终端系统内的逻辑控制开关，在硬压板闭合状态下，主站通过一对一下发报文启动和停止远程控制命令的处理和执行。

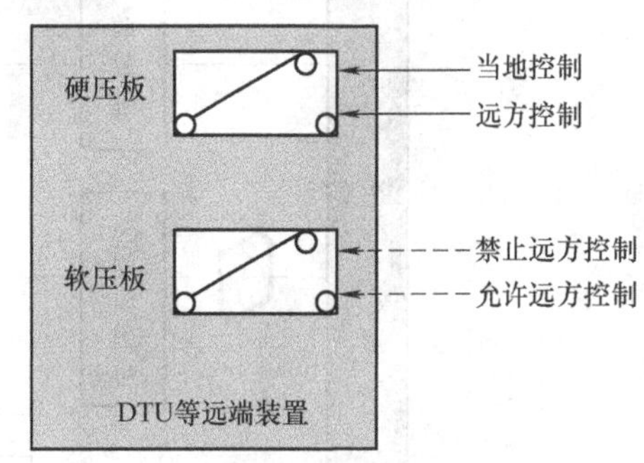

图 3-29　子站终端软压板和硬压板

3.8.3　纵向通信要求

配网监控专用通信网络应采用纵向加密认证装置或模块实现纵向通信安全防护。

纵向加密认证是电力二次系统安全防护体系的纵向防线。采用认证、加密、访问控制等技术措施实现数据的远方安全传输以及纵向边界的安全防护。纵向加密认证装置及加密认证网关用于生产控制大区的广域网边界防护。纵向加密认证装置为广域网通信提供认证与加密功能，实现数据传输的机密性、完整性保护，同时具有类似防火墙的安全过滤功能。加密认证网关除具有加密认证装置的全部功能外，还实现对电力系统数据通信应用层协议及报文的处理功能。

对于重点防护的调度中心在生产控制大区与广域网的纵向连接处应当设置经过国家指定部门检测认证的电力专用纵向加密认证装置或者加密认证网关及相应设施，实现双向身份认证、数据加密和访问控制。暂时不具备条件的可以采用硬件防火墙或网络设备的访问控制技术临时代替。

当采用 GPRS/CDMA 等公共无线网络时，应启用公网自身提供的安全措施，包括：

1）采用 APN + VPN 或 VPDN 技术实现无线虚拟专有通道。

2）通过认证服务器对接入终端进行身份认证和地址分配。

3）在主站系统和公共网络采用有线专线 + GRE 等手段。

当采用 230MHz 等无线通信时，可采用相应安全防护措施。

3.8.4 主站要求

无论采用何种通信方式，自动化系统主站前置机应采用经国家指定部门认证的安全加固的操作系统，并采取严格的访问控制措施。

实施过程中，需要在配电自动化系统主站公网前置机安装主站私钥和签名模块，对下行控制命令与参数设置指令报文进行签名，实现子站对主站的身份鉴别与报文完整性保护。配电网自动化系统应采用基于调度证书的非对称密钥算法实现控制命令及参数设置指令的单向认证与报文完整性保护，非对称密钥算法选用ECC（椭圆曲线密码体制）（160bit以上）或RSA（1024bit以上）算法。

对于采用公网作为通信信道的前置机，与主站之间应采用防火墙等逻辑隔离措施，实现公网与主站的隔离，如图3-30所示。

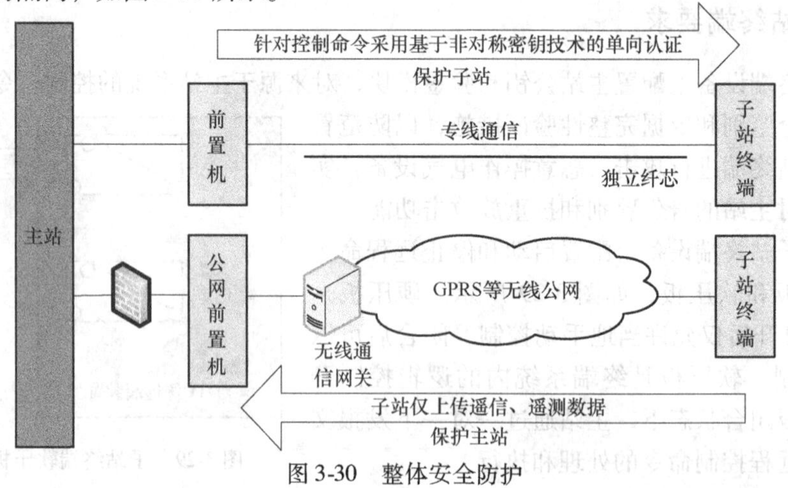

图3-30 整体安全防护

严格禁止公网与调度数据网直接相连。

3.8.5 横向边界要求

对于横向边界安全防护应采用正反向隔离装置，横向隔离是电力二次安全防护体系的横向防线。采用不同强度的安全设备隔离各安全区，在生产控制大区与管理信息大区之间必须设置经国家指定部门检测认证的电力专用横向单向安全隔离装置，隔离强度应接近或达到物理隔离。

电力专用横向单向安全隔离装置作为生产控制大区与管理信息大区之间的必备边界防护措施，是横向防护的关键设备。生产控制大区内部的安全区之间应当采用具有访问控制功能的网络设备、防火墙或者相当功能的设施，实现逻辑隔离。按照数据通信方向电力专用横向单向安全隔离装置分为正向型和反向型。正向安全隔离装置用于生产控制大区到管理信息大区的非网络方式的单向数据传输。反向安全隔离装置用于从管理信息大区到生产控制大区单向数据传输，是管理信息大区到生产控制大区的唯一数据传输途径。反向安全隔离装置集中接收管理信息大区发向生产控制大区的数据，进行签名验证、内容过滤、有效性检查等处理后，转发给生产控制大区内部的接收程序。专用横向单向隔离装置应该满足实时性、可靠性和传输流量等方面的要求。

严格禁止E-Mail、WEB、Telnet、Rlogin、FTP等安全风险高的通用网络服务和以B/S

或C/S方式的数据库访问穿越专用横向单向安全隔离装置，仅允许纯数据的单向安全传输。

控制区与非控制区之间应采用硬件防火墙、具有访问控制功能的设备或相当功能的设施进行逻辑隔离。

3.9　通信系统

通信系统是建设配电自动化系统的关键技术，它担负着设备与用户及自动化的联络，起着纽带作用，通信系统的好坏很大程度上决定了自动化系统的优劣。配电自动化要借助可靠的通信手段，将主站系统的控制命令下发到配电终端，同时将配电终端所采集的各种信息上传至主站系统。

3.9.1　架构设计

通信系统由配网通信综合接入平台、骨干层通信网络、接入层通信网络以及配网通信综合网管系统等组成，图3-31所示为多种配电通信方式综合应用图例。

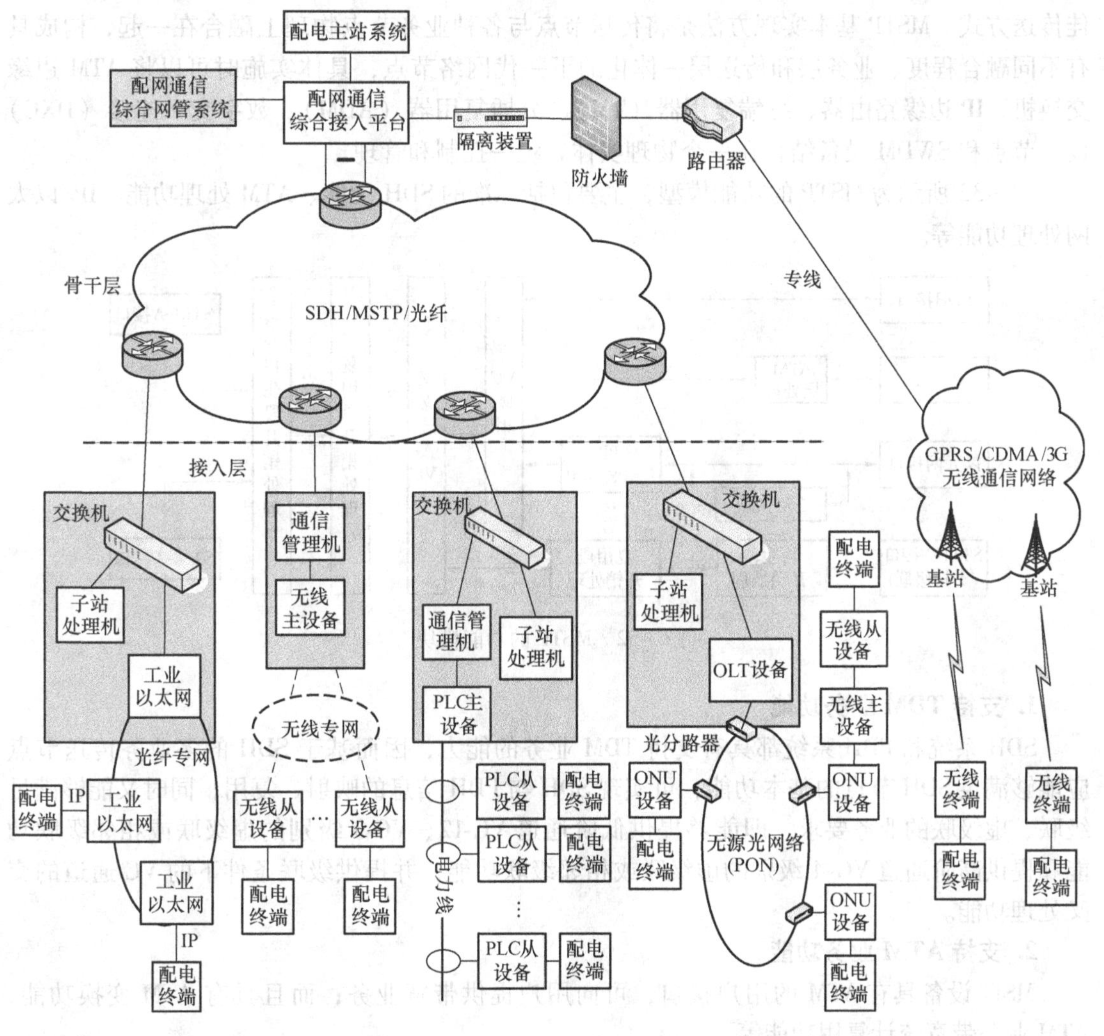

图3-31　多种配电通信方式综合应用图例

3.9.2 骨干层通信

骨干层通信网络实现配电主站和配电子站之间的通信，原则上应采用光纤传输网方式，在条件不具备的特殊情况下，也可采用其他专网通信方式作为补充。骨干网络应具备路由迂回能力和较高的生存性。

如图3-31所示，为配电子站汇集的信息通过IP方式接入SDH/MSTP通信网络或直接承载在光纤网上。

同步数字体系（Synchronous Digital Hierarchy，SDH）传输技术能够优质、实时、点对点地传输语音和电路数据业务，具有标准化的信息结构和统一的网络节点接口、完善的传输系统安全保护机制。其缺点是信道严格分割，不能动态分配信道带宽，难以支持总线型宽带数据业务和不能适应综合业务的传输。针对SDH传输技术的不足之处，近年来提出多业务传输平台（Multi-Service Transfer Platform，MSTP），基于SDH平台同时实现TDM、ATM、以太网等业务的接入、处理和传送，提供统一网管。它将SDH的高可靠性、严格QoS和ATM的统计复用以及IP网络的带宽共享、统计复用等特征集于一体，可针对不同QoS业务提供最佳传送方式。MSTP基本实现方法是将传送节点与各种业务节点物理上融合在一起，构成具有不同融合程度、业务层和传送层一体化的下一代网络节点，具体实施时可以将ATM边缘交换机、IP边缘路由器、终端复用器（TM）、分插复用器（ADM）、数字交叉连接（DXC）设备节点和SWDM设备结合在一个物理实体，统一控制和管理。

图3-32所示为MSTP的功能模型，主要包括标准的SDH功能、ATM处理功能、IP/以太网处理功能等。

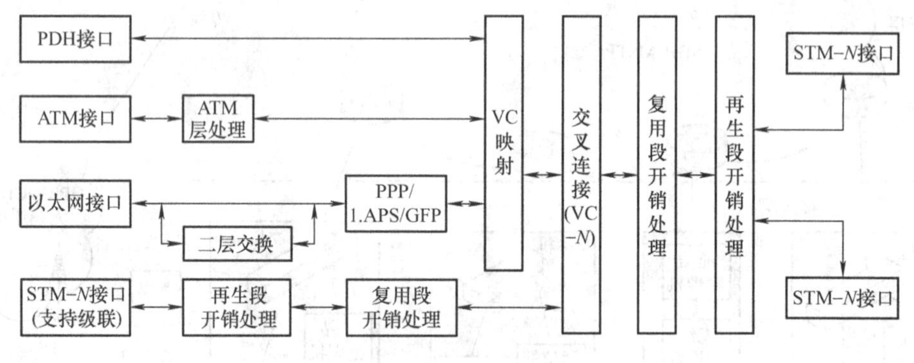

图3-32 MSTP的功能模块

1. 支持TDM业务功能

SDH系统和PDH系统都具有支持TDM业务的能力，因而基于SDH的多业务传送节点应能够满足SDH节点的基本功能，可实现SDH与PDH信息的映射、复用，同时又能够满足级联、虚级联的业务要求，即能够提供低阶通道VC-12、VC-3级别的虚级联或相邻级联功能和提供高阶通道VC-4级别的虚级联或相邻级联功能，并提供级联条件下的VC通道的交叉处理功能。

2. 支持ATM业务功能

MSIT设备具有ATM的用户接口，可向用户提供带宽业务；而且具有ATM变换功能、ATM业务带宽统计复用功能等。

图3-32中ATM层处理模块的作用有两个。

1）由于数据业务具有突发性的特点，因此业务流量是不确定的，如果为其固定分配一定的带宽，势必会造成网络带宽的巨大浪费。ATM层处理模块用于对接入业务进行汇聚和收敛，这样汇聚和收敛后的业务，再利用SDH网络进行传送。

2）尽管采用汇聚和收敛方案后大大提高了传输频带的利用率，但仍未达到最优的情况。这是因为由ATM模块接入的业务在SDH网络中所占据的带宽是固定的，因此当与之相连的ATM终端无业务信息需要传送时，这部分时隙处于空闲状态，从而造成另一类的带宽浪费。ATM层处理功能模块可以利用ATM业务共享带宽特性，通过SDH交叉模块，将共享ATM业务的带宽调度到ATM模块进行处理，将本地的ATM信号与SDH交叉连接模块送来的来自其他站点的ATM信元进行汇聚，共享带宽。其输出送往下一个站点。

3. 支持以太网业务功能

MSTP设备中存在两种以太网业务的适配方式，即透传方式和采用二层交换功能的以太网业务适配方式。

（1）透传方式

以太网业务透传方式是指以太网接口的数据帧不经过二层变换，直接进行协议封装，映射到相应的VC中，然后通过SDH网络实现点到点的信息传输。

（2）采用二层交换功能

采用二层交换功能是指在将以太网业务映射进VC虚容器之前，先进行以太网二层交换处理，这样可把多个以太网业务流复用到同一以太网传输链路中，从而节约了局端端口和网络带宽资源。由于平台中具有以太网的二层交换功能，因而可以利用生成树协议（STP）对以太网的二层业务实现保护。

MSTP的主要特点如下：

1）支持多种协议。通过对多种协议的支持增强网络边缘的智能性，通过对不同业务的汇聚、交换或路由，可以对不同类型传输流进行处理。

2）支持多种物理接口。由于MSTP设备负责多种业务的接入、汇聚和传输，所以必须支持多种物理接口。

3）提供集成的数字交叉连接（DXC）功能。MSTP节点可以在网络边缘完成大部分交叉连接功能，从而节省传输带宽以及省去核心层中昂贵的数字交叉连接系统端口。

4）支持动态带宽分配。

5）提供综合网络管理功能。

6）支持点对点、点对多点、多点对多点等多种以太业务类型。

在满足有关信息安全标准前提下，骨干层还可采用IP虚拟专网方式实现骨干层通信网络。

3.9.3　接入层通信

接入层通信网络实现配电主站（子站）和配电终端之间的通信。接入层可采用以下几种通信方式：

1. 光纤通信

光纤是一种适合光波传播、损耗小、可弯曲的玻璃丝。通信中常用的是低损耗光纤，以SiO为基本玻璃材料，其结构包括纤芯、缓冲层和包层，它们都是玻璃的，外面还有由涂覆材料和塑料制成的涂层和保护层。纤芯和包层决定了光特性，所以纤芯采用高纯度材料，以避免杂质引起损耗；包层采用纯度稍差的材料，其折射率稍高于缓冲层，但低于纤芯。包层的作用是加大外直径，使光纤结实，能抵抗弯曲；缓冲层的作用是防止包层中的杂质离子移入纤芯。把多根光纤同加强复合保护材料组合在一起就构成了光缆。光纤通信是以光波作为信息载体，以光导纤维作为传输介质的一种通信方式。

光纤网有架空电缆、地埋电缆和架空地线复合光缆三种敷设形式。光纤通信容量大，传输距离长（在多模光纤中光信号可传输 6km 左右，在单模光纤中可传输 30km 左右），体积小、重量轻、可绕性强、敷设方便，传送速度快，传输频带宽，具备传输声音、数据和图像的能力，传输衰耗小，可靠性高、抗干扰能力强，保密性好。但是，光纤通信的强度不如金属线、连接比较困难、分路和耦合不便，通信介质和设备的成本较高。

光纤通信按传输的光波长划分，光纤通信系统可分为短波长光纤通信系统、长波长光纤通信系统和超长波长光纤通信系统。短波长光纤通信系统工作波长为 0.8～0.9μm，中继距离短于 10km；长波长光纤通信系统工作波长为 1.0～1.6μm，中继距离可大于 100km；超长波长光纤通信系统工作波长为 2.0μm 以上，中继距离可达 1000km 以上。

按光纤的种类划分，光纤通信系统可分为多模光纤通信系统和单模光纤通信系统。多模光纤通信系统采用多模光纤，传输容量小，一般在 140Mbit/s 以下；单模光纤通信系统采用单模光纤，传输容量大，一般在 140Mbit/s 以上。

根据光信号的发生方式分为工业以太网和以太网无源光网络 EPON。

(1) 工业以太网

在配电通信中所采用的光纤通信设备主要有综合数据光端机（PDH 或 SDH）、光收发器和工业以太网交换机。图 3-33 所示为一工业以太网的通信系统组成。

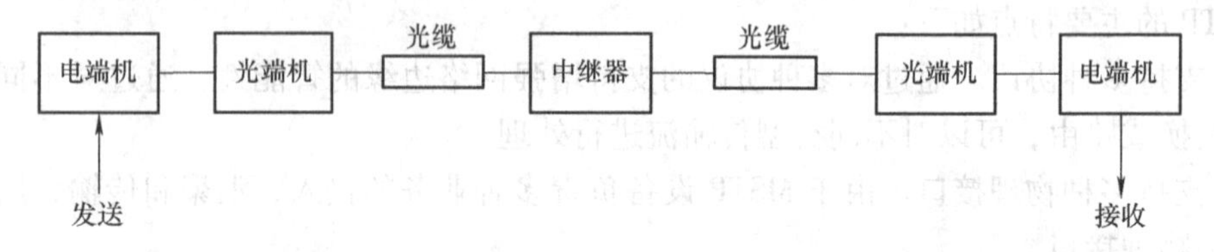

图 3-33　工业以太网通信系统的组成

图 3-33 中，电端机完成对信息源的处理，如多路复用和复接分接等；光端机的发送端内含有光源，它的作用是将电信号转换成光信号，然后经光缆传输；信号在传输过程中具有衰减和受各种干扰而出现波形的畸变，因此需要有中继器将经过长距离传输后被衰减和畸变了的光信号放大、整形和再生成一定强度后，继续送向远方；光端机的接收端内含有光检测器，它的作用是将来自光纤的光信号还原成为电信号，并输入到电端机的接收端。

配电子站和配电终端的通信采用工业以太网通信方式时，工业以太网从站设备和配电终端通过以太网接口连接；工业以太网主站设备一般配置在变电站内，负责收集工业以太网自愈环上所有站点数据，并接入骨干层通信网络。

(2) 以太网无源光网络 EPON

无源光网络（PON）技术作为一种新兴的覆盖最后一千米的宽带接入光纤技术，其在光分支点不需要节点设备，只需安装一个简单的光分路器，因此具有节省光缆资源、带宽资源共享、节省机房投资、设备安全性高、建网速度快、综合建网成本低等优点。PON 技术

是一种点到多点（P2MP）的光纤接入技术，它由局侧的光线路终端（Optical Line Terminal，OLT）、用户侧的光网络单元（Optical Network Unit，ONU）以及无源光纤分支器（Passive Optical Splitter，POS）组成。

PON（无源光网络）采用无源光节点将信号传送给终端用户，其优势主要是初期投资少，维护简单，易于扩展，结构灵活，可充分利用光纤的巨大带宽和优良的传输性能。PON系统是面向未来的技术，大多数PON系统都是一个多业务平台，对于向全光IP网络过渡是一个很好的选择。

PON技术可细分为多种，主要区别体现在数据链路层和物理层的不同。而以太网无源光纤网络（Ethernet Passive Optical Networks，EPON）使用以太网作为数据链路层，并扩充以太网使之具有点到多点的通信能力。EPON综合了PON技术和以太网技术的优点：低成本、高带宽、扩展性强、灵活快速的服务重组、与现有以太网的兼容性、方便的管理等。

图3-34为EPON的系统组成。配电子站和配电终端的通信采用EPON通信方式时，ONU配置在配电终端处，通过以太网接口或串口与配电终端连接；OLT一般配置在变电站内，负责将所连接EPON网络的数据信息综合，并接入骨干层通信网络。

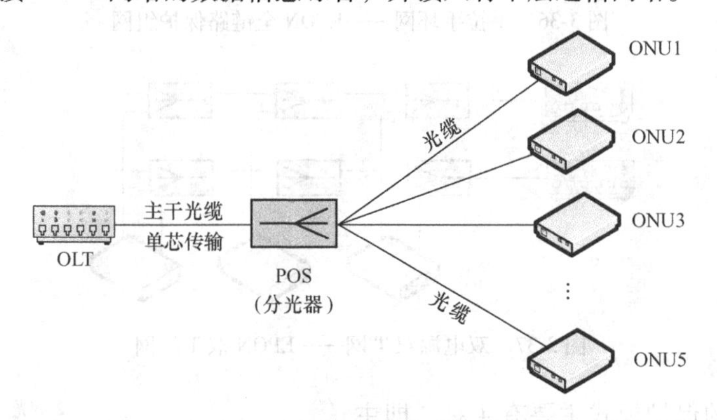

图3-34　EPON系统的组成

EPON主要有以下几点技术特性：

1）资源利用率高：采用“单纤双向”技术，主干线路只需要一芯光纤，通过无源分光设备，最大可以辐射出64路光信号。

2）P2MP通信方式：通过EPON分光器可以形成点到多点网络模式，适应复杂的线路资源情况。

3）无源分光：EPON分光器不需要电源，对恶劣的环境的适应能力非常强，工作稳定、不易损坏。

4）灵活的扩展能力：EPON网络在扩展新终端和新线路的时候对网络的影响很小，无源分光器的设计使EPON网络扩容变得简单、灵活。

5）强大的网管能力：单点或多点故障不影响系统稳定运行，彼此间有明确的业务界点，在OLT设备的网管上可以清晰地区分出不同的ONU设备。

光缆布放是顺着配电网电缆走向布置的，通信网络的结构应与电力配电网缆线结构相符合，结合现有几种常用的配电网络拓扑结构，EPON网络有3种组网结构，即链形组网、全链路保护组网和双T组网，分别如图3-35、图3-36、图3-37所示，分别适用于单电源辐射

网络、手拉手环网和双电源双T网。

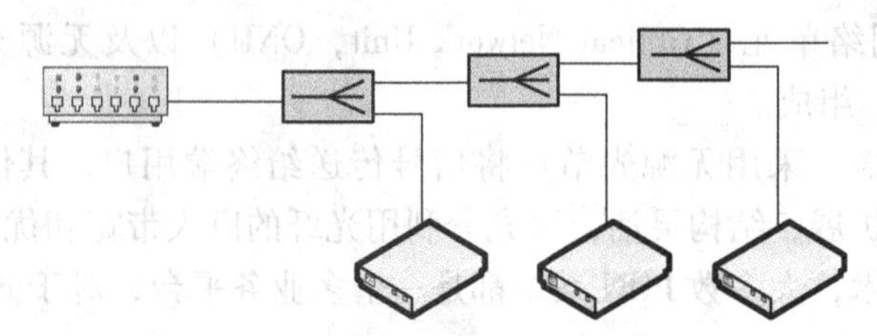

图3-35 单电源辐射网——EPON链形组网

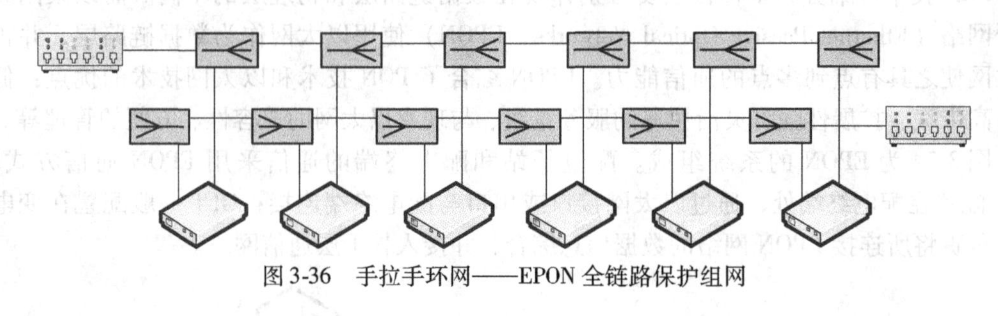

图3-36 手拉手环网——EPON全链路保护组网

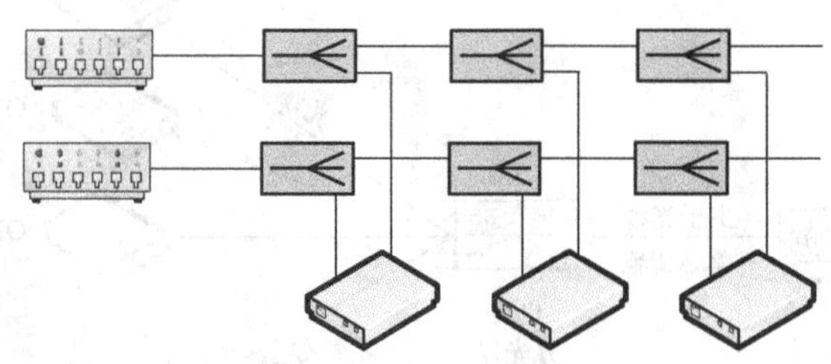

图3-37 双电源双T网——EPON双T组网

EPON网络的保护模式主要有4种，即主干光纤冗余保护、OLT PON口冗余保护、全程光纤冗余保护和ONU PON口冗余保护。

（1）主干光纤冗余保护

主干光纤冗余保护方式如图3-38所示。OLT采用单个PON端口，PON口处内置1×2光开关；使用2∶*N*光分路器；ONU无特殊要求。

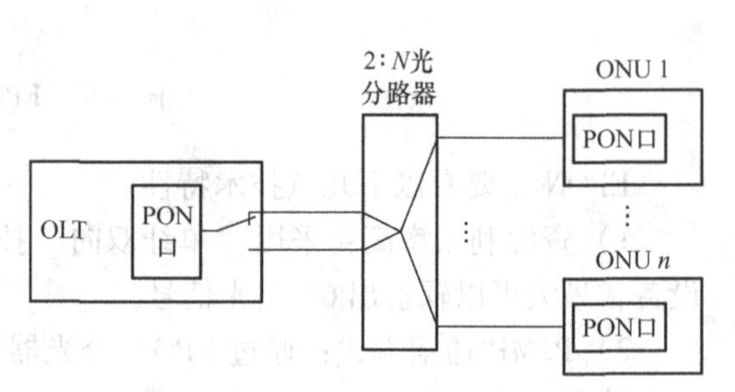

图3-38 主干光纤冗余保护方式

倒换动作：由OLT检测线路状态，倒换由OLT完成。

（2）OLT PON口冗余保护

OLT PON口、主干光纤冗余保护方式如图3-39所示。备用OLT的PON端口处于冷备用状态；使用2∶*N*光分路器；ONU无特殊要求；

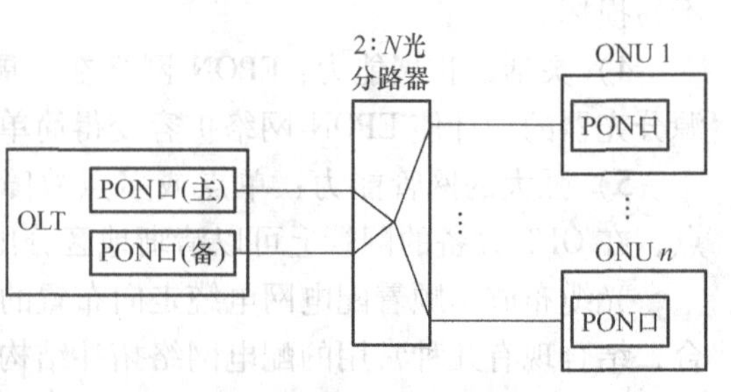

图3-39 OLT PON口冗余保护

倒换动作：由OLT检测线路状态、OLT PON端口状态，倒换由OLT完成。

（3）全程光纤冗余保护

全程光纤冗余保护方式（包括OLT PON口、主干光纤、光分路器、配线光纤冗余保护）如图3-40所示。主、备用OLT的PON端口均处于工作状态；使用2个1：N光分路器；在ONU的PON端口前内置光开关装置。

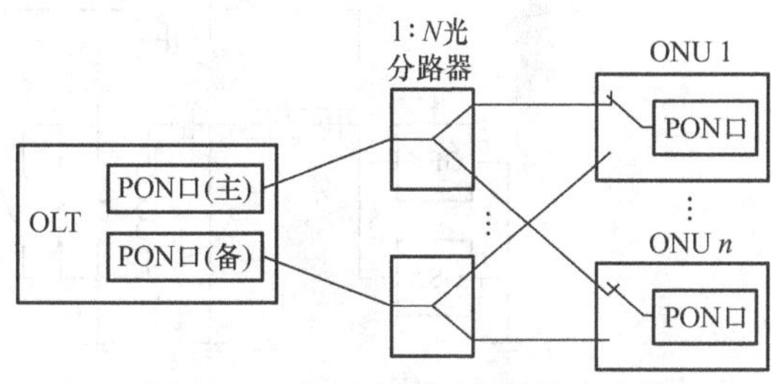

图3-40　全程光纤冗余保护方式

倒换动作：由ONU检测线路状态，并决定主用线路，倒换由ONU完成。

（4）ONU PON口冗余保护

ONU PON口冗余保护方式（OLT PON口、主干光纤、光分路器、配线光纤冗余保护、ONU PON口）如图3-41所示。主、备用OLT的PON端口均处于工作状态；主、备用ONU的PON端口均处于工作状态，但只有主用ONU的PON承载业务，备用ONU的PON只完成协议交互；使用2个1：N光分路器。

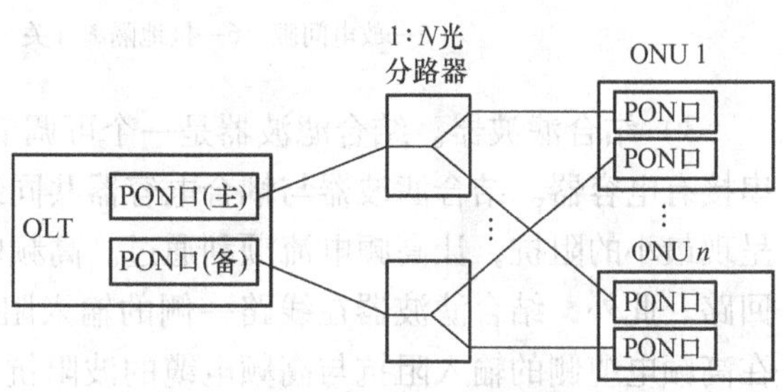

图3-41　ONU PON口冗余保护方式

倒换动作：由ONU检测线路状态，并决定承载业务的主用线路，倒换由ONU完成。

EPON系统中，当进行光纤保护倒换时，四种光纤保护类型的光通道倒换时间都满足50ms。

考虑到保护范围和保护成本，现在的主流保护模式是OLT PON口、主干光纤冗余保护方式，这需要在OLT上预留备用PON口，分光器需配置2：N的，备用光纤最好实现物理路由的冗余。

2. 配电线载波通信

载波通信是利用某一载波频率经非通信线路传输信息的通信方式。电力线载波通信是电力系统常用的通信方法，在电力调度通信、远动信息传输和作为高频保护的高频通道已经有了成熟的经验，使用效果很好。

（1）电力线载波通道（高额通道）的组成

以输电线路作为高频通道传输高频信号，必须对输电线路进行高频加工。在输电线路的两相上作高频加工的通道，称为“相—相”制高频通道；只在一相上加工的，称为“相—地”制高频通道。“相—相”制高频通道的衰耗小，但所需加工设备多，投资大；“相—地”制高频通道的传输效率较低，但所需的加工设备较少，投资较小。国内一般都采用“相—地”制高频通道，其构成如图3-42所示。

1）高频阻波器。高频阻波器串联在线路两端，它是由电感线圈和可变电容组成一个对高频信号的并联谐振电路，因此对高频电流呈现最大的阻抗，从而将高频信号限制在本线路的范围内。由于电感线圈电感量很小，对50Hz的工频电流呈现阻抗很小（约0.04Ω），所以工频电流可以在输电线路上顺利通过。

2）耦合电容器。耦合电容器的作用是将低压的高频收发信机耦合到高压线路上。耦合电容器的电容量很小，对工频电流呈现很大的阻抗，使工频高电压几乎全部降落在耦合电容器上。

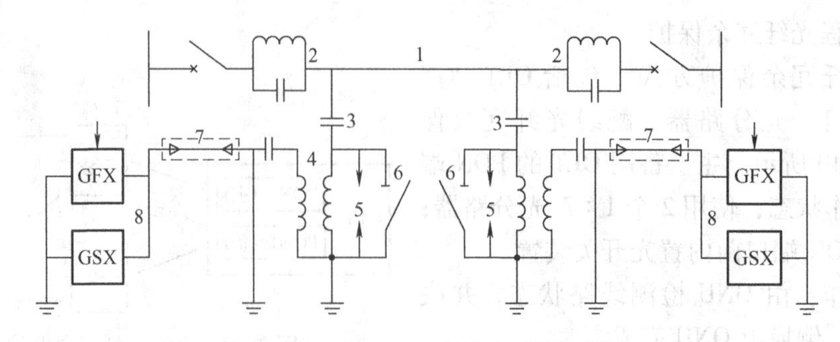

图 3-42 “相—地”制高频通道的构成

1—输电线 2—高频阻波器 3—耦合电容器 4—结合滤波器
5—放电间隙 6—接地隔离开关 7—高频电缆 8—高频收发信机

3）结合滤波器。结合滤波器是一个可调节的空心变压器，在其连接至高频电缆的一侧串接有电容器。结合滤波器与耦合电容器共同组成对高频信号的串联谐振回路，对高频信号呈现最小的阻抗，让高频电流顺利通过。高频电缆侧线圈的电感与电容也组成高频串联谐振回路。此外，结合滤波器在线路一侧的输入阻抗与输电线路的波阻抗匹配（约 400Ω），而在高频电缆侧的输入阻抗与高频电缆的波阻抗（100Ω）相匹配，这样就可以避免高频信号的电磁波在传送过程中产生反射，因而减小高频能量的附加损耗，提高传输效率。

4）高频电缆。高频电缆用来连接高频收发信机与结合滤波器。高频电缆采用同轴电缆，它具有高频损耗小，抗干扰能力强等优点。

5）放电间隙。放电间隙用以防止过电压对收发信机的损坏。

6）高频收发信机。高频收发信机的作用就是接收和发送高频信号。高频发信机包含高频振荡器、调制器、放大部分和接口部分。高频振荡器用来产生一个频率和振幅均稳定的高频信号，以便于进行调制；调制器完成调制任务；放大器是将调制器输出的高频信号放大，以获得所需要的输出功率。接口部分通常由滤波器与衰耗器组成，滤波器主要是滤掉非工作频率信号，衰耗器是为了某种需要而降低对侧送来的高频信号幅值。收信机主要包含收信滤波器、放大部分和解调器。收信滤波器是为了滤掉干扰信号，使工作频率信号顺利通过，经放大后将高频信号进行解调，即还原成原信号。

（2）配电线载波通信系统

载波通信主要应用在 10kV 电力线路中，是配电网自动化系统的数据传输手段之一。它具有投资小、覆盖面广、安装维护方便等优点。中压载波一般分为架空和地埋电力电缆两种线路方式，前者可实现全程无主波器应用，而后者的线路分布参数较大，衰减大，电感耦合衰减高达 20～30dB。采用这种通信方式，在设备选择时需参照相关标准对其技术特性和实际应用综合进行考察，并需要进行实地试运行检验。

配电线载波通信组网采用一主多从组网方式，一台主载波机可带多台从载波机，组成一个逻辑载波网络，主载波机通过通信管理机将信息接入骨干层通信网络。通信管理机接入多台主载波机时，必须具备串口服务器基本功能和在线监控载波机工作状态的网管协议，同时支持多种配电自动化协议转换能力。

图 3-43 所示为一个典型配电线载波通信系统。

图 3-43 中，在主变电站安装多路配电线载波机（称主站设备）并与区域工作站相连，

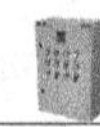

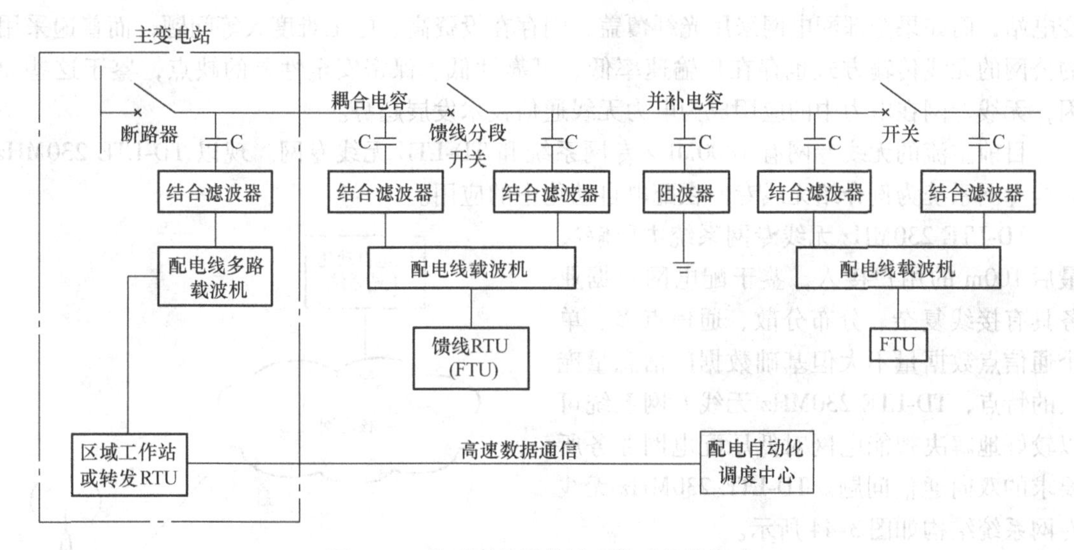

图3-43　典型配电线载波通信系统的组成

在馈线分段开关处安装配电终端，采用配电线载波机（称从站设备）经结合滤波器及耦合电容耦合到馈线，并通过馈线与相应的区域工作站相联系，这样就可以把分散的配电终端上报的信息集中至主变电站的区域工作站，区域工作站再通过高速数据通道将收集到的信息转发给配电自动化调度中心，反之调度中心也可以把各种指令发送到区域工作站或转发到相应的设备上。为了避免在线路开关分断时切断载波通道，在开关处通过耦合电容器构成载波桥路。

3. 无线公网

无线公网通信技术的应用，是指配电网终端设备通过无线通信模块接入到无线公网中，再经由专用光纤网络接入到主站系统的通信方式。目前无线公网通信主要包括GPRS、CDMA、3G等。GPRS是一种基于GSM的无线分组交换技术，目的是为GSM客户提供分组形式的数据业务。CDMA是在数字技术的分支——扩频通信技术上发展的一种新的无线通信技术。3G指第三代移动通信技术，主要包括TD-SCDMA、WCDMA和CDMA1x（CDMA2000）等，目前3G在我国商用化进程正在快速推进中，但在配电网中的应用尚处于萌芽阶段。

在电力系统中，无线公网通信技术主要应用在一些非实时性，重要性不太高的场合。短信方式采用GSM或CDMA技术时，终端通信设备无需始终联网，较为经济，但传输的数据量有限且实时性较差。在线传送采用GPRS或CDMA技术时，终端通信设备必须始终联网，传输数据量较大，实时性较短信方式高，但必须申请一个固定的因特网IP地址，因而使数据传输暴露于公网中，实时性仍然不能满足配网自动化重要实时信息的传输且可能有不确定度延时。

无线公网适用于无线公共网络覆盖完整且无线信号优良的城市。采用无线公网方式时，每台配电终端均应配置GPRS/CDMA/3G无线通信模块，实现无线公网的接入。无线公网运营商通过专线将汇总的配电终端数据信息经路由器和防火墙接入配网通信综合接入平台。

4. 无线专网

电力通信网现网依托于高压输电线路已建成光纤骨干网络，光缆已经覆盖到35kV以上

变电站，而如果全部配电网采用光纤覆盖，则存在投资高、施工难度大等问题，而普遍采用的公网的无线传输方式也存在传输速率低、可靠性低、保密安全性差的缺点，鉴于这些原因，无线专网在电力中的应用成为电力无线通信技术发展趋势。

目前主流的无线专网有1800MHz专网系统和TD-LTE无线专网。现以TD-LTE 230MHz无线专网系统为例介绍无线专网在配电自动化中的应用。

TD-LTE 230MHz无线专网系统主要解决最后100m的用户接入，鉴于配电网数据业务具有接线复杂、分布分散、通信点多、单个通信点数据量不大但基础数据库信息量庞大的特点，TD-LTE 230MHz无线专网系统可以较好地解决智能电网对低压配电网业务所要求的双向通信问题。TD-LTE 230MHz无线专网系统结构如图3-44所示。

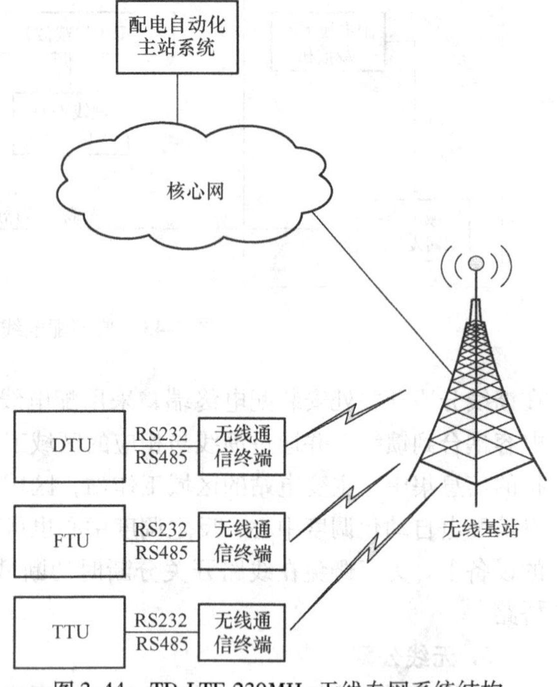

图3-44　TD-LTE 230MHz无线专网系统结构

配电自动化终端的数据通过无线通信终端传至无线基站，无线基站一般建设在变电站中，变电站中通信管理机将无线基站的信息接入，进行协议转换，再接入至骨干层通信网络，完成空中与地面电路之间的信息转换与桥接。

与1800MHz频段无线专网相比，TD-LTE 230MHz无线专网系统具有覆盖能力强、建设运维成本低等优点。1800MHz无线专网由于载波频率较高，覆盖能力有限，城区覆盖不超过1km，且该频段设备建网和网络维护成本都较高，不适用于配电网业务中。TD-LTE 230MHz无线专网系统在密集城区覆盖超过3km，农村地区可达30km，且信号传播损失小，建网维护成本小，具备明显的低成本覆盖优势。

3.9.4　技术要求

配电网的通信系统有别于输电网，其终端数量极大，但通道相对较短，而且配电自动化监控和管理系统的不同功能对通信的要求也有所不同。配电自动化通信系统为分层、分布式系统，与传统的调度自动化通信系统也有着很大区别。其特点为：

① 终端节点数量极大。

② 通信节点分散。

③ 分层多级的通信网络。

④ 单节点信息量小，汇集后信息量很大。

⑤ 不同类型的设备及数据实时性要求不同。

因此，在选择配电自动化系统的通信方式时应综合考虑以下要求：

1）高可靠性。配电自动化的通信系统应能抵抗恶劣的气候条件，如雨、雪、冰雹、狂风和雷阵雨，还有长期的太阳紫外线照射。通信系统应能抵抗强电磁干扰，如间隙噪声、放

电、电晕或其他无线电源的干扰，以及闪电、事故或开关操作涌流产生的强电磁干扰。

停电区和电网故障时的通信能力是严重影响通信可靠性的一个重要因素，必须加以考虑。同时还要考虑到维护便捷性。

2）良好的性价比。限于配电网一次设备的状况，通信系统的投资不宜过大，并要能充分利用已有的各种通信资源；在追求通信技术先进性的同时，应考虑通信系统的投资费用、选择费用和功能及技术先进性的最佳组合，追求最佳性价比。

3）实时性。配电自动化系统是一个实时监控系统，必须满足实时性要求。正常情况下，配电自动化主站系统在3～5s内能更新全部配电终端的数据，因此必须选择合适的通信宽带以及通信网结构。

在配电网发生故障时，主站系统与配电终端之间的数据交换量剧增，因此通信系统设计时，不仅要考虑正常情况下实时数据的刷新速度要求，还应能满足故障时快速及时地传送大量故障数据。

4）运维成本低。配电自动化终端数量多，设计时要充分考虑操作维护的方便性，应易于建设、使用和维护。

5）结构灵活、扩展方便。通信系统在满足现有配电自动化需求的前提下，能做到充分考虑业务综合应用和通信技术发展的前景，统一规划、分步实施、适度超前。

6）通信接口规范，符合开放性原则，以保证不同厂家不同设备可方便互联。

3.9.5　通信网络管理系统

随着配电自动化及通信技术的快速发展，通信网络规模不断扩大，通信网络结构复杂性日益增加，带来了监控和管理难题，迫切需要一种结构化的网络管理方法，以便对不同类型的通信网络、设备和业务进行有效的管理。综合网管系统就是在单个网管系统之上建立统一的综合网管平台，实现对整个所辖区域通信网络和网络节点上通信设备的统一监管。

在配电主站端配置的配网通信综合网管系统，以实现对配网通信设备、通信通道、重要通信站点的工作状态统一监控和管理，包括通信系统的拓扑管理、故障管理、性能管理、配置管理、安全管理等。

配电通信综合网管系统一般采用分层架构体系，软件基本架构如图3-45所示，主要包括一个平台和两个模块，即一体化采集平台、系统综合监视模块和通信资源管理模块。

一体化采集平台对配电通信系统内部共存的多种通信系统集中采集，完成各种实时信息（告警、性能、状态）和资源配置信息（设备、拓扑、业务通道）的采集任务，并将告警及性能数据及资源配置数据分别送往综合监视模块和资源管理模块。

图3-46所示为一体化采集平台架构示意图，其技术特点可总结为：

1）接入系统多样化。

2）基于“协议库”管理模式。

3）平台信息监视及日志管理机制。

4）使用文档的维护扩充机制。

一个完善的网络管理系统应具备如下功能：

1）故障管理：提供对网络环境异常的检测并记录，通过异常数据判别网络中故障的位置、性质及确定其对网络的影响，并进一步采取相应的措施。

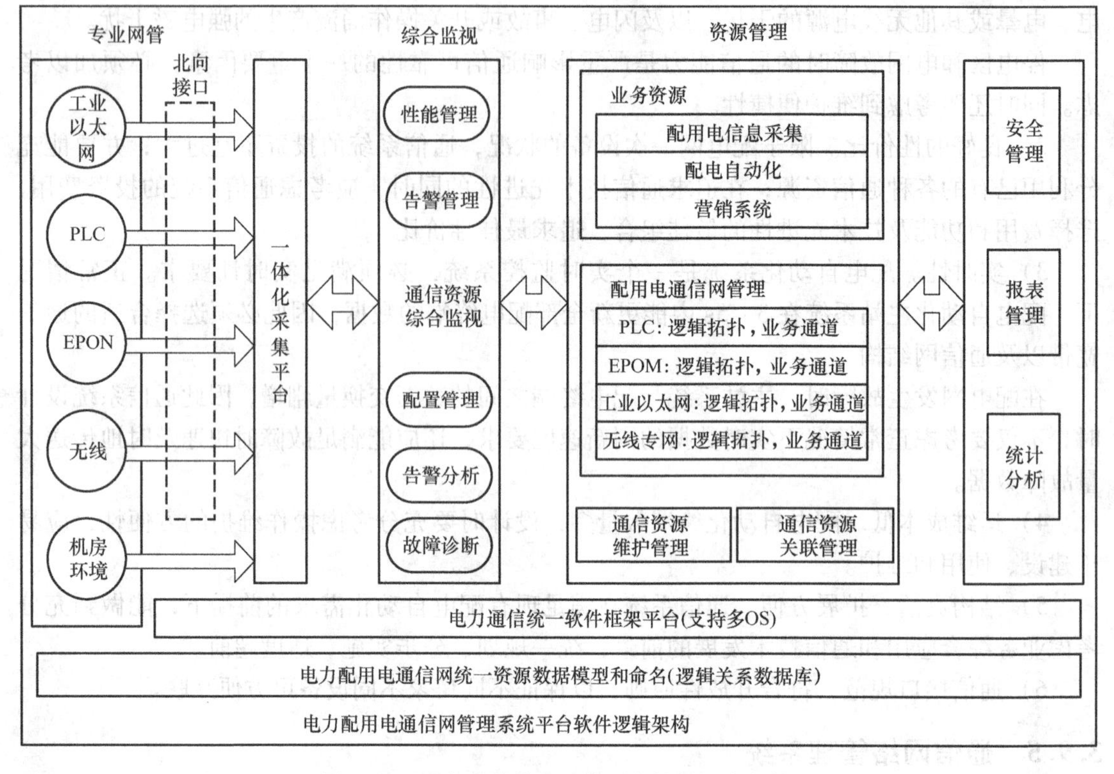

图 3-45　配电通信综合网管系统软件基本架构

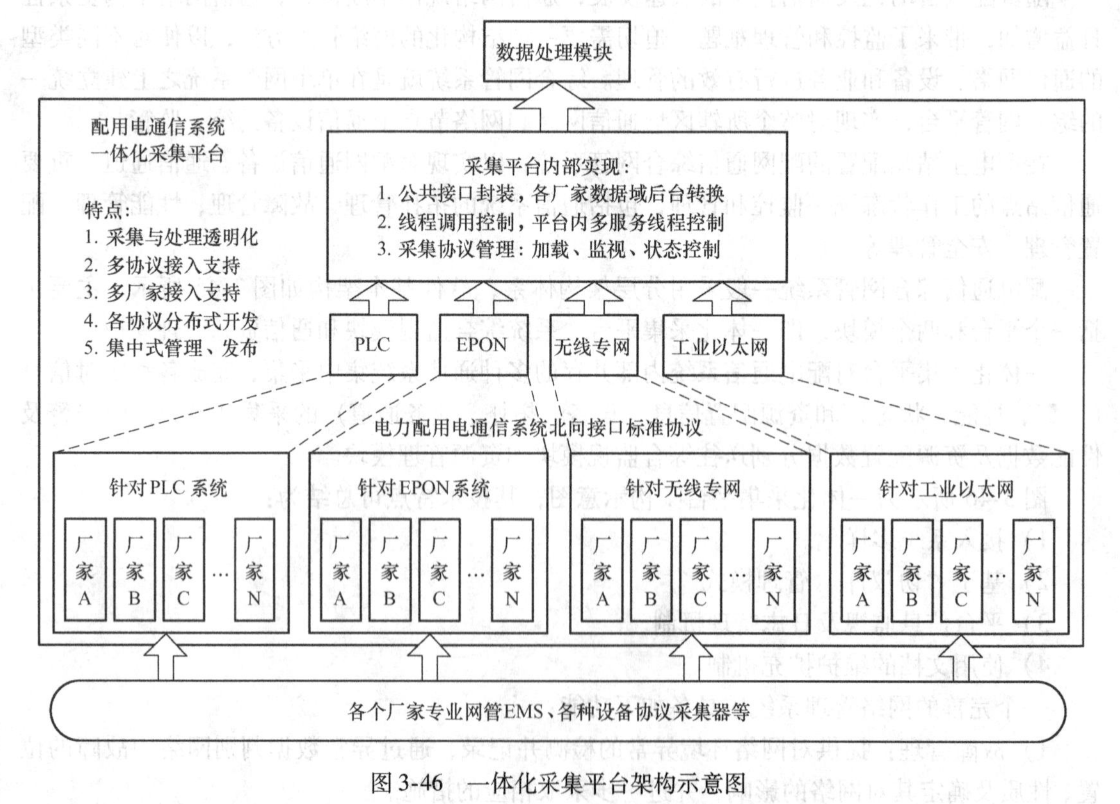

图 3-46　一体化采集平台架构示意图

2）性能管理：网络管理系统能对网络及网络中各种设备的性能进行监视、分析和控制，确保网络本身及网络中的各设备处于正常运行状态。

3）配置管理：建立和调整网络的物理、逻辑资源配置；网络拓扑图形的显示，包括反映网络拓扑的演变；增加或删除网络中的物理设备；增加或删除网络中的传输链路；设置和监视环回。

4）安全管理：防止非法用户的进入，对运行和维护人员实现灵活的优先权机制，配网通信综合网管系统一般采用分层架构体系。

为了保证网管系统能较好适应电力通信网的特点，满足电力通信网的管理要求，网管系统应能兼容多机种、多种操作系统；应能设计成冗余结构保证系统可靠性；应能充分考虑系统分期建设的要求，充分考虑不同档次的网管系统的需求。网管系统可采用 IP 级的网络，实现系统中各硬件平台之间的互联，利用现有的各种管理数据网络的路由，构建四通八达的网管系统网络。

数据服务器：是网管管理信息数据库的存储载体，用于存储和处理管理信息。

网管工作站：为网管系统提供人机接口功能。它为用户提供友好的图形化界面来操作各被管设备或资源，并以图形的方式来显示网络的运行状态及各种统计数据，同时运行各种网管系统的应用程序。

浏览工作站：通过广域网、Internet 或 Intranet 接入网管系统，提供网管系统数据信息的浏览功能。

协议适配器：完成网管系统与被管理设备之间的协议转换。

前置机代理：通过远方数据轮询采集及网管系统与采集系统之间的协议转换，实现对各种通信站、通信设备的实时管理。

网管系统的软件由管理信息数据库、网管核心模块、若干应用平台、若干网络高级分析程序及数据转换接口程序组成。

管理数据库：负责存储和处理被管设备、被管系统的历史数据，以及非实时的资料、统计检索结果、报表数据等离线数据。

网管核心模块包括管理信息服务模块、管理信息协议接口及实时数据库；通信调度应用平台包括系统运行监视、运行管理、设备操作、图形调用、数据查询等功能。

图形系统实现网管系统图形应用界面，包括图元制作工具、绘图工具、图形文件管理工具、数据库维护工具等。

通信运行管理应用平台提供网管系统所需的各种管理功能，包括运行计划管理、维护管理、报表管理、权限管理等。

网络高级分析软件包括网络故障分析、性能分析、路由分析、资源配置分析。

3.10　馈线自动化

馈线自动化（Feeder Automation，FA）是配电网自动化的基本组成部分。它是指：

1）配电网正常运行时，实现对馈线分段开关与联络开关的状态和馈线电流、电压情况的远方实时监视，并实现线路开关的远方合闸和分闸操作。

2）在配电网发生故障时，快速进行故障定位，自动隔离故障区段，恢复非故障区域的供电，减小停电范围。

在配网自动化系统中，一般由主站、子站（可选）、通信系统和配电远方终端，与配网一次设备（开关，电压、电流互感器）一起实现馈线自动化功能。馈线自动化的主要功能主要包括：

（1）数据采集与监控

馈线的数据采集与监控（SCADA）以所谓“四遥”（遥测、遥信、遥控、遥调）功能为特征。线路管理和控制中心通过通信网络从各智能线路终端设备获得现场的各种模拟量数据（遥测）、开关量信息（遥信），向各智能线路设备下达分、合闸命令（遥控），对线路的电压、频率、有功、无功等参量的调节命令（遥调），完成对线路的监控与管理。

（2）故障信息采集、故障自动定位、隔离并自动恢复供电

当线路发生瞬时性故障时，能自动识别，且不影响线路的正常供电。当线路出现永久性故障（包括小电流接地故障）时，能迅速定位、隔离故障，并自动恢复无故障区段的供电。

（3）无功控制

对线路的无功控制包括线路电压的调整和无功功率的控制。线路电压调整通过改变变压器一次侧分接开关触头位置实现；线路的无功功率控制则是控制无功补偿装置中电容器组的自动投切。

（4）电能质量监测

检测线路电压波动、电压闪变、电压畸变及谐波等参数，并通过通信网络上传到管理控制中心。

3.10.1 馈线自动化对网架和设备的要求

为实现馈线自动化，区域的一次网架及配电设备需具备一定的基础。

（1）一次网架

实施馈线自动化的区域，其配电网网架结构应布局合理、成熟稳定；应根据区域类别、地区负荷密度、性质和地区发展规划，选择相应的接线方式。配电网的网架结构宜简洁，并尽量减少结构种类，以利于馈线自动化的实施。

配电网线路要使用分段开关合理地分段，应满足供电安全 N-1 准则要求，可靠性要求高的场合，采用环网供电方式，并视中压配电网具体的联络方式留有一定的备用容量。

（2）配电设备

选用的中压配电网一次开关设备，若需实现遥信功能，应至少具备一组辅助触头；若需要实现遥控功能，应具备电动操动机构；若需实现遥测功能，还应配备必要的电压、电流互感器或传感器。

配电设备新建与改造前，应考虑配电终端所需的安装位置、电源、端子及接口等。

配电终端应具备可靠的供电方式，如配置电压互感器等，且容量满足配电终端运行以及开关操作等需求。

配电站（所）应配置专用后备电源，确保在主电源失电情况下，后备电源能够维持配电终端运行一定时间及至少一次的开关分合闸操作。

3.10.2　馈线自动化模式

按照故障处理方式的不同，馈线自动化可以分为就地控制方式、集中智能方式和分布智能方式3类。

1. 重合器方式

就地控制方式（也称重合器方式）不依赖通信，通过重合器、分段器的动作顺序隔离故障，因此适用于通信水平不高的地区。其工作原理是：故障时，通过检测到的电压，以电压保护加时限，利用上一级线路重合器的多次重合，实现故障点隔离，然后按整定的时限顺序自动恢复送电。重合器方式为早期的自动化产品，技术成熟，但可靠性和智能化程度较低，且故障隔离恢复时间较长，适用于早期配电站之间未建立通信通道的环网以及单辐射网。

重合器方式中，重合器和分段器需要进行多次分合操作，才可实现故障的隔离。其切断故障与重合器和分段器的整定时间、开关动作特性有关，且受线路接线方式与故障点位置影响也较大。

以重合器与电压-时间型分段器配合方式为例，在辐射状网络中采用重合器方式如图3-47所示。其中A为重合器，整定为一慢二快，即第一次重合闸时间为15s，第二次重合闸时间为5s；B和D采用电压-时间型分段器，X时限（指从分段器电源侧加压至该分段器合闸的时延）均整定为7s；C和E采用电压-时间型分段器，X时限均整定为14s；所有分段器的Y时限（指故障检测时间，若分段器合闸后在未超过该时限的时间内又失压，则分段器分闸并闭锁在分闸状态）均整定为5s。

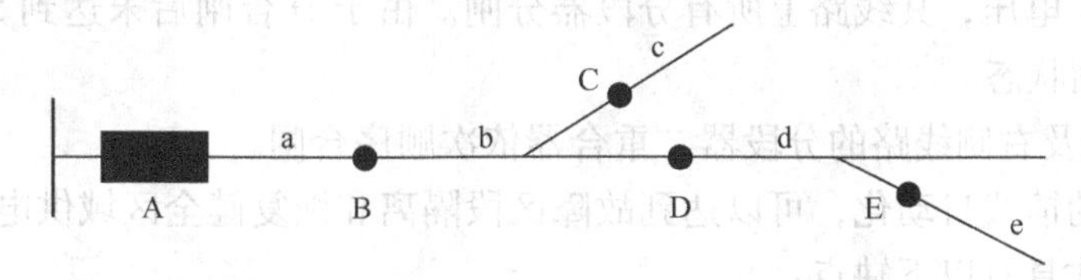

图3-47　辐射状网络采用重合器方式

假设c区段发生故障，重合器与各电压-时间型分段器配合隔离故障的过程为

1）c区段发生永久性故障后，重合器A跳闸，线路失电压，分段器B、C、D和E分闸。

2）15s后，重合器A第一次重合。

3）经过7s的X时限后，分段器B合闸，b区段恢复供电。

4）再经过7s的X时限后，分段器D合闸，d区段恢复供电。

5）分段器B合闸后，经过14s的X时限后，分段器C合闸，重合闸到故障区段，重合闸A再次跳闸，线路失压，分段器B、C、D和E分闸。由于C合闸后未达到5s的Y时限又失压，C闭锁在分闸状态。

6）重合器A经过5s后第二次重合，分段器B、D、E依次自动合闸，从而实现故障区段隔离，恢复健全区段供电。

因此，c区段发生永久性故障后，从故障查找、隔离到完成非故障区域（d、e区段）转供电共耗时79s。此时间为理论上的时延时间，未考虑重合器及分段器的动作特性。

若应用于环状网时，图3-48为环状网开环运行。A为重合器，整定为一慢二快，即第一次重合闸时间为15s，第二次重合闸时间为5s；B、C和D采用电压-时间型分段器并设置在第一套功能，X时限均整定为7s；E设置在第二套功能，X_L时限（相当于X时限，当任一侧失压时启动）整定为45s；所有分段器的Y时限均整定为5s。

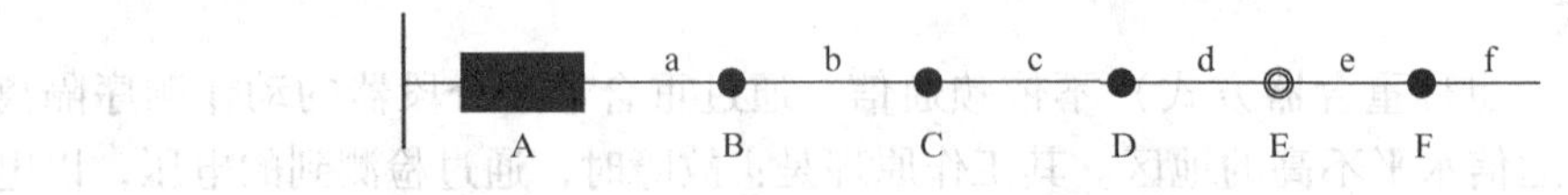

图3-48　环状网络采用重合器方式

假设c区段发生故障，重合器与各电压-时间型分段器配合隔离故障的过程为

1）c区段发生永久性故障后，重合器A跳闸，联络开关左侧线路失电压，分段器B、C、D分闸，E启动X_L计时器。

2）15s后，重合器A第一次重合。

3）经过7s的X时限后，分段器B合闸，b区段恢复供电。

4）再经过7s的X时限后，分段器C合闸，重合闸到故障区段c，重合闸A再次跳闸，线路失压，分段器B、C、D分闸。由于C合闸后未达到5s的Y时限又失压，C闭锁在分闸状态。

5）重合器A经过5s后第二次重合，7s后分段器B自动合闸。

6）重合器A第一次跳闸后，经过45s的X_L时限后，E自动合闸，d区段恢复供电。

7）又经过7s时延后，D自动合闸，重合闸到故障区段c，联络开关右侧线路的重合器跳闸，右侧线路失电压，其线路上所有分段器分闸。由于D合闸后未达到5s的Y时限又失压，D闭锁在分闸状态。

8）联络开关及右侧线路的分段器、重合器依次顺序合闸。

重合器方式的馈线自动化，可以达到故障区段隔离和恢复健全区域供电的功能，但是这种馈线自动化模式具有以下缺点：

1）多次重合到永久性故障，对系统多次冲击，造成电压骤降。

2）只能在故障时发挥作用，而在正常运行情况下，操作员对于配电网的运行状况既不能测也不能控。

3）对于具有多个供电途径的配电网络，虽然可以达到隔离故障区段的目的，但是在恢复健全区域供电时，无法择优选择从哪一条备用电源供电。

2. 集中智能方式

集中智能型馈线自动化通过配电终端、通信网络和主站系统实现，馈线发生故障后，由配电终端检测电流以判别故障，通过通信网络将故障信息传送到主站，结合配电网的实时拓扑结构，按照计算方法进行故障的定位，再下达命令给相关的馈线自动化终端、断路器等进行开关跳闸动作，从而实现故障隔离。此后，主站通过计算，考虑网损、过负荷等情况后确定出最有效的恢复方案，命令有关配电终端、断路器来完成负荷的转供。

集中智能型馈线自动化根据其运维方式又可分为全自动方式和半自动方式。全自动方式是指线路故障时，主站系统推出故障隔离和转供电策略后，自动根据DA策略下发遥控命令，完成故障区段隔离以及非故障停电区域的转供电；半自动方式是指主站系统推出故障隔

离和转供电策略后，并不自动下发遥控命令，而是由调度人员手动下发。

下面以一个手拉手环网的配电网络为例来说明集中智能型馈线自动化的工作原理。如图3-49所示典型的环网柜环形配电网络，正常运行时RMU4的A4-2打开，如F点发生永久性故障，FTU1和FTU2测得有短路电流经过，而FTU3无短路电流经过。主站系统经运算得出故障点在A2-2和A3-1两台负荷开关之间的电路上。DAS系统通过遥控断开A2-2和A3-1两台负荷开关对故障进行隔离，然后遥控合上RMU4的A4-2负荷开关，对RMU3的用户恢复供电，整个过程预计可在1min内完成。其他点的故障，情况类似。

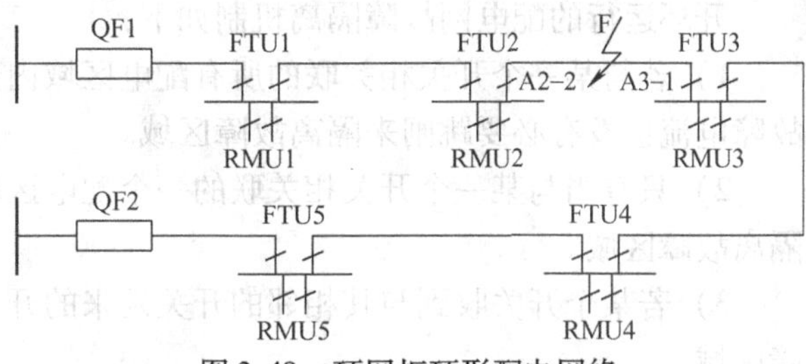

图3-49 环网柜环形配电网络

集中智能型馈线自动化不仅在故障时可以发挥作用，在配电网正常运行时也可进行集中监测和遥控，且不会对系统造成额外的电流冲击，但是需要主站和通信网络，建设费用较高。

3. 智能分布式

无论是集中智能型馈线自动化还是重合器方式馈线自动化系统，在馈线发生故障时，都不能避免发生越级跳闸或多级跳闸，从而使故障区段上游健全区域遭受短时停电。随着数字化变电站技术的发展，基于通用面向对象变电站事件（GOOSE）的高速网络通信方式逐渐成熟，为实现具有迅速切除故障且不造成非故障区域停电功能的快速自愈式分布智能馈线自动化系统提供了技术手段。

分布智能方式基于GOOSE的高速网络通信方式，实现终端之间点对点通信，通过面保护原理实现过电流和失压后自动分段、故障隔离、网络重构的功能，配电主站不参与协调与控制，事后配电终端将故障处理的结果上报给配电主站。

分布智能方式馈线自动化旨在实现非故障区域不停电，因此需在保护动作之前完成故障定位、隔离和转供电，这就需要配电网络、一次开关设备和配电终端具备以下条件：

1）实现分布智能方式馈线自动化的配电网络，需全线安装断路器，方可实现保护动作之前，故障区域两侧开关分闸切除故障。

2）配电终端需具备普通配电终端全部功能外，还应具备“对等通信”功能，实现以下功能：

① 配电终端可根据事先配置的物理连接信息，在终端层实现线路的全拓扑模型分析。

② 与相邻配电终端实现数据交换，发送并接收相邻配电终端的故障信息和开关拒动信息，通过相邻配电终端间的信息配合，实现对故障的自动快速自愈功能。

下面分别以1个典型开环配电网络和1个闭环运行配电网络为例来说明分布智能型馈线自动化的工作原理。

（1）开环配电网

开环运行的配电网故障定位原理：若一个开关的某一相流过了超过整定值的故障电流，则其配电终端向其相邻开关的配电终端发送流过故障电流的信息；若一个配电区域有且只有1个端点上报流过了故障电流，则故障发生在该配电区域内部；否则，故障就没有发生在该配电区域内部。

开环运行的配电网故障隔离机制如下：

1）若与某一个开关相关联的所有配电区域内部都没有发生故障，则即使该开关流过了故障电流也没有必要跳闸来隔离故障区域。

2）只有当与某一个开关相关联的一个配电区域内部发生故障时，该开关才需要跳闸来隔离故障区域。

3）若某个开关收到与其相邻的开关发来的开关拒分信息，则立即分断该开关来隔离故障区域。

开环配电网正常运行时，联络开关处于分闸状态，其断口两侧均带电。若联络开关的一侧发生故障，故障区域隔离后，联络开关一侧失电。对于开环运行的配电网，健全区域自动恢复供电的机制如下：

1）若一个联络开关的一侧失压，且与该联络开关相关联的配电区域内部都没有发生故障，则经过预先整定的延时后，该联络开关自动合闸，恢复其故障侧健全区域供电。

2）若一个联络开关的一侧失压，且故障发生在与该联络开关相关联的配电区域内，则该联络开关始终保持分闸状态。

3）若联络开关收到与其相邻的开关发来的开关拒分信息，则该联络开关始终保持分闸状态。

4）若一个联络开关的两侧均带电，则该联络开关始终保持分闸状态。

5）对于具有多个联络开关提供不同恢复途径的情形，可以通过调整延时合闸来设置它们的优先级。

图3-50所示为一个典型的开环配电网，变电站出线开关、馈线分段开关和联络开关均为断路器。定义配电区域为一组相邻开关围成的馈线段的集合。

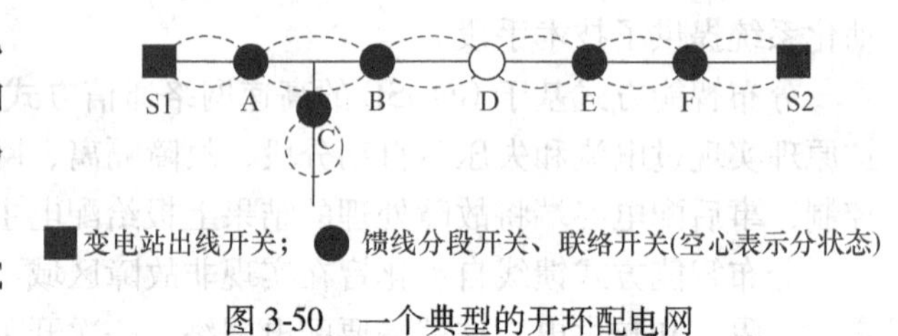

图3-50 一个典型的开环配电网

假设故障发生在配电区域A-B-C中，则开关S1和A均流过了故障电流，而其余开关均未流过故障电流。

开关S1的配电终端采集到开关S1和A都流过了故障电流，则判断出故障不在其关联区域S1-A。因此，开关S1不跳闸。

开关A的智能电子设备采集到开关S1和A都流过了故障电流，则判断出故障不在其关联区域S1-A。采集到开关A流过了故障电流而开关B和C都没有，则判断出故障发生在其关联区域A-B-C。因此，该处配电终端控制开关A跳闸来隔离故障区域。

开关B的智能电子设备采集到开关A流过了故障电流而开关B和C都没有流过故障电流的信息，则判断出故障发生在其关联区域A-B-C。因此，该处配电终端控制开关B跳闸来隔离故障区域。同理，开关C跳闸隔离故障区域。

开关E、F、S2的配电终端均未采集到故障信息，则判断它们的关联区域都没有发生故障。因此，它们分别保持原来的合闸状态不变。

故障区域A-B-C被隔离后，联络开关D的配电终端检测到其S1侧失压，且未采集到开关B流过故障电流的信息，则判断故障不在其关联区域B-D，经过一定时延后，联络开关D

自动合闸，恢复了健全区域 B-D 的供电。

（2）闭环配电网

闭环运行的配电网故障定位原理：

若一个开关的某一相流过了超过整定值的故障电流，则其配电终端向其相邻开关的配电终端发送故障信息，信息内容反映故障功率的方向。对于一个配电区域，若其端点上报的故障功率方向都指向该区域内部，则故障发生在该配电区域内部；若某一个端点上报的故障功率方向指向该区域外部或其所有端点都没有上报故障信息，则该配电区域内就没有故障。

闭环运行的配电网故障隔离机制与开环运行的配电网相同。

闭环配电网健全区域自动恢复供电机制：

1）对于各个电源的容量都比较大、足够为一个闭环馈线组上的所有负荷供电的情形，故障发生后，由于不止一个供电电源，因此隔离了故障区域后，健全区域的正常供电就自动得到了恢复，而不必再采取其他控制措施。

2）对于有容量较小的电源（比如可再生能源）存在的情形，故障发生后必须先将容量较小的电源全部切除。为这些容量较小的电源的并网开关配置常规保护设备即可满足上述要求。

3）若经过故障区域隔离和小容量电源切除处理后，存在不能恢复供电的健全区域，则需要由配电自动化主站根据各段馈线所带负荷的实际情况，将剩余的未供电的健全区域遥控分割成若干合适的微网，然后遥控接入相应小容量电源为其供电。在这个过程中，有时会甩去部分负荷以满足小容量电源的容量限制。

如图 3-51 所示闭环运行的配电网，假设故障发生在配电区域 A-B-C 中，则开关 S1、A、B、D、E、F、S2 均流过了故障电流，上报的故障信息中的故障功率方向如图 3-51 中箭头所示；其余开关均未流过故障电流，因此也不上报故障信息。

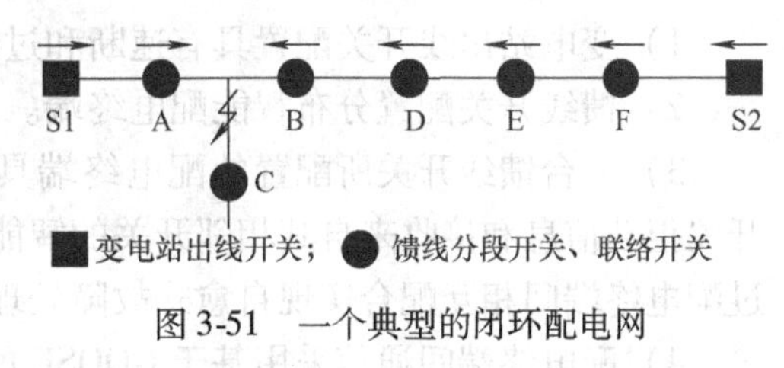

图 3-51　一个典型的闭环配电网

开关 S1 的配电终端采集到开关 S1 和 A 都流过了故障电流，但是开关 A 上报的故障功率方向指向区域 S1-A 外部，则判断出故障不在开关 S1 的关联区域 S1-A。因此，开关 S1 不跳闸。

开关 A 的配电终端采集到开关 S1、A、B 都流过了故障电流，但是开关 A 上报的故障功率方向指向 S1-A 外部，则判断出故障不在 A 的关联区域 S1-A；开关 A 和 B 上报的故障功率方向都指向区域 A-B-C 内部，判断故障发生在开关 A 的关联区域 A-B-C。因此，该处配电终端控制开关 A 跳闸来隔离故障区域。

开关 B 和 C 的情形与开关 A 类似。因此，开关 B 和 C 的智能电子设备分别控制开关 B 和 C 跳闸来隔离故障区域。

开关 D 的智能电子设备采集到 B、D、E 都流过了故障电流，但是开关 B 上报的故障功率方向指向 B-D 外部，判断出故障不在 D 的关联区域 B-D，D 的故障功率方向指向 D-E 外部，则判断出故障也不在 D 的关联区域 D-E。因此，开关 D 不跳闸。

开关 E、F、S2 的情形与开关 D 类似，不再赘述。

分布智能方式馈线自动化系统可在保护动作之前隔离故障，保证非故障区域不停电，大大提高供电可靠性。但要求配电终端具备现有普通配电终端不具备的智能性，一般情况下还要将变电站的出线开关的测控装置进行改造，实现与线路开关智能测控装置的统一部署，同时要求全线装设断路器，投资成本较高，可达集中智能型馈线自动化系统投资的 3 ~5 倍。因此，一般用于接有重要敏感负荷的馈线。

3.10.3 技术要求

集中智能模式适用在架空线路、电缆线路等方面。集中智能型馈线自动化系统具有如下特点：

1）作为电网调度自动化的一个子系统，可以满足电网调度自动化总体设计的要求，它的配置、功能包括设备的布置都可以满足电网安全、优质、经济运行以及信息分层传输、资源共享的要求等。

2）能把开关、断路器的开关量和电流电压等实时数据上传到调度主站或者控制中心，并且能够对它进行遥控操作，有相当好的上行和下行通信功能。

3）与继电保护的整定、重合闸、备白投等配合，系统本身是具有自动判断故障点和自动切除故障点的功能，能够将故障范围缩小到最小的程度。

4）能使系统的正常运行方式和故障时的运行方式实现自动最优化，调度灵活，也可以根据调度员或者操作员的指令选择预设的运行方式。

5）能和配变数据采集终端及无功补偿装置相兼容，实现配电网络的电压无功控制。

分布型智能馈线自动化系统的技术要求为

1）变电站出线开关配置具有速断和过电流保护控制功能的智能电子设备。

2）馈线开关配置分布智能配电终端。

3）一台馈线开关所配置的配电终端具备向其相邻开关的智能电子设备发送故障信息、开关拒动信息和接收来自其相邻开关的智能电子设备的故障信息、开关拒动信息的功能，通过配电终端间相互配合实现自愈式故障处理。

4）配电终端间通信采用基于 GOOSE 的光纤自愈环网。

5）可以远程将一台馈线开关设置为联络开关或分段开关，相应的配电终端具有合法性检验功能，即确保所设置的联络开关必须处于分闸状态。

6）可以远程对各开关进行参数整定。

配电自动化系统安装调试

配电自动化系统安装调试主要包括主站的安装与调试、终端的安装与调试、系统联调试验。其中主站安装需由特定的专业人员在标准的网络机房内进行硬件安装、软件安装、系统调试等。终端安装和调试需由项目单位和设备厂家配合在现场开展。终端安装主要包括终端固定、控制电缆敷设、二次回路接线等内容。终端调试则由双方共同完成设备通信功能、三遥功能和故障报警等功能试验。系统联调则由项目单位或邀请专业检测队伍采用特殊的检测仪器开展系统远程传动功能和性能试验。

4.1 主站安装

主站安装是一项复杂的综合性工程，需进行周密的作业前准备。作业前准备主要包括硬件和软件准备，网络机房准备等。主站安装内容包括硬件布置设计、电源设计、设备上柜、工作站布置等，以及操作系统、数据库、主站系统等软件布置和安装等。

4.1.1 作业前准备

1. 软硬件设备准备

主站安装前应进行必要的硬件和软件准备。系统典型配置是两台历史服务器、两台前置机、两台实时服务器、两台 Web 服务器、两台前置交换机、两台实时交换机、一台正向物理隔离装置、一台反向物理隔离装置、一定数量的调度员工作站和维护工作站、磁盘阵列、标准机柜、天文钟、终端服务器等硬件设备。安装人员还需准备各型号的螺钉旋具、压线钳等工器具一套。在软件方面，需配置正版操作系统、杀毒软件、办公软件、数据库软件以及相应功能的配电自动化主站系统软件等。

2. 机房环境选择

机房需按通信标准化设计机房，其空间、温度、湿度、防静电、排线通道等均需达到标准。首先，机房的电力供给应稳定可靠，交通、通信应便捷，自然环境应清洁；其次，机房应远离产生粉尘、油烟、有害气体以及生产或贮存具有腐蚀性、易燃、易爆物品的场所，空气含尘浓度在静态条件下测试，每升空气中大于或等于 0.5μm 的尘粒数应少于 18000 粒；第三，机房应远离水灾和火灾隐患区域；第四，应远离强振源和强噪声源，在设备停机条件下主机房地板表面垂直及水平向的振动加速度不应大于 500mm/s^2，有人值守的区域设备停机时测量的噪声值应小于 65dB；第五，应避开强电磁场干扰，当无线电干扰频率为 0.15 ~ 1000MHz 时，机房的无线电干扰场强不应大于 126dB，磁场干扰环境场强不应大于 800A/m，且绝缘体的静电电位不应大于 1kV；最后，对于多层或高层建筑物内的通信信息系统机房，在确定主机房的位置时，应对设备运输、管线敷设、雷电感应和结构荷载等问题进行综合分析和经济比较。

机房的使用面积应根据设备的数量、外形尺寸和布置方式确定，并应预留今后业务发展需要的使用面积。机房设备布置应满足机房管理、人员操作和安全、设备和物料运输、设备散热、安装和维护的要求。产生尘埃及废物的设备应远离对尘埃敏感的设备，并宜布置在有隔断的单独区域内。当机柜内或机架上的设备为前进风/后出风方式冷却时，机柜或机架的布置宜采用面对面、背对背方式。主机房内通道与设备间的距离应符合下列规定：

1）用于搬运设备的通道净宽不应小于1.5m。

2）面对面布置的机柜或机架正面之间的距离不宜小于1.2m。

3）背对背布置的机柜或机架背面之间的距离不宜小于1m。

4）当需要在机柜侧面维修测试时，机柜与机柜、机柜与墙之间的距离不宜小于1.2m。

5）成行排列的机柜，其长度超过6m时，两端应设有出口通道；当两个出口通道之间的距离超过15m时，在两个出H通道之间应再增加出口通道；出口通道的宽度不宜小于1m，局部可为0.8m。

3. 机房布置

机房的核心区域为中配电自动化主站机房，其面积应不小于200m^2，用于安放服务器、前置机、光端机、交换机、路由器等设备。监控中心通过KVM实现数据中心设备的远程控制，并对精密空调机、不间断电源（UPS）、监视系统等开展智能监控。存储中心存放磁盘库、磁带库等存储介质。备件/工具间存放备品、备件、工器具等。消防器材间放置七氟丙烷灭火气体钢瓶。电源间安放配电进线柜、出线柜、UPS电源柜、蓄电池等。档案室存放档案资料。主站机房平面布置示意图如图4-1所示。

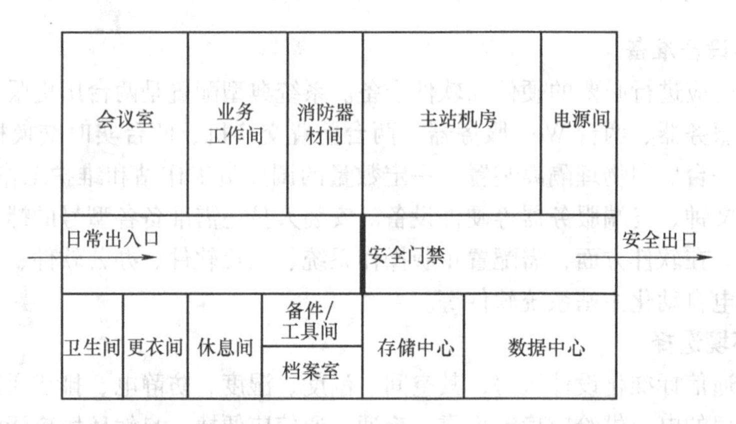

图4-1　机房平面布置示意图

4.1.2　作业过程与内容

主站安装内容主要包括主站硬件布置设计、电源设计、设备上柜、工作站布置等，以及操作系统、数据库、主站系统等软件布置和安装。首先，根据机房室内面积和硬件设备，设计绘制机房内通信机柜、前置机柜、实时服务机柜、Web发布机柜、精密空调、各型工作站等的安装图纸；其次，设计绘制各标准机柜内设备的安装位置、电源线和通信线走向等图纸；第三，为服务器、磁盘阵列、终端服务器等重要硬件设备设计双电源；第四，在安装服务器的标准柜子位置加固防压底座；第五，按设计图纸将服务器、交换机等硬件设备上柜安装；第六，为各硬件设备安装电源线、网络布线、机柜接地线等，排线应紧凑美观、布局合

理；第七，为各个服务器、工作站、交换机、机柜、天文钟、终端服务器等硬件设备分配 IP 地址，并按功能为各设备命名。主站机房各机柜的布置可参照图 4-2。

图 4-2 中，1 号服务器机柜用于安装隔离器、防火墙等；2 号服务器机柜用于安装交换机等网络设备；3 号服务器机柜用于安装光端机等；4 号服务器机柜用于安装配网模拟系统柜等；5 号服务器机柜用于安装 SCADA 后台服务器等；6 号服务器机柜用于安装 SCADA 前置服务器等；7 号服务器机柜用于安装磁盘阵列等；8 号服务器机柜用于安装 GIS 服务器等；备用服务器机柜用于安装 Web 发布服务器柜、新增前置服务器柜以及新增高级功能应用服务器柜等。

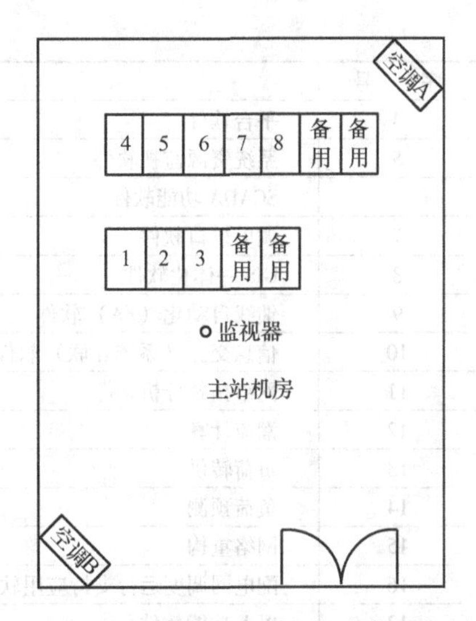

图 4-2　主站机房服务器机柜安装示意图

主站系统安装设备清单详见表 4-1。

表 4-1　主站系统安装设备清单

序　号	设备名称	数　量	序　号	设备名称	数　量
1	GPS 时钟	1	10	正向隔离器	1
2	主服务器	2	11	反向隔离器	1
3	磁盘阵列	1	12	防火墙	2
4	前置机	2	13	VPN 防火墙	1
5	调度工作站	2	14	交换机	3
6	调试工作站	1	15	光交换机	1
7	转发工作站	2	16	Web 服务器	2
8	打印机	2	17	GIS 服务器	1
9	绘图仪	1			

在软件部署方面，首先，为各前置服务器、实时服务器、历史服务器、Web 服务器、磁盘阵列、调度工作站、维护工作站等设备安装正版操作系统、办公软件、杀毒软件以及成熟商业数据库软件等；其次，在各型服务器上布置；再次，在各型服务器、工作站上，根据各个硬件设备整体设计职能，安装相应的主站软件模块，实现功能分布式部署；最后，设备加电，查看系统安装是否成功，为主站系统功能和性能调试做准备。主站系统功能布置示意图如图 4-3 所示。

主站安装软件清单见表 4-2。

表 4-2　主站系统安装软件清单

序　号	软件名称	数　量	备　注
1	数据库软件	2	标配
2	系统安全防护软件	1	标配
3	办公软件	1	标配

（续）

序　号	软件名称	数　量	备　注
4	平台软件	1	标配
5	系统资源监视软件	1	标配
6	SCADA 功能软件	2	标配
7	调度接口软件	1	标配
8	GIS 一体化软件	1	标配
9	馈线自动化（FA）软件	2	选配
10	信息交互（系统互联）软件	1	选配
11	网络拓扑分析软件	1	选配
12	潮流计算	1	选配
13	负荷转供	1	选配
14	负荷预测	1	选配
15	网络重构	1	选配
16	配电网调度运行支持应用软件	1	选配
17	Web 功能软件	1	选配
18	电子值班功能软件	1	选配

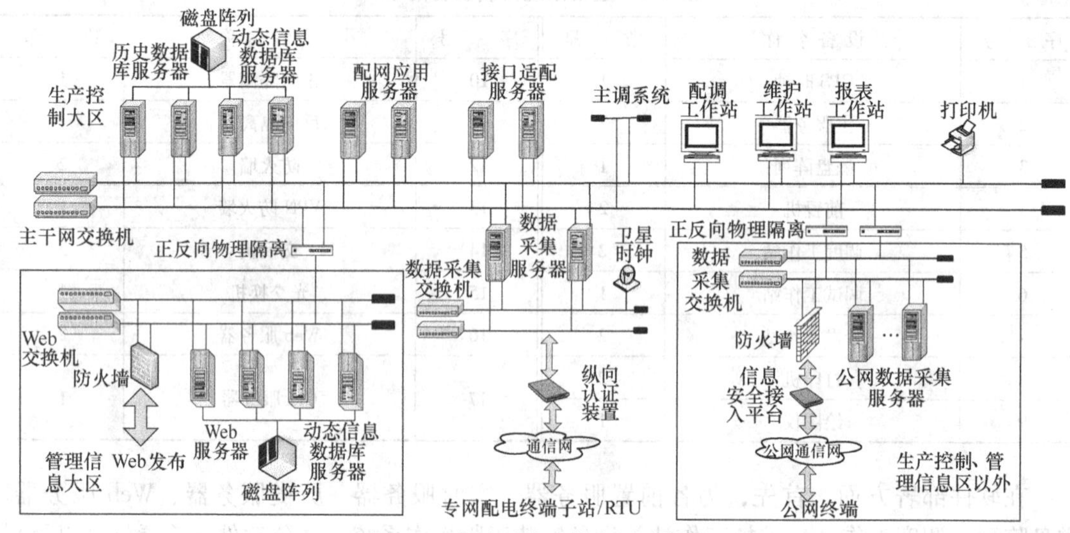

图 4-3　主站系统功能布置示意图

4.2　主站调试

主站调试一般分为主站系统软件调试、信息交互功能调试、配电终端接入调试三部分。系统软件调试包括系统功能调试、配置前置通道、人机交互体验调试。信息交互功能调试包括与 EMS 调度自动化系统互联接口调试，与 GIS 实时数据、标准化模型及图形的接口调试，Web 发布系统接口调试。

4.2.1　作业前准备

主站调试前，主站系统的软硬件应部署到位，所有设备均可正常运行。首先，调试前应

先申请用于与调度自动化系统转发使用的调度数据网 IP；其次，规范现场设备命名；第三，按 IEC61970/61968 标准和调度工作流程，确定模型和图形的导入、导出、异动等软硬件接口；第四，申请用于 Web 发布的办公网 IP 地址；第五，准备必要的信号仿真设备，网络测试工具、功能与性能测试软件等调试工具。

4.2.2　作业过程与内容

1. 主站系统软件调试

主站系统软件调试的内容主要包括通道的配置、数据库功能调试、对时功能调试、主站系统功能与性能调试。其中通道配置主要包括：前置通道配置、数据网接入通道配置、终端服务器通道配置、公网前置通道配置、主站系统与 GIS 交互通道配置、天文钟通道配置、主站系统与 EMS 调度自动化系统交互通道配置等；其次，开展辅助软件功能调试，主要包括杀毒软件的更新、启用，数据库连接调试，新建数据库调试，天文钟接入调试、系统校时调试等；最后，进行主站系统各功能模块的调试，包括人机交互体验调试，用户名权限管理、密码设置，主站报警功能调试、主站各功能模块启动调试、SCADA 功能调试、DA 功能等。

2. 信息交互功能调试

信息交互功能调试主要开展主站系统与外部系统的接口调试。首先，调试主站系统与 EMS 系统之间交互的软接口通信协议、数据点对应关系表约定、遥控操作实验等；其次，调试主站系统与 GIS 的模型及图形导入接口、实时数据交互接口、异动模型接口，包含以下几个方面：GDA 接口测试，CIM 模型测试，电网模型导入、导出测试，HSDA 接口测试，TSDA 接口测试，GES 接口测试，SVG 图形导入导出测试等；第三，开展 Web 发布站点调试，包含 Web 站点搭建、内网到 Web 数据跨正向物理隔离通信调试、Web 数据跨反向物理隔离向内网文件传输调试、Web 实时数据监视调试、Web 报表调试等。

3. 配电终端接入调试

终端接入调试需安排相关馈线的开关设备停电，并做好相应的安全措施。首先，主站调试人员在主站前置模块中配置该馈线终端通道、IP 地址、设备地址等通信信息，确保通信正常；其次，主站调试人员需在主站系统中关联终端采集数据遥信、遥测、遥控、遥调等信息点表；最后，主站调试人员通过主站人机界面和现场人员配合进行遥信、遥测、遥控、遥调等功能调试试验。

4.3　终端安装

终端安装需在环网柜、配电室内或杆上开展，施工条件恶劣，施工环境复杂，需进行周密的作业前准备。作业前准备主要包括施工队伍组织，安装工器具准备，终端主体及相关辅材准备等。终端安装内容包括终端固定、控制电缆敷设、二次回路接线、安装工艺检查等。终端安装应针对危险点做好防护措施。

4.3.1　作业前准备

终端安装前所有安装工作人员到场。工作负责人检查工作人员的着装、个人防护用品及其精神状态，确认没有问题后开始准备安装工作。现场应备有终端设备安装图、终端设备接线图、开关设备二次接线图、通信设备安装图、通信设备接线图和安装作业指导书。图纸资料应与现场情况相符。工作负责人带领工作人员逐项确认自动化终端设备安装位置、通信设备安装位置、一次设备接线方式、二次接线面板、控缆通道等现场状况进行实地勘察，制订安全措施。开工前，检查设备安装所需工器具和仪器仪表是否合格，相关材料是否齐全，确保现场施工安全、可靠开展。工作负责人根据作业内容和性质安排好工作人员，要求所有工作人员明确各自的作业内容、进度要求、作业标准、安全注意事项、危险点及控制措施。

终端安装前要准备工器具，包括活动扳手、内六角扳手、剥线钳、尖嘴钳、多用螺钉旋具、铁榔头、割刀、万用表、标签机、小型发电机、切割机、检修电源盘、绝缘梯子等。准备的材料有绝缘扎带、热缩管、号码标识管、膨胀螺钉、电缆挂牌、控制电缆、TA、继电器、松香、尼龙绑扎带、黑胶布、配电站房一次接线图纸、一次设备二次接线图、终端设备说明书、接线图等。

4.3.2 作业过程与内容

终端的安装包括设备和资料的检测、终端的固定、控制电缆的敷设、二次接线、安装工艺检查等内容。

1. 开工检查

开始施工前，终端安装工作人员应认真检查设备、内部接线和资料等。首先，检查设备外观、铭牌及标志，确保设备外观洁净、整齐，铭牌及标志应完整。其次，终端安装工作人员应检查设备内部接线及标号标志，确保设备内部连线压接可靠，接线端钮无缺损，标号齐全，标志清晰。另外，终端安装工作人应查看技术资料，确保设备技术说明书、合格证、安装设计图纸、出厂试验的资料齐全。

2. 终端固定

设备、资料等齐全后，终端安装工作人员可以开始固定终端。首先，按照设计指定的位置，安装固定支架或固定基础；其次，可靠地固定自动化终端箱体或屏柜。终端安装工作人员在使用电动工器具应注意与其人身保持一定安全距离；搬运安装设备过程中也应注意安全，防止机械伤害；安装现场设置安全遮拦或围栏。终端安装示意图如图 4-4 所示。

图 4-4 终端安装示意图

3. 控制电缆敷设

终端固定后，终端安装工作人员可以开始敷设控制电缆。首先，按设计规范在指定通道敷设控制电缆，电缆整线对线时要注意察看电线表皮是否有破损，不得使用表皮破损的电线，每对完一根电线就应立即套上标有电缆编号的号码管；其次，需要对电缆的两端进行整线对线，并统一打印电缆标识牌；最后，控制电缆悬挂体现电缆编号、起点、终点与规格的电缆标识牌。注意电缆接头裸露部分应与带电体保持一定安全距离。终端控制电缆敷设示意图如图 4-5 所示。

图 4-5　终端控制电缆敷设示意图

4. 二次回路接线

控制电缆敷设后，终端安装工作人员可以开始二次回路接线，包括电压回路、电流回路、电源回路接线等。接线结束后，应使用万用表等设备检查电流二次回路是否连通，同时注意接线应可靠、整齐、美观。接线人员应检查电压回路的熔丝或空气开关在试验或投运前应断开，控制回路试验压板在试验或投运前处于断开位置，检查电流互感器和电压互感器的二次绕组的保护接地。电压、电流等二次回路接线示意图如图 4-6 所示。

图 4-6　二次回路接线示意图

5. 安装工艺检查

二次回路接线完毕后，工作负责人应检测终端的安装工艺。首先，检查装置与设备外观、箱体安装及电缆连接等终端安装施工工艺，要求设备外观应无损，元件箱体安装端正牢固，电缆连接及标号与设计图纸相符，施工质量良好，在端子排处压接可靠，导线绝缘无裸露现象；其次，检查所有单元、连片、端子排、导线接头、电缆及其接头、信号指示的正确完整性，要求各部分接头都应有明确的标示，并与相应图纸相符；然后，检查设备内部各插件的正确完整性，要求设备内部插件应插拔灵活、定位良好，插接部分无接触不良现象。最后，检查装置与设备外壳是否有可靠接地。

6. 安全注意事项

终端安装工作人员开展工作时应有针对性地对危险点做好保护措施，如注意明确电源位置，做好带电体绝缘遮蔽及个人绝缘防护等安全措施；使用具有漏电及过电流保护功能的电源插座；工器具金属裸露部分应采取绝缘包扎措施并防止脏污、受潮；应注意防止极性反接；电流回路应接线良好；电压互感器二次回路严禁短路；电流互感器二次回路严禁开路；工作时应按规定佩戴安全帽，穿工作服，佩戴手套等。

4.4 终端调试

在终端安装结束后，投入运行前，需进行现场交接调试，确保施工队伍安装工艺符合规范，终端设备达到设计功能需求。终端调试一般分为通道接入和测试、遥信及SOE调试、遥测调试、遥控调试、故障报警功能调试五部分内容。终端调试应准备经校准的仪器、调试参数等，并准确清晰地记录调试过程数据。

4.4.1 作业前准备

终端安装完毕后应进行设备的调试，调试前工作负责人应检查调试人员的着装、个人防护用品及其精神状态，确认没有问题后开始准备调试工作。调试人员应核对终端设备接线图、开关设备二次接线图和通信设备接线图，图纸资料应与现场情况相符。调试前，检查所需调试仪器、工器具齐全，调试现场安全、可靠。终端调试至少需两人配合开展。调试前，应据作业内容和性质安排好人员，要求所有人员明确各自的作业内容、进度要求、作业标准、安全注意事项、危险点及控制措施。然后，调试人员应检查终端接线，打开终端工作电源起动设备。

调试人员应准备便携式计算机、标准功率源、标准表、遥信与遥控盒、万用表、小型发电机、剥线钳、电源盘、记号笔、绝缘垫、绝缘梯子、网线、串口线、电流测试线、电压测试线、细铜线、接线端子、终端三遥信息点表、参数表、一次接线图纸等设备和材料。

4.4.2 作业过程与内容

终端调试主要包括通道接入和测试、遥信及SOE调试、遥测调试、遥控调试、故障报警功能调试等内容。

1. 通道接入和测试

调试人员应配置终端的通信地址、相关端口，设置波特率、校验方式等，然后观察终端的收发指示灯，检查信号是否已上传至调试软件，确保测试通道链路已连通。调试人员应注意在配置终端设备时，严禁带电拔插电路板。

2. 遥信及SOE功能调试

调试人员完成终端配置及其通道接入和测试后，可以开展遥信及SOE调试。首先，调试人员按信息点表配置各路开关遥信量地址；第二步，调试人员核对遥信点号，进行各遥信点的分合试验，观察调试软件收到的遥信量变位是否和现场一致、SOE时标是否准确。第三步，调试人员应准确记录遥信调试的项目及试验结果。

3. 遥测功能调试

遥信及SOE功能调试结束后，调试人员可以开展遥测功能调试。首先，调试人员按信息点表配置各路开关遥测量地址；第二步，调试人员按互感器变比配置各路开关遥测量转换关系；第三步，调试人员核对各遥测量地址和转换关系，注入电压、电流等测试信号，观察调试软件收到的遥测数据和测试设备施加量是否一致；最后，调试人员应准确记录遥测调试的项目及试验结果。遥测试验现场加压、加流变更接线或试验结束时，应断开试验电源。

4. 遥控功能调试

遥测功能调试结束后，调试人员可以开展遥控功能调试。首先，调试人员按信息点表配置各路开关遥控量地址；第二步，调试人员核对遥控点号、遥控对象、遥信状态与现场一致，并确认接线图正确无误，执行遥控操作试验；第三步，调试人员遥控中出现执行不成功，应停止工作，查明原因后方可继续；最后，调试人员应准确记录遥控调试的项目及试验结果。

5. 故障报警功能调试

遥控功能调试结束后，调试人员可以开展故障报警功能调试。首先，调试人员按信息点表配置各路开关过电流、失压等故障信息量地址；其次，调试人员核对故障信息量点号，注入过电流和失压信号，观察是否检测到对应故障量；最后，调试人员应准确记录故障报警功能调试的项目及试验结果。

6. 危险点注意事项

终端调试人员进行终端调试时应针对危险点做好保护措施，如严格进行遥信、遥测、遥控信号点核对，参数核对，图形核对；严禁未断电变更试验接线，加压设备断电后还应进行放电；遥控试验前检查数据库中遥控点号、遥控序号，并与现场人员进行核对；明确电源位置，做好带电体绝缘遮蔽及个人绝缘防护等安全措施；应使用绝缘工具，调试人员应站在绝缘垫上等。

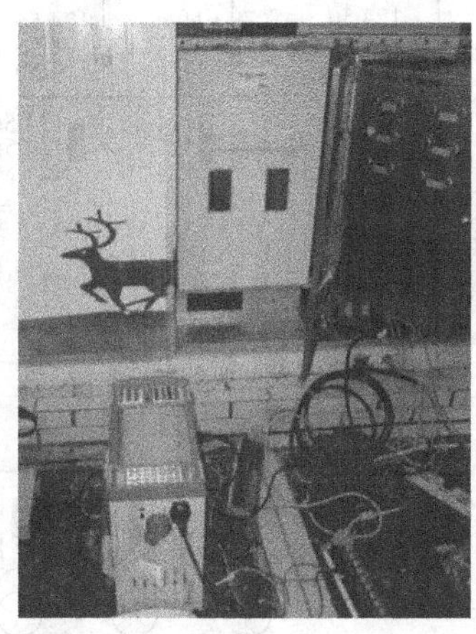

图4-7　终端现场调试示意图

终端现场调试示意图如图4-7所示。

4.5　系统联调

配电自动化系统联调测试包括网络拓扑分析与动态着色测试，系统三遥、故障报警、数据上传时延功能测试，主站系统故障处理策略合理性测试，主站纵向安全防护测试四部分内容。系统联调较为复杂，需配置专业联调队伍，定制专业的实验仪器，根据系统功能编制联调方案，并履行必要的安全措施后方可开展。

4.5.1　作业前准备

1. 网络拓扑分析与动态着色测试准备

在GPMS或GIS中绘制联调测试需要的典型架空网络和电缆网络图模。

（1）架空网

图4-8所示为架空网拓扑模型。

（2）电缆网

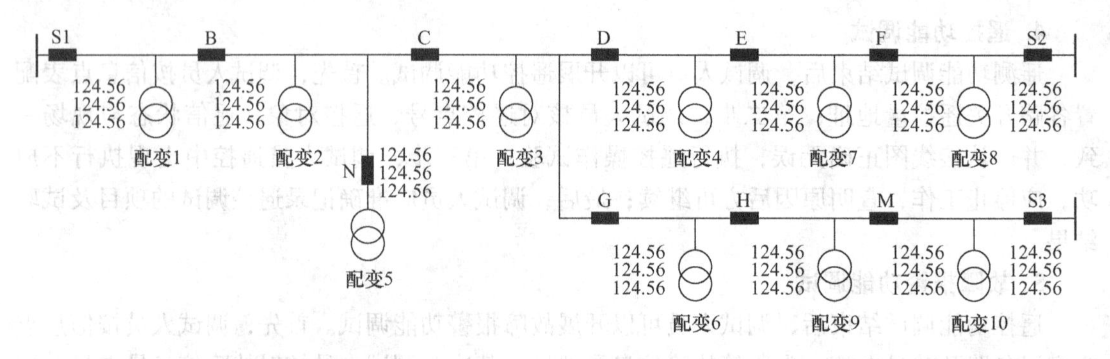

图 4-8　架空网拓扑模型

图 4-9 所示为电缆网的拓扑模型。

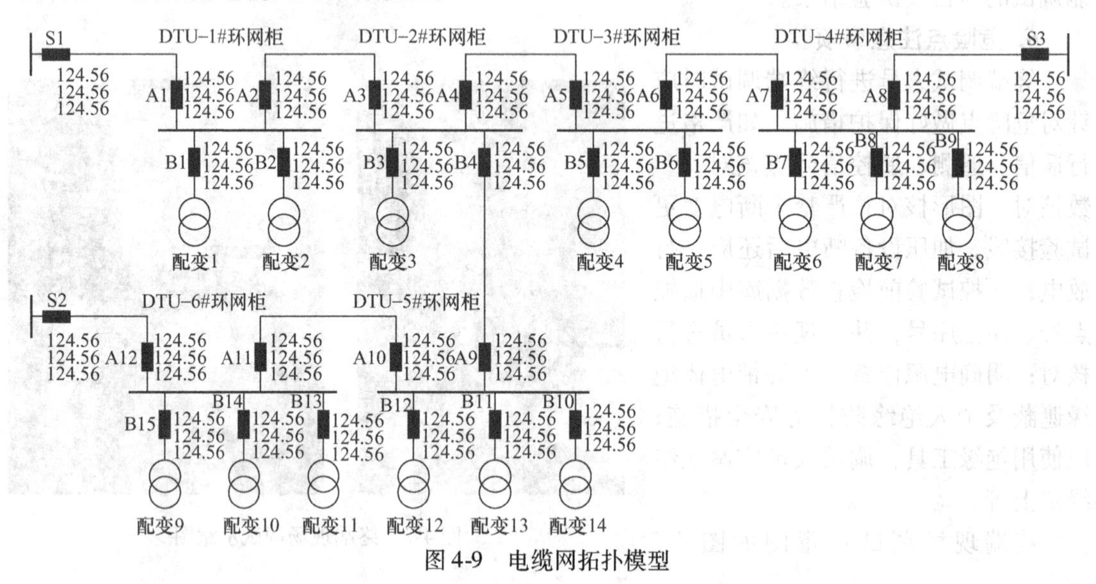

图 4-9　电缆网拓扑模型

按系统建模要求正确导入网络和设备的拓扑模型，主站信号注入软件一套。

2. 系统三遥、故障报警、数据上传时延功能测试准备

随机选取一条已实现馈线自动化的线路，对安装在线路上的终端开展遥测功能测试。待测终端与环网柜的互感器断开，与继电保护装置断开；将被测终端的遥测、遥信、遥控接线引出并做好标记。现场准备电参数发生装置、遥信信号发生装置、遥控执行装置、标准表、对讲机、秒表等。

3. 主站系统故障处理策略合理性测试准备

便携式计算机一台，主站系统故障处理策略测试软件一套，网线一根。系统主站建立相应的配电网模型和终端模型，主站通过前置交换机与被测软件通信。

将有部署主站系统故障处理策略测试软件便携式计算机接入到前置交换机。主站注入测试接口框图如图 4-10 所示。

配电自动化系统主站

交换机

主站测试系统
（模拟终端-工作站）

图 4-10　主站注入测试接口框图

4. 主站纵向安全防护测试准备

便携式计算机一台，主站纵向安全防护测试软件一套。

在主站前置库中添加一个装有加密装置的终端，主站端的规约需要配置加密的 104 规约，加密方式为 ECC。

4.5.2　作业过程与内容

1. 网络拓扑分析与动态着色测试

主站信号注入软件与被测主站建立通信连接，确认信号和指令可以正常地上传和下达。主站系统通过注入软件内的模拟终端遥控仿真开关设备，实现运行方式的改变。同时，通过改变注入软件仿真开关设备的状态，模拟现实网络拓扑的变化，观察被测主站是否实时完成网络拓扑分析和动态拓扑着色。主站系统应能实现电网运行状态着色、供电范围及供电半径着色、负荷转供着色、故障指示着色、电气岛分析等。

2. 系统三遥、故障报警、数据上传时延功能测试

选择被测线路上的一个环网柜，检查环网柜的三遥及保护功能退出，现场 TA 已经短接，终端的控缆已经断开。将终端对应的遥测、遥信、遥控端子与电参数发生装置、遥信信号发生装置、遥控执行装置、标准表相应的端口连接，并与主站测试人员建立通信，核对时间。

现场信号注入人员通过电参数发生装置向现场终端输出电压、电流、频率、有功、无功的被测量，记录标准表的测量值和主站系统获取的遥测值，计算系统误差是否在合理的范围内；使用秒表记录现场信号注入时间以及主站系统获取遥测信号的时间，计算时间差，判断延时是否在合理的范围内。

现场信号注入人员通过遥信信号发生装置产生变位信息，主站测试人员观察主站系统是否接收到变位信息，并且主站测试人员应与现场信号注入人员核对开关变位状态是否一致。现场信号注入人员通过遥信信号发生装置产生连续的 SOE 变位信息，主站测试人员观察主站是否接收到终端上报的正确 SOE 事件信息，并重点核对 SOE 事件的数量以及对应的时间记录，确保无 SOE 事件缺失，并且 SOE 事件的时间记录与现场实际相符。

现场测试人员检查一次设备的遥控输入端子与终端的遥控输出端子确实已经断开。将终端的遥控端子接到遥控执行装置对应的端子上，通知主站测试人员已经准备就绪。主站系统下发遥控预置命令，预置成功后下发遥控执行命令，观察遥控执行装置是否有接收到遥控指令并执行相应的遥控动作。现场测试人员还应和主站测试人员核对遥控动作后，将开关的变位信号是否正确上报给主站系统。

现场信号注入人员通过电参数发生装置向现场终端注入短路电流信号，主站测试人员观察系统是否记录故障信息，并以较醒目的方式告警提示主站人员。

3. 主站系统故障处理策略合理性测试

主站系统建立待测典型拓扑网络，主站系统故障处理策略合理性测试软件通过主站前置交换机向主站系统注入网络运行参数。测试软件可仿真各种典型故障信号，主要有：瞬时性故障、负荷侧故障、母线故障、线路故障、多重故障、开关拒动、信号缺失等典型故障。例如：三条馈线相互形成两联络馈线，测试软件仿真开关 A2 与 A3 之间的电缆发生三相永久性短路故障，测试软件中的开关 S1、A1、A2 均有短路电流流过，向主站系统上报一个过电流的软遥信，开关 S1 产生一个跳闸信号，其他开关设备上报正常的负荷电流。主站系统应根据这些信号判断故障区域为：A2 与 A3 之间的电缆，隔离策略为：分闸开关 A2 与 A3；转供策略为：合闸开关 S1，合闸开关 A6。主站处理典型故障具体过程详如图 4-11 所示。

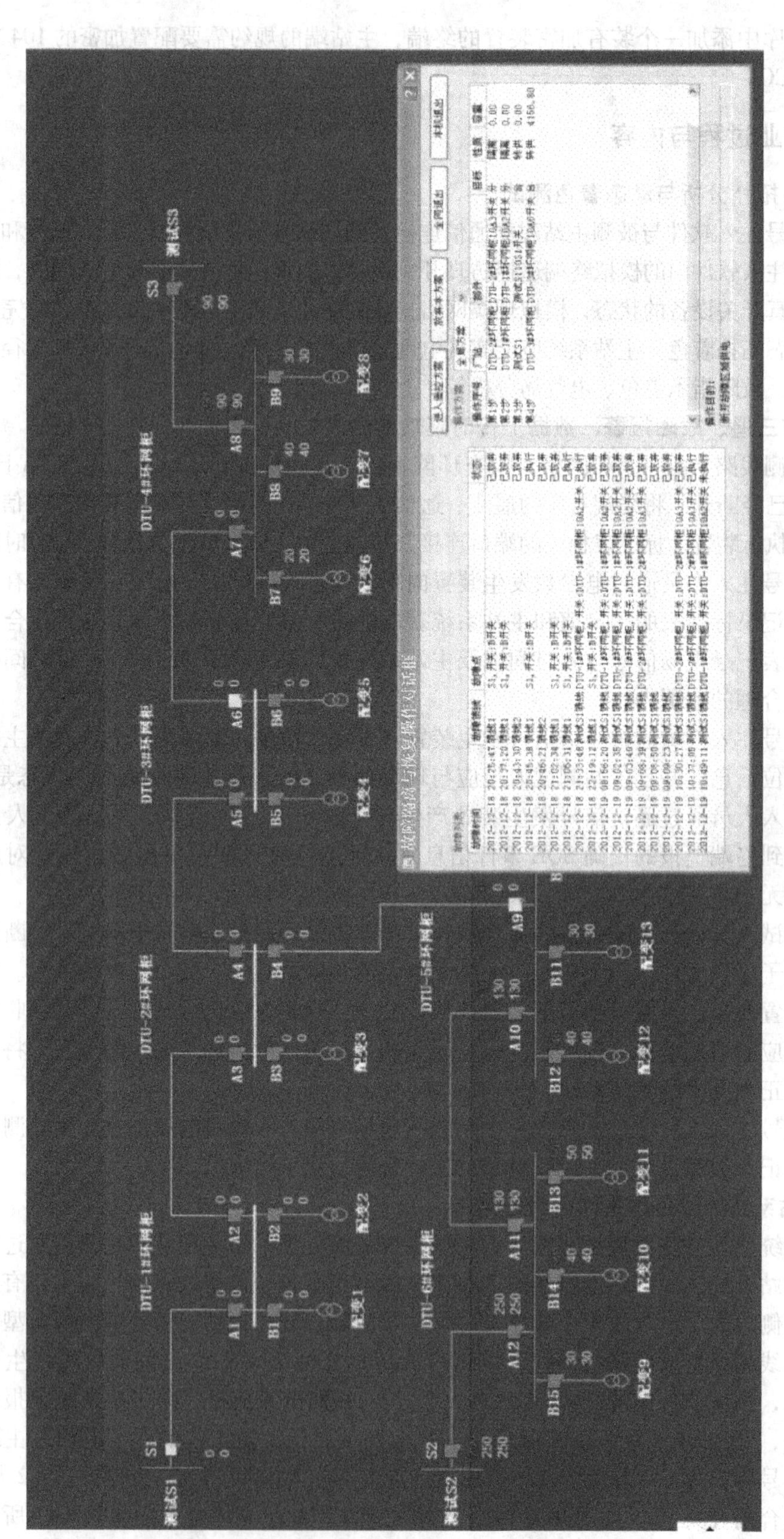

图 4-11 主站处理典型故障具体过程

4. 主站纵向安全防护测试

测试人员通过主站纵向安全防护测试软件仿真一个标准加密终端和一个未加密标准普通终端，标准加密终端的加密算法为ECC。主站系统建立相应的加密终端模型和普通终端模型，并选定相应的加密规约和普通规约。测试人员通过主站系统向加密终端下发加密遥控指令，测试人员检查加密终端是否正确执行遥控；测试人员通过主站系统向加密终端下发未加密普通遥控指令，测试人员检查加密终端是否不执行遥控；测试人员通过主站系统向普通终端下发加密遥控指令，测试人员检查普通终端是否不执行遥控；测试人员通过主站系统向普通终端下发未加密普通遥控指令，测试人员检查普通终端是否正确执行遥控。

第5章 配电自动化系统验收

5.1 验收的形式与原则

5.1.1 验收形式

配电自动化是配电网智能化建设的重要环节。为规范供电企业配电自动化建设工作，保障配电自动化项目顺利实施和有序推进，确保配电自动化系统在配网生产运行管理工作中充分发挥作用，各配电自动化项目需经上级单位组织验收合格后，方可开展下一步工作。

配电自动化系统验收分为三种形式，即工厂验收、现场验收、实用化验收，在时序上对同一配电自动化项目依次进行。

1. 工厂验收

工厂验收（Factory Acceptance Test，FAT）指配电主站、配电子站/终端、配电通信通道出厂前由验收方组织的验收检验，其目的是检验系统或设备的功能和性能在工厂模拟测试环境下是否满足验收方项目技术合同、联络会纪要、相关技术规范等技术文件的具体要求。

2. 现场验收

现场验收（Site Acceptance Test，SAT）指配电自动化系统或设备在现场安装调试完成，并达到现场试运行条件后在投入试运行前进行的验收检验，工作内容为检验配电主站、配电子站/终端、配电通信通道在现场验收环境中的功能和性能，其目的是检验系统或设备是否满足验收方项目技术合同、联络会纪要、相关技术规范等技术文件的具体要求和实际运行的需要。

3. 实用化验收

实用化验收（Utilization Acceptance Test，UAT）指配电自动化系统在通过现场验收并试运行期满后，由上级主管部门组织的考核验收，其目的是整体上考核配电自动化系统是否满足实际生产运行要求。实用化验收应以2年为周期进行复查。

负责配电自动化系统项目各阶段验收组织工作的单位在验收条件具备后，及时组织成立相应的验收工作组（包括系统测试组和资料审查组），立即启动该阶段验收流程。验收工作组在验收开始前，必须严格审查验收大纲。验收大纲经审批通过后，进入验收流程。在验收过程中，验收工作组必须严格按照验收大纲和验收流程进行该阶段的验收工作，并在验收测试工作结束后完成验收报告的编制、上报和审批工作。

验收中常用到的几个术语定义如下：

1）差异（Difference）指验收测试过程中发现的已实现的各项功能及性能、相关软硬件设备与合同技术文件或相关技术规范所规定的具体条款之间存在的不相符合的项目以及新提出的技术要求。

2）缺陷（Defect）指在验收测试中不满足合同技术文件或技术标准规定的基本功能和

主要性能指标，且影响系统正常运行和功能使用的问题。

3）偏差（Deviation）指在验收测试中不满足合同技术文件或技术标准规定的具体功能和性能指标，但不影响系统稳定运行且可通过简易修改补充得以纠正的问题。

5.1.2 验收原则

验收的总体原则如下：

1）配电自动化系统的验收应坚持科学、严谨的工作态度，参与验收测试的人员应具备相应的专业技术水平，验收测试应使用专业的测试仪器和测试工具，并做好验收测试记录。

2）验收工作应按工厂验收、现场验收、实用化验收三个阶段顺序进行，只有在前一阶段验收合格后方可进行下一阶段验收工作。

3）新建配电自动化系统需在仿真模拟实验平台上进行配电自动化高级功能的仿真验证。扩建与改造的配电子站和配电终端的工厂验收和现场验收可单独进行。

4）配电自动化系统的验收应包括配电自动化主站、配电自动化终端/子站、配电通信、信息交互以及与之配套的配电网络系统和辅助设施等配电自动化各环节的整体验收。

5）简易型配电自动化系统验收可参考《Q/GDW 514 配电自动化终端/子站功能规范》的要求进行。

6）配电自动化通信系统的验收应遵循通信专业的相应的技术标准、规范。

7）配电自动化系统在各阶段验收的内容及流程应严格按照验收规范的具体要求执行。

5.2 工厂验收

本节以某供电企业开展的配电自动化系统工厂验收为例，详细论述其验收条件、验收内容、验收流程、评价标准和质量文件。

5.2.1 验收条件

1. 主站系统

1）被验收方（制造单位）完成系统工厂预验收（即由制造单位在工厂验收前内部组织的测试验收），编制并提交了内部质量检测报告、工厂验收大纲及申请报告，并经建设单位审核通过，形成正式文本。

2）被验收方（制造单位）完成搭建工厂模拟测试环境（即指为模拟配电主站技术协议书规定的设计接入的配电子站、配电终端、信息量；或模拟配电子站技术协议书所规定的设计接入的配电终端、信息量）；系统软硬件安装调试完成。建设单位提出的典型区域图形、报表、曲线、模型和数据库等系统工程化及用户化工作基本完成。

3）被验收方（制造单位）已提交技术手册、使用手册、维护手册和有关技术图纸。

2. 终端（子站）装置

1）装置符合订货技术条件要求，并通过测试验收单位的入网测试。

2）装置已完成生产工作。

3）被验收方（制造单位）已完成搭建工厂测试环境，模拟设备和测试设备准备就绪。

4）被验收方（制造单位）已编制并提交技术手册、使用手册、维护手册和装置有关技术图纸、合格证、检验报告，并经设计单位、建设单位审核确认。

5）被验收方（制造单位）完成系统工厂预验收，并达到项目技术文件及相关技术规范的要求；编制并提交了工厂预验收报告、工厂验收申请报告及工厂验收大纲，并经建设单位审核通过，形成正式文本。

5.2.2 验收内容

1. 主站系统

验收内容主要分为硬件检查、系统功能验收、系统性能验收等方面。

（1）硬件检查

按照合同清点、核查以下内容：

1）设备型号和数量。

2）数据库版本及用户数。

3）操作系统及版本。

4）应用软件版本。

5）上述软件与硬件平台的适应性测试报告。

6）主站系统规约库检查。

（2）系统功能验收

1）支撑平台功能：图模管理、数据库管理、公式计算、统计及考核、事项和告警处理、多态应用、曲线、报表管理、打印功能、系统管理等。

2）配电 SCADA 功能：数据采集、数据处理、通信及规约、遥控、分区监控、人机交互等。

3）配电网分析应用功能：网络拓扑、状态估计、潮流计算、负荷预测和网络重构等。

4）配电运行与操作仿真功能。

5）配电网智能化：分布式电源接入与应用、配电网快速仿真、智能预警、配电网自愈控制等。

6）Web 发布功能：无控件免安装、人机界面、访问控制、负载自动均衡和操作交互。

7）数据交互功能：与调度自动化、GIS、配电生产管理、营销管理系统、数据中心、供电局 MIS 等系统的接口对接。

（3）系统性能验收

1）容量测试。

① 模拟数据：按配电网设计容量设计模拟数据，每个终端按 40 个数据量进行设计。

② 雪崩数据：10s 内产生 5000 个遥测变化、越限和 10 000 个遥信变位。

2）冗余性测试。

① 单机单网测试：一台专网数据采集服务器、一台专网数据采集交换机、一台公网数据采集服务器、一台公网数据采集交换机、一台主干网交换机、公网数据采集网和主站网之间的正、反向安全隔离装置各一台、必需的工作站和数据采集通信设备运行正常的最小运行状态。

② 黑启动测试：系统最小运行方式黑启动时间应小于 15min、全系统黑启动时间应小于 30min。冷备用设备接替值班设备的切换测试，时间小于 5min。

③ 冗余配置节点可手动和自动切换测试，时间小于5s，冷备用设备接替值班设备的切换时间小于5min。

3）计算机资源利用率测试。

① 服务器CPU平均负荷率测试，任意5min内，平均负荷率小于35%。

② 用户工作站CPU平均负荷率测试，任意5min内，平均负荷率小于35%。

4）网络负载测试。

① 平均负载率测试，在任何情况下，系统骨干网在任意5min内，平均负载率小于20%。

② 网络的负载率测试，双网以分流方式运行时，每一网络的负载率应小于12%，单网运行情况下，网络负载率不超过24%。

5）信息处理测试。

① 遥测量综合误差测试，不大于±2.0%（额定值）。

② 事故时，遥信量正确率测试，不小于98%。

③ 遥控正确率测试，不小于99.9%。

6）响应时间测试。

三遥响应时间测试要求见表5-1，主站相关响应时间测试，要求见表5-2。

表5-1 三遥响应时间测试要求

通信通道	遥信	遥测	遥控
专网（光纤）	<3s	<3s	<5s
公网（无线通信）	<30s	<30s	-
专网（电力载波）	<10s	<10s	

表5-2 主站相关响应时间测试要求

故障区域自动隔离时间	非故障区域恢复供电	事故推画面	画面调出	实时数据更新周期	Web延迟告警	主站系统时间与标准时间误差
<1min	<3min	<3s	90%画面<1s，其余<3s	1~10s（可调）	<10s	小于1ms

2. 终端（子站）装置

验收内容主要分为装置结构验收、终端功能验收、性能验收等方面。

（1）装置结构验收

按照合同设备清单，核查以下内容：

1）终端设备型号、外观、数量。

2）终端设备的铭牌及标示。

3）屏柜布局及防护等级。

4）遥测、遥信及遥控量扩展能力。

（2）终端功能、性能测试验收

终端功能、性能测试验收，具体参见第7章

1）模拟量精度：即电压、电流测量精度，包括短期过量输入10倍电流标称值误差、溢出保持最大值。

2）遥测越限告警及上传、数据分级传送、历史数据自定义存储、事件记录及上报等功能。

3）重复试验10次检查遥信是否正确变位、SOE分辨率要求不大于2ms、具备开入量防抖动功能。

4）重复试验10次检查遥控成功率，支持远方和本地闭锁。

5）电源的过电压、过电流及低电压保护和监视功能、活化功能、备用电源容量检查。

6）测量绝缘电阻、绝缘强度。

5.2.3 验收流程

工厂验收条件具备后，验收组织单位按验收大纲进行工厂验收，验收流程如图5-1所示。工厂验收工作组应严格按审核确认后的验收大纲所列测试内容进行逐项测试。对于测试

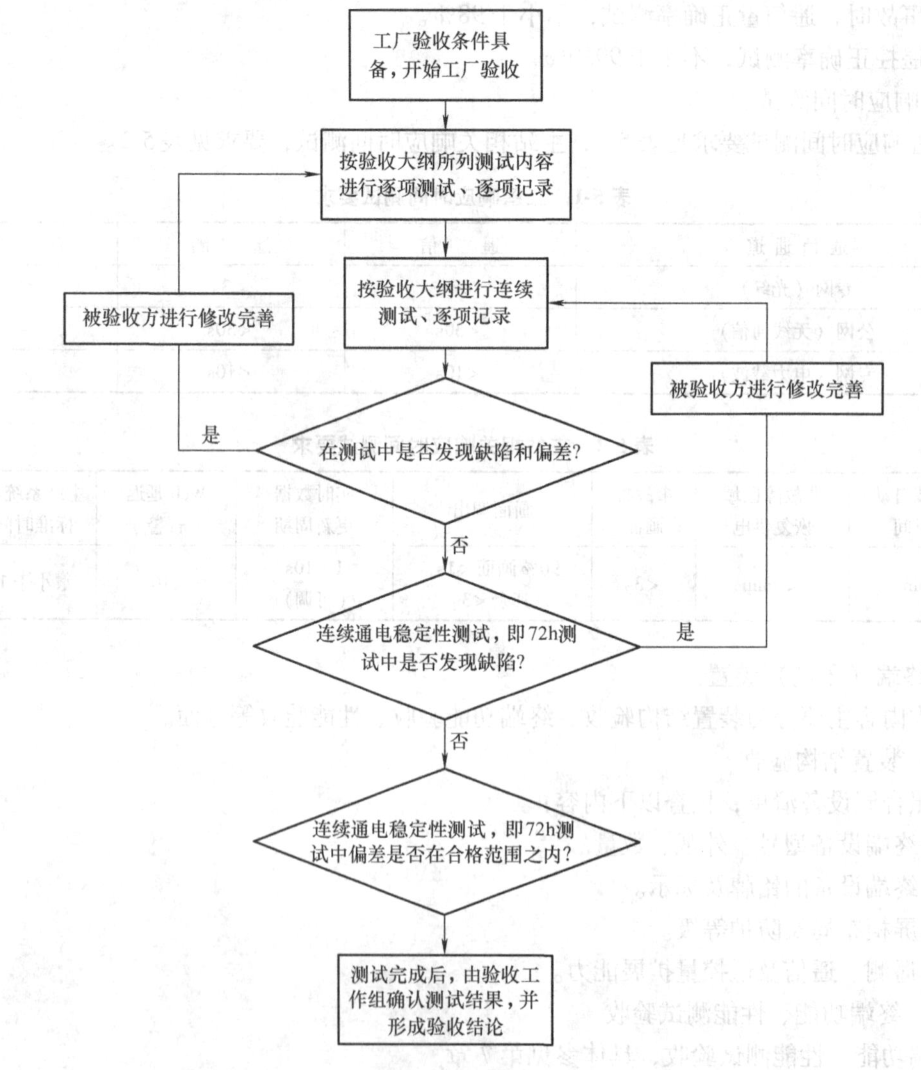

图5-1　工厂验收流程图

中发现的缺陷和偏差，允许被验收方进行修改完善，但修改后必须对所有相关项目重新测试；若测试结果证明某一设备、软件功能或性能不合格，被验收方必须更换不合格的设备或修改不合格的软件，对于第三方提供的设备或软件，同样适用。设备更换或软件修改完成后，与该设备及软件关联的功能及性能测试项目必须重新测试。测试完成后形成验收报告，工厂验收通过后方可出厂。

5.2.4　评价标准

工厂验收符合下列要求，即可认为通过工厂验收。

1. 主站系统

1）所有软硬件设备型号、数量、配置符合项目合同技术协议书要求。

2）被验收方（制造单位）提交的技术手册、使用手册、维护手册与第三方软件许可声明等正确有效；项目建设文件及相关资料齐全。

3）通过 48h 连续运行测试，且其重复次数不得超过 2 次。

4）工厂验收测试结果满足相关技术规范标准和项目技术文件的要求。根据验收大纲测试的结果无缺陷项，偏差项总数不得超过被验收项目总数的 5%。

2. 终端（子站）装置

1）装置的文件及资料齐全。

2）所有软、硬件设备型号、数量、配置均符合项目合同技术协议的要求。

3）工厂验收测试结果满足相关技术规范标准和项目技术文件的要求。根据验收大纲测试的结果无缺陷项，偏差项总数不得超过被验收项目总数的 5%。

5.2.5　质量文件

配电主站、配电终端/子站的工厂验收质量文件分别编制，统一归档。工厂验收结束后，由验收工作组和被验收方共同签署工厂验收报告；被验收方和验收方汇编工厂验收质量文件。

1）工厂验收申请文件，内容包括：

① 工厂预验收试验报告。

② 工厂验收申请报告。

③ 工厂验收大纲。

④ 软、硬件设备清单（含型号、数量、配置）。

2）工厂验收技术文件，内容包括：

① 合同技术协议书。

② 技术联络会纪要。

③ 设计变更书（系统设计有变动的情况下有效，设计单位提交）。

3）工厂验收阶段项目建设文件，内容包括：

① 项目阶段性工作报告（工厂验收阶段，制造单位和建设单位共同编制）。

② 培训报告，包括培训技术资料、培训计划、培训总结。

4）工厂验收报告，内容包括：

① 工厂验收结论。

② 工厂验收测试报告（含测试大纲）。

③ 工厂验收差异汇总报告（同时作为工厂验收遗留问题备忘录；制造单位应对每一项差异提出解决方法和预计解决时间，限期处理完成）。

④ 设备和文件资料核查报告（附设备清单和文件资料清单）。

5.3 现场验收

本节以某供电企业开展的配电自动化系统现场验收为例，详细论述其验收条件、验收内容、验收流程、评价标准和质量文件。

5.3.1 验收条件

1. 主站系统

1）硬件设备和软件系统已在现场安装、调试完成，具备接入条件的配电子站、配电终端实时数据已全部接入系统，系统在线运行正常。

2）被验收方（制造单位）应提交与现场安装一致的装置布置图、线缆连接图以及相应图纸清册，并经设计单位、建设单位审核批准。

3）被验收方（制造单位）依照项目技术文件及本标准对各应用的功能及性能进行自查核实，完成现场安装调试报告编制；并提交现场验收申请报告，经建设单位审核通过；安装调试报告和申请报告已报备配电自动化系统运行管理部门。

4）验收工作组已成立，并已完成编制现场验收大纲，形成正式文本。

2. 终端（子站）装置

1）通信系统与终端装置均已完成现场安装并与主站系统完成联调工作。

2）安装调试单位完成二次回路接线工作，完成终端装置与一次设备的调试验收，完成传动试验，完成调试报告的编制，并已提交建设单位。

3）相关的辅助设备（电源开关、照明装置、接地线等）已装配，安全措施已布置。

4）验收工作组已成立，并已完成编制现场验收大纲，形成正式文本。

5）安装调试单位已提交现场验收申请报告，并已报验收工作组批准。

5.3.2 验收内容

1. 主站系统

验收内容主要分为资料文档与设备硬件检查、系统功能验收、系统性能验收等方面。

（1）资料文档与设备硬件检查

按照合同清点、核查以下内容：

1）检查机柜组屏布置图、线缆连接图以及相应图纸清册、现场安装调试报告、现场验收申请报告技术手册、使用手册和维护手册项目建设文档及相关资料。

2）硬件设备型号、数量、配置、性能是否符合项目合同要求，各设备的出厂编号与工厂验收记录是否一致。

（2）系统功能验收

与工厂验收相应内容一致，参见5.2节。

（3）系统性能验收

与工厂验收相应内容一致，参见 5.2 节。

2. 终端（子站）装置

验收内容主要分为资料文档与装置结构检查和基本功能检查。

（1）资料文档与设备硬件检查

按照合同设备清单，核查以下内容：

1）查看终端出厂随机文件，工程设计图纸齐全；技术协议、技术及验收规范文件齐备；信息表、GIS 图与现场标志及一、二次设备一致。

2）终端设备型号、外观、数量。

3）终端设备的铭牌及标示。

4）屏柜布局、对外所有端子接线、遥测/遥控/遥信回路接线、绝缘/防雷/接地安全性能检查。

（2）基本功能检查

基本功能检查，具体参见第 7 章。

1）遥测越限告警及上传、变化遥测上送，溢出时保持最大值，不能归零。

2）数据分级传送、历史数据自定义存储、事件记录及上报、与主站对时等功能。

3）双位置遥信、单点遥信等功能。

4）模拟置数检查主站遥控响应时间、检查远方和本地控制与闭锁功能。

5）供电电源的双路电源自动切换、过电压/过电流及低电压保护和监视功能、活化功能。

5.3.3 验收流程

现场验收条件具备后，验收方启动现场验收程序，验收流程如图 5-2 所示。现场验收工作小组按现场验收大纲所列测试内容进行逐项测试。在测试过程中发现的缺陷、偏差等问题，允许被验收方进行修改完善，但修改后必须对所有相关项目重新测试。现场进行 72h 连续运行测试。验收测试结果证明某一设备、软件功能或性能不合格，被验收方必须更换不合格的设备或修改不合格的软件，对于第三方提供的设备或软件，同样适用。设备更换或软件修改完成后，与该设备及软件关联的功能及性能测试项目必须重新测试，包括 72h 连续运行测试。现场验收测试结束后，现场验收工作小组编制现场验收测试报告、偏差及缺陷报告、设备及文件资料核查报告，现场验收组织单位主持召开现场验收会，对测试结果和项目阶段建设成果进行评价，形成现场验收结论。对缺陷项目进行核查并限期整改，整改后需重新进行验收。现场验收通过后，进入验收试运行考核期。

5.3.4 评价标准

现场验收符合下列要求，即可认为通过现场验收。

1）系统文件及资料齐全，被验收方提交的技术手册、使用手册和维护手册为根据系统实际情况修编后的最新版本，且正确有效。

2）所有软、硬件设备型号、数量、配置均符合项目合同技术协议的要求，各设备的出厂编号与工厂验收记录一致。

3）硬件设备和软件系统测试运行正常；功能、性能测试及核对均应在人机界面上进

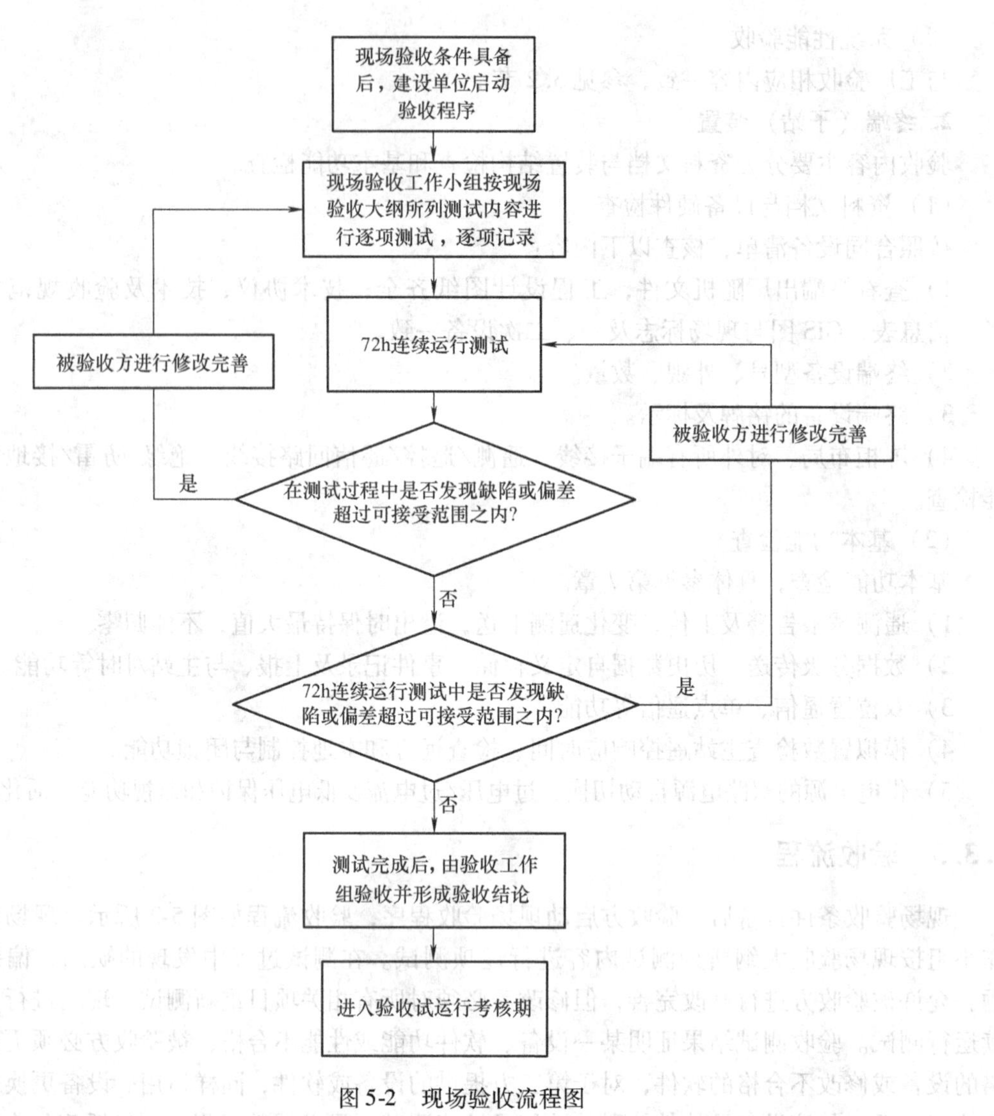

图 5-2　现场验收流程图

行，不得使用命令行方式。

4）系统在现场传动测试过程中状态和数据正确。

5）验收结果必须满足相关技术规范标准和项目技术文件的要求；无缺陷项；偏差项总数不得超过被验收项目总数的 2%。

5.3.5　质量文件

配电主站、配电终端/子站的现场验收质量文件分别编制，统一归档。现场验收结束后，由验收工作组和被验收方共同签署现场验收报告；被验收方和验收方汇编工厂验收质量文件。

1）现场验收申请文件，内容包括：

① 现场安装调试报告。

② 现场验收申请报告。

③ 工厂验收报告。

④ 软、硬件设备清单（含型号、数量、配置）。

⑤ 现场验收测试大纲。

2）现场验收技术文件，内容包括：

① 工厂验收文件资料及现场核查报告（附工厂验收清单和文件资料清单）。

② 技术联络会纪要。

③ 设计变更书（系统设计有变动的情况下有效，设计单位提交）。

④ 参数配置表、信息表、配电网接线图。

⑤ 设计、施工及竣工图纸。

⑥ 安装调试（含传动试验）报告。

3）现场验收报告，内容包括：

① 现场验收结论。

② 现场验收测试报告。

③ 现场验收差异汇总报告（同时作为现场验收遗留问题备忘录；安装调试单位和制造单位应对每一项差异提出解决方法和预计解决时间，限期处理完成）。

5.4　实用化验收

本节以某供电企业开展的配电自动化系统实用化验收为例，详细论述其验收条件、验收内容、验收流程、评价标准和质量文件。

5.4.1　验收条件

1）配电自动化系统所监测的用电负荷范围必须达到所在区域（行政区）配电网系统装见容量的50%以上，且该区域的用电负荷必须在100MW以上；实用化验收区域终端覆盖率达到50%以上。通信装置、终端装置［包括馈线终端（FTU）、站所终端（DTU）、配电变压器监测终端（TTU）、子站系统等］必须是经检测资质机构检测合格的产品。试点工程可以不作此要求。

2）项目已通过现场验收，现场验收中存在的遗留问题已整改。

3）配电自动化运维保障机制（如运维机构、运维制度等）已建立并有效开展工作。配电自动化系统已投入试运行六个月以上，并至少有三个月连续完整的运行记录。

4）配电自动化系统实用化验收大纲已编制完成并形成正式文本。被验收单位已按大纲完成了实用化自查工作，并编制了自查报告。

5.4.2　验收内容

配电自动化实用化验收包括：验收资料、运维体系、考核指标、实用化应用等四个方面：

1）验收资料评价内容包括：技术报告、运行报告、用户报告、自查报告、配电自动化设备台账等。

2）运维体系评价内容包括：运维制度、职责分工、运维人员、配电自动化缺陷处理响应情况等。

① 运维制度：明确配电自动化运行管理主体，明确配电自动化缺陷处理响应时间，满

足配电网运行管理要求。

② 职责分工：明确涉及配电自动化系统工作的各部门职责，明确配电自动化主站系统、终端（子站）设备、通信系统等运行维护单位，明确各单位的工作流程及缺陷传递程序。

③ 运维人员：熟悉所管辖或使用设备的结构、性能及操作方法，具备一定的故障分析处理能力。

④ 配电自动化缺陷处理响应情况：满足相关运维管理规范要求以及配网调度运行和生产指挥的要求。

3）考核指标评价内容包括：配电终端覆盖率、系统运行指标等。

① 配电终端覆盖率：不小于建设和改造方案配电终端规模的95%。

② 系统运行指标：配电主站月平均运行率≥99%，配电终端月平均在线率≥95%，遥控使用率≥90%，遥控成功率≥98%，遥信动作正确率≥95%。

4）实用化应用评价内容包括：基本功能测试、馈线自动化使用情况、数据维护情况、配电线路图完整率等。

① 基本功能测试：电网主接线及运行工况、电网故障或异常情况下报警、事件顺序记录等功能是否正常。

② 馈线自动化使用情况：故障时能判断故障区域并提供故障处理的策略是否正确。

③ 数据维护情况：数据维护的准确性、及时性和安全性是否满足配网调度运行和生产指挥的要求。

④ 配电线路图完整率≥98%。

5.4.3 验收流程

实用化验收条件具备后，验收方启动现场验收程序，验收流程如图5-3所示。

5.4.4 评价标准

实用化验收采用评分考核方式。通过验收的条件为：总得分不少于基本分的90%，分项得分不少于该项基本分的80%（分项指验收资料、运维体系、考核指标、实用化应用四个分项）。任一验收项的基本要求未通过即可认为整个实用化验收未通过。

5.4.5 质量文件

验收前，应由建设单位向验收组递交以下文档资料：

1）实用化验收申请报告。

2）上级单位关于实用化验收申请报告的批复文件。

3）实用化验收自查报告。

4）主站系统与终端装置六个月试运行报告。

5）建设单位项目建设工作总结报告、技术报告，配电自动化系统运行管理总结报告和用户使用报告。

6）现场验收报告。

验收后，应由建设单位向验收组递交以下文档资料：

1）实用化验收结论。

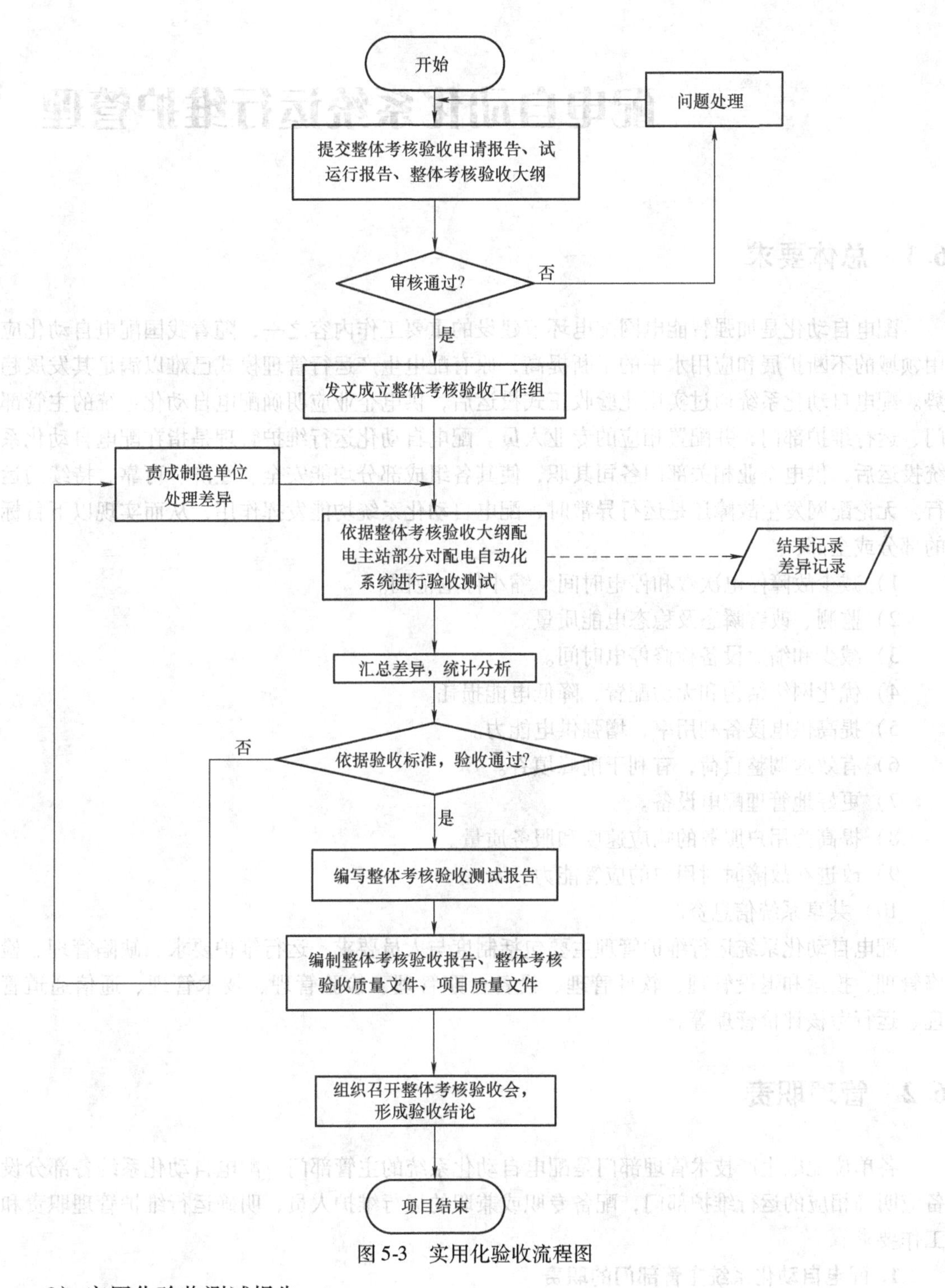

图 5-3　实用化验收流程图

2）实用化验收测试报告。

3）实用化验收大纲。

4）实用化验收差异汇总报告。

5）实用化验收设备及文件审查报告（包括各阶段项目建设文件和技术资料）。

第6章 配电自动化系统运行维护管理

6.1 总体要求

配电自动化是加强智能电网配电环节建设的重要工作内容之一，随着我国配电自动化应用领域的不断扩展和应用水平的不断提高，原有配电生产运行管理模式已难以满足其发展趋势。配电自动化系统通过实用化验收正式投运后，供电企业应明确配电自动化系统的主管部门、运行维护部门，并配置相应的专业人员。配电自动化运行维护管理是指在配电自动化系统投运后，供电企业相关部门各司其职，使其各组成部分均能安全、经济、可靠、持续的运行。无论配网发生故障还是运行异常时，配电自动化系统均能发挥作用，从而实现以下目标的部分或全部：

1）减少故障停电次数和停电时间、缩小停电范围。

2）监测、改善瞬态及稳态电能质量。

3）减少和缩短设备检修停电时间。

4）优化网络结构和无功配置，降低电能损耗。

5）提高供电设备利用率，增强供电能力。

6）有效地调整负荷，有利于削峰填谷。

7）更好地管理配电设备。

8）提高为用户服务的响应速度和服务质量。

9）改进在故障时对用户的应答能力。

10）共享系统信息资源。

配电自动化系统运行维护管理主要包括制度与人员要求、运行维护要求、缺陷管理、检修管理、投运和退役管理、软件管理、设备台账管理、检验管理、技术管理、通信通道管理、运行考核评价管理等。

6.2 管理职责

各单位配电生产技术管理部门是配电自动化系统的主管部门。配电自动化系统各部分设备应明确相应的运行维护部门，配备专职或兼职的运行维护人员，明确运行维护管理职责和工作要求。

1. 配电自动化系统主管部门的职责

1）贯彻执行国家、行业和上级颁发的配电自动化相关标准、规程、规定等。

2）负责本单位配电自动化系统的归口管理和技术指导工作。

3）负责考核本单位配电自动化系统的运行维护工作。

4）负责编制本单位配电自动化系统的新建、技术改造、检修计划。

5）组织编制（或修订）、审定本单位配电自动化系统的运行维护管理制度。

6）负责本单位新建和改（扩）建配电自动化项目管理工作，并负责审定相关的技术方案。

7）负责组织开展本单位配电自动化技术交流、培训等工作。

2. 配电自动化系统运行维护部门的职责

1）执行上级颁发的有关标准、规程、规定等，按照职责分工和工作要求，负责编制（或修订）本部门负责的配电自动化系统相关部分设备的现场运行维护管理制度。

2）负责配电自动化系统相关设备的运行维护、运行统计分析并按期上报。

3）负责编制配电自动化系统相关设备的使用手册、操作说明书等。

4）参加本部门运行维护职责范围内的新建和改（扩）建配电自动化项目的有关工作。

5）参加主管部门组织的配电自动化系统技术交流、培训等工作。

6.3 运行管理

配电自动化系统的运行维护管理原则上按设备归属关系进行管理，并照此原则进行职责划分。

6.3.1　制度与人员要求

1. 管理制度要求

配电自动化系统现场运行维护管理制度主要内容应包括：运行值班和交接班、各类设备和功能停复役管理、缺陷管理、安全管理、检验管理等。

2. 运维人员要求

1）供电企业应配置配电主站专职运行维护人员，建立完善的岗位责任制。配电主站运行维护人员配置要求：

① 应配置自动化运行值班人员，负责配电主站的日常运行工作。

② 应配置系统管理员和网络管理员，负责配电主站的系统管理和网络管理。

③ 应配置应用软件管理员，负责应用软件的日常运行维护工作。

2）供电企业应配置配电终端运行维护人员，负责配电终端的巡视检查、故障处理、运行日志记录、信息定期核对等工作。

3）供电企业应配置配电通信运行维护人员，负责配电通信系统的巡视检查、故障处理、运行日志记录等工作。

6.3.2　运行维护要求

1. 配电主站

1）配电主站运行维护人员应定期对主站设备进行巡视、检查、记录，发现异常情况及时处理，做好记录并按有关规定要求进行汇报。

2）配电主站运行维护人员发现配电终端（子站）、通信通道运行异常，应及时通知有关运行维护部门进行处理。

3）配电主站进行运行维护时，如可能会影响到调度员正常工作时，应提前通知当值调度员（即当前值班调度员），获得准许并办理有关手续后方可进行，并严格遵守安全防护规定。

4）配电主站运行维护部门每两年应至少开展一次配电自动化系统信息评估工作，确保配电主站、配网相关系统（GIS、PMS 等）与现场设备的网络拓扑关系（一次主结线图）、调度命名、编号的一致性，遥信、遥控、遥测等配置信息的准确性。

2. 配电终端

1）配电终端运行维护人员应定期对终端设备进行巡视、检查、记录，发现异常情况及时处理，做好记录并按有关规定要求进行汇报。也可由配电设备运维人员结合一次设备正常巡视一并进行，发现异常及时通知配电自动化运行维护人员处理。

2）配电终端应建立设备的台账（卡）、设备缺陷、测试数据等记录。

3）配电终端进行运行维护时，如可能会影响到调度员正常工作时，应提前通知当值调度员，获得准许并办理有关手续后方可进行。

4）一次设备的新增、改造、拆除、更名等异常或变化的改动工作，有涉及运行中的配电自动化终端设备的，勘测设计人员、筹建单位项目负责人或一次设备主人应及时通知配电自动化相关运行维护人员并提供设计施工方案和具体施工时间，配电自动化运行维护人员应按时进行现场验收及异动录入等相关工作。

3. 配电通信

1）配电通信运行维护人员应按照配电通信的有关规定和配电主站运行维护的要求进行工作。

2）配电通信设备进行运行维护时，如需要中断通道，应按有关规定事先取得配电主站运行维护人员的同意后方可进行。

3）当配电通信系统发生异常时，应通知配电主站运行维护人员并按照缺陷处理要求时限及时处理。

4）当进行通信线路、通信设备检修等工作会影响配电自动化通信通道正常运行时，施工方需提前向配电自动化运行维护人员提供施工图纸等相关材料，由配电自动化运行维护人员提出受影响的通道名单，调度所通信人员应及时提出路由迂回方案，并将停运终端名单通知配调值班人员。通道恢复时，也应及时通知配调值班人员，以便配电自动化系统及时恢复正常方式运行。

运行中的配电自动化系统涉及系统参数变更时，应经相关部门审批后方可修改。建有信息交互总线的配电自动化系统，应采用信息源端维护原则以保证系统间交互的数据、拓扑等信息的唯一性和准确性。调度监控人员发现配电主站功能、信息交互、配电终端（子站）工作状态及通信状态异常，应及时通知有关运行维护部门进行处理。

6.3.3 缺陷管理

1. 缺陷分类

配电自动化系统缺陷分为三个等级——危急缺陷、严重缺陷和一般缺陷。

（1）危急缺陷

危急缺陷是指威胁人身或设备安全，严重影响设备运行、使用寿命及可能造成自动化系统失效，危及电力系统安全、稳定和经济运行，必须立即进行处理的缺陷。

主要包括：

1）配电主站故障停用或主要监控功能失效。

2）调度台全部监控工作站故障停用。

3）配电主站专用UPS电源故障。

4）配电通信系统主站侧设备故障，引起大面积开关站通信中断。

5）配电通信系统变电所侧通信节点故障，引起系统区片中断。

6）自动化装置发生误动。

（2）严重缺陷

严重缺陷是指对设备功能、使用寿命及系统正常运行有一定影响或可能发展成为危急缺陷，但允许其带缺陷继续运行或动态跟踪一段时间，必须限期安排进行处理的缺陷。

主要包括：

1）配电主站重要功能失效或异常。

2）遥控拒动等异常。

3）对调度员监控、判断有影响的重要遥测量、遥信量故障。

4）配电主站核心设备（数据服务器、SCADA服务器、前置服务器、GPS天文时钟）单机停用、单网运行、单电源运行。

（3）一般缺陷

一般缺陷是指对人身和设备无威胁，对设备功能及系统稳定运行没有立即、明显的影响且不至于发展成为严重缺陷，应结合检修计划尽快处理的缺陷。

主要包括：

1）配电主站除核心主机外的其他设备的单网运行。

2）一般遥测量、遥信量故障。

3）其他一般缺陷。

2. 缺陷处理响应时间及要求

当发生的缺陷威胁到其他系统或一次设备正常运行时，必须在第一时间采取有效的安全技术措施进行隔离；缺陷消除前设备运行维护部门应对该设备加强监视防止缺陷升级。

1）危急缺陷：发生此类缺陷时运行维护部门必须在24h内消除缺陷。

2）严重缺陷：发生此类缺陷时运行维护部门必须在7日内消除缺陷。

3）一般缺陷：发生此类缺陷时运行维护部门应酌情考虑列入检修计划尽快处理。

3. 缺陷的统计与分析

配电主站、终端（子站）运行维护部门应按时上报配电自动化系统运行月报，内容应包括配电自动化设备缺陷汇总、配电自动化系统运行分析；配电自动化运行维护人员应按月度、季度、年度按时上报配电自动化系统运行报表，配电自动化系统管理部门每季度开展配电自动化系统运行情况分析，不定期开展遗留缺陷和固有缺陷的原因分析，制定解决方案。

6.3.4　检修管理

配电自动化检修管理设备包括配电主站、配电子站、配电终端、配电通信设备等。配电自动化系统各运行维护部门应针对可能出现的故障，制定相应的应急方案和处理流程。运行中的配电自动化系统，运行维护部门应根据设备的实际运行状况和缺陷处理响应要求，结合配电设备检修相关规定，合理安排、制定检修计划和检修方式。在自动化设备上进行检修与维护工作，应严格遵守《电业安全工作规程》有关规定，以保证人身和设备的安全。

6.3.5 投运和退役管理

新建和改造配电自动化项目在正式投运前应参照本书第5章要求，分别组织开展工程验收和实用化验收。新建自动化站所的自动化、通信设备应同步建设、同步验收、同步投入使用。新建配电自动化主站及通信网原则上应先于或与自动化终端同时投运，确保配电自动化工程一次建成投运，避免因调试造成的二次停电。因特殊原因一次设备投运时，配电自动化终端无法同步完成与主站联调的，应确保终端与一次设备或继电保护装置完成调试工作。

新研制的产品（设备），必须经过挂网试运行和技术鉴定后方可投入正式运行，试运行期限不得少于半年。新设备投运前配电自动化系统有关管理部门应组织对新设备的运行维护人员进行技术培训。

配电终端设备永久退出运行，应事先由其运行维护部门向该设备的调度部门提出书面申请，经批准后方可进行。配电主站投入运行前或旧设备永久退出运行，应履行相应的审批手续。

配电自动化系统各运行维护部门应将管辖自动化设备的台账录入本部门配网信息管理系统，应在设备变更后及时完成台账的更新工作。

6.3.6 软件管理

1. 软件版本管理

配电自动化系统各运行维护部门应统一发布最新配电主站、配电终端设备的软件版本；配电自动化系统各运行维护部门应定期核对软件版本号，并确保配电主站、终端设备的软件版本与发布版本一致。

2. 安全管理

配电自动化系统各运行维护部门应定期对关键业务的数据与应用系统进行备份，确保在数据损坏或系统崩溃的情况下快速恢复数据与系统，保证系统的安全性、可靠性；配电主站运行维护部门应及时了解相关系统软件（操作系统、数据库系统、各种工具软件）漏洞发布信息，及时获得补救措施或软件补丁，对软件进行加固；配电主站运行维护部门应及时在本部门的电力二次系统部署、升级防病毒软件，并检查该软件检测、查杀病毒的情况，配电自动化系统安全防护规定应严格按照相关安全防护要求执行。

6.4 检验管理

配电自动化系统应按照相应检验规程或技术规定进行检验工作，在自动化设备上进行检验工作，应严格遵守《电业安全工作规程》有关规定，以保证人身和设备的安全。

设备检验分为两种：

（1）新安装设备的验收检验

新安装的配电自动化设备验收检验、配电自动化系统的安全防护应按有关技术规定进行。

（2）运行中设备的补充检验

运行中设备如有下列情况应补充检验：

1）设备经过改进后，或运行软件修改后。

2）更换一次设备后。

3）运行中发现异常并经处理后。

配电自动化系统有关设备检验前应做充分准备，如图纸资料、备品备件、测试仪器、测试记录、检修工具等均应齐备，明确检验的内容和要求，在批准的时间内完成检验工作。设备检验应采用专用仪器，相关仪器应具备相关检验合格证。

配电自动化系统有关设备检修时，如影响配网调度正常的监视，应将相应的遥信信号退出运行，并通知相应设备的调度人员。设备检修完毕后，应通知相应设备的调度人员，经确认无误后方可投入运行。

6.5　技术管理

新安装配电自动化系统必须具备的技术资料：

1）设计单位提供已校正的设计资料（竣工原理图、竣工安装图、技术说明书、远动信息参数表、设备和电缆清册等）。

2）设备制造厂提供的技术资料（设备和软件的技术说明书、操作手册、软件备份、设备合格证明、质量检测证明、软件使用许可证和出厂试验报告等）。

3）工程负责单位提供的工程资料（合同中的技术规范书、设计联络和工程协调会议纪要、调整试验报告等）。

正式运行的配电自动化系统应具备下列技术资料：

1）配电自动化系统相关的运行维护管理规定、办法。

2）设计单位提供的设计资料。

3）现场安装接线图、原理图和现场调试、测试记录。

4）设备投入试运行和正式运行的书面批准文件。

5）各类设备运行记录（如运行日志、巡视记录、现场检测记录、系统备份记录等）。

6）设备故障和处理记录（如设备缺陷记录）。

7）软件资料（如程序框图、文本及说明书、软件介质及软件维护记录簿等）。

配电自动化系统相关设备因维修、改造等发生变动，运维单位应及时更新资料并归档保存。配电自动化系统运维单位应设专人对运行资料、磁（光）记录介质等进行管理，保证相关资料齐全、准确；建立技术资料目录及借阅制度。

6.6　通信通道管理

配电自动化系统通信通道主要指光纤专网、配电线载波、无线专网和无线公网等通道。配电自动化通道通信设备及线路应由专职人员负责。配电自动化通道应在项目设计中统一安排。主要通道应尽可能采用两个独立的通信通道，互为备用，可自动或人工切换；特殊情况下通道需中断时，通信人员必须事先通知配电自动化运行维护人员。配电自动化通道应按电力通信专业的电路管理有关规定进行维护、管理、统计与故障评价。配电自动化通道的传输质量、接口标准应符合电力通信设备和配电自动化设备的技术要求。

6.7 运行考核考评管理

配电自动化系统运行监督与考核按照“分级管理、逐级考核”原则开展。配电自动化专责管理人员负责本单位配电自动化系统的指标监控、督办与统计分析。当出现配电自动化系统运行指标临界或低于规定值、缺陷未按照要求处理等情况时，专责管理人员应向运维单位发出口头或书面督办通知。配电自动化系统运行管理部门每月汇总运维单位提交的系统运行及分析情况，并根据情况下达督办通知。

为评价或考核配电自动化系统运行维护水平，可根据实际需求从以下系统运行指标中选取：

1）配电自动化系统遥测总准确度引用误差不大于±2%。

$$\text{YC 点误差值} = \frac{\text{配调端自动化显示值} - \text{标准值}}{\text{总量程}} \times 100\% \tag{6-1}$$

2）遥测合格率（月）≥98%。

$$\text{YC 合格率(月)} = \frac{\text{遥测总路数} \times \text{全月总小时数} - \sum \text{每路遥测月不合格小时数}}{\text{遥测总路数} \times \text{全月总小时数}} \times 100\% \tag{6-2}$$

注：

① 不合格小时数是指从发现不合格值开始，到校正合格时为止的小时数。

② 某路遥测的误差超过遥测规定的误差值时，应视为不合格。

③ 终端设备故障等原因引起的遥测不可用，应统计为遥测不合格。

3）事故遥信动作正确率（年）≥95%。

$$\text{事故遥信动作正确率(年)} = \frac{\text{年正确动作次数}}{\text{年正确动作次数} + \text{年拒动、误动次数}} \times 100\% \tag{6-3}$$

注：

① 事故遥信动作正确率只统计管辖范围内的柱上开关、负荷开关、重合器等的位置信号。

② 事故时，开关跳合情况与配调端事故遥信事项记录吻合时则为正确动作；无记录为事故遥信拒动；记录不正确为事故遥信误动。

③ 每月统计事故遥信正确动作次数及拒动、误动次数，每年统计其年动作正确率。

4）遥控拒动率（月）≥5%。

$$\text{遥控拒动率(月)} = \frac{\text{遥控拒动次数}}{\text{月遥控次数}} \times 100\% \tag{6-4}$$

5）终端设备可用率（月）≥95%。

$$\text{终端设备可用率(月)} = \frac{\text{全月日历总小时数} \times \text{套数} - \sum \text{终端设备停用小时数}}{\text{全月日历总小时数} \times \text{套数}} \times 100\% \tag{6-5}$$

注：

① 终端设备停用小时数包括故障和各类检修试验时间。

② 终端设备可用率按各单位总运行套数计算。

6）子站系统可用率（月）≥95%。

$$子站系统可用率(月)=\frac{全月日历总小时数-子站系统月停用小时数}{全月日历总小时数}\times 100\% \quad (6\text{-}6)$$

$$子站系统月停用小时数=计算机系统停用小时数+\frac{\sum 各终端月停用小时数}{终端套数} \quad (6\text{-}7)$$

7）主站计算机系统可用率（月）单机系统≥95%，双机系统≥99%。

$$计算机系统可用率(月)=\frac{全月日历总小时数-计算机系统月停用小时数}{全月日历总小时数}\times 100\% \quad (6\text{-}8)$$

注：计算机系统停用小时数包括影响系统功能的主机硬件、软件电源停用小时总数。

8）通信通道可用率（月）≥98%。

$$通道可用率(月)=\frac{全月日历总小时数\times 套数-\sum 通道中断每套自动化系统停用小时数}{全月日历总小时数\times 套数}\times 100\% \quad (6\text{-}9)$$

注：通道中断每套设备停用小时数包括通道故障、检修及其他由于通道原因导致该套设备失效的时间。

9）配电自动化系统可用率（月）≥95%。

$$配电自动化系统可用率(月)=\frac{全月日历总小时数-配电自动化系统月停用小时数}{全月日历总小时数}\times 100\% \quad (6\text{-}10)$$

$$配电自动化系统月停用小时数=计算机系统停用小时数+\frac{\sum 各子站月停用小时数}{子站系统个数} \quad (6\text{-}11)$$

注：计算机系统停用小时数包括影响系统功能的主机硬件、软件电源停用小时总数。

第7章 配电自动化系统检测

7.1 检测对象与种类

配电自动化系统主要由主站、终端、子站和通信四个部分组成。目前子站的类型多为通信汇集型子站，其主要设备为工业交换机或 OLT 通信设备，已经简化成通信网络的一个节点。通信网络设备及其技术已经较为成熟，不作为配电自动化系统的主要检测对象。目前配电自动化主站和终端的产品生产厂家繁多，产品质量和技术水平参差不齐。配电自动化系统检测主要开展主站检测、配电自动化终端检测、系统检测、物理仿真检测和配电自动化测试新技术。

配电自动化系统检测种类分为实验室检测和现场检验。实验室检测包括型式检验和批次验收检验。新产品或老产品恢复生产以及设计和工艺有重大改进时，应在实验室进行型式检验。批量生产或连续生产的设备在验收时，应在实验室进行批次验收检验。现场检验包括交接检验和后续检验。新安装的配电终端在投入运行前应在现场进行交接检验。根据配电自动化系统或配电终端后续运行工况，可在现场安排进行后续检验，例如，故障分析检验、检修试验等。

7.2 主站检测

配电自动化主站系统检测主要围绕其基础平台开展功能指标测试和性能指标测试，确保平台完整、功能完善以及性能完好。配电自动化主站系统检测需要建立特定的测试环境，包括配置软硬件，准备测试工具等。功能检测主要围绕数据采集功能、数据处理功能、控制与操作功能、拓扑着色功能、防务闭锁功能、事故反演功能、信息分区及分流功能、系统对时功能和馈线故障处理功能等开展。性能测试主要围绕系统实时性、系统准确度、故障处理响应能力和系统资源测评等开展。

7.2.1 测试环境

主站系统测试环境如图 7-1 所示，主站系统需在基本的硬件平台和软件平台基础上正常运行。硬件平台包括稳定安全的电源系统、各种服务器、各类工作站、交换机等网络设备、正反向物理隔离装置等。软件平台包括操作系统软件、数据库软件、SCADA 应用软件、DA 应用软件等。

主站系统测试平台由主站层、数据采集交互层、通信组网层和终端接入层以及测试工作站五个部分组成，主要用于开展主站系统功能指标测试和性能指标测试，实现对主站全过程、全方位技术监督和技术支持。

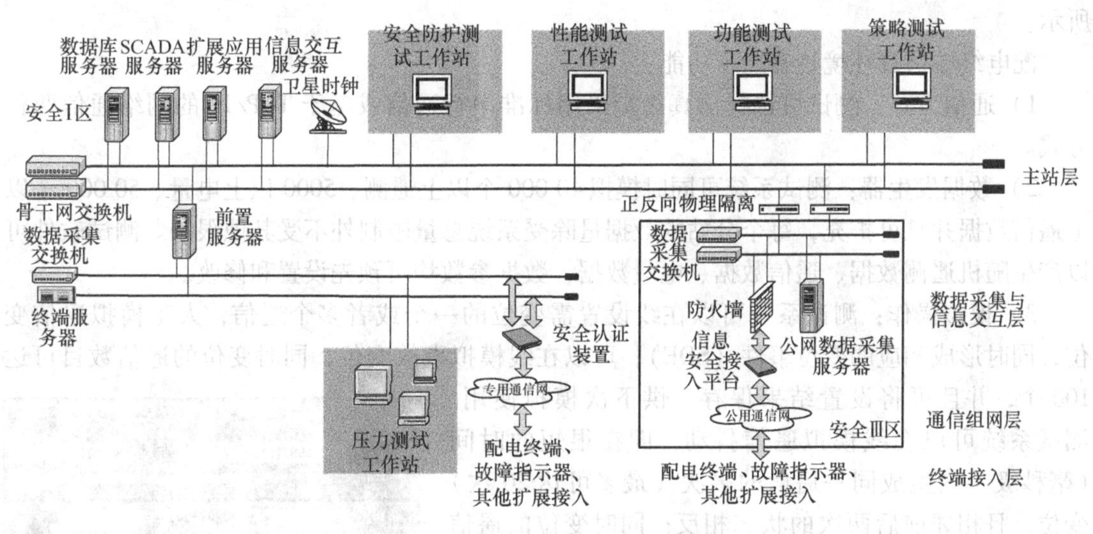

图 7-1　主站系统测试平台示意图

7.2.2　软硬件配置

测试系统硬件部分由五台工作站，两个交换机及附属设备搭建双冗余网络系统组成。其中第一台工作站分别用于模拟子站与终端机群，实现对主站的压力测试。第二台工作站用于模拟标准加密终端，实现对主站纵向加密功能测试。第三台工作站用于读取主站各应用服务器的 CPU、内存和硬盘容量等运行性能指标，实现主站系统性能测试。第四台工作站用于检测主站数据采集、数据处理、远方控制等功能，实现主站系统基本功能测试。第五台工作站用于仿真配网各种典型故障信号，实现主站系统 DA 策略合理性测试。每个工作站应配置双网卡，每个网卡捆绑 20 个 IP，实现每台 PC 工作站仿真 20 台配电终端。

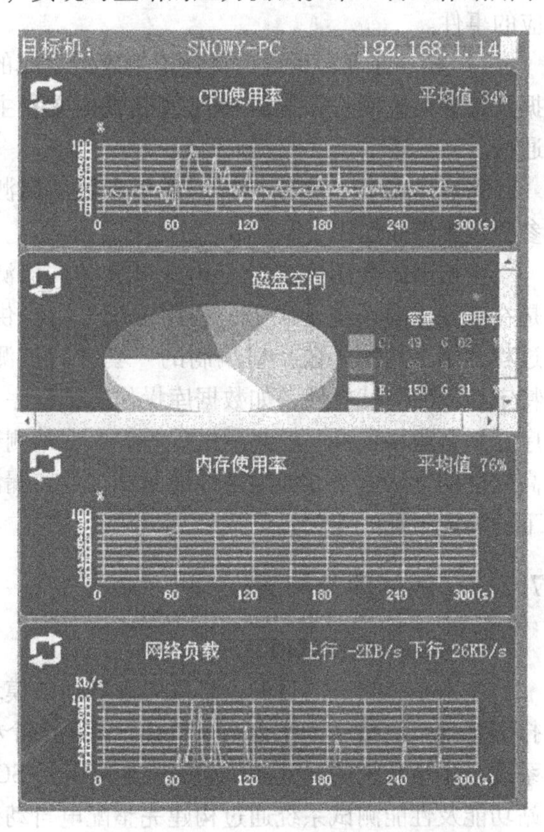

图 7-2　主站测试系统部分测试界面示意图

对主站系统进行测试，往往需运行多台配电终端配合。为了更好地完成主站系统特定功能的测试，需建立站端仿真环境。一种有效的方法是采用工作站来仿真配电自动化的 FTU、DTU 及配电子站等站端系统的运行。测试系统应能建立典型的架空线路或电缆线路模型，并配置测试案例，通过仿真终端实现遥测、遥信、遥控、SOE、对时等功能，以及基于配电网络接线图的故障模拟功能。主站测试系统部分测试界面如图 7-2

所示。

配电终端仿真环境具有以下功能：

1）通信方式：测试可选择仿真终端采用标准串行通信或基于TCP/IP的网络通信两种方式。

2）数据发生器：测试系统可同时模拟40 000个以上遥测、5000以上电量、50 000个以上遥信数据并且可扩充，每个分站的数据量除受系统总量限制外不受其他限制。测试软件可以产生随机遥测数据、遥信数据、电量数据，数据参数均可预先设置和修改。

3）模拟操作：测试系统可以在线设置需变位的一个或者多个遥信，人工模拟遥信变位，同时形成相应的变位事件（SOE）；可以在线模拟事故变位，同时变位的遥信数目可达100个，并且可将设置结果保存，供下次模拟使用。测试系统可以在线模拟遥信抖动，即在很短的时间（毫秒级）内生成同一遥信的多次（最多可达20次）变位，且相邻前后两次的状态相反；同时变位的遥信数目可达100个，并且可将设置结果保存，供下次模拟使用。测试系统在接收到主站发来的遥控设置命令后，根据被控遥信的状态和路号作出判断，给主站发送正确或错误反校信息；在接收到主站发来的遥控执行命令后，将被控遥信置反，发送变位遥信状态和相应的事件。

4）规约处理：系统可将数据生成器生成的各种数据及各种模拟操作，按各种规约形成报文和主站进行通信。

仿真终端IP、网络端口、遥信参数、遥测参数等参数设置界面如图7-3所示。

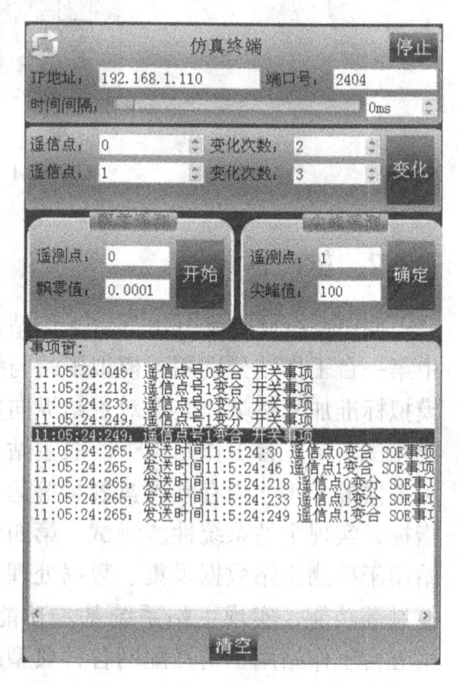

图7-3　仿真终端参数设置示意图

主站测试会用到部分专用测试软件，该测试软件是在被测试的系统基础上，利用系统平台提供的远程过程调用工具和函数接口编制的一套针对被测系统的特定功能的测试软件，如数据库操作测试程序、前置数据监视工具、分布式文件管理测试程序、平台监视工具、控制测试程序等。主站测试还会用到部分通用软件性能测试工具，以提高软件的测试质量，如网络性能测试工具、漏洞扫描等工具，用来测试网络在不同运行工况下的性能指标的变化。

7.2.3　测试项目与方法

1. 主站系统测试项目

主站系统测试的目的主要是验证各功能模块是否符合设计的要求，并且为系统集成测试打下基础。主站系统作为一个整体，是由各个模块之间协同工作共同组成的一个分布式应用系统。主站系统的单元测试包括支撑平台、SCADA系统、配电应用软件等。配电自动化主站功能及性能测试系统通过构建完整配电自动化主站检测平台，实现对各种配电自动化主站功能、性能全面的测试评价。

主站系统测试项目主要包括平台性能指标测试、应用功能指标测试、三遥正确性测试、平台服务功能测试项目、配电 SCADA 功能测试和 DA 策略合理性测试。

主站系统平台性能指标测试项目包括主站冗余性、计算机资源负载率、Ⅰ和Ⅲ区数据同步等，各项测试指标见表 7-1。

表 7-1　主站系统平台性能指标测试项目

序　号	测试项目	测试标准
1	冗余性	1）热备切换时间≤20s 2）冷备切换时间≤5min
2	资源负载率	1）CPU 峰值负载率≤50% 2）备用空间（根区）≥20%（或是 10G） 3）系统主局域网在任意 5min 内，平均负载率小于 20%
3	Ⅰ、Ⅲ区数据同步	1）信息跨越正向物理隔离时的数据传输时延＜3s 2）信息跨越反向物理隔离时的数据传输时延＜20s

主站系统应用功能指标测试项目包括实时数据变化更新时延、主站遥控输出时延、画面调用响应时间、网络拓扑着色时延、SOE 等终端事项信息时标精度等基本功能指标测试，以及信息交互接口信息吞吐效率、信息交互接口并发连接数等扩展功能指标测试。各项测试指标见表 7-2。

表 7-2　主站系统应用功能指标测试项目

序　号	测试项目	测试标准
1	基本功能	1）实时数据变化更新时延≤3s 2）主站遥控输出时延≤2s 3）SOE 等终端事项信息时标精度≤10ms 4）85% 画面调用响应时间≤3s 5）事故推画面响应时间≤10s 6）单次网络拓扑着色时延≤2s
2	扩展功能	1）信息交互接口信息吞吐效率≥20kB/s 2）信息交互接口并发连接数≥5 个

三遥正确性测试项目包括模拟量测试、状态量测试以及遥控正确性测试。各项测试指标见表 7-3。

表 7-3　主站系统三遥正确性测试项目

序　号	测试项目	测试标准
1	模拟量测试	遥测综合误差≤1.5%
2	状态量测试	遥信动作正确率≥99%
3	遥控正确性测试	遥控正确率≥99.99%

平台服务功能测试项目包括数据库管理功能测试、数据备份与恢复功能测试、系统建模功能测试、多态多应用功能测试、报表管理功能测试、人机界面测试、Web 发布功能测试、告警服务功能测试和权限管理功能测试等。测试细项详见表 7-4。

表 7-4 主站系统平台服务功能测试项目

序　　号	测试项目	
1	数据库管理	数据库维护工具
		数据库同步
		多数据集
		离线文件保存
		带时标的实时数据处理
2	数据备份与恢复	全数据备份
		模型数据备份
		历史数据备份
		定时自动备份
		全库恢复
		模型数据恢复
		历史数据恢复
3	系统建模	图模一体化网络建模工具
		外部系统信息导入建模工具
4	多态多应用	具备实时态、研究态、未来态等应用场景
		各态下可灵活配置相关应用
		多态之间可相互切换
5	权限管理	层次权限管理
		权限绑定
		权限配置
6	告警服务	语音动作
		告警分流
		告警定义
		画面调用
		告警信息存储、打印
7	报表管理	支持实时监测数据及其他应用数据
		报表设置、生成、修改、浏览、打印
		按班、日、月、季、年生成各种类型报表
		定时统计生成报表
8	人机界面	界面操作
		图形显示
		交互操作画面
		数据设置、过滤、闭锁
		多屏显示、图形多窗口
		无级缩放、漫游、拖拽、分层分级显示
		设备快速查询和定位

（续）

序　号		测 试 项 目
9	系统运行状态管理	节点状态监视
		软硬件功能管理
		状态异常报警
		在线、离线诊断工具
		冗余管理、应用管理
		网络管理
		按分区、厂家、终端功能、终端类型等分别统计在线率
		通道流量预警功能
		在线率历史分类统计分析功能
10	Web 发布	含图形的网上发布
		报表浏览
		权限限制

配电 SCADA 功能测试项目包括数据采集功能测试、数据记录功能测试、操作与控制功能测试、动态网络拓扑着色功能测试和系统对时功能测试等。测试细项详见表 7-5。

表 7-5　主站系统配电 SCADA 功能测试项目

序　号		测 试 项 目
1	数据采集	满足配电网实时监控需要
		各类数据的采集和交换
		广域分布式数据采集
		大数据量采集
		支持多种通信规约
		支持多种通信方式
		错误检测功能
		通信通道运行工况监视、统计、报警和管理
		符合国家电力监管委员会电力二次系统安全防护规定
2	数据记录	事件顺序记录（SOE）
		周期采样
3	操作与控制	人工置数
		标识牌操作
		闭锁和解锁操作
		远方控制与调节
4	动态网络拓扑着色	电网运行状态着色
		供电范围及供电路径着色
		负荷转供着色
		故障指示着色
5	系统时钟和对时	北斗或 GPS 时钟对时
		终端对时

DA 策略测试项目包括故障定位准确性测试、故障隔离措施正确性测试、负荷转移合理性测试，单个馈线故障处理耗时测试、系统并发处理馈线故障个数等。各项测试指标见表 7-6。

表 7-6 主站系统 DA 策略测试项目

序号	测试项目	
1	故障定位准确性	过电流信号、开关变位信号采集
		故障区域准确判定
2	故障隔离措施正确性	开关动作方案合理
		故障隔离控制方式可选
3	负荷转移合理性	满足安全约束
		负荷转移控制方式可选
		故障处理信息可查
4	DA 性能	系统并发处理馈线故障个数≥10 个
		DA 启动后单个馈线故障处理耗时≤5s

2. 主站系统测试方法

（1）平台性能指标测试方法

主站系统平台冗余性测试方法为：选择支持系统运行的关键冗余服务模块，比如前置采集服务、实时数据库服务、数据库管理服务、DA 计算服务等。在提供的主辅切换界面上进行热备用切换操作，观察冗余服务模块的切换耗时。将冗余服务的辅模块（进程）退出运行，然后将主模块（进程）也退出运行，快速启动冗余服务的辅模块，开始计时，当服务恢复正常时，为冷备用切换耗时。

平台资源负载测试方法为：向被测系统接入大量仿真配电自动化终端，在这些仿真终端上送实时数据；在被测试系统上需要监测的节点主机上部署系统运行资源实时监测软件，通过该软件对各节点主机的 CPU 峰值负载率、备用空间等项目进行监测。

Ⅰ、Ⅲ区数据同步测试方法为：随机选择一站所的备用开关，手动置入“合位”，记录置位时刻，同时在 Web 发布上查看该开关的位置变化，记录开关变位时刻。通过外网前置机打开 Syskeeper-2000 网络安全隔离装置的文件传输软件，手动生成一个文本数据文件，记录该文本数据文件由Ⅲ区前置机通过网络安全装置发送到Ⅰ区前置网络的时间。

（2）应用功能指标测试

主站系统各应用功能测试方法为

1）通过仿真模拟实验平台的配电终端仿真，传送 1s 级别变化遥测，在被测系统的人机交互界面观察实时数据变化更新时延是否满足要求。

2）通过在被测系统的人机交互界面进行遥控操作，仿真模拟实验平台的配电终端仿真配合遥控应答测试，检测主站遥控输出时延是否满足要求。

3）仿真模拟实验平台的配电终端仿真若干遥信变位，比较配电终端仿真发送 SOE 时间与被测系统生成的 SOE 事项时间。

4）统计被测系统人机交互界面调用画面的时间，计算响应时间是否满足要求。

5）由仿真模拟实验平台的配电终端仿真模拟事故信号发送，触发被测系统的事故推画面，使用秒表进行计时，检测系统响应时间是否达标。

6）在被测系统的人机交互界面上，通过置入遥信，改变系统拓扑，查看单次网络拓扑

着色时延是否满足要求。

7）由 GIS 产生一个异动模型，由信息交互接口向主站系统传输，记录模型传输耗时，计算接口信息吞吐效率；GIS、95598 系统、用电信息采集系统等五个以上系统同时向主站系统发布数据，信息交互接口应能有序处理，不造成数据拥堵。

（3）三遥正确性测试

主站系统模拟量测试方法为：随机选择馈线上的站所终端或馈线终端若干台，采用三相标准功率源向标准表及终端各回路注入电压和电流信号，通常加入设计额定值的 1/2、额定值、额定值的 1.2 倍，分别记录标准表和主站系统测试的电压、电流、功率、功率因素和频率等模拟量，比对计算遥测综合误差是否满足要求。

主站系统状态量测试方法为：随机选择馈线上的站所终端或馈线终端若干台，采用遥信变位模拟装置向终端各状态量采集回路注入变位信号，查看主站系统是否准确及时收到相应的变位信号；采用继保测试仪向终端遥测回路注入三相过电流的故障信号，查看主站系统是否准确及时收到相应的过电流信号。

主站系统遥控功能测试方法为：随机选择馈线上的站所终端或馈线终端若干台，将终端遥控的控制电缆拔出（有条件的区域也可以直接控制一次设备），将遥控模拟执行装置连接到终端各遥控回路，由主站系统下发遥控指令，查看主站系统是否收到遥控反校成功和遥控执行成功信号。

（4）平台服务功能测评

平台服务功能为测评项目，主要通过测评人员在主站系统平台上进行相应操作体验以获取服务的测评感知。平台服务功能测评包括数据测评、系统建模功能测评、多态多应用功能测评、权限管理测评、报表管理测评、人机界面测评和系统运行状态管理测评七个部分。

数据测评通过查看数据是否有维护工具，是否提供不同数据库间的同步菜单指令，是否支持多数据库，是否具有备份菜单和备份参数设置等。系统建模测评则通过在 GIS 建立一个开关模型，然后导入主站系统，查看图形和模型是否导入准确，系统导入工具和建模工具是否易于操作。多态多应用功能测评则通过测评人员操作进入相应的实时态、研究态和未来态，在人机交互界面提供各态切换的快捷操作菜单，在研究态和未来态可仿真各故障信号，可配置各种应用，观察各态下主站系统功能的可用性。权限管理测评则通过测评人员设置新用户，绑定该用户权限，并进入该用户系统进行系统操作，观察用户是否建立、权限是否受到约束。报表管理测评则通过测评人员创建报表、查看各类报表等操作，观察系统报表管理服务是否完善。Web 发布服务则通过测评人员查看 Web 发布平台的信息是否及时更新，发布信息是否完整。人机界面测评则通过测评人员进行界面操作，观察图形显示是否协调美观，图形是否可无级缩放、漫游、拖拽和分层分级显示，是否支持多屏显示和图形多窗口，是否可快速查询和定位各设备等。系统运行状态管理测评是通过系统自带的资源监测软件来完成，通过该软件可监视系统节点状态是否在线，状态是否异常，终端是否掉线，网络是否畅通及通道流量是否异常等情况。

（5）配电 SCADA 功能测试

主站系统数据采集功能测评方法为：进入人机交互界面，查看各站所终端或馈线终端是否实时上送采集数据，该部分可配合现场终端进行测试。使用标准源向现场终端注入电压和电流信号，查看系统是否采集数据并在主站数据库和界面上及时更新。进入采集实时数据库，查看数据是否包括电压、电流、有功、无功、功率因素、频率、开关分合位置等数据。查看系统是否支持或存在光纤通信、无线通信和载波通信，系统是否支持104、101及串口等通信规约。查看系统是否安装正反向物理隔离装置，是否具备对遥控进行纵向加密功能等。

数据记录测评则通过测评人员重点查看事件顺序记录（SOE）和采样周期。核对事件顺序记录（SOE）和普通非SOE事项记录，检查两项是否匹配。查看开关的遥控记录，核对其对应的SOE记录。查看周期采样设置是否合理，是否可更改。

操作与控制测评则通过测评人员进行相应操作完成测评。对于不良数据干扰系统正常运行，系统应支持人工置数，并在缺陷处理结束后解除人工置入的数据。另外，系统还应在人机交互界面支持标识牌操作、闭锁和解锁等操作，用以配合现场一、二次设备的检修作业。

动态网络拓扑着色测试可通过主站测试软件和主站系统均建立相应的测试网络，主站测试软件通过前置交换机注入信号，主站系统应能正确响应。通过改变测试系统的运行状态，查看主站是否进行电网运行状态着色；改变测试系统的停电区域，查看主站是否分析供电范围并进行供电路径着色；注入故障信号，查看主站是否对故障进行指示着色，对转供负荷进行着色。

对时功能测评则是通过测评人员查看主站是否配置北斗或GPS时钟，主站是否有对时功能，查看其自动对时周期，查看其SOE时标是否与系统的时间相符，另外还可在现场随机抽检终端，查看其时标是否与主站系统一致。

（6）DA策略性测试

主站系统和故障处理策略测试软件配合建立待测典型拓扑网络，测试软件通过主站前置交换机向主站系统注入网络运行参数。测试软件可仿真多套站所终端或馈线终端，实时上送遥测数据和遥信数据。DA策略性测试部分，测试软件通过上送过电流信号和开关变位信号实现各类典型故障模拟，主要有瞬时性故障、负荷侧故障、母线故障、线路故障、多重故障、开关拒动、信号缺失等。故障定位准确性测试方面，当测试软件产生过电流和开关变位信号后，主站系统应采集到变量，并据此准确判定故障发生的区域。对于故障隔离措施测试方面，当主站准确判定了故障区域后，应推导出故障区域两侧开关分闸隔离措施，并可提示调度员选择手动遥控操作或系统自动执行，隔离措施不应扩大停电范围。故障隔离后，系统应能给出负荷转移的合理性建议，主要包括故障区域后方的负荷转供及故障区域前端的负荷恢复供电的开关动作方案，该方案应满足安全约束，不应导致馈线或开关等设备过载。

DA性能方面，通过故障处理策略测试软件模拟单个馈线故障。从主站前置服务器接收到故障信号开始，到DA策略完整推导给调度员的耗时不应超过5s。在系统并发处理馈线故障个数方面，通过主站系统和测试软件配合建立待测大型拓扑网络，测试软件选定10条馈线模拟同时发生线路永久性三相短路故障。主站系统应能快速并发处理，分别准确定位这10条馈线故障发生区域，推导出合理的故障隔离方案和负荷转供措施。

7.3 配电自动化终端检测

7.3.1 测试环境

除静电放电抗扰度试验相对湿度应在30%～60%外，其他各项试验均在以下大气条件下进行，即

1）温度：+15～+35℃。

2）相对湿度：25%～75%。

3）大气压力：86～108kPa。

在每一项目的试验期间，大气环境条件应相对稳定。

试验时电源条件为：

1）频率：50Hz，允许偏差-2%～+1%；

2）电压：220V，允许偏差±5%。

在每一项目的试验期间，电源条件应相对稳定。

7.3.2 软硬件配置

配电终端的实验室检测系统由测试计算机、三相标准表、程控三相功率源、直流标准表、直流信号源、状态量模拟器、控制执行指示器、被测样品等构成，实验室检测系统示意图如图7-4所示。

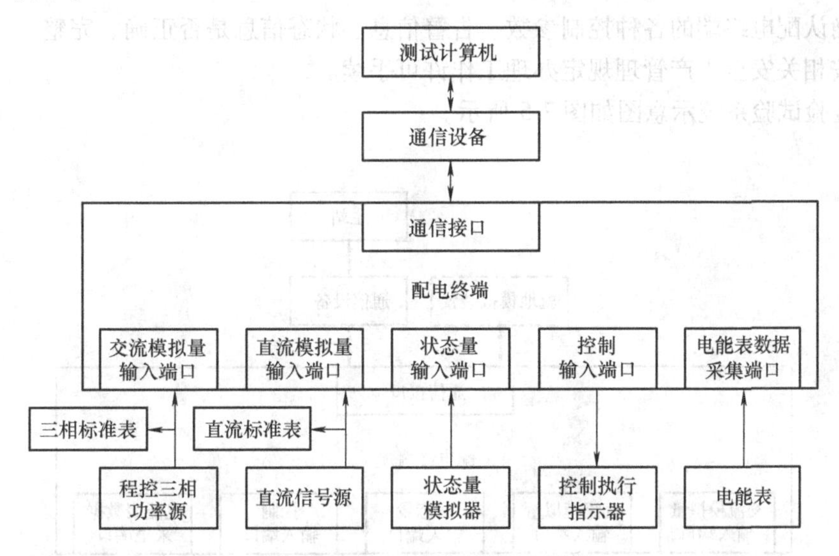

图7-4 实验室检测系统示意图

所有标准表的基本误差应不大于被测量准确度等级的1/4，推荐标准表的基本误差应不大于被测量准确度等级的1/10。标准仪表应有一定的标度分辨率，使所取得的数值等于或高于被测量准确度等级的1/5。

现场检验至少配备多功能电压表、电流表、钳形电流表、万用表、综合测试仪、三相功率源及独立的试验电源等设备，且配电终端检验所使用的仪器、仪表必须经过检验合格。现场检验前还需准备以下工作：

1）现场检验前，应详细了解配电终端及相关设备的运行情况，据此制定在检验工作过程中确保系统安全稳定运行的技术措施。

2）应配备与配电终端实际工作情况相符的图纸、上次检验的记录、标准化作业指导书、合格的仪器仪表、备品备件、工具和连接导线等，熟悉系统图纸，了解相关参数定义，核对主站信息。

3）进行现场检验时，不允许把规定有接地端的测试仪表直接接入直流电源回路中，以防止发生直流电源接地的现象。

4）对新安装配电终端的交接检验，应了解配电终端的接线情况及投入运行方案；检查配电终端的接线原理图、二次回路安装图、电缆敷设图、电缆编号图、电流互感器端子箱图、配电终端技术说明书、电流互感器的出厂试验报告等，确保资料齐全、正确；根据设计图纸，在现场核对配电终端的安装和接线是否正确。

5）检查核对电流互感器的电流比值是否与现场实际情况符合。

6）检验现场应提供安全可靠的独立试验电源，禁止从运行设备上直接取试验电源。

7）确认配电终端和通信设备室内的所有金属结构及设备外壳均应连接于等电位地网，配电终端和配电终端屏柜下部接地铜排已可靠接地。

8）检查通信信道是否处于良好状态。

9）检查配电终端的状态信号是否与主站显示相对应，检查主站的控制对象和现场实际开关是否相符。

10）确认配电终端的各种控制参数、告警信息、状态信息是否正确、完整。

11）按相关安全生产管理规定办理工作许可手续。

现场检验试验系统示意图如图 7-5 所示。

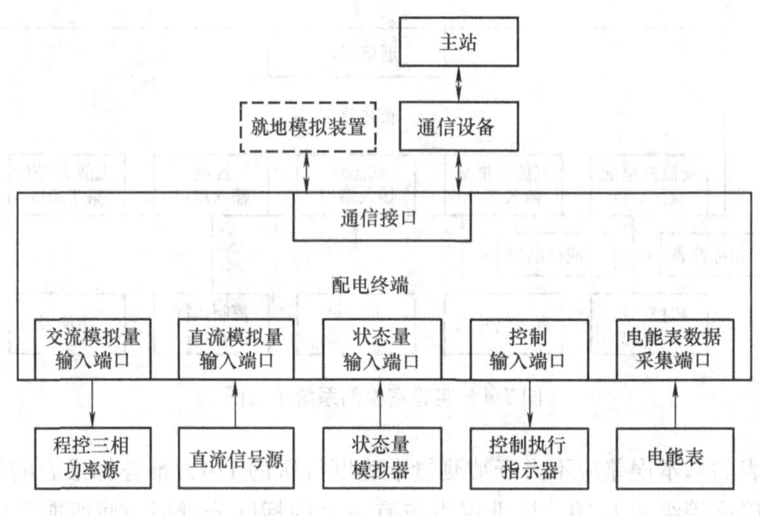

图 7-5　现场检验系统示意图

7.3.3　实验室测试项目与方法

1. 测试项目

配电自动化终端实验室测试的项目包括外观和结构试验、基本功能和主要性能试验、连续通电稳定性试验、电源影响试验、环境影响试验、绝缘性能试验、电磁兼容性试验和机械振动试验等八个大项目，并可进一步细分为外观一般检查试验、交流输入模拟量基本误差试验、远方控制试验、数据和时钟保持试验、湿热试验、静电放电抗扰度试验和机械振动试验等三十五个小项目。实验室测试项目详见表 7-7。

表 7-7 配电自动化终端实验室测试项目

序 号	检验大项	检验小项
1	外观和结构试验	外观一般检查试验
2		电气间隙和爬电距离试验
3		外壳和端子着火试验
4		防尘试验
5		防水试验
6	基本功能和主要性能试验	与上级站通信正确性试验
7		信息响应时间试验
8		交流输入模拟量基本误差试验
9		交流模拟量输入的影响量试验
10		工频交流输入量的其他试验
11		直流模拟量模数转换总误差试验
12		状态量输入试验
13		远方控制试验
14		故障处理试验
15		安全防护试验
16	连续通电稳定性试验	连续通电稳定性试验
17	电源影响试验	电源断相试验
18		电源电压变化试验
19		后备电源试验
20		功率消耗试验
21		数据和时钟保持试验
22	环境影响试验	低温试验
23		高温试验
24		湿热试验
25	绝缘性能试验	绝缘电阻试验
26		绝缘强度试验
27		冲击电压试验
28	电磁兼容性试验	电压暂降和短时中断试验
29		工频磁场抗扰度试验
30		射频电磁场辐射抗扰度试验
31		静电放电抗扰度试验
32		电快速瞬变脉冲群抗扰度试验
33		阻尼振荡波抗扰度试验
34		浪涌抗扰度试验
35	机械振动试验	机械振动试验

2. 测试方法

（1）外观一般检查试验

1）目测检查配电终端在显著部位有无设置持久明晰的铭牌或标志。标志应包含产品型号、名称、制造厂名称和商标、出厂日期及编号。

2）目测检查配电终端有无明显的凹凸痕、划伤、裂缝和毛刺，镀层不应脱落，标牌文字、符号应清晰、耐久。

3）目测检查配电终端是否具有独立的保护接地端子，并与外壳牢固连接。用游标卡尺测量接地螺栓的直径应不小于6mm。

（2）电气间隙和爬电距离试验

用游标卡尺测量端子的电气间隙和爬电距离，应符合表7-8规定。

表7-8　最小电气间隙和爬电距离

额定电压/V	电气间隙/mm	爬电距离/mm
$U≤25$	1	1.5
$25<U≤60$	2	2
$60<U≤250$	3	4
$250<U≤380$	4	5

（3）外壳和端子着火试验

在非金属外壳和端子排（座）及相关连接件的模拟样机上进行试验，模拟样机使用的材料应与配电终端的材料相同。端子排（座）的热丝试验温度为：960℃±15℃，外壳的热丝试验温度为：650℃±10℃，试验时间为30s。

在施加灼热丝期间，观察样品的试验端子以及端子周围，试验样品无火焰或不灼热；若样品在施加灼热丝期间产生火焰或灼热，应在灼热丝移去后30s内熄灭。

（4）防尘试验

若配电终端为户内安装型，应将其放置于防尘箱中，试验持续时间8h，配电终端应达到IP20级，具有防止不小于12.5mm固体异物进入的能力。

若配电终端为户外安装型，应将其放置于防尘箱中，试验持续时间8h，配电终端应达到IP54级，具有防尘的能力。

（5）防水试验

安装在户内的配电终端不需进行此项试验。户外安装型配电终端应放置于淋雨箱中，试验持续时间10min，配电终端应达到IP54级，具有防溅水的能力。

（6）与上级站通信正确性试验

被测配电终端的输入、输出口连接外部信号源、模拟器等试验仪器设备，通过通信设备将配电终端与测试计算机相连。通电后，测试计算机应能正确显示遥信状态、召测的遥测数据。测试计算机发送遥控命令，配电终端应能正确执行，控制执行指示器应显示正确。

（7）信息响应时间试验

在状态信号模拟器上拨动任何一路试验开关，在测试计算机上应观察到对应的遥信位变化，记录从模拟开关动作到遥信位变化的时间，响应时间应不大于1s。在工频交流电量输入回路施加一个阶跃信号为较高额定值的0～90%，或电流额定值的10%～100%，测试计算机应显示对应的数值变化，记录从施加阶跃信号到数值变化的时间，响应时间应不大于1s。

(8) 电压、电流基本误差测量

调节程控三相功率源的输出，保持输入电量的频率为50Hz，谐波分量为0，依次施加输入电压额定值的60%、80%、100%、120%和输入电流额定值的5%、20%、40%、60%、80%、100%、120%及0。待标准表读数稳定后，读取标准表的显示输入值 U_i 及 I_i，通过测试计算机读取配电终端测量值 U_o 及 I_o，计算电压基本误差 E_u 及电流基本误差 E_i，误差应符合终端的技术要求。

(9) 有功功率、无功功率基本误差测量

调节程控三相功率源的输出，保持输入电压为额定值，频率为50Hz，改变输入电流为额定值的5%、20%、40%、60%、80%、100%。待标准表读数稳定后，分别记录标准表读出的输入有功功率 P_i、无功功率 Q_i 和配电终端测出的有功功率 P_o、无功功率 Q_o。有功功率基本误差 E_p 及无功功率基本误差 E_q，误差应符合终端的技术要求。

(10) 功率因数基本误差测量

调节程控三相功率源的输出，保持输入电压、电流为额定值，频率为50Hz，改变相位角 φ 分别为0°、30°、45°、60°、90°。待标准表读数稳定后，分别记录标准表读出的功率因数 PF_i 和配电终端测出的 PF_o，基本误差 $E\cos\varphi$ 应符合终端的技术要求。

(11) 谐波分量基本误差测量

保持输入电压频率为50Hz，分别保持输入电压为额定电压的80%、100%、120%，在各个输入电压下分别施加输入电压幅值的10%的2~19次谐波电压 U_h，记录标准谐波源设定或标准谐波分析仪读出的2~19次谐波电压 U_{oh}，求出2~19次电压谐波分量的基本误差 E_{Uh}，误差应符合终端的技术要求。

保持输入电流频率为50Hz，分别保持输入电流为额定值的10%、40%、80%、100%、120%，在各个输入电流下分别施加输入电流幅值的10%的2~19次谐波电流 I_h，记录标准谐波源设定或标准谐波分析仪读出的2~19次谐波电流 I_{oh}，求出2~19次电流谐波分量的基本误差 E_{Ih}，误差应符合终端的技术要求。

(12) 交流模拟量输入的影响量试验

对于工频交流输入量，影响量引起的改变量试验，是对每一影响量测定其改变量。试验中其他影响量应保持参比条件不变。

输入量频率变化引起的改变量试验方法为：在参比条件下测量工频交流电量的输出值，改变输入量的频率值分别为47.5Hz和52.5Hz，依次测量相同点上的输出值，输入量频率变化引起的改变量应不大于准确等级指数的100%。

功率因数变化对有功功率、无功功率引起的改变量试验方法为：在参比条件下测量工频交流电量的输出值，改变功率因数 $\cos\varphi$ ($\sin\varphi$) 值为 $0 \leqslant \cos\varphi$ ($\sin\varphi$) <0.5，超前或滞后各取一点，调节电流保持有功功率或无功功率输入初始值不变，测量输出值。功率因数变化引起的改变量，最大改变量应不大于准确等级指数的100%。

不平衡电流对三相有功功率和无功功率引起的改变量试验方法为：在参比条件下，电流应平衡，并调整输入电流使其为较高额定值的一半，测量有功功率、无功功率的输出值。断开任何一相电流，保持电压平衡和对称，调整其他相电流，并保持有功功率或无功功率与输入的初始值相等，记录新的输出值。不平衡电流引起的改变量，最大改变量应不大于准确等级指数的100%。

被测量超量限引起的改变量试验方法为：在输入额定值的100%时测量基本误差，在输入额定值的120%时测量误差，两个误差之差不应超过准确等级指数的50%。

输入电流变化引起的相角和功率因数输出改变量试验方法为：在参比条件下测量相角和功率因数的输出值，改变输入电流为额定值的20%~120%，测量输出值。输入电流变化引起的改变量，最大改变量应不大于准确等级指数的100%。

（13）工频交流输入量的其他试验

连续过量输入试验的方法为：交流输入电压调整到额定值的150%，交流输入电流调整到额定值的200%，施加时间24h后，计算连续过量输入时的误差应符合终端的技术要求。

短时过量输入试验的方法为：按表7-9的规定进行试验，配电终端应能正常工作；过量输入后，恢复额定值输入时的基本误差应符合终端的技术要求。

表7-9 短时过量输入参数

被测量	电流输入量	电压输入量	施加次数	施加时间/s	相邻施加间隔时间/s
电流	额定值×20	—	5	1	300
电压	—	额定值×2	10	1	10

故障电流输入试验的方法为：交流输入电流调整到额定值的1000%，计算电流误差应不大于5%。

（14）直流模拟量模数转换总误差试验

调节直流信号源使其分别输出20mA、16mA、12mA、8mA、4mA的电流，记录直流标准表测量的相应读数I_i，同时在被试设备的显示输出值记为I_o，误差E_i应满足要求。

（15）状态量输入试验

将信号模拟器（脉冲发生器）的两路输出连接到配电终端的两路状态量输入端子上，对两路输出设置一定的时间延迟，该值应不大于10ms（可调），配电终端应能正确显示状态的变换及动作时间，开关变位事件记录分辨时间精度≤10ms，试验重复5次以上。

（16）远方控制试验

配电终端置在远方控制位置，测试计算机发出开/合控制命令，配电终端输出继电器的动作应符合要求，控制执行指示器应有正确指示，重复试验100次以上。模拟开关动作故障和遥控返校失败，检查命令执行的准确性。

（17）故障处理试验

将故障电流模拟器输出连接到配电终端的交流电流输入端，配电终端设置好故障电流整定值，模拟器产生大于整定值的故障电流，配电终端应产生相应的重要事件记录，并将事件立即上报。

（18）安全防护试验

配电终端应配备单向主站身份认证功能，通过对配电主站所发控制命令进行单向身份认证，实现控制报文的安全保护，具备抵抗窃取配电终端信息、篡改配电终端数据的安全防护能力，配电终端安全模块的密钥算法应符合国家密码管理相关政策。

（19）连续通电稳定性试验

配电终端在正常工作状态连续通电72h，在72h期间每8h进行抽测，测试状态输入量、遥控、交流输入模拟量、直流输入模拟量和SOE站内分辨率应符合终端的技术要求。

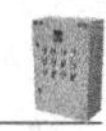

（20）电源断相试验

在频率50Hz（允许偏差-2%～+1%）及电压220V（允许偏差±5%）电源条件下进行电源断相试验，试验时配电终端应正常工作，试验后，功能和性能应符合终端的技术要求。

（21）电源电压变化试验

将电源电压变化到配电终端工作电源额定值的80%和120%，配电终端应能正常工作，测试状态输入量、遥控、交流输入模拟量、直流输入模拟量和事件记录站内分辨率应符合终端的技术要求。电源电压变化引起的交流输入模拟量改变量应不大于准确等级指数的50%。

（22）后备电源试验

在配电终端工作正常的情况下，将供电电源断开，其备用储能装置应自动投入，采用蓄电池储能的配电终端在8h内应能正常工作和通信，测试计算机分别发送3组遥控分闸、合闸命令，配电终端应能正确控制开关动作。

（23）功率消耗试验

整机功率消耗试验方法为：在非通信状态下，用准确度不低于0.2级的三相多功能标准表测量配电终端电源回路的电流值（A）和电压值（V），其乘积（V·A）即为整机视在功耗，其值应符合终端的技术要求。

电压、电流回路功率消耗试验方法为：在输入额定电压和电流时，用高阻抗电压表和低阻抗电流表测量交流电压、电流输入回路的电压值和电流值，其乘积（V·A）即为功率消耗，其值应符合终端的技术要求。

（24）数据和时钟保持试验

记录配电终端中已有的各项数据和时钟显示，断开供电电源72h后，再合上电源，检查各项数据应无改变和丢失；与标准时钟源对比，时钟走时应准确。

（25）低温试验

将配电终端在非通电状态下放入低温试验箱中央，配电终端各表面与低温试验箱内壁的距离不小于150mm。低温箱以不超过1℃/min变化率降温，待降温至表7-10规定的最低温度并稳定后，保温2h，然后通电2h后，测试状态输入量、遥控、直流输入模拟量、交流输入模拟量和事件记录站内分辨率应符合终端的技术要求。低温时引起的交流输入模拟量的改变量应不大于准确等级指数的100%。

表7-10 气候环境条件分类

级别	空气温度		湿度	
	范围/℃	最大变化率①/（℃/min）	相对湿度②（%）	最大绝对湿度/(g/m³)
C1③	-5～+45	0.5	5～95	20
C2	-25～+55	0.5	10～100	29
C2	-40～+70	1		35
C2	/	/	/	/

① 温度变化率取5min时间内平均值。

② 相对湿度包括凝露。

③ CX级别根据需要由用户确定。

（26）高温试验

将配电终端在非通电状态下放入高温试验箱中央。高温箱以不超过1℃/min变化率升温，待升温至表7-11规定的最高温度并稳定后，保温2h，然后通电2h后，测试状态输入量、遥控、直流输入模拟量、交流输入模拟量和事件记录站内分辨率应符合终端的技术要求。高温时引起的交流输入模拟量的改变量应不大于准确等级指数的100%。

表7-11　气候环境条件分类

级　别	空气温度		湿　度	
	范围/℃	最大变化率①/（℃/min）	相对湿度②（%）	最大绝对湿度/(g/m³)
C1③	-5～+45	0.5	5～95	20
C2	-25～+55	0.5	10～100	29
C2	-40～+70	1		35
C2	/	/	/	/

① 温度变化率取5min时间内平均值。
② 相对湿度包括凝露。
③ CX级别根据需要由用户确定。

（27）湿热试验

配电终端各表面与湿热试验箱内壁的距离不小于150mm，凝结水不得跌落到试验样品上。试验箱以不超过1℃/min变化率升温，待试验箱内达到并保持温度（40±2）℃、相对湿度（93±3）%，试验周期为48h。试验过程最后1～2h，按表7-12规定用相应电压的兆欧表测量湿热条件下的绝缘电阻应不低于2MΩ，测量时间不小于5s。

表7-12　各电气回路对地和各电气回路之间的绝缘电阻要求

额定绝缘电压/V	绝缘电阻/MΩ		测试电压/V
	正常条件	湿热条件	
$U \leqslant 60$	≥5	≥2	250
$60 < U \leqslant 250$	≥5	≥2	500

试验结束后，先把试验箱内的相对湿度降到75%±3%，0.5h后将试验箱内温度恢复到正常温度并稳定后将配电终端取出，在大气条件下恢复1～2h，检查配电终端金属部分应无腐蚀和生锈情况，测试状态输入量、遥控、直流输入模拟量、交流输入模拟量和事件记录站内分辨率应符合终端的技术要求。

（28）绝缘电阻试验

试验时配电终端应盖好外壳和端子盖板。如外壳和端子盖板由绝缘材料制成，应在其外覆盖以导电箔并与接地端子相连，导电箔应距接线端子及其穿线孔2cm。试验时，不进行试验的电气回路应短路并接地。在正常试验条件和湿热试验条件下，按表7-12的测试电压，在配电终端的端子处测量各电气回路对地和各电气回路间的绝缘电阻，其值应符合表7-12的规定。

（29）绝缘强度试验

试验时配电终端应盖好外壳和端子盖板。如外壳和端子盖板由绝缘材料制成，应在其外

覆盖以导电箔并与接地端子相连，导电箔应距接线端子及其穿线孔 2cm。试验时，不进行试验的电气回路应短路并接地。用 50Hz 正弦波电压对以下回路进行试验，时间 1min。

被试回路为：电源回路对地、输出回路对地、状态输入回路对地、工频交流电量输入回路对地、以上无电气联系的各回路之间、输出继电器常开触头之间、交流电源和直流电源间。

试验时不得出现击穿、闪络现象，泄漏电流应不大于 5mA。试验后测试状态输入量、遥控、直流输入模拟量、交流输入模拟量和事件记录站内分辨率应符合终端的技术要求。工频交流电量测量的基本误差满足其等级指数要求。

（30）冲击电压试验

试验时配电终端应盖好外壳和端子盖板。如外壳和端子盖板由绝缘材料制成，应在其外覆盖以导电箔并与接地端子相连，导电箔应距接线端子及其穿线孔 2cm。试验时，不进行试验的电气回路应短路并接地。

冲击电压要求：

1）脉冲波形：标准 1.2μs/50μs 脉冲波。

2）电源阻抗：（500 ±50）Ω。

3）电源能量：（0.5 ±0.05）J。

每次试验分别在正、负极性下施加 5 次，两个脉冲之间最少间隔 5s，试验电压按表 7-13 规定。

表 7-13　冲击试验电压

额定绝缘电压/V	试验电压有效值/V	额定绝缘电压/V	试验电压有效值/V
$U \leqslant 60$	2000	$125 < U \leqslant 250$	5000
$60 < U \leqslant 125$	5000	$250 < U \leqslant 400$	6000

注：RS485 接口与电源回路间试验电压不低于 4000V。

被试回路为：电源回路对地、输出回路对地、状态输入回路对地、工频交流电量输入回路对地、以上无电气联系的各回路之间、RS485 接口与电源端子间。

试验后，配电终端应能正常工作，测试状态输入量、遥控、直流输入模拟量、交流输入模拟量和事件记录站内分辨率应符合终端的技术要求。工频交流电量测量的基本误差满足其等级指数要求。

（31）电压暂降和短时中断试验

配电终端在通电状态下，在下述条件下进行试验：电压试验等级 0% UT；从额定电压暂降 100%；持续时间 0.5s，25 个周期；中断次数：3 次，各次中断之间的恢复时间 10s。以上电源电压的突变发生在电压过零处。

试验时配电终端应能正常工作，测试状态输入量、遥控、直流输入模拟量、交流输入模拟量和 SOE 站内分辨率应符合终端的技术要求。电压暂降和短时中断的影响引起的改变量应不大于准确等级指数的 200%。

（32）工频磁场抗扰度试验

将配电终端置于与系统电源电压相同频率的、随时间正弦变化的、强度为 100A/m（5 级）的稳定持续磁场的线圈中心，配电终端应能正常工作，测试状态输入量、遥控、直流输入模拟量、交流输入模拟量和 SOE 站内分辨率应符合终端的技术要求。工频磁场引起的改变量应不大于准确等级指数的100%。

(33) 射频电磁场辐射抗扰度试验

配电终端在正常工作状态下，在下述条件下进行试验。一般试验等级：频率范围 80 ~ 1000MHz；严酷等级 3；试验场强 10V/m（非调制）；正弦波 1kHz，80% 幅度调制。抵抗数字无线电话射频辐射的试验等级：频率范围 1.4 ~ 2GHz；严酷等级 4；试验场强 30V/m（非调制）；正弦波 1kHz，80% 幅度调制。

采用无线通信信道的配电终端，试验时配电终端天线应引出，配电终端在使用频带内不应发生错误动作；在使用频带外应能正常工作和通信，测试状态输入量、遥控、直流输入模拟量、交流输入模拟量和 SOE 站内分辨率应符合终端的技术要求。一般等级试验时，射频磁场引起的改变量应不大于准确等级指数的 100%。

采用其他信道的配电终端，试验时应能正常工作，测试状态输入量、遥控、直流输入模拟量、交流输入模拟量和 SOE 站内分辨率应符合终端的技术要求。一般等级试验时，射频磁场引起的改变量应不大于准确等级指数的 100%。

(34) 静电放电抗扰度试验

配电终端在正常工作状态下，在下述条件下进行试验：严酷等级 4；试验电压 8kV；直接放电施加在操作人员正常使用时可能触及的外壳和操作部分，包括 RS485 接口；每个敏感试验点放电次数为正负极性各 10 次，每次放电间隔至少为 1s。如配电终端的外壳为金属材料，则直接放电采用接触放电；如配电终端的外壳为绝缘材料，则直接放电采用空气放电。

试验时配电终端容许出现短时通信中断和液晶显示瞬时闪屏，测试状态输入量、遥控、直流输入模拟量、交流输入模拟量和 SOE 站内分辨率应符合终端的技术要求。静电放电引起的改变量应不大于准确等级指数的 200%。

(35) 电快速瞬变脉冲抗扰度试验

按表 7-14 规定的严酷等级和试验电压，并在下述条件下进行试验：

1) 配电终端在工作状态下，试验电压分别施加于配电终端的状态量输入回路、交流输入模拟量回路、控制输出回路的每一个端口和保护接地端之间。严酷等级 3/4；试验电压 ±1kV/ ±2kV；重复频率 5kHz 或 100kHz；试验时间 1min/次；试验电压施加次数为正负极性各 3 次。

2) 配电终端在工作状态下，试验电压施加于配电终端的供电电源端和保护接地端。严酷等级 3/4；试验电压 ±2kV/ ±4kV；重复频率 2.5kHz、5kHz 或 100kHz；试验时间 1min/次；施加试验电压次数为正负极性各 3 次。

3) 配电终端在正常工作状态下，用电容耦合夹将试验电压耦合至脉冲信号输入及通信线路上。严酷等级 3；试验电压 ±1kV；重复频率 5kHz 或 100kHz；试验时间 1min/次；施加试验电压次数为正负极性各 3 次。

在对各回路进行试验时，容许出现短时通信中断和液晶显示瞬时闪屏，测试状态输入量、遥控、直流输入模拟量、交流输入模拟量和 SOE 站内分辨率应符合终端的技术要求。电快速瞬变脉冲群引起的改变量应不大于准确等级指数的 200%。

(36) 阻尼振荡波抗扰度试验

配电终端在正常工作状态下，在下述条件下进行试验：电压上升时间（第一峰）75ns ±20%；振荡频率1MHz ±10%；重复率至少400/s；衰减为第三周期和第六周期之间减至峰值的50%；脉冲持续时间不小于2s；输出阻抗200Ω ±20%；电压峰值为共模方式2.5kV、差模方式1.25kV（电源回路），共模方式1kV（状态量输入回路、控制输出回路各端口以及交流电压、电流输入回路）；试验次数为正、负极性各3次；测试时间60s。

在对各回路进行试验时，容许出现短时通信中断和液晶显示瞬时闪屏，测试状态输入量、遥控、直流输入模拟量、交流输入模拟量和SOE站内分辨率应符合终端的技术要求。阻尼振荡波引起的改变量应不大于准确等级指数的200%。

（37）浪涌抗扰度试验

配电终端在正常工作状态下，并在下述条件下进行试验：严酷等级按表7-14规定，电源回路、交流输入模拟量回路3级或4级，状态量输入回路和控制输出回路3级或4级；试验电压为共模2kV（3级）或4kV（4级），差模1kV（3级）或2kV（4级）；波形为1.2μs/50μs；极性为正、负，正负极性各试验5次，每分钟重复一次。

表7-14 电磁兼容试验项目及等级

序号	试验项目	等级	试验值	试验回路
1	工频磁场抗扰度		100A/m	整机
2	射频辐射电磁场抗扰度	3/4	10V/m（80～1000MHz） 30V/m（1.4～2GHz）	整机
3	静电放电抗扰度	4	8kV，直接	外壳
4	电快速瞬变脉冲群抗扰度		1.0kV（耦合）	通信线
5		3	1.0kV	信号输入、输出回路，控制回路
6			2.0kV	电源回路
7		4	2.0kV	信号输入、输出回路，控制回路
8			4.0kV	电源回路
9	阻尼振荡波抗扰度	2	1.0kV（共模）	信号输入、控制回路，RS485接口
10		4	2.5kV（共模） 1.25kV（差模）	电源回路
11	浪涌抗扰度	3	2.0kV（共模） 1.0kV（差模）	信号、控制回路和电源回路
12		4	4.0kV（共模） 2.0kV（差模）	信号、控制回路和电源回路

在对各回路进行试验时，容许出现短时通信中断和液晶显示瞬时闪屏，试验后测试状态输入量、遥控、直流输入模拟量、交流输入模拟量和SOE站内分辨率应符合终端的技术要求。浪涌引起的改变量应不大于准确等级指数的200%。

（38）机械振动试验

配电终端不包装、不通电，固定在试验台中央。振动频率f为2～9Hz时振幅为0.3mm；频率f为9～500Hz时加速度为$1m/s^2$；在三个互相垂直的轴线上依次扫频；每轴线扫频循环20次。

试验后检查配电终端应无损坏和紧固件松动脱落现象，测试状态输入量、遥控、直流输入模拟量、交流输入模拟量和事件记录站内分辨率应符合终端的技术要求。

7.3.4 现场检验项目与方法

1. 测试项目

配电自动化终端现场检验的项目包括通信、状态量采集、模拟量采集、控制功能、维护功能、当地功能和其他功能等七个大项目，并可进一步细分为校时、开关分合状态、电压、电流、开关分合闸控制、远方参数设置、程序远程下载、馈线故障检测及记录等13个小项目。现场测试项目详见表7-15。

表7-15　配电自动化终端现场测试项目

序　号	检验项目	
1	通信	与上级站通信
2		校时
3	状态量采集	开关分合状态
4	模拟量采集	电压
5		电流
6		有功功率
7		无功功率
8	控制功能	开关分合闸
9	维护功能	当地参数设置
10		远方参数设置
11		程序远程下载
12	当地功能	运行、通信、遥信等状态指示
13	其他功能	馈线故障检测及记录

2. 测试方法

（1）通信

配电终端与上级主站通信的测试方法为：主站发召唤遥信、遥测和遥控命令后，配电终端应正确响应，主站应显示遥信状态、召测到遥测数据，配电终端应正确执行遥控操作。主站发校时命令，配电终端显示的时钟应与主站时钟一致。

（2）状态量采集

将配电终端的状态量输入端连接到实际开关信号回路，主站显示的各开关的开、合状态应与实际开关的开、合状态一一对应。

（3）模拟量采集

通过程控三相功率源向配电终端输出电压、电流，主站显示的电压、电流、有功功率、无功功率、功率因数的准确度等级应符合终端的技术要求。配电终端的电压、电流输入端口直接连接到二次PT/TA回路时，主站显示的电压、电流值应与实际电压、电流值一致。

（4）控制功能

就地向配电终端发开/合控制命令，控制执行指示应与选择的控制对象一致，选择/返校过程正确，实际开关应正确执行合闸/跳闸。主站向配电终端发开/合控制命令，控制执行指示应与选择的控制对象一致，选择/返校过程正确，实际开关应正确执行合闸/跳闸。

（5）维护功能

配电终端应能当地设置限值、整定值等参数，并且可由主站通过通信设备向配电终端发限值、整定值等参数后，配电终端的限值、整定值等参数应与主站设置值一致。主站通过通信设备将新版本程序下发，配电终端程序的版本应与新版本一致，实现远程程序下载。

（6）其他功能

馈线故障检测方法为：配电终端设置好故障电流整定值后，用三相功率源输出大于故障电流整定值的模拟故障电流，配电终端应产生相应的事件记录，并将该事件记录立即上报给主站，主站应有正确的故障告警显示和相应的事件记录。事件顺序记录检测方法为：状态量变位后，主站应能收到配电终端产生的事件顺序记录。配电终端在进行上述试验时，运行、通信、遥信等状态指示应正确。

7.4　系统检测

配电自动化系统的许多功能都涉及主站系统、配电终端的协调处理，为了考核系统的整体运行状况，系统测试注重配电自动化功能与性能的整体测试以及系统互联接口的测试，在配电自动化系统的工程实践中，针对面向用户协议的验收测试，也是配电自动化工程评价与考核的关键。

配电自动化系统测试的主要内容包括通信规约测试、系统联调测试。

7.4.1　测试环境

1. 通信规约测试

通信规约是配电终端与主站之间或终端装置之间或主站之间进行通信与数据交换所遵循的公共约定和信息接口规范。国家颁布了一系列的远动规约，各个规约的侧重点不一样，但按交互方式主要分为循环式规约和问答式规约两种。配电自动化系统中常用的通信规约有 IEC 60870-5-101、IEC 60870-5-104 和 DNP 3.0 等。

通信规约主要测试有功能性测试和规约性能测试。功能性测试侧重于规约报文的正确性验证。规约性能测试侧重于规约运行中报文处理的响应时间、系统通信差错时的容错性处理能力测试、规约连续运行时的稳定性测试和规约处理的容量测试等。其中功能性测试又包括规约的静态测试、动态测试及互联测试。静态测试利用规约测试软件对单个报文进行检查验证，动态测试利用规约测试软件对报文的连续运行进行检查验证，互联测试是将主站与终端直接互联验证报文的连续运行情况。

配电自动化系统规约测试环境如图 7-6 所示。

规约测试一般应先进行静态测试，后进行动态测试，最后进行规约的互联测试，在系统联调测试时一般主要以互联测试为主。通过主站端的规约测试软件对终端进行静态测试和动态测试，进行规约的互联测试则需要将主站系统或终端设备直接连接起来进行测试。

（1）静态测试

静态测试一次只测试一个规约命令或一个规约命令序列，主要用来检查规约命令的数据结构是否正确、规约帧是否按要求响应。静态测试的方式是应用规约测试软件通过仿真发送各种规约命令进行测试，应测试各种规约所定义的不同状态下的所有命令，在规约测试软件的界面上详细分析接收回来的数据，检查数据结构等是否正确。

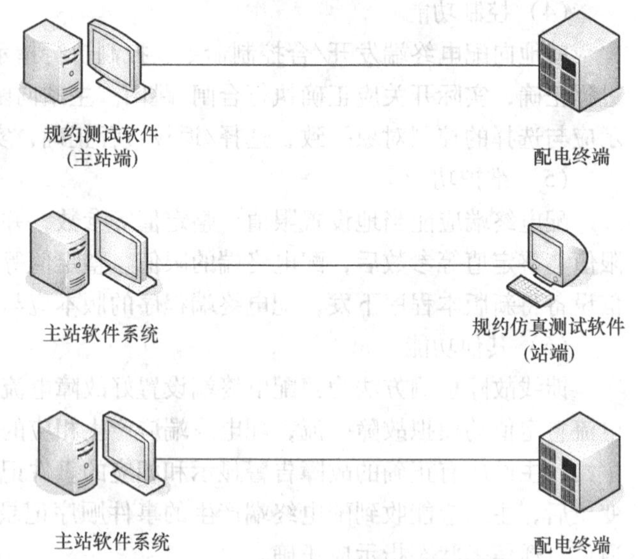

图 7-6　配电自动化系统规约测试环境

（2）动态测试

动态测试是指将测试节点和被测试节点连起来连续运行，并使规约传送各种数据和命令，主要用来检查规约的各种命令之间时序配合是否正确，是否能自动并正确反映系统的当前状态。

规约动态测试是用规约测试软件模拟规约实际运行环境，将节点连起来连续运行，测试各种数据和命令传输是否正确。与静态测试一样，应用规约测试软件既可以模仿主站端对终端装置进行测试，也可以模仿终端装置对主站端进行测试。测试时不以单个报文为主要对象，而以模拟实际操作命令的一个完整过程为对象观察相关报文的运行情况正确与否及匹配情况。

（3）互联测试

规约的互联测试是根据现场通道网络的拓扑结构将主站系统与终端相连，直接测试规约互联的运行情况。

通信规约的互联测试初始条件：在仿真终端或 FTU、DTU 等站端设备中配置好各种参数，连接好主站系统与站端设备之间的网络设备和通信终端设备及其设备间的连线。在主站端设置好通信参数和配电终端参数、量测参数等，并使主站支撑平台、数据采集模块等软件正常运行。

2. 系统联调测试

配电自动化系统 FA 方式有就地控制方式、集中智能方式和分布智能方式 3 类，具体见 3.10 节，目前主流 FA 方式为集中智能方式。集中智能方式的 FA 主要负责处理线路永久性故障，包括故障定位、隔离和负荷转供，故障是否正确隔离、负荷是否全部转供、转供策略是否最优等与配电终端、通信系统的性能以及 FA 算法息息相关。因此，必须对配电自动化系统，包括配电终端、通信系统、配电自动化主站进行自下而上的联调测试。

配电自动化系统联调测试环境如图 7-7 所示，测试系统由上位机测试软件、综合控制装置和继电保护测试仪组成。

故障信号的模拟：

测试人员在上位机测试软件编制测试方案，包括正常负荷电流、正常运行时间、故障电流、故障持续时间、测试开始时间等，并通过无线公网 GPRS 通信发送至综合控制装置，综

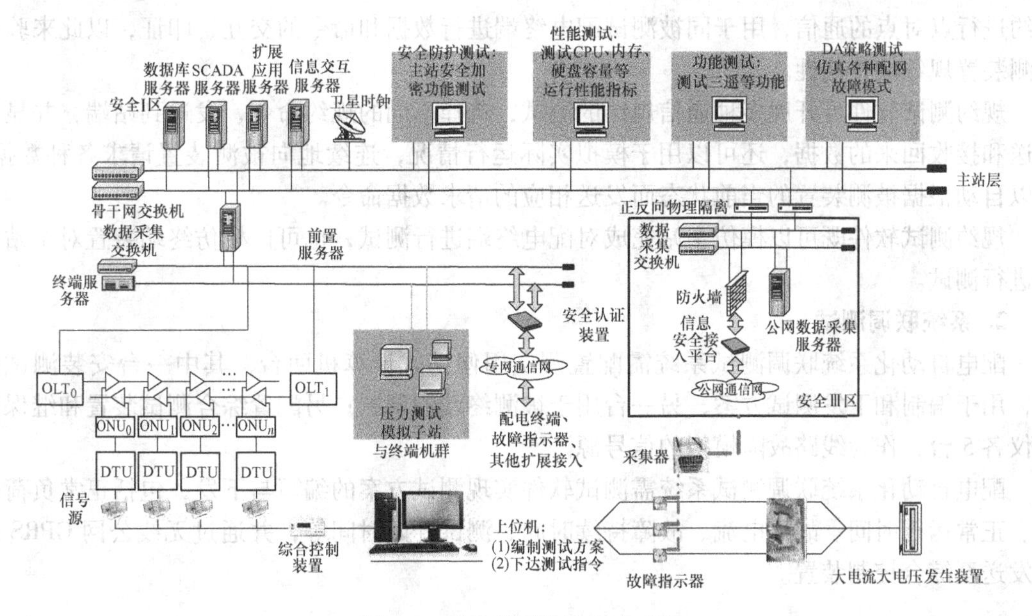

图7-7 系统联调测试组成平台

合控制装置接收控制指令并响应，同时根据测试控制指令完成校时、控制继电保护测试仪输出等，将信号注入馈线不同位置的FTU、DTU的TA信号输入端子上。

故障位置的模拟：

故障位置的模拟方法是在故障点前的各个配电终端处均接入综合控制装置和继保测试仪，同步控制故障信号注入。

模拟开关设计：

由于测试中不允许实际运行的开关进行开合动作，可设计综合控制装置模拟开关动作信号，将综合控制装置的开关量输出端接入配电终端的遥信端子，在继保测试仪完成故障注入后，综合控制装置的开关量输出端电平翻转，产生变位信号，模拟断路器继电保护动作信号，并由配电终端遥信端子检测上送到配电自动化主站，作为被测配电自动化系统FA算法启动条件。

7.4.2 软硬件配置

1. 通信规约测试

（1）硬件配置

测试系统硬件包括两台计算机和附属设备，其中第一台计算机用于完成对配置终端的规约测试，另一台用于完成对配电自动化主站的规约测试。测试通信规约时应准备一些被测装置将来要运行的物理信道设备，例如，有线电缆、光纤、无线电台、网络电缆、载波等；另外，还有接收和发送设备，例如，串口、网卡、通信服务器、GPRS/GSM通信器等；微机等主站设备。如果没有上述设备，可以采用相似的物理设备来模拟，也可以采用数字仿真器来模拟。

（2）规约测试软件

配电自动化系统规约测试需要有一个标准规约测试软件，主要用来和被测试配电终端的规约进行点对点的通信，用于同被测试配电终端进行数据和命令的交互、印证，以此来验证被测装置规约的正确性。

规约测试软件可开展多种通信规约的测试，选择不同的规约命令，发送到站端，并显示发送和接收回来的数据，还可以用于模拟实际运行情况，连续地向被测装置请求各种数据，可以自动根据被测装置的当前状态而发送相应的请求数据命令。

规约测试软件既可以模仿主站完成对配电终端进行测试，也可以模仿终端装置对主站系统进行测试。

2. 系统联调测试

配电自动化系统联调测试系统需配置测试用便携式计算机两台，其中一台安装测试软件，用于编制和下发测试方案，另一台用于被测终端的调试；另配置综合测试装置和继保测试仪各5台，作为线路故障模拟的信号源。

配电自动化系统联调测试系统需测试软件实现测试方案的编写与下发，包括正常负荷电流、正常运行时间、故障电流、故障持续时间、测试开始时间等，并通过无线公网GPRS通信发送至综合控制装置。

7.4.3 测试项目与方法

1. 通信规约测试

通信规约测试内容一般包括遥测测试、遥信测试、电能量测试、SOE测试、校时测试和转发规约测试。以IEC60870-5-104规约为例，测试内容主要分为以下三个部分：

（1）APCI（应用规约控制信息）测试

APCI测试包括基本APCI测试（启动字符、APDU的长度、I格式的控制域、S格式的控制域、U格式的控制域）、防止报文丢失与报文重复传送测试、测试过程测试、用启/停进行传输控制测试、端口号测试、K参数测试、超时参数测试等。

（2）基本应用功能测试

基本应用功能测试主要包括站初始化功能测试、复位进程测试等。

（3）应用功能测试

应用功能测试主要包括总召唤功能测试、事件传输功能测试、命令传输功能测试、时钟同步功能测试、测试过程功能测试等。另外，可模拟通信过程中传输错误发送错误报文，测试其抗干扰能力。表7-16为通信规约详细测试项目。

表7-16　通信规约测试项目

序　号	检 测 项	检 测 细 项
1	信息体地址设置	信息体地址设置
2	启动/停止机制	启动确认
		主站未发送启动命令，终端不能发送用户数据
		停止确认
		主站发送停止命令后，终端不能发送用户数据
3	测试过程	测试帧
		测试帧确认

（续）

序　号	检　测　项	检 测 细 项
4	报文传输控制	发送序号接收序号正确清零
		I 格式报文的发送序号顺序累加
		I 格式报文接收序号正确确认
5	站召唤	链路地址
		启动报文位
		链路功能码
		可变结构限定词
		信息体地址
		召唤限定词
		激活确认
		激活终止
6	遥控	链路地址
		启动报文位
		链路功能码
		可变结构限定词
		信息体地址
		命令限定词
		激活确认
		停止激活确认
		激活终止
7	不带时标的单点信息	链路地址
		启动报文位
		链路功能码
		可变结构限定词
		信息体地址
		突发（自发）
8	带时标 CP56Time2a 的单点信息	单点信息：链路地址
		单点信息：启动报文位
		单点信息：链路功能码
		单点信息：可变结构限定词
		单点信息：信息体地址
		单点信息：突发（自发）

测试方法是在系统互联运行过程中，在主站前置机通道接收缓冲区中捕捉遥测内容帧，分析是否符合规约形式，观察处理好的遥测缓冲区是否与之对应，再查看对应参数的实时库中记录的生数据是否与接收数据相统一。在终端设备层面通过配电终端的维护软件观测报文的运行匹配情况。

2. 系统联调测试

系统联调测试项目一般包括FA参数配置及拓扑状态、FA功能和FA容错性能等测试项目，见表7-17。

表7-17 系统联调测试项目

<table>
<tr><th>序 号</th><th>检 测 项</th><th colspan="2">检 测 细 项</th></tr>
<tr><td rowspan="3">1</td><td rowspan="3">FA参数配置及拓扑状态</td><td colspan="2">正常运行方式馈线参数设置</td></tr>
<tr><td colspan="2">改变联络开关馈线参数重新设置</td></tr>
<tr><td colspan="2">增加分支线路馈线参数重新设置</td></tr>
<tr><td rowspan="13">2</td><td rowspan="13">FA功能</td><td colspan="2">单相接地</td></tr>
<tr><td rowspan="2">两相短路</td><td>单点故障</td></tr>
<tr><td>多点故障</td></tr>
<tr><td rowspan="2">两相接地短路</td><td>单点故障</td></tr>
<tr><td>多点故障</td></tr>
<tr><td rowspan="2">三相短路</td><td>单点故障</td></tr>
<tr><td>多点故障</td></tr>
<tr><td rowspan="2">单相断线</td><td>单点故障</td></tr>
<tr><td>多点故障</td></tr>
<tr><td rowspan="2">两相断线</td><td>单点故障</td></tr>
<tr><td>多点故障</td></tr>
<tr><td rowspan="2">三相断线</td><td>单点故障</td></tr>
<tr><td>多点故障</td></tr>
<tr><td rowspan="5">3</td><td rowspan="5">FA容错性能</td><td colspan="2">通信故障容错性</td></tr>
<tr><td rowspan="2">FTU故障容错性</td><td>遥信漏报</td></tr>
<tr><td>遥信抖动</td></tr>
<tr><td rowspan="2">开关故障容错性</td><td>开关拒合</td></tr>
<tr><td>开关拒分</td></tr>
</table>

7.5 物理仿真检测

随着经济的增长，配电线路负荷的不断增大，供电半径也随之扩大，线路分支增多，故障点的查找难度也急剧增加。故障指示器凭借其安装方便、成本低廉，在农网和偏远山区应用前景较广，可节省大量的人力、物力。借助故障指示器的指示，在线路发生故障时，能够及时发现定位故障，为提高供电可靠性提供了有力保障。虽然故障指示器在配电系统中得到了大量应用，但是故障指示器因其制造企业数目众多，采用的原理、材料不尽相同，制造工艺五花八门，所生产的指示器质量水平差异较大，在线路发生故障时，一直存在着动作正确率低，易发生漏报、误报等现象，严重影响着其判断的准确性。当故障指示器出现误判时，可能误导巡线人员进行错误的判断，延长故障排查时间。只有将可靠的、稳定的故障指示器

挂网运行，才能发挥其快速定位故障的优点，有效地缩短故障的排除时间，提高供电可靠性，保证配电网的健康、稳定运行，具有重大的社会效益和经济效益。

针对这种情况，国家电网公司发布并实施了故障指示器的企业标准 Q/GDW 436-2010《配电线路故障指示器技术规范》，为所属电力企业提供采购和验收故障指示器的技术依据。

7.5.1 测试环境

图7-8所示为故障指示器检测平台，主要包括上位机、综合测控装置、三相程控升流装置、三相程控升压装置、升流高速分档装置、单相程控升流装置、升压高速分档装置、单相程控升压装置、任意波形发生器及互感器等设备。

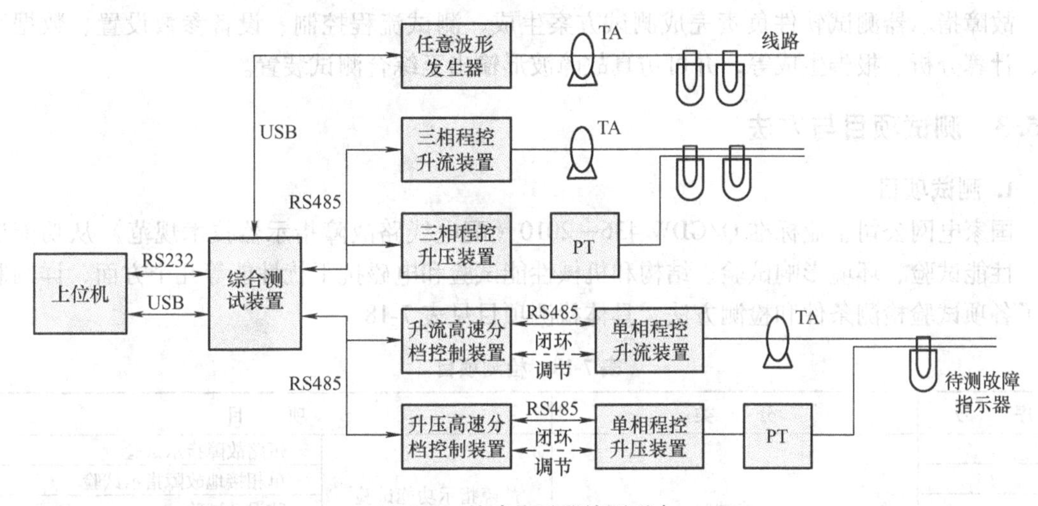

图7-8 故障指示器检测平台

测试计算机安装有上位机测试软件，实现电流输出波形的仿真以及对配电线路故障指示器测试流程的控制、数据采集、计算分析、报表处理等。测试计算机通过RS232与故障指示器综合测试装置通信，USB接口用于实现波形数据的交互。

综合测控装置通过RS485与三相程控升流装置、三相程控升压装置、高速分档装置Ⅰ、单相程控升流装置、高速分档装置Ⅱ、单相程控升压装置等设备通信，将测试软件的测试方案转化为控制指令，控制升压、升流装置输出试验所需的高电压、大电流，模拟10kV及以下电压等级的架空线路、电缆正常运行状态、故障状态和异常状态等运行工况，如永久性短路故障、瞬时性短路故障、永久性单相接地故障、瞬时性单相接地故障、励磁涌流等，同时采集并反馈设备输出的高电压、大电流波形数据。

7.5.2 软硬件配置

如图7-8所示，故障指示器实验室检测平台由上位机、三相程控升流装置、三相程控升压装置、升流高速分档装置、单相程控升流装置、升压高速分档装置、单相程控升压装置、测量TA、测量PT、标准表、一次线路等组成。

检测平台的检测试验需要模拟配电网运行状态，输出高电压、大电流。因此，单相升压装置和三相升压装置的输出电压范围应为0～10kV，单相升流装置和三相升流装置的最大输出电流至少1000A，且可模拟实际故障时电流、电压大幅骤变的现象。传统升压、升流装置多采用接触器作为调节开关，因此在单相升压装置和单相升流装置的输入前端设计了高速电力电子开关IGBT，以实现电压、电流的突变，即升压高速分档装置和升流高速分档装置。

升压装置和升流装置与高速分档仅能够模拟出线路运行的稳态过程，对于富含暂态信息的接地故障和变压器空载合闸的涌流无法很好地模拟。因此可通过综合控制装置输出模拟单相接地故障波形或励磁涌流波形，由功率放大器放大后输出。

测量TA、测量PT和标准表的误差精度应不大于被测量故障指示器准确度等级的1/4，推荐基本误差应不大于被测量准确度等级的1/10。标准表应有一定的标度分辨率，使所取得的数值等于或高于被测量准确度等级的1/5。

故障指示器测试软件负责完成测试方案生成、测试流程控制、设备参数设置、数据采集、计算分析、报告生成等，并可仿真故障波形输出至综合测试装置。

7.5.3 测试项目与方法

1. 测试项目

国家电网公司企业标准Q/GDW 436—2010《配电线路故障指示器技术规范》从功能试验、性能试验、环境影响试验、结构和机械性能试验和电磁抗干扰性能等几个方面，详细制定了各项试验检测条件和检测方法，具体检测项目见表7-18。

表7-18 检测项目

序号	分类	项目	
1	功能试验	故障指示功能试验	短路故障指示试验
2			单相接地故障指示试验
3			防误动试验
4			临近干扰试验
5		带电装卸功能试验	
6	性能试验	电气性能试验	
7		静态功率消耗试验	
8		安全性能试验	绝缘电阻试验
9			绝缘强度试验
10	环境影响试验	低温试验	
11		高温试验	
12		交变湿热试验	
13	结构和机械性能试验	外观检查试验	外观检查
14			跌落试验
15	电磁抗干扰性能	静电放电抗扰度试验	
16		浪涌（冲击）抗扰度试验	

2. 测试方法

（1）短路故障报警及复位功能测试

当配电线路发生短路故障时，故障线路段对应的故障指示器应检测到短路故障，发出短路故障报警指示并上报故障信息；故障指示器应能够根据规定时间自动复位；也可以根据故障性质，自动选择复位方式。对于带重合闸的线路，故障指示器应能识别重合闸间隔为

0.2s 的瞬时性故障，并能正确动作。

依据技术规范及单相升压升流装置的特性，设计的输出电流波形如图 7-9a、b、c、d 所示。

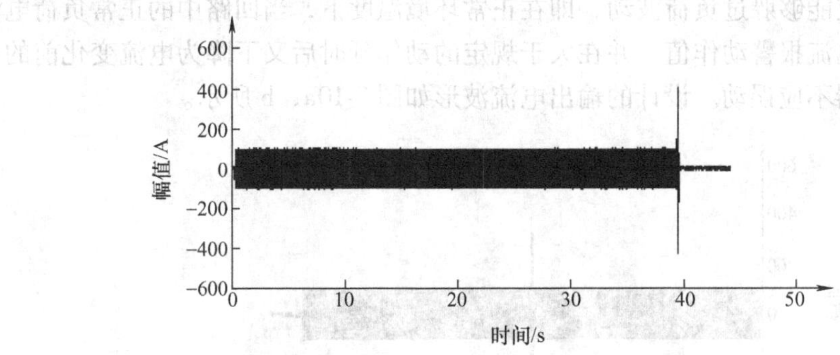

a) 不带重合闸的短路故障功能试验电流波形

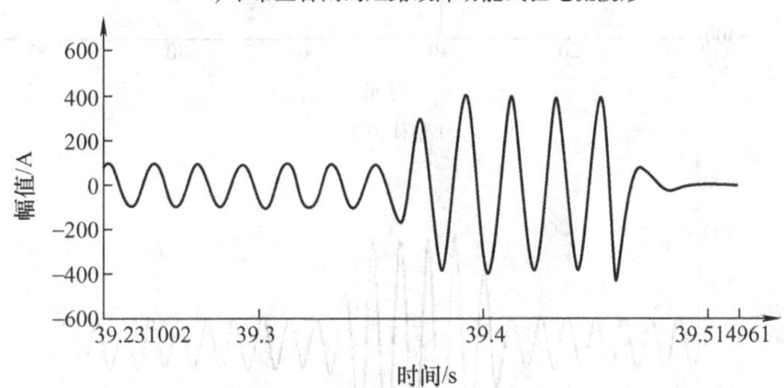

b) 不带重合闸的短路故障功能试验故障瞬间波形

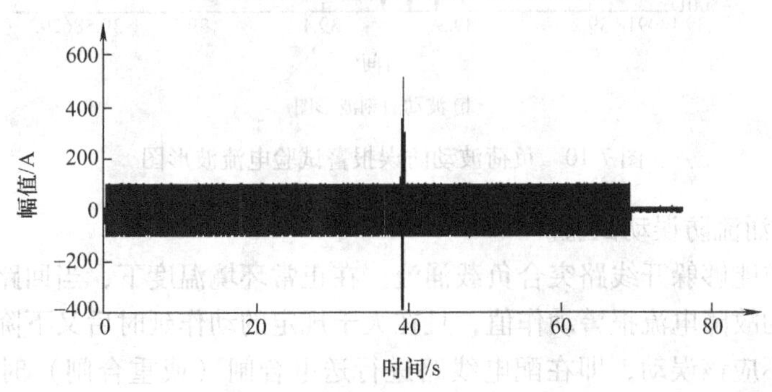

c) 带重合闸的短路故障功能试验电流波形

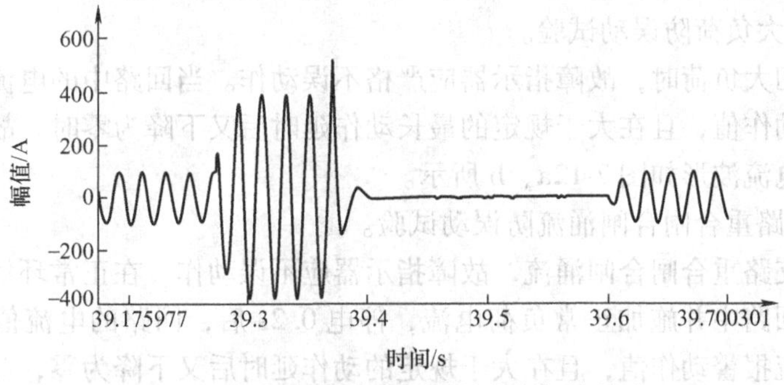

d) 带重合闸的短路故障功能试验故障瞬间波形

图 7-9 短路故障功能试验电流波形图

（2）防误动功能测试

1）负荷波动防误动试验。

故障指示器应能够躲过负荷波动，即在正常环境温度下，当回路中的正常负荷电流变化超过设定的故障电流报警动作值，并在大于规定的动作延时后又下降为电流变化前的负荷水平时，故障指示器不应误动。设计的输出电流波形如图 7-10a、b 所示。

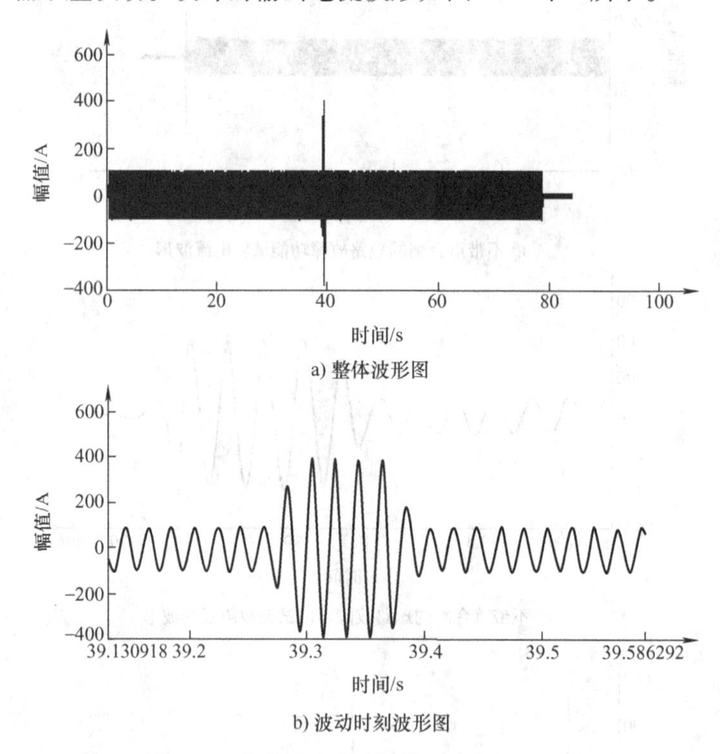

图 7-10　负荷波动防误报警试验电流波形图

2）突合负载涌流防误动试验。

故障指示器应能够躲开线路突合负载涌流。在正常环境温度下，当回路中的电流值从零突变并超过规定的故障电流报警动作值，且在大于规定的动作延时后又下降为正常负荷水平时，故障指示器不应该误动，即在配电线路进行送电合闸（或重合闸）时，安装在此线路的故障指示器应躲过冲击电流且不误动作。设计的输出电流波形如图 7-11a、b 所示。

3）人工投切大负荷防误动试验。

线路人工投切大负荷时，故障指示器应严格不误动作。当回路中的电流值变化超过设定的故障电流报警动作值，且在大于规定的最长动作延时后又下降为零时，故障指示器不应误动。设计的输出电流波形如图 7-12a、b 所示。

4）非故障支路重合闸合闸涌流防误动试验。

对于非故障支路重合闸合闸涌流，故障指示器应不误动作。在正常环境温度下，将故障指示器接入模拟回路中并施加正常负荷电流，停电 0.2s 后，回路的电流值又从零突变并超过设定的故障电流报警动作值，且在大于规定的动作延时后又下降为零，此时故障指示器不应误动作，即非故障分支上安装的故障指示器经受 0.2s 重合闸间隔停电后，在感受到重合闸涌流后不应该误动作。设计的输出电流波形如图 7-13a、b 所示。

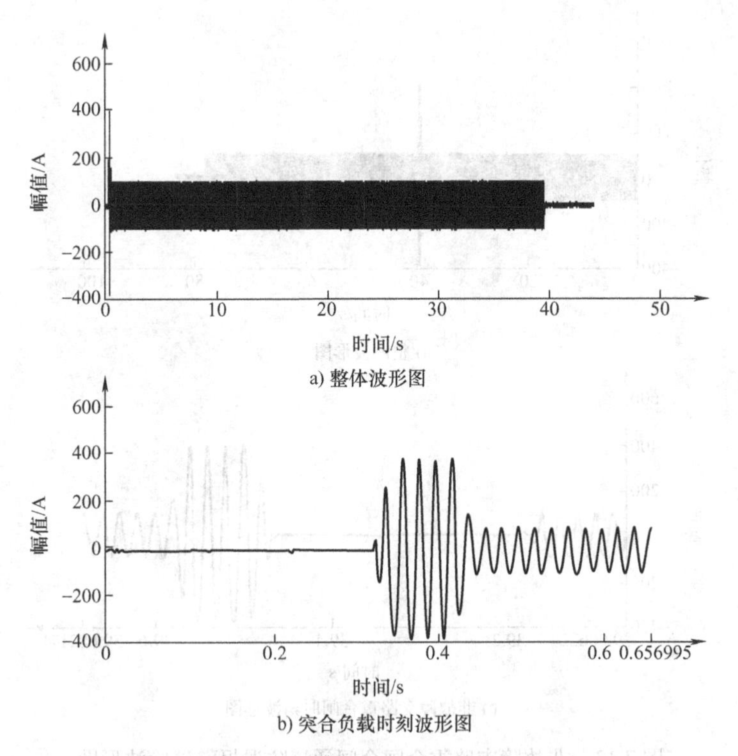

a) 整体波形图

b) 突合负载时刻波形图

图 7-11　线路突合负载涌流防误报警试验电流波形图

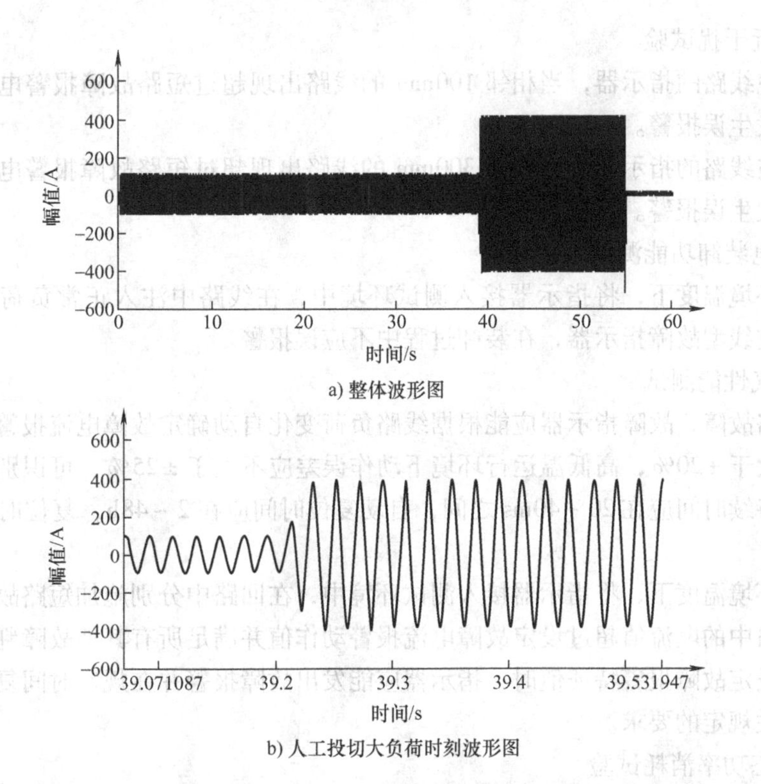

a) 整体波形图

b) 人工投切大负荷时刻波形图

图 7-12　人工投切大负荷防误报警试验电流波形图

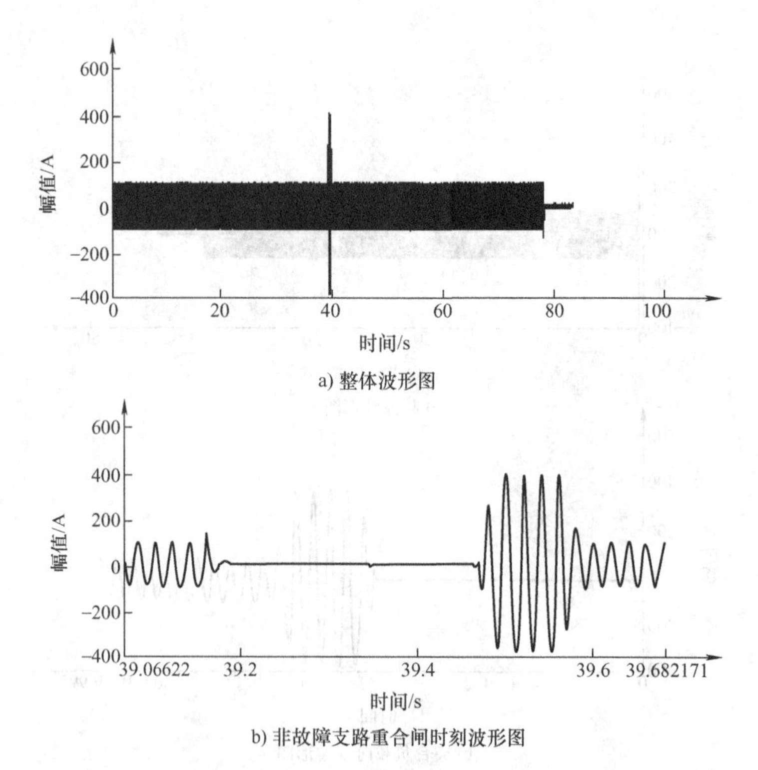

图 7-13　非故障支路重合闸合闸涌流防误报警试验波形图

（3）临近干扰试验

用于电缆线路的指示器，当相邻 100mm 的线路出现超过短路故障报警电流时，本线路指示器不应发生误报警。

用于架空线路的指示器，当相邻 300mm 的线路出现超过短路故障报警电流时，本线路指示器不应发生误报警。

（4）带电装卸功能测试

在正常环境温度下，将指示器接入测试环境中，在线路中注入正常负荷电流，带电安装、摘卸架空线型故障指示器，在装卸过程中不应误报警。

（5）电气性能测试

对于短路故障，故障指示器应能根据线路负荷变化自动确定故障电流报警动作值，且动作误差应不大于 ±20%，高低温运行环境下动作误差应不大于 ±25%，可识别的短路故障报警电流最短持续时间应在 20～40ms 之间，自动复位时间应在 2～48h，复位时间允许误差不大于 ±1%。

在正常环境温度下，将指示器接入测试环境中，在回路中分别施加短路故障和接地故障电流，当回路中的电流值超过设定故障电流报警动作值并满足所有其他故障判据条件或回路中出现超过设定故障报警特征值时，指示器应能发出故障报警并在规定时间复位。其动作指标应满足相关规定的要求。

（6）静态功率消耗试验

将指示器按正常工作要求连接，测试其非报警状态和最大报警状态下的工作电流，测试

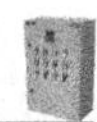

结果能满足其理论待机时间应大于 10 年、报警指示时间大于 2000h 的要求。

（7）低温性能试验

将指示器置于低温试验箱中并处于正常工作状态，在测试温度（优选值为 -10℃、-25℃、- 30℃和 -40℃）下保温 2h，待指示器内部各元件达到热稳定后，测试其电气性能，并能满足相关要求。

（8）高温性能试验

将指示器置于低温试验箱中并处于正常工作状态，在测试温度（优选值为 +40℃、+55℃和 +70℃）下保温 2h，待指示器内部各元件达到热稳定后，测试其电气性能，并能满足相关要求。

（9）交变湿热试验

将不通电的指示器置于低温试验箱中，在表 7-19 规定温度、湿度等参数要求下运行，待指示器恢复至常温状态下，进行外观、绝缘及功能测试，并能满足相关要求。

表 7-19　交变湿热试验

参 考 试 验	GB/Y 2423. 4 试验 D
严酷等级	户内型：+40℃、户外型：+55℃
湿度	90% ±3%
循环次数（周期）	（1、2、6）次
恢复气候条件	按 GB/T2423. 4 所述的受控条件下

注：1. 指示器再次检测前，应通风除去所有外部和内部的凝霜。
　　2. 型式试验严酷等级不低于 2 周期。

（10）倾斜跌落试验

跌落高度：面板型为 0. 1m，架空线型和电缆型为 1m；

跌落次数：面板型以底面四个边为轴各跌落 1 次，共 4 次。架空线型和电缆型跌落 1 次。试验在无包装状态下进行，试验结束后指示器外观与结构检查、功能应能满足相关要求。

第8章 配电系统故障特征与处理技术

配电系统在运行中，可能发生各种故障和不正常运行状态，最常见同时也是最危险的故障是发生各种型式的短路。所谓短路是指供电系统中不同电位的导电部分之间的低阻性短接。

造成短路的主要原因是电气设备载流部分绝缘损坏所致。绝缘损坏是由于绝缘老化、过电压、机械损伤等造成。其他如工作人员带负荷拉闸、检修后未拆除接地线即送电等误操作，或者误将低电压的设备接入较高电压的电路中；鸟兽在裸露的相线之间或相线与接地体之间跨越以及风雪等自然现象也能引起短路。

短路类型主要有三相短路、两相短路、两相接地短路以及单相接地短路。三相短路时，三相电流、电压基本上是对称的，称为对称短路。其他类型的短路称为不对称短路，其中单相接地短路故障发生次数最多，高达70%以上。

发生短路故障时，由于部分负荷阻抗、甚至全部负荷阻抗及部分线路阻抗被短接掉，供电系统的总阻抗减少，因而短路回路中的短路电流比正常工作电流大得多。短路故障产生的后果有：

1）短路电流通过导体时，使导体大量发热，温度急剧升高，从而破坏设备绝缘；同时，通过短路电流的导体会受到很大的电动力作用，使导体变形甚至损坏。

2）造成故障线路上的用户供电中断，影响供电可靠性；引起电网电压骤降，造成用户用电设备故障或工作不正常。

3）不对称的接地电路，其不平衡电流将产生较强的不平衡磁场，对附近的通信线路、电子设备及其他弱电控制系统可能产生干扰信号，使通信失真、控制失灵、设备产生误动作。

由此可见，短路的后果是十分严重的。所以必须设法消除可能引起短路的一切因素，保证配电系统安全可靠运行。因此，在配电系统规划、设计、建设和运行管理中均需要计算其短路电流，因此有必要分析不同接线形式的配电系统在不同短路时的故障特征，以期采取相应故障处理措施，提高配电网故障处理能力。

8.1 配电系统中性点接地方式

配电系统的接地就是将配电设备的某一部位或配电系统的某点与大地之间进行良好的电气连接，起到稳定电位、提供零电位参考点等作用，以确保配电系统、设备的安全运行，确保配电运行人员的人身安全。配电系统的接地按其作用分为工作接地、保护接地、防雷接地三种。

8.1.1 中压配电网中性点接地方式

电力系统中性点接地方式可分为两大类，即中性点有效接地（也称大电流接地方式）

和中性点非有效接地方式（也称小电流接地方式）。

大电流接地系统在发生单相接地故障时，由于采用中性点有效接地方式存在短路回路，所以接地相电流很大。为了防止损坏设备，必须迅速切除接地相甚至三相，因而供电可靠性低。由于故障时不会发生非接地相对地电压升高的问题，因此对系统的绝缘性能要求相应降低。

小电流接地系统由于中性点非有效接地，当系统发生单相短路接地时，故障点不会产生大的短路电流，因此允许系统短时间带故障运行，不必立即切除故障线路，对于减少用户停电时间、提高供电可靠性非常有意义。当系统带故障运行时，非故障相对地电压将上升很高，若长时间带接地故障运行，容易造成非接地相绝缘薄弱处的击穿，从而形成两相短路、两点或多点接地，弧光接地还会引起全系统过电压，进而损坏设备，破坏系统安全运行。因此，发生单相接地故障后，应在最短的时间内确定故障线路以及故障点的位置，将故障隔离在最小的范围，保证其余绝大部分用户正常用电，并且迅速排查故障线路、处理故障点。小电流接地系统又包括中性点不接地系统（NUS）、中性点经消弧线圈接地系统（NES，也称谐振接地系统）和中性点经高电阻接地系统（NRS）。

1. 中性点不接地方式

中性点不接地方式，即中性点对地绝缘，中性点不接地方式是最简单的实现方式，在有的国际场合称之为“中性点绝缘”。通常所讲的中性点不接地，并非指中性点的零序阻抗无限大，而是经过集中于电力变压器中性点的等值电容（绝缘欠佳时还有泄露电阻）接地的，其零序阻抗一般为一有限值，但不一定是常数。如在工频零序电压作用下，零序阻抗可能呈现较大的数值，因此零序电流数值较小；而在 3 次或更高次谐波的零序电压作用下，零序阻抗锐减，高次谐波电流骤增。

这种方式结构简单，运行方便，不需任何附加设备，投资少，适用于农村以 10kV 架空线路为主的辐射形或树状供电网络。该接地方式在运行中若发生单相接地故障，流过故障点的电流仅为电网对地的电容电流，其值很小，需装设绝缘监察装置，以便及时发现单相接地故障并迅速处理，以免故障发展为两相短路而造成停电事故。若是瞬时故障，一般能自动熄弧，非故障相电压升高不大，不会破坏系统的对称性，故可带故障连续供电 2h，从而获得排除故障的时间，相对地提高了供电的可靠性。

采用中性点不接地方式，因中性点是绝缘的，故电网对地电容中储存的能量没有释放通路。在发生弧光接地时，电弧的反复熄灭与重燃，也是向电容反复充电的过程。由于对地电容中的能量不能释放，造成电压升高，从而产生弧光接地过电压或谐振过电压，其值可达很高，会对设备绝缘造成威胁。

此外，由于电网存在电容和电感元件，在一定条件下，因倒闸操作或故障，容易引发线性谐振或铁磁谐振，这时馈线较短的电网会激发高频谐振，产生较高谐振过电压，导致电压互感器击穿。对于馈线较长的电网，易激发起分频铁磁谐振。在分频谐振时，电压互感器呈较小阻抗，其通过的电流将成倍增加，引起熔丝熔断或电压互感器过热而损坏。

2. 中性点经消弧线圈接地方式

中性点经消弧线圈接地方式，即在中性点和大地之间接入一个电感消弧线圈。在系统发生单相接地故障时，消弧线圈的电感电流对接地电容电流进行补偿，使流过接地点的电流减小到能自行熄弧的范围。该方式的特点是线路发生单相接地时，可不立即跳闸，按规程规定电网可带单相接地故障运行2h。对于中压电网，因接地电流得到补偿，单相接地故障不易发展为相间故障。因此，中性点经消弧线圈接地方式的供电可靠性远高于中性点经小电阻接地方式。但中性点经传统消弧线圈接地方式也存在着以下问题：

1）由于传统消弧线圈没有自动测量系统，不能实时测量电网对地电容和位移电压，当电网运行方式或电网参数变化后需靠人工估算电容电流，误差很大，不能及时有效地控制残流和抑制弧光过电压，不易达到最佳补偿。

2）调谐需要停电退出消弧线圈，失去了消弧补偿的连续性，响应速度太慢，隐患较大，只能适应正常线路的投切。如果遇到系统异常或事故，如在系统低压减载切除线路等情况下，系统不能及时进行调整，极易造成失控。若此时正遇到电网单相接地，其残流大，正需要补偿而跟不上，因而容易产生过电压而损坏电力系统绝缘薄弱的电气设备，导致事故扩大。

3）单相接地时，由于补偿方式、残流大小不明确，用于选择接地回路的微机选线装置更加难以工作。此时不能根据残流大小和方向采用及时改变补偿方式或调档变更残流的方法来准确选线，只能依靠含量极低的高次谐波的大小和方向来判别，准确率很低。

4）随着电网规模的扩大，如果电网运行方式经常变化，且要求变电站实行无人值班，而传统的消弧线圈不可能始终运行在最佳档位，则消弧线圈的补偿作用不能得到充分发挥，也不能总保持在过补偿状态下运行。

3. 中性点经高电阻接地

中性点经高电阻接地方式，即在中性点与大地之间接入一定电阻值的电阻。该电阻与系统对地电容构成并联回路，单相接地故障时电阻电流被限制为等于或略大于系统总电容电流。因为电阻既是耗能元件，又是电容电荷释放元件和谐振的阻压元件，所以中性点经高阻接地方式除了能有效控制接地电流，还能抑制弧光接地过电压、限制断线谐振过电压、消除电磁电压互感器饱和过电压。该接地电阻阻值也主要根据上述三方面的过电压限制水平和接地电流的限制水平确定。

其优点是：

1）可将单相接地电流控制在十几安以下，实现带故障连续供电，便于查找和切除故障，供电可靠性比较高。

2）接地故障时可利用电阻产生的零序有功电流实现故障选线，使得故障线路自动检出较易实现。

3）减小了单相接地故障点附近地电位的升高，降低了电网单相接地故障对人身安全、设备安全以及通信系统的影响。

其缺点是：该接地方式对网络规模的适应性差，其应用范围受很大限制。中性点经高电阻接地方式电网的规模一般不宜过大，其电容电流一般小于10A，只宜在规模较小的10kV及以下配电网中应用，因为对于电容电流大于10A的配电网，采用高电阻接地方式将无法解决熄弧和接触电压过高的问题。

在我国，110kV及以上的电网一般采用大电流接地方式；对于66kV及以下的中低压配电网，则采用小电流接地方式，且以中性点不接地或经消弧线圈接地的运行方式居多。过去城市电网主要以架空线为主，发生单相接地故障后系统的对地电容电流较小，因此大多数采用中性点不接地系统；但近几年来随着城市电网的改造，电缆供电线路逐渐增加（电缆比

同样长度架空线的电容电流大 25～50 倍），城市电网也逐步改用中性点经消弧线圈接地运行方式。而随着城市电缆电网的扩大，对地电流越来越大，补偿该电流的消弧线圈容量也要随之增大，因此甚至有专家建议采用小电阻接地方式。在中国，至少在较长的一段时间内，小电流接地方式仍将占主要地位。

8.1.2　低压配电网中性点接地方式

电力的高、低压是以其额定电压的大小来区分的，1kV 及以上电压等级为中压和高压，1kV 以下的电压等级为低压。通常我们所说的低压电力网是指自配电变压器低压侧或从直配发电机母线，经监测、控制、保护、计量等电器至各用户受电设备所组成的电力网络。它主要由配电线路、配电装置和用电设备组成。

由于低压电力网是电力输送、分配的最终端环节，所以它具有分布面广泛、在整个电力系统中所占比例大等特点，也是供电企业生产、经营、维护管理的工作重点之一。

低压配电网的中性点接地方式需要与中性线、用电设备保护线的连接方式综合考虑。低压配电网具体的接地型式有 IT 系统、TT 系统、TN 系统（包括 TN-C、TN-S、TN-C-S 系统）。

1. IT 系统

IT 系统的中性点对地绝缘或经高阻接地，而电气装置的外露导电部分则是接地的。外壳与地之间的电阻很小，在人们接触到绝缘破坏的电气设备外壳时，外壳电位比较低，使流过人体的电流在容许的安全范围内，如图 8-1 所示。

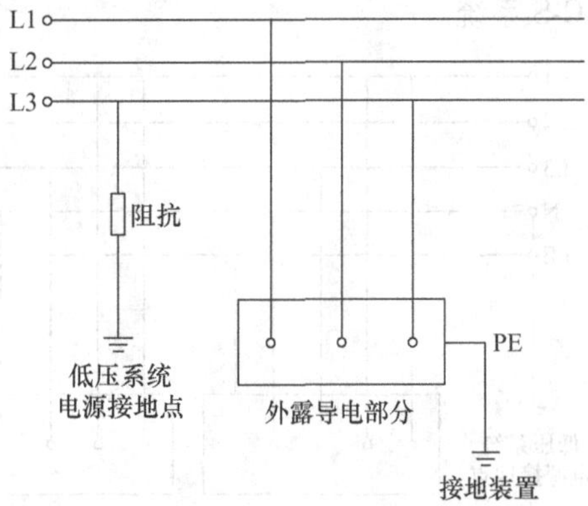

图 8-1　IT 系统接地原理图

IT 系统发生单相接地时，不会引起供电中断，用于不间断供电要求高的场合；由于没有中性线，不能对单相设备供电。

2. TT 系统

TT 系统是带中性线的四线制系统，中性点与电气设备外壳均直接接地，其防止用电设备绝缘破坏引起人身触电的原理与 IT 系统类似，如图 8-2 所示。

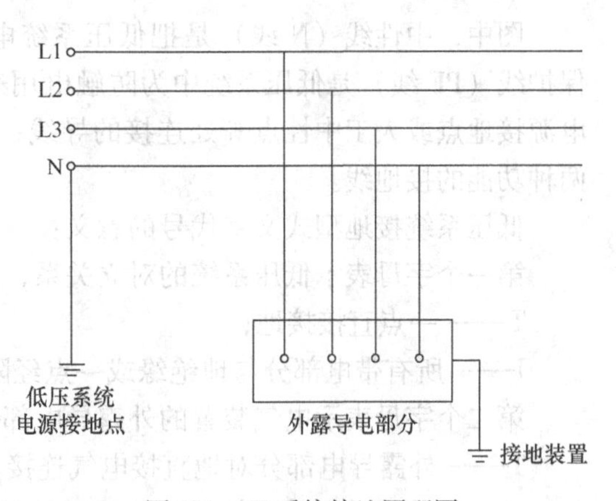

图 8-2　TT 系统接地原理图

TT 系统克服了 IT 系统不能给单相设备供电的缺点，但发生单相接地故障时，会引起供电中断。

3. TN-C 系统

TN-C 系统也是带中性线的四线制系统，中性点直接接地，电气设备保护接地线 PE 和中性线 N 合二为一，使用一根 PEN 线与电源的接地装置直接相连，称其为保护接零系统，如图 8-3 所示。在 TN-C 系统电气设备绝缘破坏时，短路电流从电源相线，经电气设备外壳，通过 PEN 线流向中性点，保护电器动作，切断电路，使人身脱离危险。

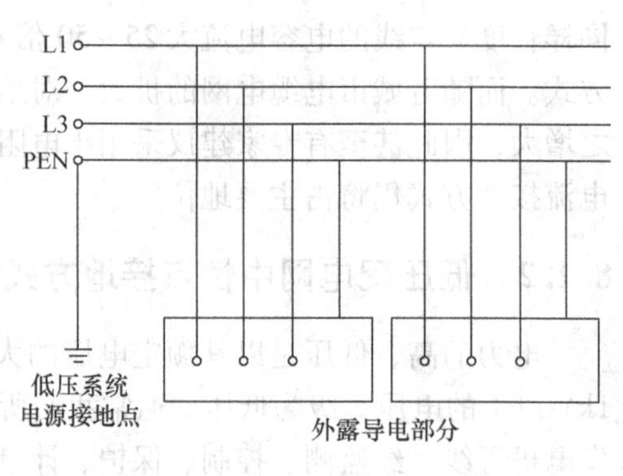

图 8-3　TN-C 系统接地原理图

TN-C 系统 PEN 线同时作为电源线以及电气设备保护接地连接线，简单方便，在我国有着广泛的应用。这种系统的缺点是，当负荷电流通过保护中性线时，会使 PEN 线带电位；PEN 线断线时，可能会使断开部分以外的导体带电。

4. TN-S 系统

TN-S 系统是三相五线制，用电设备外露导电部分通过专用 PE 线与中性点接地装置连接，如图 8-4 所示。TN-S 系统避免了 TN-C 系统存在的问题，因此，在城市供电系统中应用越来越广泛。

5. TN-C-S 系统

在建筑物外的公用低压网络，为了节约成本，常常采用混合的 PEN 线，称为 TN-C-S 系统，如图 8-5 所示。我国推荐使用 TN-S 系统与 TN-C-S 系统。

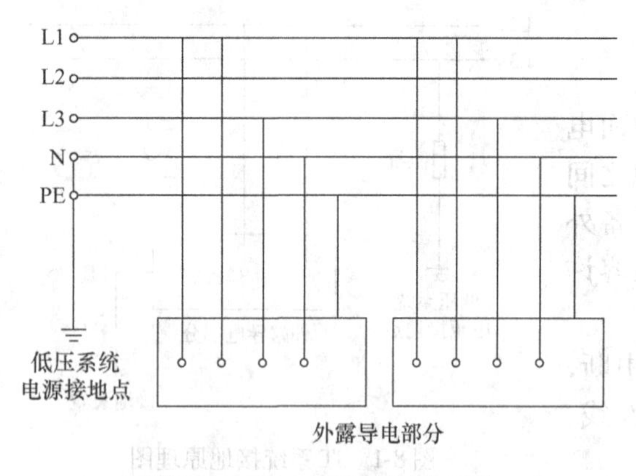

图 8-4　TN-S 系统接地原理图

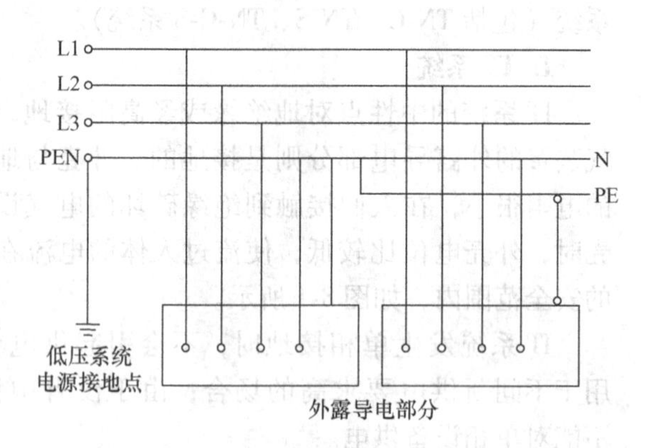

图 8-5　TN-C-S 系统接地原理图

图中，中性线（N 线）是把低压系统电源中性点与负荷设备中性点连接起来的导线；保护线（PE 线）是低压系统中为防触电用来与设备外壳、设备以外的金属部件、接地极、电源接地点或人工中性点等处连接的导线；保护中性线（PEN 线）是具有中性线和保护线两种功能的接地线。

低压系统接地型式文字代号的意义：

第一个字母表示低压系统的对立关系，有 T 和 I 两种表示方式。

T—— 一点直接接地；

I—— 所有带电部分与地绝缘或一点经阻抗接地。

第二个字母表示电气装置的外露导电部分的对立关系，有 T 和 N 两种表示方式。

T—— 外露导电部分对地直接电气连接，与低压系统的任何接地点无关；

N—— 外露导电部分与低压系统的接地点直接电气连接（在交流系统中，接地点通常就是中性点），如果后面还有字母时，字母表示中性线与保护线的组合；例如：

S—— 中性线和保护线是分开的；

C—— 中性线和保护线是合一的（PEN）线。

8.2 短路故障

8.2.1 短路故障特征分析

1. 三相短路

对称三相电路发生三相短路时，短路电流仍然是对称的，因此可按单相电路对待，其等效电路如图 8-6 所示。图中 $Z=R+\mathrm{j}X_L$ 表示从电源到短路点的等效阻抗；$Z'=R'+\mathrm{j}X_L'$表示从短路点到负荷的等效阻抗。

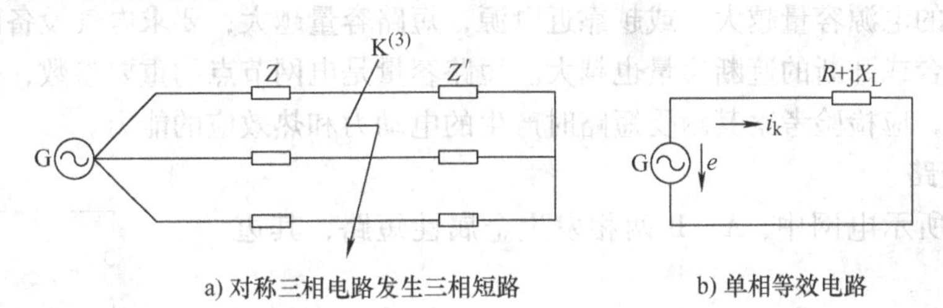

图 8-6　发生三相短路时的等效电路

任取一相电路，有

$$Ri_k+L\frac{\mathrm{d}i_k}{\mathrm{d}t}=U_m\sin(\omega t+\varphi_{0u})$$
$$Ri_k+L\frac{\mathrm{d}i_k}{\mathrm{d}t}=U_m\sin(\omega t+\varphi_{0u}) \tag{8-1}$$

式中，i_k 为短路电流瞬时值；φ_{0u}为短路时电源电压相位角。

求出短路电流的瞬时值为

$$i_k^{(3)}=\frac{U_m}{z}\sin(\omega t-\varphi_{0u}-\varphi)-\frac{U_m}{z}\sin(\varphi_{0u}-\varphi)\mathrm{e}^{-\frac{R}{L}t}=i_{kp}+i_{kna} \tag{8-2}$$

式中，U_m 为相电压幅值；z 为短路点到负载的等效阻抗，$z=\sqrt{R^2+X^2}$；φ 为 R 与 X 的阻抗角；i_{kp}为短路电流的周期分量；i_{kna}为短路电流的非周期分量。

当相位角 $\varphi_{0u}=\varphi-90°$时，即电源电压的瞬时值正好经过零值时，短路电流的非周期分量（又称直流分量）最大，此时短路电流将达到最大值。根据式（8-2）可绘出短路电流的波形，如图 8-7 所示。

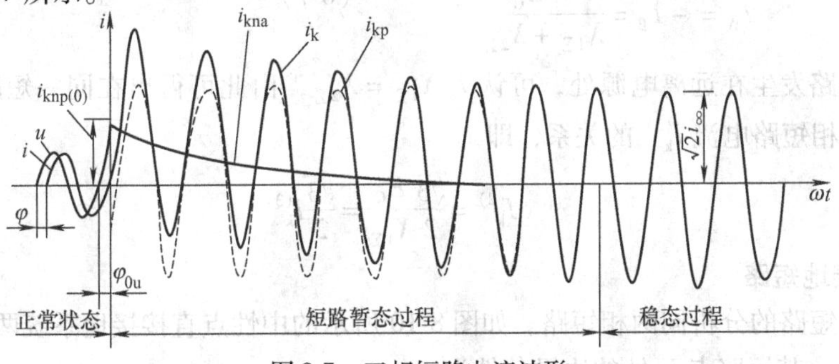

图 8-7　三相短路电流波形

三相短路电流的最大瞬时值出现在短路发生后约半个周波左右，不仅与周期分量的幅值有关，也与非周期分量的起始值有关。当 t 趋于无穷时，非周期分量衰减完毕，短路电流等于短路电流周期分量，称为稳态短路电流。

最严重的短路情况下，三相短路电流的最大瞬时值称为冲击电流。三相短路冲击电流与短路相角及电网时间常数有关，短路相角愈小，时间常数愈大，冲击电流幅值愈高，最大可达到稳态电流有效值的 2.8 倍。

配电系统中某节点三相短路电流与短路前额定电压的乘积称为短路容量，即

$$S_k = \sqrt{3} U_N I_k^{(3)} \tag{8-3}$$

节点连接的电源容量越大，或越靠近电源，短路容量越大，要求电气设备耐受短路电流越大，开关开合或开断的遮断容量也越大。短路容量是电网节点的重要参数，是选择电气设备的重要依据，应检验考察其耐受短路时产生的电动力和热效应的能力。

2. 两相短路

如图 8-8 所示电网中，A、B 两相发生金属性短路，其边界条件为

$$\begin{cases} \dot{I}_A = -\dot{I}_B \\ \dot{I}_C = 0 \\ \dot{U}_A = \dot{U}_B \end{cases} \tag{8-4}$$

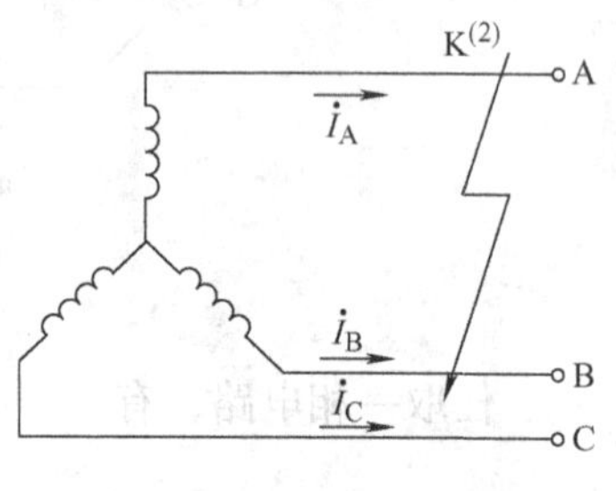

图 8-8　两相短路示意图

因为 $\dot{I}_C = \dot{I}_{C1} + \dot{I}_{C2} + \dot{I}_{C0}$，$\dot{I}_{C0} = 0$，故

$$\dot{I}_{C1} = -\dot{I}_{C2} \tag{8-5}$$

又因为 $\dot{U}_A = \dot{U}_B$，故电压的正序分量 $\dot{U}_{C1} = \dot{U}_{C2}$。

由上述分析，可绘出两相短路时的复合序网图，如图 8-9 所示。由于未发送接地，故无零序网络。

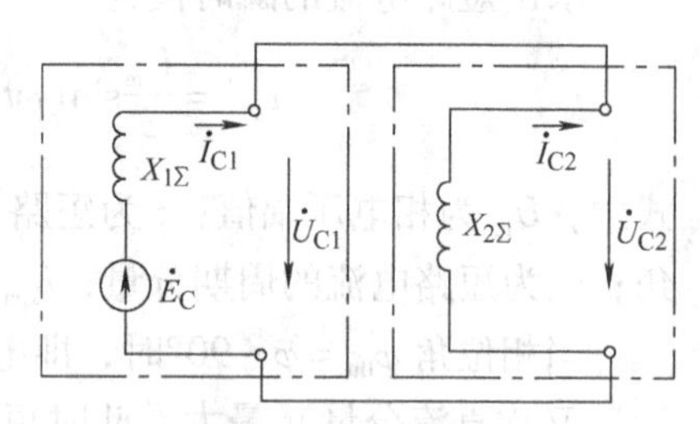

图 8-9　两相短路的复合序网图

根据图 8-9 所示复合序网图可得

$$\dot{I}_{C1} = \frac{\dot{E}_C}{j(X_{1\Sigma} + X_{2\Sigma})} \tag{8-6}$$

故障点的短路电流为

$$\dot{I}_A = -\dot{I}_B = \frac{\sqrt{3}\dot{E}_C}{X_{1\Sigma} + X_{2\Sigma}} \tag{8-7}$$

当两相短路发生在远离电源处，可认为 $X_{1\Sigma} = X_{2\Sigma}$，由此可得出在同一短路点两相短路电流 $I_k^{(2)}$ 与三相短路电流 $I_k^{(3)}$ 的关系，即

$$I_k^{(2)} = \frac{\sqrt{3}}{2}\frac{E_C}{X_{1\Sigma}} = \frac{\sqrt{3}}{2} I_k^{(3)} \tag{8-8}$$

3. 两相接地短路

两相接地短路的分析同两相短路。如图 8-10 所示的中性点直接接地系统两相（设 A、B 相）接地短路。其短路点 K 处的边界条件为

$$\begin{cases}\dot{I}_{C}=0\\ \dot{U}_{A}=\dot{U}_{B}=0\end{cases} \tag{8-9}$$

故障点各序电压分量为

$$\begin{cases}\dot{U}_{C1}=\frac{1}{3}(\dot{U}_{C}+a\dot{U}_{A}+a^{2}\dot{U}_{B})=\frac{1}{3}\dot{U}_{C}\\ \dot{U}_{C2}=\frac{1}{3}(\dot{U}_{C}+a^{2}\dot{U}_{A}+a\dot{U}_{B})=\frac{1}{3}\dot{U}_{C}\\ \dot{U}_{C0}==\frac{1}{3}(\dot{U}_{A}+\dot{U}_{B}+\dot{U}_{C})=\frac{1}{3}\dot{U}_{C}\end{cases} \tag{8-10}$$

由上述两式可绘出如图 8-11 所示的复合序网图。

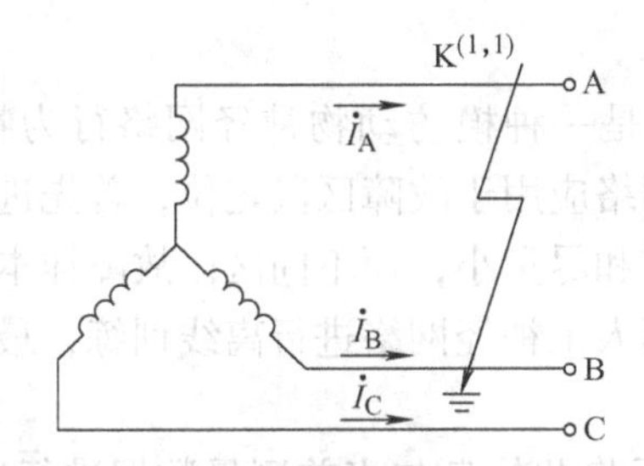

图 8-10　中性点直接接地系统的两相接地短路示意图

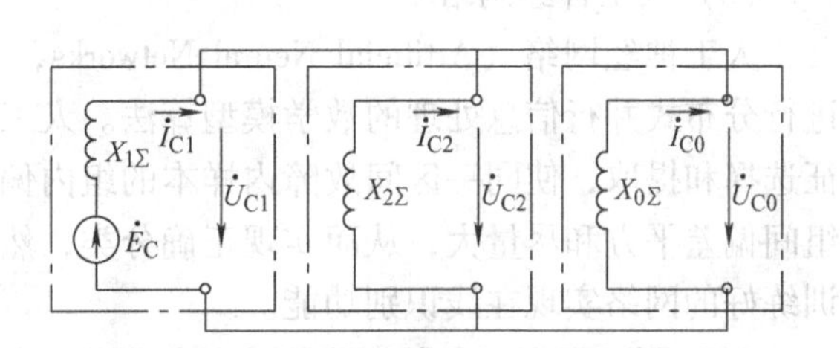

图 8-11　中性点直接接地系统两相接地短路的复合序网图

由复合序网图可得故障相的电流为

$$\begin{cases}\dot{I}_{A}=\dfrac{\dot{E}_{C}[(a^{2}-a)X_{0\Sigma}+(a^{2}-1)X_{2\Sigma}]}{j(X_{1\Sigma}+\dfrac{X_{2\Sigma}X_{0\Sigma}}{X_{0\Sigma}+X_{2\Sigma}})(X_{0\Sigma}+X_{2\Sigma})}\\ \dot{I}_{B}=\dfrac{\dot{E}_{C}[(a-a^{2})X_{0\Sigma}+(a-1)X_{2\Sigma}]}{j(X_{1\Sigma}+\dfrac{X_{2\Sigma}X_{0\Sigma}}{X_{0\Sigma}+X_{2\Sigma}})(X_{0\Sigma}+X_{2\Sigma})}\end{cases} \tag{8-11}$$

可见，两个故障相电流幅值是相等的。

8.2.2　短路故障定位算法

配电网发生故障后，若为瞬时故障，通过变电站出口断路器的一次重合闸即可消除；若为永久性故障，首先重合闸失败，则必须进行故障处理。实施配电自动化的目标之一就是减少故障停电时间，缩小停电面积，从而提高供电可靠性。因此，如何在配电网发生故障后，根据配电终端或故障指示器的信息及时准确地判断故障区域，并采取有效措施隔离故障区域、恢复非故障停电区域的供电是配电自动化的关键技术之一。

基于配电终端故障信息的故障区段定位主要算法有两类：一类是以遗传算法、神经网络算法等为代表的人工智能型故障区段定位算法；另一类是以图论知识为基础，结合配电终端上报的故障信息，根据配电网的拓扑结构进行故障区段定位的矩阵算法。

1. 人工智能型算法

配电终端一般装设在户外或环网柜内，工作环境较为恶劣，加上其数据的上传取决于通信系统的运行质量，因此，其传输的信息受干扰、畸变或丢失的可能性较大，从而影响故障区段定位准确性。近年来有学者提出抗干扰性较好的人工智能型算法，如遗传算法、神经网络算法或 Petri 网理论、基于专家系统的方法等。

（1）遗传算法

遗传算法（Genetic Algorithm，GA）是一种自适应启发式全局搜索的概率算法，鲁棒性较强，能同时搜索解空间的多个点，从而使待求问题实现全局最优。遗传算法应用于故障定位，首先需建立故障区间定位的数学模型，然后根据遗传操作求解。该方法具有高容错性，可提高故障定位的准确性，但遗传算法本身是一种“生成 + 检测”的迭代搜索算法，因此运算时间长，不适宜实时运行。

（2）人工神经网络

人工神经网络（Artificial Neural Networks，ANN）是一种模仿动物神经网络行为特征，进行分布式并行信息处理的数学模型算法。人工神经网络应用于故障区段定位，首先进行特征选择和提取，使同一区间故障内样本的组内偏差平方和尽量小，而不同区段故障样本间的组间偏差平方和尽量大，从而实现正确分类，然后采用人工神经网络进行离线训练，最后用训练好的网络实现在线识别功能。

ANN 可以根据对象的正常历史数据训练网络，然后将此信息与当前测量数据进行比较，以确定故障区段。此类方法有一定的容错性和适应能力，但是需要选取大量有代表性的样本以供训练，同时算法速度也较慢，且一旦网络运行方式发生变化就会失效。

（3）Petri 网

Petri 网是 20 世纪 60 年代由卡尔 · A. 佩特里提出的，适合于描述异步的、并发的系统模型。它以研究系统的组织结构和动态行为为目标，着眼于系统中可能发生的各种变化和变化间的关系，只关心变化的条件及发生后对系统的影响。Petri 网应用于故障区段定位，首先构造关联数据库，并根据故障前、后配电终端上传的信息形成自适应的故障拓扑结构。对于大规模电网的故障诊断，在基于 Petri 网模型建模时，会因设备的增加和网的扩大出现状态的组合爆炸。

（4）专家系统

专家系统是利用配电网地理信息系统的地理信息、设备管理、网络拓扑结构，结合专家的规则库进行动态搜索、回溯推理，最终确定故障区段。但专家系统的建立需要专家知识，而这些知识是基于特定的配电网的结构建立，其适用性较差，且专家系统的维护也非常烦琐。

人工智能型算法容错能力较强，但涉及的数据处理量大，判据复杂烦琐，计算时间较长，无法满足故障定位的实时性要求，因此实际应用较少。

2. 矩阵算法

矩阵算法因其简明直观、计算量小等特点，应用更为广泛。首先针对配电网的拓扑结构获得一个网络描述矩阵。在发生故障时，根据配电终端上报的故障信息生成一个故障信息矩阵，通过网络描述矩阵及故障信息矩阵运算得到故障判断矩阵，再根据故障区段定位判据就可判断出故障区段。

根据网络描述矩阵的形式不同矩阵算法又分为基于网基结构矩阵算法和基于网形结构矩阵算法两大类。网基结构矩阵是反映配电网物理连接关系的拓扑结构矩阵，它将配电网看作无向边，仅考虑节点间的连接关系；网形结构矩阵则是将配电网看作有向边，考虑假设功率流向下的开关上下游连接关系，可反映配电网当前实际运行方式。

（1）基于网基结构矩阵的定位算法

基于网基结构矩阵的定位算法的基本原理：首先，生成描述配电网拓扑结构的网基结构矩阵 $\boldsymbol{D}$，根据线路负荷电流设定配电终端的动作阈值，但线路故障时，流过故障电流的配电终端将不带时标的故障信息和 SOE 事件发送到主站，主站根据线路拓扑生成相应的故障信息矩阵 $\boldsymbol{G}$，通过网基结构矩阵和故障信息矩阵的运算，得到故障判断矩阵 $\boldsymbol{P}$，从而确定故障区域。

1）网基结构矩阵 $\boldsymbol{D}$。

将配电网的馈线当作无向边，并将馈线上已安装判断终端的断路器、负荷开关、隔离开关等设备进行编号，设配电网有 n 个节点，则形成的网基结构矩阵 $\boldsymbol{D}$ 为 n 维方阵。网基结构矩阵 $\boldsymbol{D}$ 中元素的定义：若节点 i 和节点 j 之间存在一条边（架空线或电缆线路），则元素 $d_{ij}=d_{ji}=1$，反之，$d_{ij}=d_{ji}=0$，$\boldsymbol{D}$ 阵中对角元素均为0。

网基结构矩阵 $\boldsymbol{D}$ 描述了配电网各节点之间的物理连接关系，其值取决于配电网的架设，它只能描述配电网络各元件之间的潜在连接关系，无法直观地表达元件之间的电气连接情况。也就是说，由网基结构矩阵并不能确定电流的流向，也无法获知节点之间的父子关系。

2）故障信息矩阵 $\boldsymbol{G}$。

故障信息矩阵 $\boldsymbol{G}$ 也是 n 维方阵，它是根据故障时判断终端上报的相应开关是否经历了超过整定值的故障电流的情况来构造的。若第 i 个节点的开关经历了超过配电终端整定值的故障电流，则故障信息矩阵的第 i 行第 i 列的元素置0；反之则第 i 行第 i 列的元素置1，故障信息矩阵的其他元素均置0。因此，故障信息反映在矩阵 $\boldsymbol{G}$ 的对角线上。

3）故障判断矩阵 $\boldsymbol{P}$。

若线路发生故障，则电源点到故障点之间的节点均流过故障电流，其余节点则无故障电流流过，因此，故障区段位于电源点到末梢点之间第一个无故障电流流过的节点和最后一个流过故障电流的节点之间。且故障区段的一个无故障信息节点所有相邻节点中，不存在两个以上有故障节点，即若一个无故障电流流过的节点所有相邻节点中，若存在两个节点流过故障电流，则该节点不构成故障区段的一个节点。

网基结构矩阵 $\boldsymbol{D}$ 和故障信息矩阵 $\boldsymbol{G}$ 相乘后得到矩阵 $\boldsymbol{P}'$，对其进行规格化后就得到了故障判断矩阵 $\boldsymbol{P}$，即

$$\boldsymbol{P}=g(\boldsymbol{DG})=g(\boldsymbol{P}') \tag{8-12}$$

式中，$g(\cdot)$表示规格化运算，具体操作如下：

若矩阵 $\boldsymbol{D}$ 中的元素 $d_{mj}=d_{nj}=d_{kj}=1$，即节点 m、n、k 均与节点 j 相连，矩阵 $\boldsymbol{G}$ 中 $g_{jj}=1$，即节点 j 无故障电流流过，且矩阵 $\boldsymbol{G}$ 中 g_{mm}、g_{nn}、g_{kk}至少有2个为0，即与 j 相连的节点有两个及以上流过故障电流，则节点 j 一定不是构成故障区段的节点，需对矩阵 $\boldsymbol{P}'$进行规格化处理：将 $\boldsymbol{P}'$中第 j 行和第 j 列的元素全部置0；若上述条件不满足，则不进行任何处理。规格化处理主要是解决T接点所在区段某一分支的后继馈线区段故障引起该T接区段也有故

障的误判问题。

由上述分析可知，故障区段两侧节点由于故障信息不同，在故障判断矩阵 $\boldsymbol{P}$ 中这两个节点对应的元素值也不同，而非故障区段两侧节点在故障判断矩阵 $\boldsymbol{P}$ 中对应的元素值相同。因此，根据故障判断矩阵 $\boldsymbol{P}$ 进行故障区段判断时应采用异或算法。若矩阵 $\boldsymbol{P}$ 中的元素 $p_{ij} \oplus p_{ji}=1$（$\oplus$表示异或），则馈线上第 i 节点和第 j 节点之间的区段有故障，故障隔离时应断开第 i 节点和第 j 节点对应的开关。

基于网基结构矩阵算法的计算量大，过程较烦琐，无法判断末梢馈线段的故障，对多重故障的判断也具有一定的局限性，一般只适用于单电源单一故障的问题。

（2）基于网形结构矩阵的定位算法

基于网形结构矩阵算法用到的网形结构矩阵及故障信息矩阵均要考虑电流方向。

1）网形结构矩阵 $\boldsymbol{C}$。

配电网的有向图模型可以采用一个 $N\times N$ 的二维矩阵加以描述，这个矩阵即为网形结构矩阵 $\boldsymbol{C}$。首先规定馈线功率方向的正方向，对于单电源网络和闭环设计开环运行的多电源网络，其正方向为正常运行时配电网络的功率方向。依据这个方向确定各个节点之间的有向连接关系，最后按照以下规则形成配电网的网形结构矩阵：在规定的正方向下，如果节点 i 和节点 j 之间存在一条由 i 指向 j 的边，则 $c_{ij}=1$，否则 $c_{ij}=0$，$\boldsymbol{C}$ 阵的对角元素全为 0。

网形结构矩阵反映了配电网的当前实际运行方式，清晰地描述了节点之间的功率流向。因此，为了突出配电网呈辐射状的特点，一般采用网形结构矩阵来描述配电网的拓扑结构。网形结构矩阵可通过网基结构矩阵 $\boldsymbol{D}$ 和开关状态得出，此过程称为基形变换。

2）故障信息矩阵 $\boldsymbol{G}$。

在单电源辐射状网络中，全网的功率方向是一定的，因此发生故障时，无需考虑故障电流流向，只需根据各节点是否流过故障电流得到故障信息，生成故障信息矩阵 $\boldsymbol{G}$。$\boldsymbol{G}$ 为 N 维方阵，其元素定义为：若第 i 个节点流过故障电流，则该节点对应的 $\boldsymbol{G}$ 阵对角元素 $g_{ii}=1$，反之 $g_{ii}=0$；故障信息矩阵 $\boldsymbol{G}$ 的非对角元素均置为“0”。

3）故障判断矩阵 $\boldsymbol{P}$。

单电源辐射状网络中某馈线发生单重故障时，其父节点流过故障电流，而所有子节点均无故障电流流过，也即若某馈线区段的父节点与子节点均无故障电流流过或均流过故障电流，则该区段一定为非故障区段。因此定义故障判断矩阵 $\boldsymbol{P}$ 为 $\boldsymbol{P}=\boldsymbol{C}+\boldsymbol{G}$。

故障区段定位判据如下：

① 开关之间的馈线段故障。若故障判定矩阵中的元素满足两个条件：$P_{ii}=1$ 且对所有 $P_{ij}=1$ 的 j（$j\neq i$）都有 $P_{jj}=0$，则故障区域为开关 i 和开关 j 之间的馈线段。其物理意义是：当节点 i 流过故障电流，且其所有子节点均无故障电流流过，则该馈线段为故障区段。

② 末梢馈线段故障。若故障判定矩阵中的元素满足两个条件：$P_{ii}=1$ 且对所有 j（$j\neq i$）都有 $P_{ij}=0$，则故障区域为开关 i 末梢馈线段。其物理意义是：当节点 i 流过故障电流，其无子节点与该节点相连，则该节点为末梢馈线段且为故障区段。

为减小运算量，可以常开型联络开关为分界点进行网络分区，仅选择含有故障信息的分区进行运算。

8.2.3 非故障区段供电恢复

如 8.2.2 节所述，配电网发生故障后，可根据配电终端上传的故障信息及时准确地判断

故障区段，确定故障区段后，一般只需将该区段两侧的开关分闸即可隔离故障区段，将故障隔离在最小范围内。

由于配电线路供电半径较短，受电流互感器和开关设备动作时间的影响，期望通过对开关设备更精细的保护整定进一步提高继电保护的选择性是难以实现的。现在常用的做法是在线路故障后，跳变电站出线开关。因此，在故障区段定位、隔离完成后，还需实现非故障区段的供电恢复。

非故障区段的供电恢复包括两个部分，一是电源点到故障区段之间，由于越级跳闸引起的非故障停电区段，发生越级跳闸时，在故障区段隔离完成后，将越级跳闸的开关合上，既可恢复该部分区域的供电。越级跳闸的开关可采取该方法进行判断：将故障隔离前后的网形中所有处于分断位置的节点进行比较，排除故障隔离所需分断的节点，其余的处于分断位置的节点即为越级跳闸而应合上的节点。

另一部分非故障停电区段位于故障点到末端位置的区段，是由于故障区段隔离导致该部分区段失去电源导致停电。该部分区段的转供电需找出一个合理的策略，通过对联络开关和分断开关进行操作实现。目前，配电网故障恢复策略主要有人工智能算法、启发式搜索算法和数学优化算法。

人工智能算法将故障恢复刻画为多目标问题，并以概率寻优方式进行分解。目前已有多种智能优化算法被应用于该问题的求解，如遗传算法、粒子群算法、蚁群算法、专家系统、模糊算法、Petri 网等。人工智能技术部分表达人的经验和思维方式，但算法较为复杂，计算时间较长，个别算法可能出现局部收敛的问题。

启发式搜索算法具有实时性、实用性以及通用性强的优点，其缺点是系统初始状态对于搜索结果的影响较大，算法稳定性不够好，难以得到最优解等。

数学优化算法有完整严格的数学理论基础，大致有整数规划法、分支界定法等方法。数学优化算法最大优点在于只要构建的目标函数一致，就能以一定的概率找到最优解，但该类解法迭代和搜索次数较多，实时性不强，对于简单网络无法体现其优势。

供电恢复关键在于搜索出受故障影响的非故障停电区段的各种营救方案，也就是搜索出与受故障影响的非故障停电区段相连的所有联络开关。一般地，可能的营救方案数量并不多，加上供电恢复策略一般应满足以下要求：

1）尽可能快地对非故障停电区段供电。

2）尽可能多地恢复失电负荷，对不同等级的负荷分别考虑，重要负荷优先恢复。

3）尽可能少的开关操作次数，其主要原因是开关设备总操作次数有限，为延长其寿命，操作次数越少越好。

4）恢复后系统应尽可能经济地运行，负荷尽可能均衡。

5）恢复后系统应保持辐射状结构，但运行恢复过程中为了进行开关交换会出现短时环网运行。

6）不允许出现设备过载或电压过低。

因此，可采用分别计算各个方案的主要指标的方法从中挑选最佳方案。

对于各种可能的营救方案的分析计算，可以根据故障前配电网的负荷分布和网络拓扑变化，计算非故障停电区段恢复供电后的负荷分布，首先要满足安全的原则，即网络重构后不引起新的过负荷；其次要满足新的网络拓扑下负荷均衡分布的要求，选择最佳恢复策略。

例如，对于图 8-12a 所示的配电网，额定负荷均为 100，如果在节点 8 和节点 1 之间的区段发生了故障，通过 8.2.2 节提出的算法可以判断出节点 8 和节点 1 为故障区域的端点，将它们分别分闸，即可隔离故障区段。此时要恢复由节点 1、10、4 和 6 构成的区段的供电，可以采取两种方式：一种方式是合上节点 4，由电源点节点 7 供电；另一种方式是合上节点 6，由电源点节点 9 供电。

如图 8-12b 所示合上节点 4 的方案，负荷均衡率 RLC = 73/64 = 1.14，且不存在过负荷；而图 8-12c 所示合上节点 6 的方案，RLC = 109/28 = 3.89，且电源 9 出现过负荷。显然，图 8-12b 所示的合上节点 4 的方案是受故障影响的健全区域恢复供电的最佳方案。

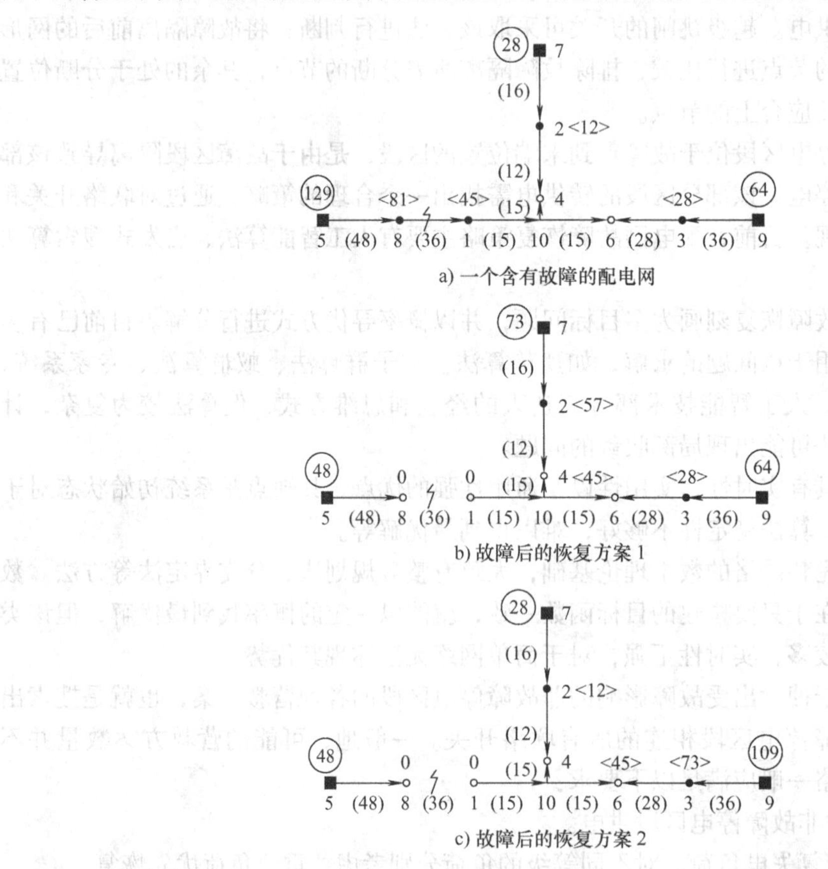

a) 一个含有故障的配电网

b) 故障后的恢复方案 1

c) 故障后的恢复方案 2

图 8-12　一个含有故障的配电网及其在故障后的恢复方案

8.2.4　紧急状态下大面积断电快速恢复

前文论述的配电网故障隔离与供电恢复方法，都是针对配电网发生馈线故障这类小扰动的情形。但有时仍可能发生造成一条甚至多条 10kV 母线失压这类影响较大的故障，如自然灾害（台风、冰灾、雪灾、地震等）、外力破坏造成输电线路倒塌或输电线路故障检修等。近年来欧美发生的多次电网大停电事故，给电力工作者敲响了警钟。尽管造成 10kV 母线失压的故障发生概率较小，但其造成大面积停电的危害极大。

随着电网的建设与改造，配电网的电源点、网架结构以及分段和联络趋于合理，使得通过中压配电网大规模地转移负荷成为可能，配电网自动化系统的实施，使得大批量的开关能

够在很短的时间内操作完毕，因此，实现紧急状态下配电网大面积断电快速恢复是可行的。

当配电网上负荷普遍较轻时，往往直接将受母线失压影响线路的联络开关合闸，就可以由对侧源点恢复受母线失压影响线路的供电而不至造成过负荷，这样的处理策略称为负荷直接转移策略。当采用负荷直接转移策略不能确保受母线失压影响的线路全部恢复供电而不造成对侧源点过负荷时，需要研究以甩负荷最少甚至不甩负荷为目标的批量负荷转移策略。因此，进行配电网大面积断电故障处理快速恢复供电，可以采取下列步骤：

1）进行母线失压的判断，并明确批量负荷转移的起动条件。

理论上讲，在一个很短的时间内（比如5~10s的数据采集时间），若某条母线的电压以及和该母线相连的所有电源点的电流由正常运行值下降到近似为0，则可判断该母线失压。

但考虑到由于数据采集装置或互感器的原因，有可能在母线失压时个别电源点的电流并不为0，因此可将母线失压的判断条件修改为：若某条母线电压由正常运行值下降到近似为0，且与该母线相连的N个电源点的电流或相应馈线上的首级开关的电压和电流由正常运行值下降到近似为0，则可判断该母线失压。一般N可取2~5。

当判断出一条或多条母线失压后，自动化系统保存故障断面信息，即将故障前各条边供出的负荷全部保存下来，作为今后分析负荷转移方案的基础信息。此时配网调度中心需要和地调中心进行联系，核实该故障是否存在，且在高压侧短时间内难以恢复、需要通过配电网转移负荷时才起动批量负荷转移过程。

2）发生母线失压故障后，为了确保可靠地隔离故障，在负荷转移前需要将与这些母线相连的电源点全部可靠地分闸，并将其闭锁在分闸状态。

3）起动以甩负荷量最小为目标的配电网网络重构流程，得到供电恢复目标方案。

4）基于配电网故障后的网络拓扑和供电恢复目标方案，生成供电恢复操作步骤。

5）执行供电恢复操作步骤。

6）故障排除后，恢复正常运行方式。

8.3　单相接地故障

8.3.1　单相接地故障特征

1. 中性点接地方式分析

单相接地故障是配电网最容易发生且最难查找的故障。所谓单相接地故障是指三相输电导线中的某一相导线因为某种原因直接接地或通过电弧、金属或电阻值有限的非金属接地。对于小电流接地系统，由于中性点非有效接地，当系统发生单相接地故障时，故障点不会产生大的短路电流，但各线路电容电流的分布具有一定的规律，所以通过这种可循的规律能确定出故障线路甚至定位故障区段。下面分别阐述中性点不接地系统与经消弧线圈接地系统的单相接地的故障机理。

（1）中性点不接地方式

图8-13为一简单的中性点不接地系统，忽略线路对地电阻、电感和电导，三相对地电容分别为C_A、C_B、C_C。

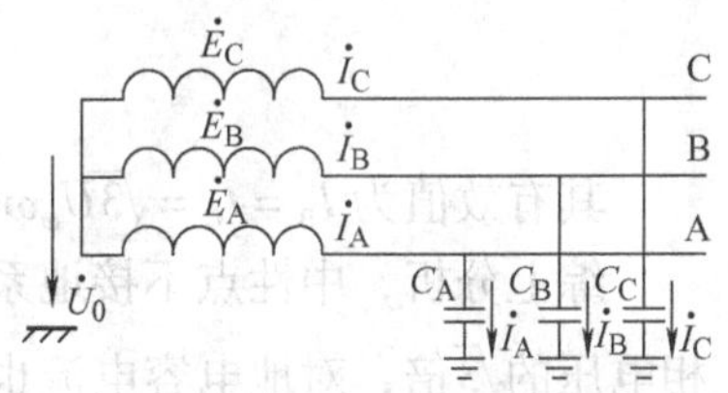

图8-13　中性点不接地系统图

在正常运行方式下，系统三相相电压$\dot{E}_A$、$\dot{E}_B$、$\dot{E}_C$对

称，即

$$\begin{cases} E_A = E_B = E_C = U_\varphi \\ \dot{E}_A + \dot{E}_B + \dot{E}_C = 0 \end{cases} \tag{8-13}$$

式中，U_φ 为相电压有效值。

不考虑三相对地电容的不平衡，假设 $C_A = C_B = C_C = C_0$。在三相对称电压的作用下，每相对地电容流过的电流 I_A、I_B、I_C 也为对称的，即

$$\begin{cases} I_A = I_B = I_C \\ \dot{I}_A + \dot{I}_B + \dot{I}_C = 0 \end{cases} \tag{8-14}$$

三相对地电压 U_{A_D}、U_{B_D}、U_{C_D} 分别为三相对地电容电流 I_A、I_B、I_C 在对地电容 C_A、C_B、C_C 上产生的压降，即

$$\begin{cases} \dot{U}_{A\_D} = \dot{I}_A \dfrac{1}{j\omega C_A} = \dot{I}_A \dfrac{1}{j\omega C_0} \\ \dot{U}_{B\_D} = \dot{I}_B \dfrac{1}{j\omega C_B} = \dot{I}_B \dfrac{1}{j\omega C_0} \\ \dot{U}_{C\_D} = \dot{I}_C \dfrac{1}{j\omega C_C} = \dot{I}_C \dfrac{1}{j\omega C_0} \end{cases} \tag{8-15}$$

可见，配电网三相对地电压是相等且对称的。由此可得变压器中性点对地电压为

$$\dot{U}_0 = \dot{U}_{A\_D} + \dot{U}_{B\_D} + \dot{U}_{C\_D} = 0 \tag{8-16}$$

因此，中性点不接地系统正常运行时，三相对地电流和对地电压均对称，系统的零序电压和零序电流为零，矢量图如图 8-15a 所示。

当系统的 A 相发生金属性接地，如图 8-14 所示。

这时，故障相（A 相）对地电容被短接，其对地电压降为零，即 $\dot{U}_{A\_D} = 0$，非故障相对地电压分别为

$$\begin{cases} \dot{U}_{B\_D} = \dot{U}_{B\_A} = \dot{E}_B - \dot{E}_A = \sqrt{3}\dot{E}_A e^{-j150^\circ} \\ \dot{U}_{C\_D} = \dot{U}_{C\_A} = \dot{E}_C - \dot{E}_A = \sqrt{3}\dot{E}_A e^{j150^\circ} \end{cases} \tag{8-17}$$

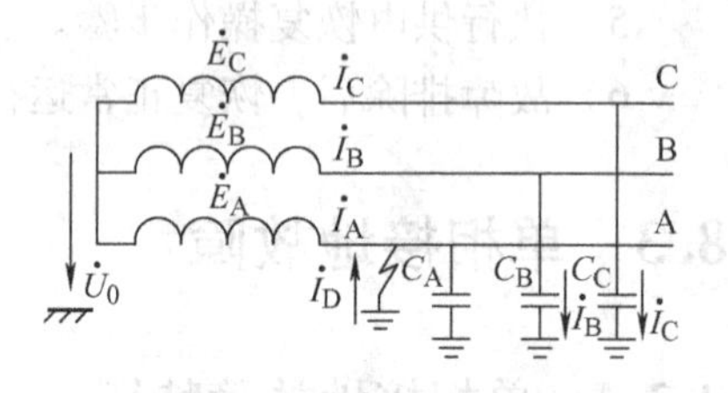

图 8-14　中性点不接地系统单相接地故障

系统中性点的对地电压为

$$\dot{U}_0 = \frac{1}{3}(\dot{U}_{A\_D} + \dot{U}_{B\_D} + \dot{U}_{C\_D}) = -\dot{E}_A \tag{8-18}$$

非故障相流向故障点的电容电流为

$$\begin{cases} \dot{I}_B = \dot{U}_{B\_D} j\omega C_0 \\ \dot{I}_C = \dot{U}_{C\_D} j\omega C_0 \end{cases} \tag{8-19}$$

其有效值为 $I_B = I_C = \sqrt{3}U_\varphi \omega C_0$。

综上分析，中性点不接地系统发生金属性单相接地故障后，非故障相对地电压为正常时相电压的$\sqrt{3}$倍，对地电容电流也相应增大至$\sqrt{3}$倍，矢量关系如图 8-15b 所示。此时，从接地点流回的电流为

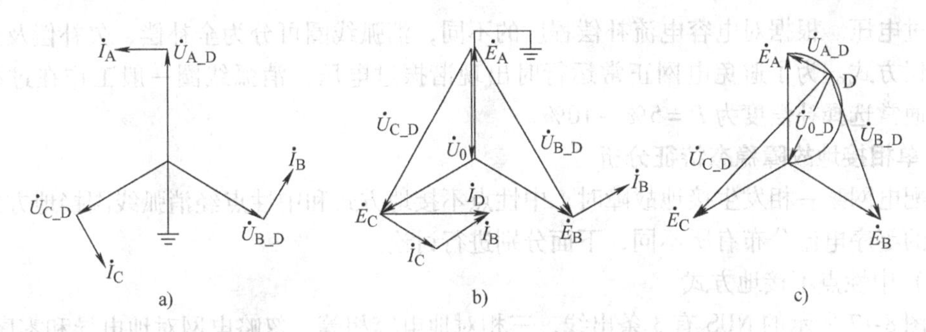

图8-15　三相对地电压与对地电流矢量关系

$$\begin{aligned}\dot I_D &= \dot I_A + \dot I_B + \dot I_C = \dot U_{B\_D}j\omega C_0 + \dot U_{C\_D}j\omega C_0 \\ &= (\dot U_{A\_D} + \dot U_{B\_D} + \dot U_{C\_D})j\omega C_0 = 3\dot U_0 j\omega C_0\end{aligned} \tag{8-20}$$

其有效值为$I_D = 3U_\varphi \omega C_0$，即为系统正常运行时三相对地电容电流之和。

若A相经过渡电阻R_f接地时，中性点电位偏移关系式为

$$\dot U_0 = -\frac{j\omega C_0(\dot E_A + \dot E_B + \dot E_C) + \dot E_A/R_f}{j3\omega C_0 + 1/R_f} = -\frac{1}{1 + j3\omega C_0 R_f}\dot E_A \tag{8-21}$$

由上式可作出中性点电位随过渡电阻变化的矢量轨迹图，如图8-15c所示。

(2) 中性点经消弧线圈接地方式

中性点不接地电网中发生单相接地时，接地点流过的是全系统对地电容电流，其大小取决于变电站线路的类型和长度。若变电站出线较多，线路较长，或者连接着大量电缆线路，这种情况下接地点的容性电流较大，可能会燃起电弧，引起弧光接地过电压，从而使非故障相的对地电压进一步升高。为此，通常在变压器的中性点与大地之间接入一个消弧线圈，构成另一个回路，如图8-16所示。当单相接地时，接地点的接地相电流中增加一个感性电流分量I_L，它与流过接地点的容性电流分量相抵消，大大减小了接地点的电流，使电弧易于自行熄灭，减少高幅值电弧接地过电压发生的机率。

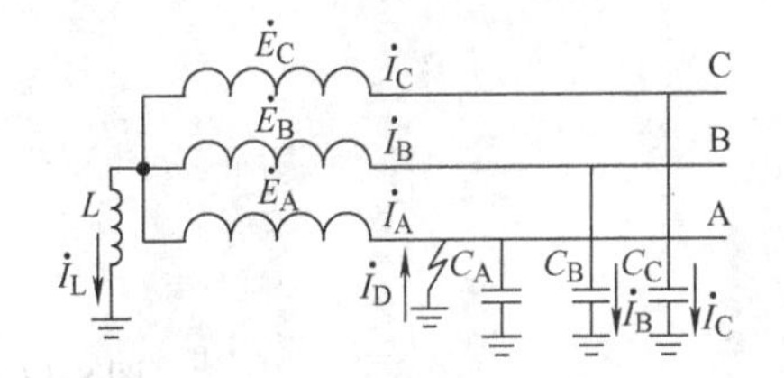

图8-16　中性点经消弧线圈接地系统图

假设消弧线圈电感值为L，忽略其有功损耗电阻，则电感电流I_L为

$$\dot I_L = \frac{1}{j\omega L}\dot U_0 \tag{8-22}$$

因此，在$C_A = C_B = C_C = C_0$的情况下，假设A相发生金属性单相接地故障，此时的故障点电流为

$$\dot I_D = \dot I_L + \dot I_A + \dot I_B + \dot I_C = \frac{\dot U_0}{j\omega L} + 3\dot U_0 j\omega C_0 = \dot I_L + \dot I_{C\Sigma} \tag{8-23}$$

式中，$\dot I_{C\Sigma}$为全系统的对地电容电流总和。

理想情况下，$\dot I_L$和$\dot I_{C\Sigma}$相位相差180°，因此故障点电容电流将因消弧线圈的补偿而减少。特别是在$I_D = I_{C\Sigma}$的情况下，I_D几乎为零，单相接地电弧将不能维持，不会导致系统的

高幅值过电压。根据对电容电流补偿程度的不同，消弧线圈可分为全补偿、欠补偿及过补偿三种补偿方式。为了避免电网正常运行时出现谐振过电压，消弧线圈一般工作在过补偿方式，且通常选择补偿度为 $P=5\%\sim10\%$。

2. 单相接地故障稳态特征分析

当配电网某一相发生接地故障时，中性点不接地方式和中性点经消弧线圈接地方式稳态情况下的零序电流分布有所不同，下面分别进行讨论。

（1）中性点不接地方式

如图 8-17 所示的 NUS 有 3 条出线，三相对地电容相等，忽略电网对地电导和零序阻抗，用集中参数 C_{01}，C_{02}，C_{03} 和 C_{0f} 分别表示线路 1、2、3 和变压器的对地电容。假设在线路 3 的 A 相发生金属性接地故障。

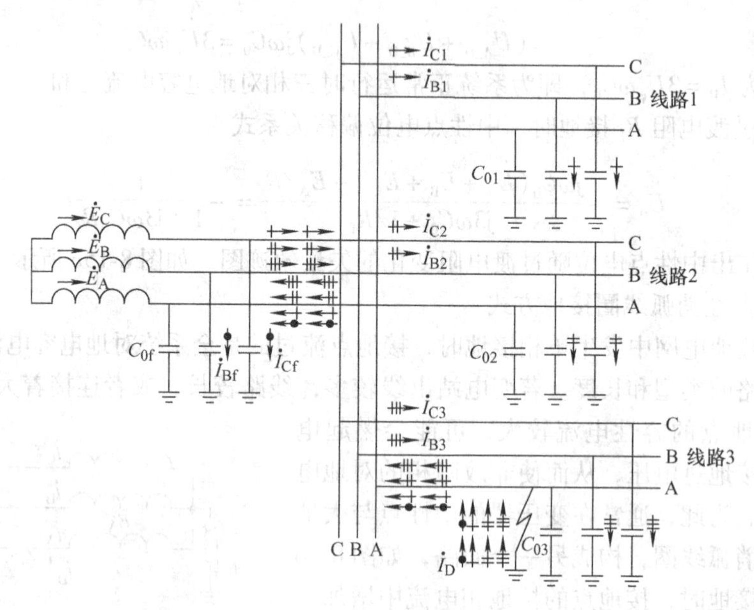

图 8-17　NUS 单相接地故障电流分布

NUS 单相接地故障时对地电容电流分布如图 8-17 所示，各线路对地电容电流均通过接地点流回电网，并通过电源变压器形成回路。对于非故障线路 1 和 2，A 相流过的电流为零，B 相和 C 相中流有本身的对地电容电流 $\dot{I}_{B1}$、$\dot{I}_{C1}$、$\dot{I}_{B2}$ 和 $\dot{I}_{C2}$，因此，线路 1、2 始端所反应的零序电流分别为

$$\begin{cases}3\dot{I}_{01}=\dot{I}_{A1}+\dot{I}_{B1}+\dot{I}_{C1}=\dot{I}_{B1}+\dot{I}_{C1}\\ \qquad =\dot{U}_{B\_D}j\omega C_{01}+\dot{U}_{C\_D}j\omega C_{01}=3\dot{U}_0 j\omega C_{01}\\ 3\dot{I}_{02}=\dot{I}_{A2}+\dot{I}_{B2}+\dot{I}_{C2}=\dot{I}_{B2}+\dot{I}_{C2}\\ \qquad =\dot{U}_{B\_D}j\omega C_{02}+\dot{U}_{C\_D}j\omega C_{02}=3\dot{U}_0 j\omega C_{02}\end{cases} \tag{8-24}$$

其有效值分别为 $3I_{01}=3U_\varphi\omega C_{01}$，$3I_{02}=3U_\varphi\omega C_{02}$。

因此，非故障线路 1 和线路 2 的零序电流为本身的对地电容电流，其相位超前零序电压

90°，电容性无功功率的方向为母线流向线路，该结论适用于每一条非故障线路。

对于电源变压器，各线路的电容电流从故障相A相流入后又分别从B、C相流出，只剩下本身的电容电流，故其零序电流为

$$3\dot{I}_{0f}=\dot{I}_{Bf}+\dot{I}_{Cf}=\dot{U}_{B\_D}j\omega C_{0f}+\dot{U}_{C\_D}j\omega C_{0f}=3\dot{U}_0 j\omega C_{0f} \tag{8-25}$$

其有效值为$3I_{0f}=3U_{\varphi}\omega C_{0f}$。变压器零序电流电容性无功功率的方向为由母线流向发电机，与非故障线路相同。

全系统的对地电容电流均流向故障点，因此该点流过的零序电流为

$$\begin{aligned}\dot{I}_D&=(\dot{I}_{B1}+\dot{I}_{C1})+(\dot{I}_{B2}+\dot{I}_{C2})+(\dot{I}_{B3}+\dot{I}_{C3})+(\dot{I}_{Bf}+\dot{I}_{Cf})\\&=j\dot{U}_{B\_D}\omega(C_{01}+C_{02}+C_{03}+C_{0f})+j\dot{U}_{C\_D}\omega(C_{01}+C_{02}+C_{03}+C_{0f})\\&=j\omega(C_{01}+C_{02}+C_{03}+C_{0f})(\dot{U}_{B\_D}+\dot{U}_{C\_D})\\&=3j\omega C_{0\Sigma}\dot{U}_0\end{aligned} \tag{8-26}$$

其有效值为$I_D=3U_{\varphi}\omega C_{0\Sigma}$。$C_{0\Sigma}$为全系统对地电容总和。接地点的电流要从故障相流回系统，因此A相流出的电流为$\dot{I}_{A3}=-\dot{I}_D$，而故障线路的B相和C相流过本身的电容电流$\dot{I}_{B3}$、$\dot{I}_{C3}$，这样，故障线路3始端呈现的零序电流为

$$\begin{aligned}3\dot{I}_{03}&=\dot{I}_{A3}+\dot{I}_{B3}+\dot{I}_{C3}=-(\dot{I}_{B1}+\dot{I}_{C1}+\dot{I}_{B2}+\dot{I}_{C2}+\dot{I}_{Bf}+\dot{I}_{Cf})\\&=-3j\omega(C_{01}+C_{02}+C_{0f})\dot{U}_0=-3j\omega(C_{0\Sigma}-C_{03})\dot{U}_0\end{aligned} \tag{8-27}$$

其有效值为$3I_{03}=3U_{\varphi}\omega(C_{0\Sigma}-C_{03})$。因此，故障线路始端的零序电流数值等于全系统非故障线路对地电容电流之和，相位滞后零序电压90°，电容性无功功率的实际方向由线路流向母线，与非故障线路方向相反。

由上述分析，对于中性点不接地系统，可得出以下结论：

1）在发生单相接地故障时，全系统都将出现零序电压。若为金属性接地，故障相对地电压为零，非故障相对地电压升高至正常相电压的$\sqrt{3}$倍。

2）非故障线路零序电流的数值等于本身的对地电容电流，相位超前零序电压90°，电容性无功功率的方向为母线流向线路。

3）故障线路流过的零序电流为全系统非故障元件对地电容电流之和，相位滞后零序电压90°，电容性无功功率的方向为线路流向母线。

4）故障线路与非故障线路的零序电流相位相差180°。

（2）中性点经消弧线圈接地方式

图8-18为NES线路3的A相发生金属性单相接地故障后的对地电容电流分布图。同样，三相对地电容相等，忽略电网对地电导等，用集中参数C_{01}，C_{02}，C_{03}和C_{0f}表示线路1、2、3和变压器的对地电容。

非故障线路的零序电流与中性点不接地系统相同，接地点处流过的为全系统对地电容电流和消弧线圈电感电流$\dot{I}_L$总和，即

$$\begin{aligned}\dot{I}_D&=(\dot{I}_{B1}+\dot{I}_{C1})+(\dot{I}_{B2}+\dot{I}_{C2})+(\dot{I}_{B3}+\dot{I}_{C3})+(\dot{I}_{Bf}+\dot{I}_{Cf})+\dot{I}_L\\&=3j\omega\dot{U}_0(C_{01}+C_{02}+C_{03}+C_{0f})+\frac{1}{j\omega L}\dot{U}_0\end{aligned} \tag{8-28}$$

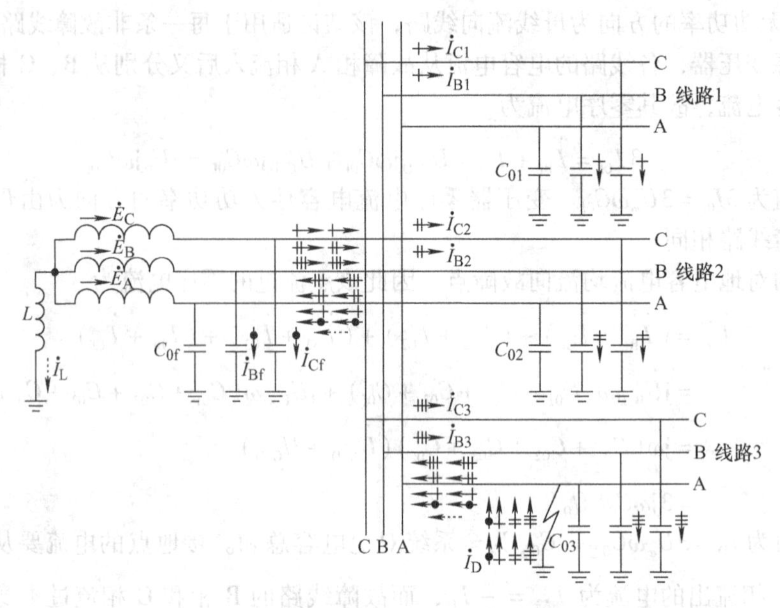

图 8-18 NES 单相接地故障电流分布

因此，故障线路 3 始端零序电流表达式为

$$
\begin{aligned}
3\dot{I}_{03} &= \dot{I}_{A3} + \dot{I}_{B3} + \dot{I}_{C3} = -\dot{I}_{D} + \dot{I}_{B3} + \dot{I}_{C3} \\
&= -\left(j3\omega C_{01} + j3\omega C_{02} + j3\omega C_{0f} + \frac{1}{j\omega L}\right)\dot{U}_0
\end{aligned}
\tag{8-29}
$$

当消弧线圈电感工作在过补偿方式时，即 $\dot{I}_L > 3j\omega U_0$（$C_{01}+C_{02}+C_{03}+C_{0f}$），故障线路始端零序电流的相位将超前零序电压 90°，与非故障线路的零序电流相位相同。

由上述分析可知，NES 单相接地故障具有以下特点：

1）单相接地故障后，接地点零序电流由全系统电容电流之和及电感电流部分组成，由于两者相位相反，接地点电流大大减小，因此故障线路与非故障线路的零序电流值相差不大。

2）过补偿方式下，故障线路的零序电流是残余电流和本线路的电容电流之和，其基频无功功率的方向和非故障线路的方向一致，由母线流向线路。因此，这种情况下，无法用零序功率方向的差别判别系统的故障线路。

3. 单相接地故障暂态特征分析

当小电流接地系统发生单相接地故障后，系统由正常状态进入故障状态，必将经历一个较为复杂的暂态过渡过程才能逐渐进入稳态。这一过程既不同于正常运行状态，也不同于故障后的稳定状态，有其显著的特点。

图 8-19 为 NES 发生单相接地故障后的暂态电流分布图。

一般情况下，接地故障是由于线路绝缘被击穿引起的，经常发生在相电压接近于最大值的瞬间，因此，暂态电容电流可看成两部分电流之和：一个是由于故障相电压突然下降而引起的对地分布电容放电电流，通过母线直接流向接地点，振荡频率可高达数千赫兹；一个是由于非故障相电压突然升高而引起的充电电容电流，该电流通过电源流向接地点，由于整个流通回路的电感较大，充电电流衰减较慢，振荡频率也较低，一般为数百赫兹，且幅值大。

中性点经消弧线圈接地电网中，暂态电流由暂态电容电流和暂态电感电流组成。暂态电感电流取决于故障发生的时刻，当接地故障发生在相电压过零瞬间时，其值为最大，而当故障发生在相电压接近最大值瞬间时，暂态电感电流 $i_L \approx 0$。此时，暂态电流主要由暂态电容电流组成，暂态电感电流可忽略，因此中性点经消弧线圈接地系统与中性点不接地系统的电容电流分布情况类似。下面仅对中性点经消弧线圈接地的情况进行分析。

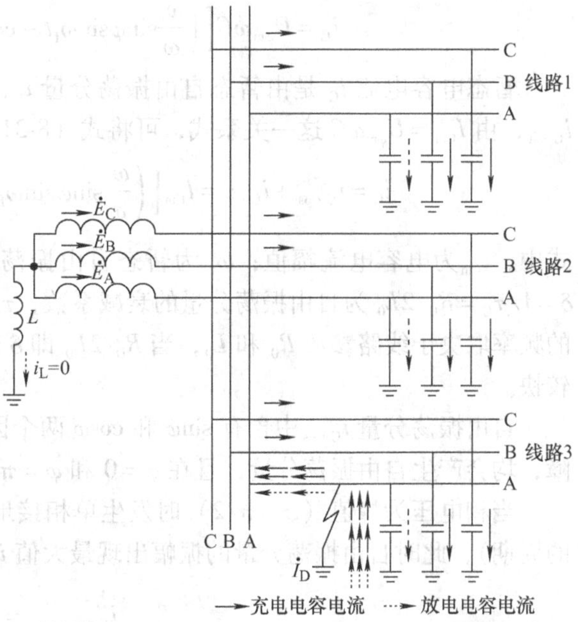

图8-19 NES单相接地故障暂态电流分布

图8-20所示为NES发生单相接地故障瞬间各电流成分的流通回路（去掉消弧线圈则为NUS的等值回路）。

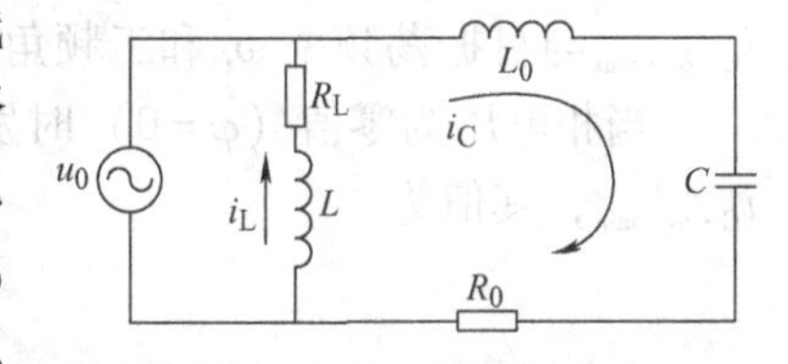

图8-20 NES暂态电流等值回路

图8-20中，C为系统三相对地电容总和；L_0为三相线路和电源变压器在零序回路中的等值电感；R_0为零序回路等值电阻（包括故障点的接地电阻、导线电阻和大地电阻）；R_L和L分别为消弧线圈的有功损耗电阻和电感；u_0为零序等值回路电源电压。由等值回路可知，流过故障点的暂态接地电流由暂态电容电流和暂态电感电流两部分组成。

暂态电容电流的自由振荡频率一般较高，考虑到消弧线圈的电感 $L \gg L_0$，因此 R_L 和 L 所在回路可以忽略，不参与计算。这样，利用 R_0、C、L_0 组成的串联回路和作用于其上的零序电压 u_0，便可计算出暂态电容电流 i_C，其微分方程为

$$R_0 i_C + L_0 \frac{\mathrm{d}i_C}{\mathrm{d}t} + \frac{1}{C}\int_0^t i_C \mathrm{d}t = u_0 = U_{\varphi m}\sin(\omega t + \varphi) \tag{8-30}$$

式中，$U_{\varphi m}$为相电压的幅值；φ为故障时刻相电压的相位。

当 $R_0 < 2\sqrt{L_0/C}$ 时，回路电流的暂态过程具有周期性的振荡衰减特性；当 $R_0 \geqslant 2\sqrt{L_0/C}$ 时，回路电流则具有非周期性的振荡衰减特性，并逐渐趋于稳定状态。

对于架空线路来说，其L_0较大，而C较小，同时故障点的接地电阻一般较小，弧道电阻又常可忽略不计，一般都满足 $R_0 < 2\sqrt{L_0/C}$ 的条件，所以，电容电流具有周期性的衰减振荡特性，其自由振荡频率一般在300～1500Hz之间。电缆线路的电感较架空线路小，而对地电容为后者的30倍左右，因此，其过渡过程与架空线路相比，所经历的时间较为短促且具有较高的自由振荡频率，一般为1500～3000Hz。

根据 $t=0$ 时，$i_C=0$，解微分方程可得，

$$i_{\mathrm{C}}=U_{\varphi \mathrm{m}}\omega C\left[\left(\frac{\omega_{\mathrm{f}}}{\omega}\sin\varphi\sin\omega_{\mathrm{f}}t-\cos\varphi\cos\omega_{\mathrm{f}}t\right)\mathrm{e}^{-\delta t}+\cos(\omega t+\varphi)\right] \tag{8-31}$$

暂态电容电流 i_{C} 是由暂态自由振荡分量 $i_{\mathrm{C}\cdot\mathrm{os}}$ 和稳态工频分量 $i_{\mathrm{C}\cdot\mathrm{st}}$ 组成，即 $i_{\mathrm{C}}=i_{\mathrm{C}\cdot\mathrm{os}}+i_{\mathrm{C}\cdot\mathrm{st}}$，由 $I_{\mathrm{Cm}}=U_{\varphi \mathrm{m}}\omega C$ 这一关系式，可将式（8-31）写为

$$i_{\mathrm{C}}=i_{\mathrm{C}\cdot\mathrm{os}}+i_{\mathrm{C}\cdot\mathrm{st}}=I_{\mathrm{Cm}}\left[\left(\frac{\omega_{\mathrm{f}}}{\omega}\sin\varphi\sin\omega_{\mathrm{f}}t-\cos\varphi\cos\omega_{\mathrm{f}}t\right)\mathrm{e}^{-\delta t}+\cos(\omega t+\varphi)\right] \tag{8-32}$$

式中，I_{Cm} 为电容电流幅值；ω_{f} 为暂态自由振荡分量的角频率，$\omega_{\mathrm{f}}=\sqrt{1/L_0C-(R_0/2L_0)^2}$；$\delta=1/\tau_{\mathrm{C}}=R_0/2L_0$ 为自由振荡分量的衰减系数，τ_{C} 为电容回路的时间常数。因此，自由振荡的频率取决于线路参数 R_0 和 L_0，当 $R_0/2L_0$ 即 δ 较小时，自由振荡衰减较慢，反之，则衰减较快。

自由振荡分量 $i_{\mathrm{C}\cdot\mathrm{os}}$ 中含有 $\sin\varphi$ 和 $\cos\varphi$ 两个因子，从理论上讲，在任意时刻发生接地故障，均会产生自由振荡分量，且在 $\varphi=0$ 和 $\varphi=\pi/2$ 的时刻，其值分别为最小值和最大值。

当相电压为峰值（$\varphi=\pi/2$）时发生单相接地，且时间 $t=T_{\mathrm{f}}/4$（$T_{\mathrm{f}}=2\pi/\omega_{\mathrm{f}}$ 为自由振荡的周期），此时自由振荡分量的振幅出现最大值 $i_{\mathrm{C}\cdot\mathrm{os}\cdot\mathrm{max}}$，其值为

$$i_{\mathrm{C}\cdot\mathrm{os}\cdot\mathrm{max}}=I_{\mathrm{Cm}}\frac{\omega_{\mathrm{f}}}{\omega}\mathrm{e}^{-\frac{T_{\mathrm{f}}}{4\tau_{\mathrm{C}}}} \tag{8-33}$$

得 $i_{\mathrm{C}\cdot\mathrm{os}\cdot\mathrm{max}}$ 与 I_{Cm} 的比值为 $\gamma_{\mathrm{C}\cdot\mathrm{max}}=(\omega_{\mathrm{f}}/\omega)\mathrm{e}^{-\frac{T_{\mathrm{f}}}{4\tau_{\mathrm{C}}}}$，即暂态自由振荡电流分量的最大幅值 $i_{\mathrm{C}\cdot\mathrm{os}\cdot\mathrm{max}}$ 与自振荡频率 ω_{f} 和工频角频率 ω 之比 $\omega_{\mathrm{f}}/\omega$ 成正比。

当相电压为零值（$\varphi=0$）时发生接地，且时间 $t=T_{\mathrm{f}}/2$，则自由振荡电流分量为最小值 $i_{\mathrm{C}\cdot\mathrm{os}\cdot\mathrm{min}}$，其值为

$$i_{\mathrm{C}\cdot\mathrm{os}\cdot\mathrm{min}}=I_{\mathrm{Cm}}\mathrm{e}^{-\frac{T_{\mathrm{f}}}{2\tau_{\mathrm{C}}}} \tag{8-34}$$

由上式可知，此时暂态电容电流的自由分量恰好与工频电容电流的幅值相近，暂态电容电流分量较稳态时差别不大，不易通过幅值识别。

根据非线性电路的基本理论，暂态过程中的铁心磁通与铁心不饱和时的方程式相同，可得

$$R_{\mathrm{L}}i_{\mathrm{L}}+W\frac{\mathrm{d}\psi_{\mathrm{L}}}{\mathrm{d}t}=U_{\varphi \mathrm{m}}\sin(\omega t+\varphi) \tag{8-35}$$

式中，W 为消弧线圈相应分接头的线圈匝数；ψ_{L} 为消弧线圈铁心中的磁通。

发生单相接地故障瞬间，消弧线圈中没有电流通过，即 $t=0$ 时 $\psi_{\mathrm{L}}(t)=0$，又由于在补偿电流的工作范围内，消弧线圈的磁化特性曲线应保持线性关系，即 $i_{\mathrm{L}}=(W/L)\psi_{\mathrm{L}}(t)$，因此可求出磁通 ψ_{L} 的表达式为

$$\psi_{\mathrm{L}}=\Psi_{\mathrm{st}}\frac{\omega L}{Z}\left[\cos(\varphi+\xi)\mathrm{e}^{-\frac{t}{\tau_{\mathrm{L}}}}-\cos(\omega t+\varphi+\xi)\right] \tag{8-36}$$

式中，$\Psi_{\mathrm{st}}=U_{\varphi \mathrm{m}}/(\omega W)$ 为稳定状态下的磁通；$\xi=\arctan(R_{\mathrm{L}}/(\omega L))$ 为补偿电流的相角；$Z=\sqrt{R_{\mathrm{L}}{}^2+(\omega L)^2}$ 为消弧线圈的阻抗；τ_{L} 为电感回路的时间常数。

由于 $R_{\mathrm{L}}\ll\omega L$，故 $(\omega L)/Z\approx1$，$\xi\approx0$，因此 ψ_{L} 的表达式可化简为

$$\psi_{\mathrm{L}}=\Psi_{\mathrm{st}}\left[\cos\varphi\mathrm{e}^{-\frac{t}{\tau_{\mathrm{L}}}}-\cos(\omega t+\varphi)\right] \tag{8-37}$$

因此可写出 i_{L} 的表达式如下：

$$i_{L}=I_{Lm}[\cos\varphi e^{-\frac{t}{\tau_L}}-\cos(\omega t+\varphi)]=i_{L\cdot dc}+i_{L\cdot st} \tag{8-38}$$

式中，$I_{Lm}=U_{\varphi m}/(\omega L)$ 为电感电流幅值。由式（8-38）可知，消弧线圈的电感电流 i_L 是由暂态的直流分量 $i_{L\cdot dc}$ 和稳态的交流分量 $i_{L\cdot st}$ 组成的。稳态分量 $i_{L\cdot st}$ 的振荡角频率与电源的角频率相等，暂态直流分量 $i_{L\cdot dc}$ 幅值与接地瞬间电源电压的相角 φ 有关，且在 $\varphi=0$ 时，其值最大；在 $\varphi=\pi/2$ 时，其值最小。若 $\varphi=0$ 时发生单相接地故障，当时间 $t=T/2=\pi/\omega$ 时，i_L 为最大值 $i_{L\cdot max}$，其值为

$$i_{L\cdot max}=I_{Lm}(1+e^{\frac{R_L}{\omega L}\pi}) \tag{8-39}$$

电感电流暂态过程的长短与故障时刻的电压相角、铁心饱和程度有关。若 $\varphi=0$，则电感电流的直流分量较大，时间常数较小，大约在一个工频周波之内便可衰减完毕。若 $\varphi=\pi/2$，则暂态直流分量较小，时间常数较大，一般为 2～3 周波，有时可持续 3～5 周波，而且其频率和工频相同。

暂态接地电流由暂态电容电流和暂态电感电流叠加而成，其特性随两者的具体情况而定。从上面的分析可知，虽然两者的幅值相近，但频率却差别悬殊，故两者不可能互相补偿。在暂态过程的初始阶段，暂态接地电流的特性主要由暂态电容电流的特征所决定。为了平衡暂态电感电流中的直流分量，于是暂态接地电流中便产生了与之大小相等、方向相反的直流分量，它虽然不会改变首半波的极性，但对幅值却能带来明显的影响。

暂态接地电流 i_d 的数学表达式为

$$\begin{aligned}i_d&=i_C+i_L\\&=(I_{Cm}-I_{Lm})\cos(\omega t+\varphi)+\\&\quad I_{Cm}\left(\frac{\omega_f}{\omega}\sin\varphi\sin\omega_f t-\cos\varphi\cos\omega_f t\right)e^{-\frac{t}{\tau_C}}+I_{Lm}\cos\varphi e^{-\frac{t}{\tau_L}}\end{aligned} \tag{8-40}$$

式（8-40）中第一项为接地电流稳态分量，等于稳态电容电流和稳态电感电流的幅值之差；其余项为接地电流的暂态分量，其值等于电容电流的暂态自由振荡分量与电感电流的暂态直流分量之和。

电力系统中，暂态电容电流的幅值一般远大于暂态电感电流，暂态电容电流衰减的比暂态电感电流要快。因此，不论电网的中性点不接地或者经消弧线圈接地，故障初期的暂态接地电流的幅值和频率主要由暂态电容电流决定，其幅值和故障初相角有关。因此，小电流接地系统的暂态过程基本上不受中性点运行方式的影响，中性点不接地以及中性点经消弧线圈接地时具有相似的性质。

8.3.2　单相接地故障选线算法

在小电流接地系统中，单相接地故障占整体故障的 80% 以上。小电流接地系统在发生单相接地故障时不形成短路回路，只在系统中产生很小的零序电流，且三相线电压依然对称，不会影响系统正常工作，因此允许电网带故障运行一段时间，不必立即切除故障线路，其供电的持续性和可靠性大大提高。但是，若长时间带接地故障运行，容易造成非接地相绝缘薄弱处的击穿，从而形成两相短路、两点或多点接地，弧光接地还会引起全系统过电压，进而损坏设备，破坏系统安全运行。因此，发生单相接地故障后，应在最短的时间内确定故障线路以及故障点的位置，将故障隔离在最小的范围，保证其余绝大部分用户正常用电，并

且迅速排查故障线路、处理故障点。

小电流接地系统单相接地故障的选线方法，各国均有一定的研究。主要分为力学选线方法与电学选线方法。力学选线方法是根据电线故障时受力与非故障时受力不同的特性进行选线；电学选线方法根据故障与非故障波形的变化进行选线。电学选线按照利用信号方式的不同又可分为基于故障稳态信号的选线方法、基于故障暂态信号的选线方法、基于注入信号的选线方法和综合信息融合选线方法。

1. 基于故障稳态信号的选线方法

基于故障稳态信号的选线方法具有信号获取方便的特点。最早应用的选线方法就是基于稳态信号选线，该类方法发展到现在已较为成熟。

（1）零序稳态电流比幅法

零序电流比幅算法是根据小电流系统发生单相接地故障后，流过故障线路的工频零序电流幅值最大，以此为判据进行故障选线。

零序电流比幅法以零序电流基波分量为故障特征量，对数据采集硬件要求较低，算法简单，易于实现。但这种方法受系统运行方式、线路长短、过渡电阻大小、电流互感器（TA）不平衡等诸多情况的影响，会导致误判、多判、漏判，在实际工程中并不实用。

（2）零序电流比相法

零序电流比相法是利用中性点不接地系统发生单相接地故障后，故障线路上的工频零序电流方向与健全线路上的相反这一特点进行故障选线。但该方法在一定情况下容易产生“时钟效应”，难以判断相位不同，且受电流互感器、过渡电阻、继电器及系统运行方式等因素的影响，易产生误判，只适用于中性点不接地系统。

（3）零序电流群体比幅比相法

群体比幅比相法是前两种方法的融合，该方法利用故障信息之间的相对关系，将孤立的故障信息融合比较，克服了采用单一故障信息时的缺陷，在比幅的基础上，故障线路与非故障线路零序电流的极性相反；否则，判断为母线故障。该方法采用零序稳态电流作为故障特征量，容易分辨，且不需施加任何信号，避免了外加信号对系统的影响，安全可靠。该方法在一定程度上克服了零序电流幅值法和相位法的缺陷，但没有从根本上解决这两种方法存在的问题，仍然不能避免电流互感器不平衡电流及过渡电阻的影响，“时针效应”仍可能存在。且仅适用于中性点不接地的配电系统，这使其在推广应用中受到很大的限制。

（4）Δ（$I\sin\varphi$）法

为消除电流互感器不平衡电流的影响，可采用最大Δ（$I\sin\varphi$）选线方法。单相接地时零序电压、电流相位关系如图 8-21 所示。设定一个参考信号，依次求出线路相对于该参考信号的投影值，计算出线路故障前后的投影值之差，选出最大差值，也就是Δ（$I\sin\varphi$）。若Δ（$I\sin\varphi$）>0，则此线路为故障线路，否则为母线故障。该方法理论上消除了 TA 不平衡电流的影响，但计算过程中需要取一参考信号，若该信号出问题将造成算法失效，而且计算较为繁琐。

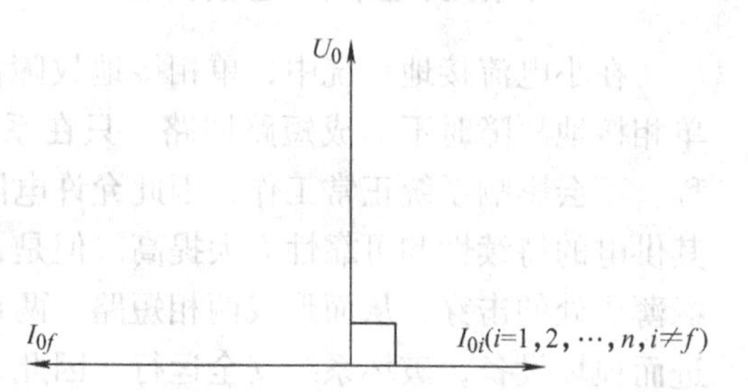

图 8-21　单相接地零序电压、电流相位关系

（5）谐波分量法

故障阻抗、线路设备等其他非线性因素会在

系统中产生谐波电流，其中以五次谐波分量为主。对于五次谐波来说，五次谐波电容电流是五次电感电流的25倍，即使在中性点经消弧线圈接地系统中采用过补偿，也远不能补偿五次谐波电容电流。因此一般条件下故障线路的五次谐波电流比非故障线路的大且方向相反。

但电力系统中五次谐波的含量是受到限制的，不允许其值过大，而且负荷中的五次谐波源、TA不平衡电流和接地点过渡电阻大小，均会影响五次谐波的大小以及其测量精度，因此五次谐波的含量占基波的比例较小，而幅值小的零序电流中的五次谐波含量更是微乎其微，其相对误差很大。因此，五次谐波法的定位精度难以保证，特别是故障点过渡电阻较大时，五次谐波电流将急剧减小，很可能造成误判、漏判，这是五次谐波算法明显的不足。

（6）零序导纳法

推导出各条线路的零序对地导纳值，并将其作为参考值。发生单相接地故障后，调节消弧线圈的补偿值，故障线路的零序对地导纳值将发生改变，比较系数前后发生的变化可以推出故障线路。该方法灵敏度较高，但需要与消弧线圈配合使用，不适用于不接地或消弧线圈不能自动调谐的系统。

（7）残流增量法

在中性点经消弧线圈接地系统中，发生单相永久性接地故障时，改变消弧线圈的失谐度，非故障线路零序电流基本不变，而故障线路零序电流变化量最大。通过对比各条馈线在失谐度改变前后的零序电流的变化，可判定变化量最大的为故障线路。该方法可消除TA等带来的测量误差，可多次调节以提高选线可靠性。但对消弧线圈精度要求高，在高阻接地和间歇性电弧接地情况下影响选线的准确度。该方法只适用于中性点经调谐式消弧线圈接地系统，且刻意要求消弧线圈脱档调节。

（8）负序电流法

小电流接地系统发生单相接地故障时，有负序电流产生，其变化特征与零序电流相同。因此，以负序电流为故障特征量实现故障区段的定位也是研究方向之一。由于电源回路负序阻抗比较小，故障线路的负序电流绝大部分流入了电源回路，使得非故障线路的负序电流比较小，所以故障线路上故障点和母线之间的节点测得的负序电流很大，而其他位置测得的负序电流则很小。负序电流法就是基于该原理提出的。由于负序电流不受消弧线圈补偿的影响，因此，该方法也可适用于中性点经消弧线圈接地系统，且抗过渡电阻能力强。但正常运行时，由于负荷的不平衡，线路中也会存在较大的负序电流，而且负序电流的获取远不如零序电流来得简单、精确，所以负序电流法的实际应用效果并不会比零序电流法好。

基于稳态信号的选线方法的优点是稳态信号持续时间长，可以连续多次运用稳态信号选线并综合判断，从而保证选线的准确率。同时，其缺点也非常明显，部分选线方法的应用受到中性点接地方式、线路长度、过渡电阻大小的影响，且稳态信号的幅值较小，易受互感器测量误差和噪声影响，影响选线精度；另外，在出现故障点电弧不稳定、间歇性接地故障等情况时，选线的准确性会严重下降。

2. 基于故障暂态信号的选线方法

暂态信号含有比稳态信号更丰富的信息量，但暂态时间远小于稳态，故障暂态电流波形不易获取。以下为一些常见的暂态选线方法。

（1）首半波法

首半波原理是基于接地故障发生在相电压接近最大值的瞬间假设的，此时故障相电容通过故障相线路向故障点放电，故障线路分布电容和分布电感具有衰减振荡特性，该电流不经过消弧线圈，所以接地故障发生在相电压过零的瞬间时，暂态电感电流的最大值出现；而故障发生在相电压接近于最大值的瞬间时，暂态电感电流为零，此时的暂态电容电流比暂态电感电流大得多。不论是中性点不接地系统还是中性点经消弧线圈接地系统，故障发生瞬间的暂态过程近似相同。利用故障线路暂态零序电流和电压首半波的幅值和方向均与正常情况不同的特点，即可实现选线。该方法可检测不稳定接地故障，但极性关系成立的时间很短，要求检测装置的数据同步采样速度快；同时，该方法易受线路参数、故障初相角等因素的影响。

（2）暂态相电流法

以故障相电流增大、故障相电压降低的故障特征建立故障模型。通过与实际模型进行比较，符合实际模型的线路为非故障线路，不符合的线路为故障线路，若线路全部符合，则为母线故障。该方法采样的相电流幅值较大，因此受干扰影响较小，但线路参数不易获取。

（3）暂态零序电流五次谐波法

故障时，零序电流的幅值随频率的增大而减小。在中性点不接地或经消弧线圈接地系统中，故障线路与非故障线路的零序电流极性相反，故障线路零序电流能量是非故障线路和消弧线圈所在支路的能量之和。由于消弧线圈是按照基波整定的，消弧线圈对五次谐波的补偿作用仅为基波的1/25，因此，五次谐波受消弧线圈干扰较小。但由于五次零序电流幅值较小，受其他干扰影响较大，易影响选线结果。

（4）暂态零序能量法

故障前，所有线路的能量为零。故障时，零序系统有且只有故障点处一个零序电压源，故障线路的总能量远大于其余非故障线路。该方法的适用度较广，但由于零序电流有功分量较小，积分过程中的误差不可避免，因此该方法还有待研究。

3. 基于注入信号的选线方法

注入信号法包括注入单频信号法和注入变频信号法。这两类方法无需考虑系统运行方式和系统类型，直接在中性点安装一信号注入装置，通过向系统注入某一特定信号来进行检测。优点是通用性较广，注入信号易于检测，但只适用于装设两相电流互感器的线路，且受电压互感器容量和分布电容的影响大，装置的安装过程需中断线路的供电，影响供电可靠性。

4. 综合信息融合选线方法

依赖直接根据暂态或稳态特征进行选线的方法使用限制较大。研究人员发现，与数据处理方法融合选线能有效提高选线的适用度。

（1）多层前馈神经网络法

以神经网络为基础，具有较强的自训练能力，利用已知的暂态零序电流特征量进行多层训练，能够实行分布式存储。先构建一个神经网络训练模式，后对数据进行自适应训练，在达到允许条件的情况下，结束训练。根据训练前与训练后故障暂态零序电流的特征，获得最终的选线结果。该方法基于已知的信息量训练，但原始信息的可靠性未知，纠错能力未知，因此还需现场检验。

（2）模糊综合判据法

基于模糊信息融合原理，将3种及3种以上的具有代表性的选线方法综合起来构成判

据。各种选线方法取长补短，提高了选线的精度，必须满足多个判据，才可判断出故障线路，该方法提高了选线的适用度。

（3）小波变换法

故障线路上，暂态零序电流特征分量的小波系数幅值高于非故障线路，且相位相反，利用此特点选出故障线路。该理论对中性点不接地和经消弧线圈接地系统皆适用，尤其是故障状况复杂，故障波形混乱的情况。但由于采用的暂态信号呈现局部、随机、非稳定性的特点，可能出现暂态过程不明显的情况。

选线保护装置多年来的运行情况也暴露出其在保护原理、技术上的不成熟，因此非常有必要对配电网故障选线进行更加深入、细致的研究。当前配电网故障选线的主要发展趋势有以下几点：

1）接地电容电流的暂态分量往往比其稳态值大几倍到几十倍，提取暂态信号中的有效特征分量可显著提高选线精度。利用先进的信号处理技术对突变的、微弱的非平稳故障信号进行精确处理来提取出新的故障特征判据仍然是目前研究的热点。

2）由于配电网单相接地故障的情况复杂，单一的选线判据往往不能覆盖所有的接地工况，很难完全适应各种电网结构与复杂的故障工况的要求。因此，综合利用多种故障稳态、暂态信息，将多种选线方法进行融合来构造综合选线方法是一种新的研究思路。

3）随着人工智能算法的蓬勃发展，人工智能技术在配电网故障选线中应用将得到进一步拓展。

第9章 配网继电保护配置原则与典型模式

配电网系统与用电系统的相互结合，是直接面向社会和广大用户的重要能源载体之一。根据统计，目前用户停电95%上是由于配电网系统故障引起，导致电网电能质量恶化的主要原因也在于配电网故障。随着经济的发展，供电可靠性和供电电能质量成为配电网的重点，而配电网继电保护的主要作用也成为提高供电可靠性和提高电能质量，包括馈线故障切除、故障隔离和恢复供电。

配电网络继电保护是其安全、优质、可靠供电的重要保证。近年来，国内外10kV配电网络的自动化开关设备不断涌现，它们集继电保护和自动装置于一体，极大地丰富和改善了配电网络的保护功能，使配电自动化程度大大提高。本章主要介绍配电网继电保护配置原则、整定方法和各类典型保护模式。

9.1 配电网继电保护配置原则及其整定方法

对配电网络的继电保护要求仍然是四性要求，即选择性、灵敏性、快速性和可靠性。随着国民经济的迅速发展和人民生活水平的不断提高，对四性的要求越来越高。保护配置和定值整定的科学性直接关系到配电网络的安全稳定运行。

9.1.1 配电网继电保护配置原则

配电网继电保护配置应考虑上下级变电站的配合关系，符合选择性、灵敏性、快速性和可靠性的要求。配电网继电保护配置的基本原则是：在配网的适当位置配置保护装置，用于快速隔离故障，尽可能缩小停电范围，通过备自投和重合闸功能保证对用户的连续供电。

配电网继电保护应具有下列主要功能：三段式相间定时限过电流保护、大电流闭锁重合闸专用电流值（变电站出线专有）、过负荷保护、三相一次重合闸（检无压、检同期或不检）、低频减载、三相操作回路、故障录波。对于重要的电缆和架空短线路也可采用纵联电流差动，配电流后备保护。小电阻接地系统的配网馈线保护应具备并投入一段式零序电流保护跳闸功能。电缆线路或经电缆引出的架空线路，宜采用零序电流互感器；对单相接地电流较大的架空线路，可采用三相电流互感器组成零序电流过滤器。

为了保证10kV配电网在故障情况下保护间的选择性，提高供电可靠性，变电站10kV侧出线速断过电流保护动作时限可适当延时，以确保变压器近区故障的运行安全。当前10kV馈线开关设备智能化程度较高，故障后开关分闸速度较快。因此，为满足变电站10kV侧出线与主干线开关保护间动作的选择性，若投入主干线开关的电流速断保护，其定值时限级差可根据实际馈线主干线分段数进行整定。

9.1.2 配电网继电保护整定方法

1. 10kV变电站出线线路保护整定

10kV变电站出线线路保护一般包括：过电流Ⅰ段、过电流Ⅱ段、过电流Ⅲ段、零序保

护、过负荷保护、馈线重合闸等。

（1）过电流Ⅰ段整定

1）按变压器低压出线大电流闭锁重合闸定值，一般按不大于本站5倍变压器低压额定容量整定。

2）应躲过本线路末端（或T接线路末端）最大三相短路电流整定

$$I_{DZI} \geqslant K_K I_{D\cdot max}^{(3)} \tag{9-1}$$

式中，$I_{D\cdot max}^{(3)}$为本线路末端（或T接线路末端、到下一级有配置保护并投入的环网开关）最大三相短路电流；K_K为可靠系数，可取1.3～1.4。

过电流Ⅰ段电流定值取上述两原则较大值。时间宜取0～0.3s，与配变高压侧速断保护（熔断器）时间配合，并按主系统正常运行方式下，校核被保护线路出口（包括出线电缆）两相短路有1倍灵敏度即可投入。若本保护电流元件整定值太大没有灵敏度，可与配网下一级线路电流Ⅰ段保护配合。

3）与配网下一级线路电流Ⅰ段保护配合整定

$$I_{DZI} \geqslant K_K K_{fz} I_{DZI} \tag{9-2}$$

式中，K_{fz}为分支系数，配网多为辐射网络，因此取1；K_K为配合系数，可取1.1～1.2；I_{DZI}为下一级线路电流Ⅰ段保护定值。

时间可整定在0.3s，而配网下一级过电流Ⅰ段的时间整定在0.15s，以实现配合。

本段保护投入原则：本段保护若不满足上述配合原则，存在越级跳闸可能时应退出，若为保护变压器近区故障快速切除的安全考虑投入本段，必须在整定方案中备案说明，并采用重合闸、备自投等措施补救。

（2）过电流Ⅱ段整定

1）躲过单台最大配电变压器低压侧最大三相短路电流整定

$$I_{DZ\text{Ⅱ}} \geqslant K_K I_{D\cdot max}^{(3)} \tag{9-3}$$

式中，K_K为可靠系数，取$K_K \geqslant 1.3$；$I_{D\cdot max}^{(3)}$为单台最大变压器低压侧故障时本线路最大三相短路电流。

2）按TA一次额定值与线路热稳电流较小值的K_K倍整定，K_K取3～8。

$$I_{DZ\text{Ⅰ}} = K_K I_f \tag{9-4}$$

式中，K_K为可靠系数，K_K取3～8；I_f为TA一次额定值与线路热稳电流的最小值或可能出现的最大负荷电流。

可根据网内短路电流水平简化整定，推荐取一次值2000～3000A。

3）与相邻线路电流Ⅰ段/Ⅱ段保护配合整定

$$I_{DZ\text{Ⅱ}} \geqslant K_K K_{fz} I_{DZ1}$$
$$I_{DZ\text{Ⅱ}} \geqslant K_K K_{fz} I_{DZ2} \tag{9-5}$$

式中，K_{fz}为分支系数，配网多为辐射网络，因此取1；K_K为配合系数，可取1.1～1.2；I_{DZ1}为相邻线路电流Ⅰ段保护定值；I_{DZ2}为相邻线路电流Ⅱ段保护定值。

4）反配校核

根据变电站主变压器10kV侧后备过电流快速段保护定值进行反配校核，具体方法如下：

$$I_{DZI} \leqslant \frac{I'_{dzI}}{K_K K_{fz}} \tag{9-6}$$

式中，I'_{dzI}为变电站主变压器10kV侧过电流快速Ⅰ段保护电流定值；K_K为可靠系数，取$K_K \geqslant 1.1$；K_{fz}为最大分支系数，若为单台主变或分列运行，取1。

当反配校核后的电流值小于按上述三条原则整定的电流值时，则过电流Ⅱ段的定值按反配校核后的电流值整定。当反配校核后的电流定值大于按上述三条原则整定的电流值时，则过电流Ⅱ段的定值按上述三条原则整定的电流值整定。

5）动作时限与上、下级保护配合

$$\begin{gathered} T \leqslant T' - \Delta T \\ T \geqslant T'' + \Delta T \end{gathered} \tag{9-7}$$

式中，T为本线路段时间；T'为上级线路保护时间；T''为下级线路保护Ⅱ时间；ΔT为级差，可取0.2s。

时限一般取0.3~0.8s，且与变电站变压器低压10kV侧过电流Ⅰ段保护时间配合。灵敏度校核按线路末端故障时灵敏系数不小于1.5校验。

（3）过电流Ⅲ段整定

1）躲最大负荷电流整定

$$I_{DZⅢ} \geqslant \frac{K_K K I_f}{K_{fh}} \tag{9-8}$$

式中，K_K为可靠系数，取1.3；K为线型系数，架空线$K=1.1$，电缆$K=1$；I_f为TA一次额定值与线路热稳电流最小值或可能出现的最大负荷电流；K_{fh}为返回系数，微机保护取0.9~0.95。

2）与相邻线路过电流保护配合整定

$$I_{DZⅢ} \geqslant K_K K_{fz} I_{DZ3} \tag{9-9}$$

式中，K_{fz}为分支系数，配网多为辐射网络，因此取1；K_K为配合系数，可取1.1~1.2；I_{DZ3}为相邻下一级线路电流Ⅱ段保护定值。

3）灵敏度校核

过电流保护的灵敏系数按系统最小运行方式下，线路末端配变低压侧两相短路时流过本线路的短路电流进行校验，灵敏度应不小于1.2。

$$K_{lm} = \frac{I^{(2)}_{d2.\min}}{I_{dz}} \tag{9-10}$$

式中，$I^{(2)}_{d2.\min}$为最小运行方式下线路末端配变低压侧两相短路时流过本线路的短路电流。

灵敏度校核按本线路末端故障时灵敏系数不小于1.5，相邻线路末端故障时力争灵敏系数不小于1.2。

4）反配校核

根据变电站主变压器10kV侧后备过电流末段保护定值进行反配校核，具体方法如下：

$$I_{DZⅢ} \leqslant \frac{I'_{dz}}{K_k K_{fz}} \tag{9-11}$$

式中，I'_{dz}为变电站主变压器10kV侧过电流末段保护电流定值；K_k为可靠系数，取$K_k \geqslant 1.1$；

K_{fz}为最大分支系数；若为单台主变或分列运行，取 1。

5）动作时限与上、下级保护配合

$$T \leqslant T' - \Delta T \qquad (9\text{-}12)$$
$$T \geqslant T'' + \Delta T$$

式中，T 为本线路段时间；T'为上级线路保护时间；T''为下级线路保护Ⅲ时间；ΔT 为级差，可取 0.2s。

动作时限可取 0.6～1.1s。

（4）零序保护整定

零序过电流告警定值，一般取 $0.1I_e$，6.0s 告警。

零序过电压告警定值，一般取 $3U_0$ =12～30V（二次值），6.0s 告警。

（5）过负荷保护整定

过负荷保护发信投入，整定为：I_f（I_f 为 TA 一次额定值与线路热稳电流的最小值或可能出现的最大负荷电流），5s 发信。

（6）馈线重合闸整定

线路投非同期重合闸方式，重合时间一般取 1～2s，或根据实际需要取更长的时间。

2. 10kV 配网主干线第 *N* 级断路器线路保护整定

配网主干线第 *N* 级断路器线路保护整定包括过电流Ⅰ段整定、过电流Ⅱ段整定、过电流Ⅲ段整定、零序过电流保护整定和重合闸整定。

（1）过电流Ⅰ段整定

配网主干线除由于变电站出线过电流Ⅰ段越级到本线时投入外，其他配网干线本保护建议退出。本保护应躲过本线路末端（或 T 接线路末端）最大三相短路电流整定。第一级断路器保护动作时限宜整定为 150ms。

$$I_{DZI} \geqslant K_K I_{D \cdot max}^{(3)} \qquad (9\text{-}13)$$

式中，$I_{D \cdot max}^{(3)}$为本线路末端（或 T 接线路末端、到下一级有配置保护并投入的环网开关）最大三相短路电流；K_K 为可靠系数，可取 1.3～1.4。

（2）过电流Ⅱ段整定

1）躲过本线所供单台最大配电变压器低压侧最大三相短路电流整定

$$I_{DZI} \geqslant K_K I_{M \cdot max}^{(3)} \quad K_K \geqslant 1.3 \qquad (9\text{-}14)$$

式中，K_K 为可靠系数，取 $K_K \geqslant 1.3$；$I_{M \cdot max}^{(3)}$为单台最大变压器低压侧故障时本线路最大三相短路电流。

2）按 TA 一次额定值与线路热稳电流较小值的 K_K 倍整定

$$I_{DZI} = K_K I_f \qquad (9\text{-}15)$$

式中，K_K 为可靠系数，通常取 3～8；I_f 为 TA 一次额定值与线路热稳电流最小值或可能出现的最大负荷电流。

3）与下一级线路电流Ⅱ段保护配合整定

$$I_{DZ\text{Ⅱ}} \geqslant K_K K_{fz} I_{DZ2} \qquad (9\text{-}16)$$

式中，K_{fz}为分支系数，配网多为辐射网络，因此取 1；K_K 为配合系数，可取 1.1～1.2；I_{DZ2}

为相邻线路电流Ⅱ段保护定值。

4）与上一级10kV侧干线过电流Ⅱ段保护定值进行反配校核

$$I_{DZI} \leqslant \frac{I'_{dzI}}{K_K K_{fz}} \tag{9-17}$$

式中，I'_{dzI}为上一级10kV侧干线过电流Ⅱ段保护定值；K_K为可靠系数，取$K_K \geqslant 1.1$；K_{fz}为最大分支系数，取1。

当反配校核后的电流值小于按上述三条原则整定的电流值时，则过电流Ⅱ段的定值按反配校核后的电流值整定。

5）动作时限与上、下级保护配合

$$\begin{aligned} T &\leqslant T' - \Delta T \\ T &\geqslant T'' + \Delta T \end{aligned} \tag{9-18}$$

式中，T为本线路段时间；T'为上级线路Ⅱ段保护时间；T''为下级线路Ⅱ段保护时间；ΔT为级差，可取0.2~0.3s，对于快速动作断路器，可取0.2s。并按本线路末端故障时灵敏系数不小于1.5。

（3）过电流Ⅲ段整定

过电流Ⅲ定值整定计算公式如下：

$$I_{DZ\,Ⅱ} \geqslant \frac{K_K K I_f}{K_{fh}} \tag{9-19}$$

式中，K_K为可靠系数，取1.3；K为线型系数，架空线$K=1.1$；I_f为TA一次额定值与线路热稳电流的最小值或可能出线的最大负荷电流；K_{fh}为返回系数，微机保护取0.9~0.95。

按上述原则整定的电流值还应与本线上级开关过电流保护定值相配合，N为本干线上投入跳闸的智能分段断路器序列号，从电源侧开始计算。

过电流Ⅲ时间整定计算公式如下：

$$T = T_{ZDⅢ} - N\Delta T \tag{9-20}$$

式中，$\Delta T=0.2$s；$T_{ZDⅢ}$为变电站对应10kV馈线过电流Ⅲ段时间定值。

（4）零序过电流保护整定

不接地或经消弧线圈接地的系统零序过电流保护退出。对于600A接地的小电阻接地系统，其零序电流按同一定值整定，如60A，通过动作时间实现上下级逐级配合。

（5）重合闸整定

按照1s时间整定，投三相一次重合闸。

3. 10kV配电变压器保护整定

配电变压器高压侧保护整定主要包括电流速断保护整定、过负荷保护整定和零序保护整定。

（1）高压侧电流速断保护整定

电流速断保护按躲过系统最大运行方式下变压器低压侧三相短路时，流过高压侧的短路电流来整定，保护动作电流计算公式如下：

$$I_{DZI} = K_K I^{(3)}_{d2.\max} \qquad T_1 = 0\text{s} \tag{9-21}$$

式中，$I^{(3)}_{d2.\max}$为最大运行方式下变压器低压侧三相短路时，流过高压侧的短路电流；K_K为可

靠系数，取 $K_K \geqslant 1.3$。

电流速断保护的灵敏系数按系统最小运行方式下，保护装置安装处两相短路电流校验，灵敏度应不小于 1，计算公式如下：

$$K_{lm} = \frac{I_{d1.\min}^{(2)}}{I_{dz}} \tag{9-22}$$

式中，$I_{d1.\min}^{(2)}$ 为最小运行方式下变压器高压侧两相短路电流。

（2）高压侧过电流保护

过电流保护按躲过可能出现的最大过负荷电流来整定，保护动作电流计算公式如下：

$$I_{DZ\text{II}} = \frac{K_K K_{gl} I_e}{K_{fh}} \tag{9-23}$$

式中，I_e 为高压侧额定电流；K_{fh} 为返回系数，微机保护取 $K_{fh} = 0.9 \sim 0.95$，电磁型保护取 $K_{fh} = 0.85$；K_K 为可靠系数，取 $K_K \geqslant 1.3$；K_{gl} 为变压器最大过负荷系数，建议取 1.2～1.5。

高压侧过电流保护动作时间 $T_2 = 0.3 \sim 0.5\text{s}$，与上一级 10kV 出线过电流保护的时限相配合，与本配变低压主开关短时延保护配合，并应在变压器空投励磁涌流时可靠不误动。

过电流保护的灵敏系数按系统最小运行方式下，低压侧两相短路时流过高压侧的短路电流进行校验，灵敏度应不小于 1.5。

$$K_{lm} = \frac{I_{d2.\min}^{(2)}}{I_{dz}} \tag{9-24}$$

式中，$I_{d2.\min}^{(2)}$ 为最小运行方式下变压器低压侧两相短路电流。

（3）过负荷保护整定

过负荷保护发信投入，整定为：$1.1I_e$，I_e 为变压器高压侧额定电流。

（4）零序保护整定

零序过电流告警定值，一般取 $0.1I_e$，6.0s 告警。零序过电压告警定值，一般取 $3U_0 = 20 \sim 30\text{V}$（二次值），6.0s 告警。

9.2　配电网继电保护典型模式介绍

配电网继电保护相对于高压系统继电保护而言，属于简单保护。在配电网中，我们常用的继电保护类型有：

1. 基于出线断路器和分界开关的两级电流保护方式

这种保护方式主要由变电站出线断路器和分界开关两级配合实现保护。变电站出线断路器为一级保护，用于切除主干网络上的故障；分界开关为另一级保护，用于切除大分支或用户侧的故障。分界开关有两种类型：分界断路器和分界负荷开关，两者实现保护的模式也不相同。

2. 基于出线断路器和分段断路器的多级保护方式

出线断路器为一级保护，主要用于切除主干网络第一段的故障；分段断路器为 N 级保护，用于切除主干网络第 N 段的故障。这种保护方式主要由变电站出线断路器、分段断路器以及末端分界开关三级配合实现保护。变电站出线断路器为一级保护，用于切除出线断路器和分段断路器之间的故障，分段断路器为中间级保护，用于切除分段断路器和分界开关之间的故障；分界开关为末极保护，用于切除大分支或用户侧的故障。

3. 基于集中监控的馈线自动化保护方式

这种保护方式主要由配电自动化主站系统、通信系统、终端单元DTU/FTU、具备三遥条件的开关设备组成。一般出线开关为断路器带保护，用于快速切除故障；其他开关设备可以是负荷开关或断路器，在停电后接受主站系统的遥控指令，进行故障隔离和负荷转供。开关需具备TA、PT、二次辅助触头、电操动机构等；终端单元需具备模拟量和状态量采集、远方和就地控制、故障检测及判别、数据处理与转发等功能；通信系统应能快速、准确地上传下达三遥信息；主站系统需具备配电SCADA和馈线故障处理自动化等功能。基于集中监控的馈线自动化系统如图9-1所示。

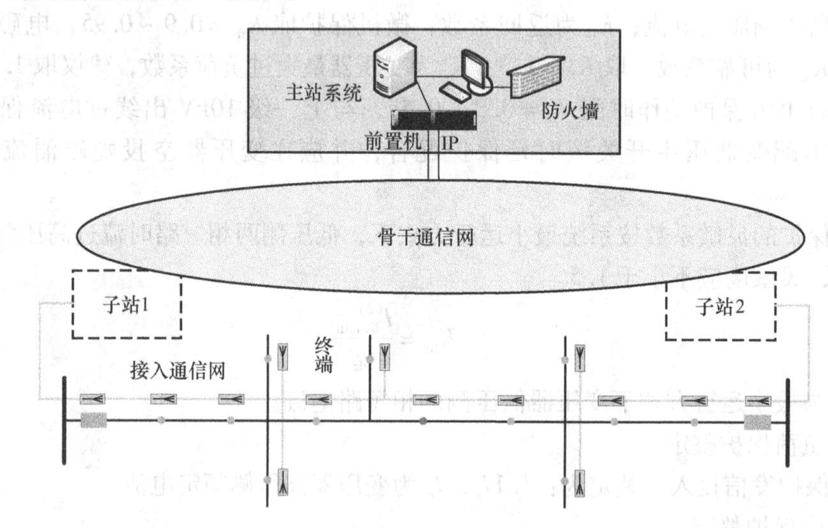

图9-1 基于集中监控的馈线自动化系统

4. 基于开关重合模式的馈线自动化保护方式

这种保护方式不依赖通信，其主要设备是重合器和分段器。短路电流由重合器切除，分段器只能关合短路电流，无切断短路电流的能力。通过重合器、分段器的顺序动作隔离故障。重合模式无需自动化主站和通信网络，因此建设费用低，但只在馈线发生故障时起作用，在配电网正常运行时不具备监测和遥控功能。基于重合模式的配电自动化系统主要有两种典型类型，即重合器和电压-时间型分段器配合模式、重合器和过电流脉冲计数型分段器配合模式。

5. 基于智能分布式终端的快速保护方式

这种保护方式要求配电终端之间必须具备点对点通信能力，通过面保护原理实现过电流和失压后自动分段、故障隔离和网络重构的功能，配电自动化主站不参与协调与控制，事后配电终端将故障处理的结果上报给配电自动化主站。当线路发生故障时，过电流信息在智能配电终端间进行交换，从而确定故障位置，并在变电站出线保护动作之前跳开故障点开关，实现故障隔离、联络开关备自投、非故障区段始终保持供电状态。

智能配电终端除具备模拟量和状态量采集、远方和就地控制、故障检测及判别、数据处理与转发等一般功能外，还需具备智能性，即要求智能终端能够提供线路的全拓扑模型且能

够与相邻配电终端之间交互故障信息和开关拒动信息。通过相邻配电终端间的信息配合，实现对故障的自动快速自愈功能。

开关设备建议采用断路器，同时具备TA、PT、二次辅助触头、电操动机构等。

一般情况下要对变电站的出线开关的测控装置进行改造，实现与线路开关智能测控装置的统一部署，但这样会增加实施成本和难度。改进的做法是：出线开关上的原有线路保护保留，但原配置的速断保护改为限时速断保护，作为全线的总后备保护，智能分布式配电自动化系统不依赖主站控制，数秒内完成故障隔离与恢复供电，适用于接有重要敏感负荷的馈线。

6. 基于差动保护的快速保护方式

基于差动保护的快速保护方式在新加坡等发达国家配网使用较多，在国内高压网络保护中也使用较多。该保护要求沿线全部统一装设断路器，断路器配置差动保护逻辑，沿线配置导引线。为提高差动保护的选择性和灵敏性，应采用型号相同、磁化特性一致，铁心截面较大的高精度电流互感器。该保护是按比较被保护线路电流的大小和相位的原理来实现的。

9.3 配电网继电保护典型模式保护原理及其配置方式

9.3.1 基于断路器和分界开关的两级电流保护方式

1. 保护原理

变电站出线断路器主要有四大功能：瞬时速断保护、限时速断保护、过电流保护、自动重合闸功能。

分界开关主要有四大功能：自动断开相间短路故障、自动切除单相接地故障、过负荷保护、监控与远方通信功能。

1）当主干网发生故障时，变电站出线断路器检测到信号，分界断路器检测不到信号，因此由变电站断路器动作。

① 主干网近电源侧大电流短路故障由瞬时速断保护切除。

② 主干网远端小电流短路故障由限时速断保护切除。

③ 馈线长时间过载运行由过负荷保护切除。

④ 主干网瞬时性故障由自动重合闸排除。

⑤ 接地故障与系统的接地方式有关，中性点经小电阻接地系统通常配置零序保护切除接地故障；中性点不接地或经消弧线圈接地系统变电站出线保护不跳闸，只发出接地信号，允许短时间接地运行。

2）当分支或用户侧发生故障时，变电站出线断路器和分界断路器均检测到信号，但由于分界断路器的过电流定值和延时定值均小于小变电站出线断路器，因此分界断路器先动作。

① 由于短路电流相对较小，会起动分界开关的瞬时速断保护和变电站出线断路器的限时速断保护，分界断路器将先于变电站出线断路器动作。

② 接地故障与系统的接地方式有关，中性点经小电阻接地系统，分界断路器的单相接

地保护动作定值和延时定值应比变电站出线单相接地保护动作定值小一级，若负荷侧发生单相接地故障，分界断路器将先于变电站保护动作跳闸。中性点不接地或经消弧线圈接地系统，若负荷侧发生单相接地故障，变电站出线保护发出接地信号，分界断路器在变电站发出接地信号之后，并考虑躲过瞬间接地时限，再动作跳闸隔离单相接地故障。

③ 单分支线或用户过负荷一般不会引起整条馈线的过负荷，因此一般只会起动分界断路器的过负荷保护功能，其定值与用户容量相关。

④ 分支线或用户侧的瞬时性故障由于短路电流相对较小，会起动分界开关的瞬时速断保护和变电站出线断路器的限时速断保护，分界断路器将先动作，并尝试重合闸。

2. 保护配置

（1）变电站出线断路器保护配置

1）瞬时速断保护。

变电站出线断路器瞬时速断保护的过电流定值需根据运行方式、主变容量、拓扑结构及负荷大小详细计算整定，其延时定值取 0.3s。由于开关合闸涌流往往比速断保护定值电流还大，此值常造成开关送电时速断保护动作，分析合闸涌流快速衰退特性，速断保护增加 0.3s 以躲开合闸涌流干扰。

2）限时速断保护。

变电站出线断路器限时速断保护的过电流定值需根据运行方式、主变容量、拓扑结构及负荷大小详细计算整定，其延时定值取 0.6s。

3）过电流保护。

变电站出线断路器过电流保护的过电流定值需根据运行方式、主变容量、拓扑结构及负荷大小详细计算整定，其延时定值取 5s。

4）自动重合闸功能。

变电站出线断路器重合闸次数为 1 次，重合闸延迟为 1s。

5）接地保护。

变电站出线断路器的过电流定值取 $0.1I_e$（I_e 为额定电流），其延时定值取 6s。

（2）分界断路器保护配置

1）短路故障保护。

分界断路器保护动作定值应小于变电站出线开关保护动作定值，由于配置在末端，其相间短路保护延时定值一般配置为 0s。分界断路器过电流定值的设定与用户侧负荷总容量密切相关，一般配置见表 9-1。

表 9-1 相间短路保护动作定值表

用户容量/kV·A	100	200	315	500	630	800	1000	1250	1600	2000	2500	3150	4000
定值/A	60	60	60	60	120	120	120	180	240	240	300	360	480

2）接地故障保护。

分界断路器单相接地保护动作定值的设定与系统的接地类型以及负荷侧线路的状况有关。中性点不接地或经消弧线圈接地系统，分界断路器单相接地保护动作定值应考虑躲过线路对地电容电流，一般配置见表 9-2。

表 9-2　小电流接地系统单相接地保护动作定值

负荷侧电缆长度/m	50	100	150	200	250	300	350	400	450
负荷侧架空线长度/km	<4	<6	<8	<10					
定值/A	0.4	0.6	0.8	1.0	1.2	1.4	1.6	1.8	2.0
负荷侧电缆长度/m	500	550	600	650	700	750	800	850	900
定值/A	2.4	2.6	2.8	3.0	3.2	3.4	3.6	3.8	4.0

中性点经小电阻接地系统，分界断路器的单相接地保护动作定值应比变电站出线单相接地保护动作定值小一级，一般选择 10A 或 20A。

中性点不接地或经消弧线圈接地系统，分界断路器的动作时限应考虑躲过瞬间接地时限，并在变电站发出接地信号之后再动作跳闸，一般选择 2～5s。中性点经小电阻接地系统，若负荷侧发生单相接地故障，分界开关将先于变电站保护动作跳闸，因此一般选择 0s。

3）过负荷保护。

过负荷保护动作时限应与过负荷的大小相关，过负荷越严重，延时应越短。一般分界开关过负荷保护配置都比较简单，延时定值可设定为 60s。分界断路器过负荷保护定值与用户配变容量密切相关，一般配置见表 9-3。

表 9-3　过负荷保护定值表

配变容量/kV·A	100	200	315	500	630	800	1000	1250	1600
定值/A	12	24	36	48	60	72	84	108	144

4）自动重合闸功能。

分界断路器重合闸时间延迟设定为 1s。若变电站出线只配置速断保护而未配置二段延时过电流保护，建议关闭分界断路器重合闸功能。

（3）分界负荷开关保护配置

1）短路故障保护。

分界负荷开关保护动作定值应小于变电站出线开关保护动作定值。该定值的设定与用户侧负荷总容量密切相关，与分界断路器相同。分界负荷开关保护动作时限应大于变电站出线开关保护动作时限，同时小于变电站出线开关重合闸时间，确保在变电站出线开关跳闸后且重合闸前，分界负荷开关切除负荷侧短路故障。

2）接地故障保护和过负荷保护。

分界负荷开关接地故障保护过电流定值和延时定值均与分界断路器相同，其过负荷保护过电流定值和延时定值也均与分界断路器相同。

9.3.2　基于断路器和分界开关的三级电流保护方式

1. 保护原理

通过对变电站 10kV 出线开关与馈线开关不同保护动作延时时间的设置，实现多级级差保护配合。随着开关技术的进步，尤其采用无触头驱动技术及永磁操动机构保护动作时间大大的缩短，基本可以在 30ms 内对故障电流进行切除。考虑到一定的时间问题，在上级馈线开关设置时，可以设置为 100～150ms 的延时时间，变电站出线开关延时时间可以设置为

250～300ms，这样就实现了三级级差保护配合的目的。

1）出线断路器和分段断路器之间为一级保护区，区内发生故障时，变电站出线断路器检测到信号，区外断路器检测不到信号，因此由变电站出线断路器动作。其保护原理同9.3.1节。

2）分段断路器和分界开关之间为二级保护区，区内发生故障时，末端分界开关检测不到信号，变电站出线断路器和分段断路器将检测到信号，但由于分段断路器延时定值均小于小变电站出线断路器，因此分段断路器先动作。由于出线断路器和分界开关的保护均较为全面，统筹考虑三级保护配合的选择性、速动性、灵敏性以及实际的可操作性，该级保护一般简化配置。简化如下：

① 区内短路故障由限时速断保护切除。

② 分段断路器一般不配置瞬时速断（若配，末端短路易引起越级跳闸）。

③ 分段断路器一般不配置过负荷保护（用户的过负荷由分界开关切除，网络过负荷由出线断路器切除）。

④ 分段断路器一般不配置自动重合闸（该保护区没有必要配置重合闸，且与上下级重合闸配合困难）。

⑤ 分段断路器一般不配置接地保护（用户接地故障由分界开关切除，主干网络接地故障由出线断路器切除）。

3）分支或用户侧为三级保护区，区内发生故障时，变电站出线断路器、分段断路器及分界开关均检测到信号，但由于分界开关的过电流定值和延时定值均小于小变电站出线断路器和分段断路器，因此分界开关先动作。其保护原理同9.3.1节。

变电站出线断路器各保护定值需与分段断路器及分界开关各保护定值配合，确保选择性、速动性和灵敏性。

2. 保护配置

基于断路器和分界开关的三级电流保护需对变电站出线断路器保护、分段断路器保护和分界开关保护进行协调配置。其中变电站出线断路器保护配置同9.3.1节，需配置瞬时速断保护、限时速断保护、过电流保护、自动重合闸功能和接地保护。分段断路器的过电流定值需根据运行方式、拓扑结构及负荷大小详细计算整定，其延时定值通常设定为0.15s。分界开关保护配置同9.3.1节，需配置短路故障保护、接地故障保护和过负荷保护。

9.3.3 基于集中监控的馈线自动化保护方式

1. 保护原理

电网发生故障时，终端单元通过控制电缆采集开关设备的电流、电压等遥测信息，开关状态、过电流、接地等遥信信息并通过通信网络向主站系统发送故障前和故障时信息，主站系统根据终端单元上报的过电流信息、变电站出线开关动作情况以及配电网拓扑结构，经过分析计算快速推导出故障区段，提供隔离及负荷转供方案，并发出命令遥控相应的开关动作，实施故障隔离和恢复非故障区域供电。

基于集中监控的馈线自动化保护过程如下：

1）变电站出线开关跳闸切除故障。

2）变电站出线开关重合闸排除瞬时性故障。

3）主站系统收到终端单元上报的故障信息和变电站出线开关保护上报的跳闸信息。

4）主站系统根据故障逻辑判据确定故障区段，提供故障隔离方案和非故障区域转供电方案。

5）主站系统通过终端单元遥控开关实现故障隔离。

6）主站系统通过终端单元遥控开关实现向非故障区域的恢复供电。

应用集中型全自动馈线自动化技术，实现馈线故障识别、隔离及恢复时间可小于3min。

2. 保护配置

基于集中监控的馈线自动化保护需对变电站出线断路器、分段负荷开关、配电自动化终端单元和配电自动化主站进行必要的配置。

（1）变电站出线断路器保护配置

变电站出线断路器保护配置同9.3.1节，需配置瞬时速断保护、限时速断保护、过电流保护、自动重合闸功能和接地保护。

（2）分段负荷开关配置

分段负荷开关可不配置保护功能，但要实现集中监控的馈线自动化，应配置电流互感器（TA）、电压互感器（PT）和辅助触头、电动操动机构、后备电源、终端单元安装空间。

（3）终端单元配置

配电自动化终端单元至少具备线路故障检测及故障判别功能，过电流定值设为1.2倍线路额定电流；具备电压、电流、有功、无功等模拟量采集和开关动作、操作闭锁、储能到位等状态量采集功能；具备对时功能；具备事件顺序记录功能；后备电源应保证停电后能分、合闸操作不少于三次，并维持终端及通信模块至少运行8h；具备通信接口。

（4）主站系统配置

配电自动化主站系统应至少具备配电SCADA功能和DA功能。

9.3.4　基于开关重合模式的馈线自动化保护方式

1. 保护原理

重合器是一种具有控制及保护功能的高压开关设备，它能够按照预定的开断和重合顺序在线路短路故障时自动进行开断和重合操作。

分段器是在无电压或无电流的情况下自动分闸的开关设备。它串联于重合器的负荷侧，当发生故障时，它在进行了预定的“记忆”次数的分合闸操作后，闭锁于分闸状态，实现故障隔离。重合器恢复对电网其他部分的供电。

（1）重合器和电压-时间型分段器配合模式

该保护方式通过重合器开断短路电流，并根据预先设定的重合顺序动作；电压-时间型分段器凭借加压和失压的时间长短来控制其动作，失压后分闸，加压后合闸或闭锁合闸，它既可用于放射式供电网，也可用于多电源环形配电网络，可实现多级保护。其工作过程如下：

1）网络中某一处出现故障。

2）故障电源侧的重合器和分段器均检测到故障信号。

3）重合器先跳闸。

4）重合器跳闸后，分段器检测到失压，全部分闸。

5）重合器第一次合闸。

6）分段器检测到电压并按设定的时间依次合闸。

7）某一分段器合到故障点。

8）重合器再次跳闸。

9）重合器跳闸后，分段器检测到失压，全部分闸。

10）最后一个合到故障点的分段器由于加压时间小于要求时间，闭锁合闸功能，隔离故障。

11）重合器第二次合闸。

12）分段器检测到电压并按设定的时间依次合闸，送电成功。

13）故障处理完毕。

（2）重合器和过电流脉冲计数型分段器配合模式

该保护方式通过重合器开断短路电流，并根据预先设定的重合顺序动作；过电流脉冲计数型分段器具有“记忆”前级开关设备开断故障电流动作次数的能力（即分段器出现过电流脉冲的次数），只有达到预先设定的“记忆”次数且在前级开关设备跳闸无电流间隙时间内才自动分闸。过电流脉冲计数器适用于在主干线的多条分支线路首端安装。重合器和过电流脉冲计数型分段器配合模式也是实现两级保护，重合器保护主干网络，分段器保护分支线。其工作过程如下：

1）网络中某一处出现故障。

2）故障电源侧的重合器和分段器均检测到故障信号。

3）重合器先跳闸。

4）分段器感受到一次过电流脉冲并“记忆一次”，分段器不动作。

5）重合器第一次合闸。

6）若为瞬时性故障，重合器送电成功，分段器未感受到第二次过电流脉冲而自动复归。

7）若为永久性故障，重合器再次跳闸。

8）分段器在设定的时间内感受到两次过电流脉冲，达到“记忆”次数动作值而快速分闸，隔离故障。

9）重合器第二次合闸，送电成功。

10）故障处理完毕。

过电流脉冲计数型分段器的优点是结构简单，价格低，瞬时性故障时整个配电网络分段器均不动作，缺点是只适用于单电源主干线向各分支线供电的网络。

2. 保护配置

（1）重合器和电压-时间型分段器保护配置方式

变电站出线重合器各段保护的分闸起动电流定值需根据运行方式、主变容量、拓扑结构及负荷大小详细计算整定，其分闸延时可设定为0.3s，合闸延时可设定为20s。

电压-时间型分段器分闸起动条件为失压，其无压分闸延时为1s；合闸起动条件为检测到电压，其合闸延时为：一级分段器10s，一级分段器20s，二级分段器30s，三级分段器40s，以此类推，级差时间可调整；闭锁合闸条件为：从检测到电压到再次失去电压的时间间隔失压时间大于1s且小于10s。重合器和电压-时间型分段器保护配合时序如图9-2所示。

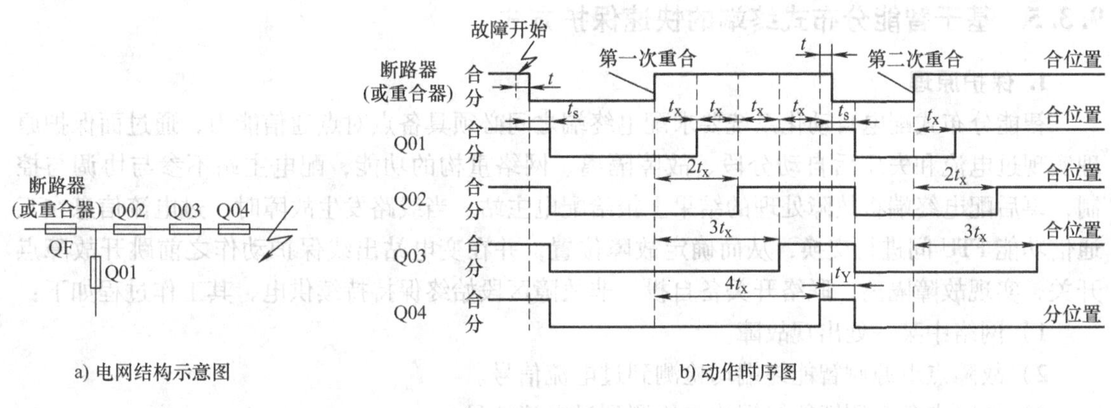

图 9-2　动作特征时序图

（2）重合器和过电流脉冲计数型分段器保护配置方式

变电站出线重合器各段保护的分闸起动电流定值需根据运行方式、主变容量、拓扑结构及负荷大小详细计算整定，其分闸延时可设定为 0.3s，合闸延时可设定为 5s。过电流脉冲计数型分段器分闸起动脉冲次数可设定为：检测到两次过电流脉冲，且两次脉冲延时条件应大于 5s 且小于 10s；脉冲计数复归延时可设定为 10s。重合器和过电流脉冲计数型分段器保护配合时序如图 9-3 所示。

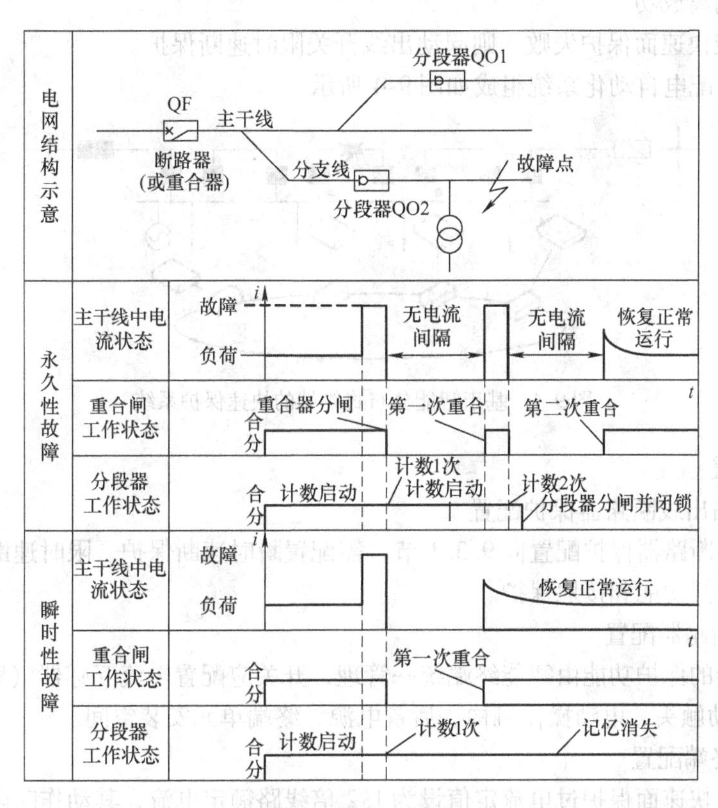

图 9-3　动作特征时序图

9.3.5 基于智能分布式终端的快速保护方式

1. 保护原理

智能分布式配电自动化系统要求配电终端之间必须具备点对点通信能力，通过面保护原理实现过电流和失压后自动分段、故障隔离、网络重构的功能，配电主站不参与协调与控制，事后配电终端将故障处理的结果上报给配电主站。当线路发生故障时，过电流信息在互通信功能 FTU 间进行交换，从而确定故障位置，并在变电站出线保护动作之前跳开故障点开关，实现故障隔离、联络开关备自投、非故障区段始终保持持续供电，其工作过程如下：

1）网络中某一处出现故障。

2）故障点电源侧智能终端均检测到过电流信号。

3）故障点负荷侧智能终端均未检测到过电流信号。

4）出线开关起动限时过电流保护。

5）智能终端相互之间进行通信，根据预先设定的有向拓扑结构判断故障处于检测到过电流信号的智能终端与未检测到过电流信号的智能终端之间。

6）故障点电源侧最近的智能终端发出重合闸指令，进行一次重合闸。

7）若重合成功，故障处理结束。

8）若重合失败，该开关处于分闸状态不动。

9）故障点负荷侧最近的智能终端发出分闸指令，开关分闸。

10）故障隔离成功。

11）若智能快速面保护失败，则起动出线开关限时速断保护。

智能分布式配电自动化系统组成如图 9-4 所示。

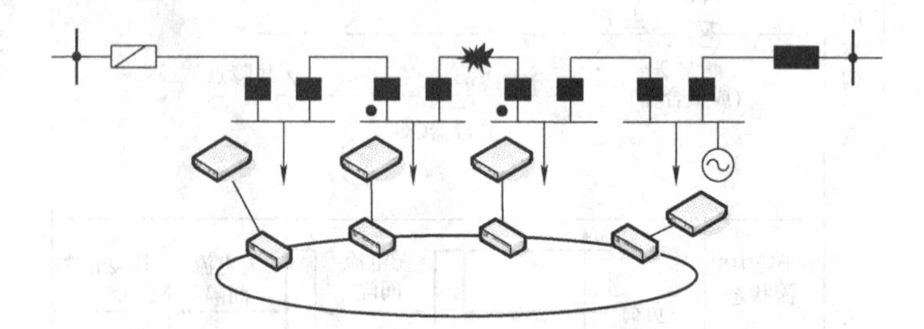

图 9-4　基于智能分布式终端的快速保护系统

2. 保护配置

（1）变电站出线断路器保护配置

变电站出线断路器保护配置同 9.3.1 节，需配置瞬时速断保护、限时速断保护、过电流保护、自动重合闸功能和接地保护。

（2）分段断路器配置

分段断路器的保护功能由智能终端统一管理，开关应配置电流互感器（TA）、电压互感器（PT）和辅助触头、电动操作机构、后备电源、终端单元安装空间。

（3）智能终端配置

智能终端的快速面保护过电流定值设为 1.2 倍线路额定电流，其动作时限应取 0s。智能终端还应具备点对点通信功能；具备存储线路的全拓扑模型，并能结合过电流信息进行故障

位置逻辑判断功能；具备故障处理策略分析功能，且切除故障电流需在 0.12s 内完成；具备重合闸功能逻辑判断功能，时间延迟可设定 0.8～1s；具备遥控功能，实现故障两侧隔离；具备普通终端的基本功能等。

9.3.6　基于差动保护的快速保护方式

1. 保护原理

配电线路纵联开关保护，就是用某种通信通道将配电线两端的保护装置纵向连接起来，将两端的电气量比较，以判断故障在本线路范围内还是线路范围之外，从而决定是否切断被保护线路。配电线路纵联差动保护是按比较被保护线路各端电流的大小和相位的原理来实现的。其工作过程如下：

1）网络中某一处出现故障。

2）故障点两侧的差动保护采集的电流矢量和大于判据，起动保护，切断两侧开关。

3）非故障区域两侧的差动保护采集的电流矢量和小于判据，保护不动作，正常供电。

4）故障处理完毕。

2. 保护配置

差动保护起动值按躲过最大不平衡电流设置。由于差动保护两侧电流互感器的磁化特性不一致，励磁电流不等等因素均会影响不平衡电流，需根据实际情况设置。差动保护动作延时可设置为 0s。

第10章　实例分析

10.1　国内A市实用型配电自动化工程

10.1.1　区域概况

A市实用型配电自动化建设区供电总面积达237km²，是商贸、居住、科教以及工业中心，对供电可靠性要求较高，2011年最大负荷为438.2MW。建设区共涉及变电站11座，10kV馈线155条，其中电缆线路47条，架空线路48条，电缆架空混合线路60条；开闭所9座，环网柜115座，柱上开关565台，公用配变110台，供电可靠率99.82%，10kV线损率3.45%，电压合格率99.07%。

10.1.2　网架建设

A市实施自动化的中压线路共155条，单辐射、单联络接线方式为网架主要接线方式，单辐射线路及其他不满足"N-1"，校验线路故障影响范围较大且维护困难，不利于配电自动化开展。

1. 分段原则

对中压线路中分段开关的设置应合理选择分段位置，其设置原则为：每条主干线均应装设分段开关进行分段，按供电范围和负荷分布宜分为3~4段，每段配变容量控制在2000kV·A以下或配变户数5~6个左右。电缆线路主干的连接采用开闭所或环网站作为节点。

对变电站新出线路较长或现有分段开关设置不满足要求的线路应对馈线进行优化，按分段原则对分段开关进行合理设置以提高线路供电可靠性。

2. 结构优化原则

配电网的网架结构宜简洁，并尽量减少结构种类，以利于配电自动化的实施。其原则如下：

1）单电源辐射接线应逐步改造成为单联络或多联络接线，但联络数一般不宜超过三个以免造成转供方式复杂。

2）架空线路原则上采用多分段单联络或多分段双联络接线模式，典型接线模式结构如图10-1所示。

3）电缆网架结构应根据功能分区选择单环网、开闭所接线等模式。在一般区域采用单环网接线模式；对于整体建设且

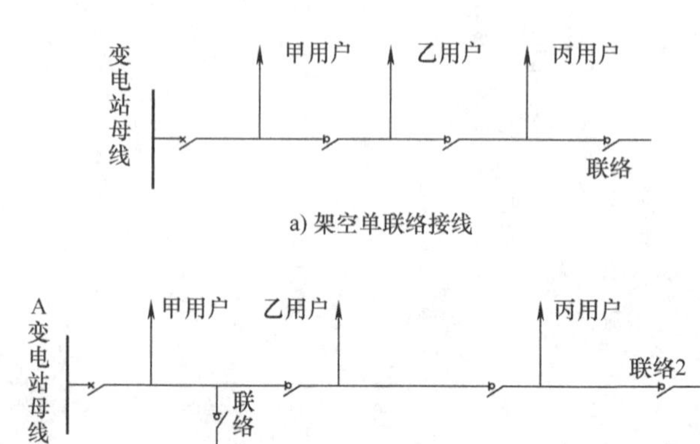

图10-1　架空典型接线

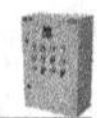

用户较多的工业园区，以及成片集中开发分期建设的大型片区，可采用建设大型开闭所向终端用户供电的接线模式，典型接线模式结构如图10-2所示。

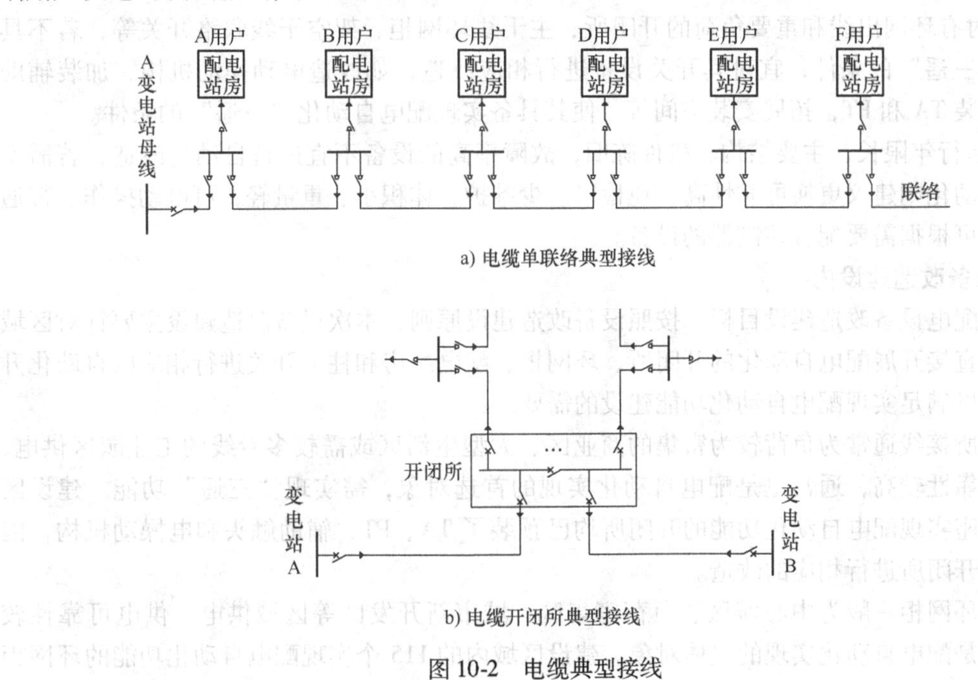

a) 电缆单联络典型接线

b) 电缆开闭所典型接线

图10-2 电缆典型接线

4）在既有架空线路又有电缆线路的混合类型网架中，根据实际情况，灵活采用上述各种接线模式。

5）线路不具备负荷转供条件的区域，可对线路的供电方式进行适当地改造（如新增线路、改变联络关系等），使其满足供电"N-1"准则要求。

10.1.3 设备改造

1. 设备改造建设原则

配电设备是实施配电自动化的基础，不同的硬件条件可实现不同的功能。需要实现遥信功能的设备，应至少具备一组辅助触头；需要实现遥测功能的设备，应至少具备电流互感器，二次侧电流额定值宜采用5A或1A；需要实现遥控功能的设备，应具备电动操动机构。配电设备新建与改造前，应考虑配电终端所需的安装位置、电源、端子及接口等。配电终端应具备可靠的供电方式，如配置电压互感器等，且容量满足配电终端运行以及开关操作等需求。配电网开关设备的额定参数应考虑到系统发展要求，宜采用封闭型、免维护的设备为主。

配网自动化的实施应充分尊重配网一次设备的现状情况，不宜对一次网络有大规模的改造，对新建配电网络，应根据实施配网自动化的要求对配网一次设备结构进行优化，在设备选型、运行方式等方面创造基本的自动化控制条件。配电设备改造和建设的原则如下：

1）对于供电可靠性要求一般的线路，可以在现有的线路和设备条件下进行"一遥"或"两遥"的配电自动化建设。若部分设备不具备条件，可通过加装电流互感器和辅助触头来实现相应功能。

2）对于供电可靠性要求较高且开关设备具备电动操动机构的线路，可在现有的线路和设备条件下进行“三遥”配电自动化建设。

3）对有环网出线和重要负荷的开闭所、主干线环网柜、架空干线联络开关等，若不具备实现“三遥”的条件，宜对其开关设备进行相应改造，如改造电动操动机构、加装辅助触头，安装 TA 和 PT，拓展安装空间等，使其具备实现配电自动化“三遥”的条件。

4）运行年限长，主要结构、机件陈旧，故障率高的设备不宜进行自动化改造，若需实施配电自动化则建议更换可靠性高、免检修、少维护、体积小、重量轻，可电动操作、带通信接口、可根据需要配置控制器的设备。

2. 设备改造建设内容

根据配电设备改造建设目标，按照设备改造建设原则，本次设备改造建设主要针对区域内不具备直接开展配电自动化的开闭所、环网柜、配电站房和柱上开关进行相应的自动化升级改造，以满足实现配电自动化功能建设的需要。

开闭所接线通常为负荷较为密集的商业区、大型生活区或需较多专线的工业园区供电，其供电可靠性较高，通常也是配电自动化实现的首选对象，需实现“三遥”功能。建设区域内的 9 座实现配电自动化功能的开闭所均已预装了 TA、PT、辅助触头和电操动机构，因此不需对开闭所进行相应的改造。

电缆环网柜一般为中心城区、负荷密集区、城市新开发区等区域供电，供电可靠性较高，因此是配电自动化实现的主体对象。建设区域内的 115 个实现配电自动化功能的环网柜均已预装了 TA、PT、辅助触头和电操动机构，但仍有 30 个环网柜存在安装配电终端空间不足的问题，因而需相应地对这些环网柜进行空间拓展改造。

位于馈线主干节点的配电室、带联络功能的配电室和为重要用户供电的配电室是实现配电自动化的重要对象，需通过自动化设备实现在线监控和故障快速处理。

断路器和负荷开关是配电网架上的重要一次开关设备，通过对配电网架上的这些重要节点进行在线监控和故障的快速处理可提高供电可靠性和缩短故障处理时间等，因而其是实现配电自动化的重要对象。对采用装设馈线终端（FTU）的柱上开关需根据现有设备基础对其进行加装 TA、PT、辅助触头和电操动机构升级改造使其满足后续二、三遥功能要求；对不进行馈线终端建设而改用安装技术条件成熟并可实现两遥半（注：两遥半可实现遥测、遥信和故障分闸操作功能）的带有数据采集器的故障指示器的柱上开关，不需对其进行相应的配电自动化升级改造。

位于馈线主干节点的电缆分支箱也是实施配电自动化的可选对象，一般根据其当前配置情况选择性地配套建设自动化设备，不宜对其进行改造。

一次设备的自动化升级改造是 A 市配电网开展配电自动化的设备基础，通过以上改造项目的实施，可为后续顺利、有序地开展配电自动化工程建设提供有力保障。

10.1.4 主站建设

1. 主站系统建设原则

配电主站是配电自动化的一个重要组成部分，它的建设必须充分考虑配电自动化的建设规模、馈线自动化的实施范围和方式，以及建设周期等诸多因素。配电主站应构建在标准、通用的软硬件基础平台上，具备可靠性、实用性、安全性、可扩展性和开放性。对于初次建

设的主站系统必须保证主站系统的基础平台在初建时一次性建设到位，避免今后重复地建设和改造。A市采用集中式配网调度，辖区内只建设一套与本单位调度自动化系统相对独立的配网自动化主站系统。

2. 主站系统体系结构

配电网自动化主站系统主要由计算机硬件、通信设备、操作系统、支撑平台软件和配电网应用软件等组成。其中，支撑平台包括系统数据总线和平台等多项基本服务。配电网应用软件包括配电SCADA基本功能。配电网自动化主站系统支持通过信息交互总线实现与其他相关系统的信息交互。

3. 主站系统的功能配置

配电自动化主站系统作为配电自动化系统的核心部分，A市配电自动化系统以实现配电SCADA监控为主要目标，并可对具备条件的配电一次设备进行单点遥控的实时监控系统，建成实用型配电自动化系统。配电SCADA基本功能包括数据采集、状态监视、远方控制、人机交互、防误闭锁、图形显示、事件告警、事件顺序记录、事故追忆、数据统计、报表生成、系统和网络管理等功能。

4. 主站系统硬件和软件配置

配电主站硬件应采用标准化的通用设备，具有良好的开放性和可替代性。主站支撑平台应一次性建设，避免今后重复地建设和改造，其数据采集部分应配置一定数量的前置数据采集服务器；在主站应用服务子系统部分应配置数据库服务器、SCADA服务器、通信服务器、应用分析服务器、镜像数据服务器，Web服务器；在主站工作站部分应配置调度员监视工作站、自动化维护工作站、报表工作站等设备；在主站二次安防及网络子系统部分应配置正/反向物理隔离装置、网络防火墙、后台网交换机、前置网交换机、安全三区交换机和对时装置等设备。

A市实用型配电自动化主站硬件详见表10-1。

表10-1 A市配电自动化主站硬件配置清单

序号	设备名称	单位	数量
一、前置部分（数据采集设备）			
1	终端服务器	台	4
2	标准前置机柜	面	1
3	前置通道转换控制卡	路	32
4	控制卡机箱（16路/箱）	台	2
5	数字通道板	路	32
6	IES－T10 GPS时钟	台	1
7	前置数据采集服务器	台	2
8	无线公网数据采集服务器（安全Ⅲ区）	台	2
二、应用服务子系统			
1	前置服务器	台	2
2	SCADA服务器	台	2
3	镜像数据服务器	台	1

（续）

序号	设备名称	单位	数量
4	Web服务器	台	2
5	接口适配服务器	台	1
6	信息交换总线服务器	台	1
7	KVM系统	套	2
8	标准机柜	面	12
三、工作站部分			
1	调度员监视工作站	台	5
2	自动化维护作站	台	9
3	报表工作站	台	1
四、二次安防及网络子系统			
1	正向物理隔离设备	台	1
2	反向物理隔离设备	台	1
3	网络防火墙	台	1
4	实时网交换机	台	2
5	前置网交换机	台	3
6	安全Ⅲ区交换机	台	2
7	终端服务器交换机	台	1
8	UPS	套	1

主站系统软件配置将采用分层、模块化结构，通过应用中间件屏蔽底层操作，可在异构平台上实现分布式应用。软件模块满足 IEC 61968/IEC 61970CIM 标准，接口应满足国家标准、行业标准或国际标准。配电主站应配置基本功能软件，在配电网监测信息完整，且系统模型、网络拓扑和参数维护及时的条件下，可根据实际需要配置相应的电网分析应用软件。在配电自动化覆盖率达到一定规模，配电主站功能成熟应用的基础上，可结合本地区智能电网工作合理配置智能化功能。A 市配电自动化系统已成为建设目标，主要实现完整的配电 SCADA 功能，其配置见表 10-2。

表 10-2　A 市配电自动化软件配置清单

序号	软件名称	软件功能要求	单位	数量
1	数据库软件	Oracle	套	2
2	系统安全防护软件	诺顿防病毒企业版 10.1 版本 10U	套	1
3	办公软件	office 2007 标准版	套	1
4	平台软件	QT	套	1
5	系统资源监视软件	负责自动化系统的主站计算机设备的运行状况，主机的 CPU、内存及磁盘负载率，以可视化手段对路由器、交换机设备运行的负载率、重载及闪断报警及分析	套	1
6	SCADA 功能软件	Rdbserver	套	2
7	调度接口软件	与调度自动化接口互连	套	1
8	GIS 一体化软件	Incimp	套	1

10.1.5 配电自动化终端建设

1. 终端建设原则

配电终端应用对象主要有：开闭所、环网柜、配电站房、柱上开关、电缆分支箱、配电变压器和配电线路等。A市实用型配电自动化终端建设原则为：

1）对于供电可靠性要求较高的电缆线路设备，如有环网出线和重要负荷的开闭所、主干线环网柜，安装可实现的“三遥”终端设备。

2）对于已装设远动装置（RTU）、综合自动化装置或重合闸控制器的开关设备，不再重复安装配电自动化终端设备。

3）对于供电可靠性要求一般的架空线路，在线路的分支节点上装设带通信功能的故障指示器，利用无线网络将实时监测到的线路故障信息发送到主站，实现故障报警、显示故障区段信息等功能。

2. 终端建设内容

A市实用型配电自动化终端安装对象主要在开闭所、环网柜等电缆主干关键节点上配套建设站所终端（DTU），在架空线路的分支处、分段处和长线路的中段安装带有通信功能的故障指示器等监测设备，实现对A市主干网运行状态的监视和关键节点的遥控操作。

对供电可靠性要求较高，带开闭所、环网柜和配电站的电缆线路进行“三遥”建设，实现故障检测。对于负荷较分散且用户对供电可靠性要求不高的一般架空线路可按照实行“二遥”功能进行部署或不进行自动化建设。这类架空线路采用带有通信功能的故障指示器实现对线路的监测和故障报警。

A市计划实现“三遥”功能的馈线有77回线路；实现“二遥”功能的馈线有135回线路。

10.1.6 通信系统建设

1. 通信系统建设原则

配电通信系统作为配电网各类信息传输的载体，由于受到配电网结构、环境和经济等条件的约束，在建设和改造时，要考虑组网技术、网络架构、传输介质和设备选型等方面，需要与配电网络的特点和规模及业务发展相适应，以覆盖全部配电终端为目的，充分考虑并满足配电自动化系统的需求。

配网自动化对通信系统的要求，主要取决于网络的整体规模、接线的复杂程度、自动化系统的功能要求及所要达到的自动化水平等。首先，配电通信系统的建设应在规划、设计和建设时，必须充分利用电力系统的杆塔、排管、电缆等现有通信资源，完善配电通信基础设施的建设，在满足现有配电自动化需求的前提下，能做到充分考虑业务综合应用和通信技术发展的前景，统一规划、分步实施、适度超前；其次，应合理设计网络架构，根据现有通信网络资源采用因地制宜的通信技术，统一通信管理平台，选择先进的、经过检验的、批量生产的和符合国际及国内有关标准的通信设备和技术，保证业务信息的安全性、可靠性、可扩展性和可管理性；第三，应采用分层结构，既要充分利用通信资源，又要便于分区管理，综合考虑通信终端建设周期和投资成本，维护工作量等因素对通信方案进行设计。

2. 通信方式的选择

配网自动化的通信方式主要有光纤通信、电力电缆屏蔽层载波通信（包含架空和电缆的混合线路）、电缆通信和无线通信（包括移动公网通信，即 GPRS 或 CDMA 和无线专网通信）四种方式。

对可靠性要求高或具有光缆资源的场合，优先采用光纤通信方式，在各种光纤通信技术中，EPON 技术和光纤工业以太网技术具有与配网通信网络明显的适应性和投资的经济性，因此这两者作为主要的技术选择。光纤工业以太网技术比较成熟，可靠性高，但组网方式单一、纤芯资源利用率低、成本偏高。EPON 技术组网方式较为灵活、纤芯资源利用率高，技术发展前景较好。

对配电终端量大面广、实时性要求不高且不需要进行遥控控制的场合，优先采用无线公网通信的方式。

A 市实用型配电自动化系统综合考虑可靠、安全、经济、满足功能要求等因素，其实施配电自动化的电缆网采用 EPON 通信方式，架空网采用无线公网通信的方式，其通信系统体系结构如图 10-3 所示。

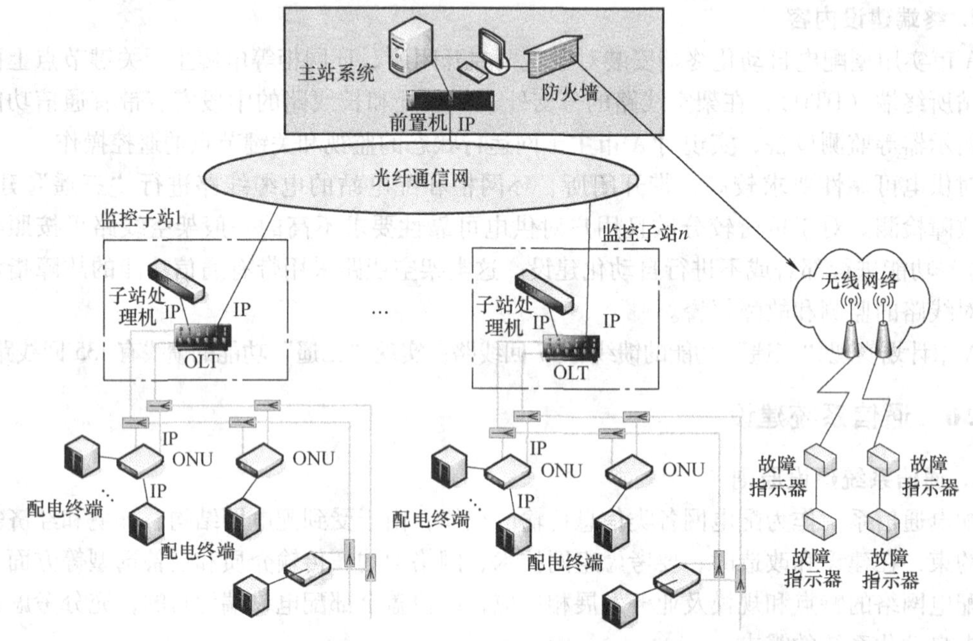

图 10-3　配电自动化通信网络架构图

A 市骨干通信网络已颇具规模，主站、各子站间的通信网络通道均已铺设。期间，计划在主站系统内配备一台三层工业以太网交换机。在 10 个通信子站内分别配置一台光线路终端 OLT，通过已建设的通信网络组成环网后与主站系统进行互联。

A 市通信接入层每个终端安装节点均配置一套 OUN 和两个分光器，采用 24 芯光纤，实现数据流双向冗余保护。

10.2　国内 B 市集中型配电自动化工程

10.2.1　区域概况

B 市集中型配电自动化建设区域总供电面积共 134km^2，是经济、政治、文化、金融中

心，重点发展与中心城区相配套的第三产业和高科技产业，是城市的服务中心、集散中心和研发中心。试点区域2008年售电量达48.7亿kW·h（千瓦时），网供最高负荷1210MW，平均负荷密度9.02MW/km^2，建成区负荷密度11.78MW/km^2。10kV及以下线损率3.88%，用户电压合格率99.31%。08年建设区域供电可靠率RS-1为99.94%。

10.2.2 网架建设

目标架空网架接线采用多分段单联络和多分段多联络的供电方式，改造方式如下：架空单电源辐射接线应改造为单联络或两联络接线；轻载线路在不降低可靠性的前提下考虑与相邻线路形成联络，增强周边线路互供能力，提高设备利用率；加强站间联络，分别由两座变电站供电的架空馈线可在末端增加线路联络，由同一座变电站供电的单联络接线应逐步改造成至少一路馈线来自不同变电站的多分段多联络接线；有联络的配电网主干线导线截面应一致，每条馈线应装设分段开关进行合理分段，按供电范围及负荷分布宜分为3~5个分段，分段开关可为柱上负荷开关，每个分段的负荷应尽量均衡，每段配变容量控制在2000kV·A以下或配变用户数5~6个左右。

中心城区目标电缆网架接线采用双环网方式，市区采用单环网、两供一备供电方式，改造方式如下：电缆网架结构应根据区域类别，地区负荷密度、性质和发展规划，供电可靠性需求等合理选择单环网、双环网、两供一备接线等接线方式；单电源辐射接线应改造成为单环网或两供一备接线；过渡期网架中心城区可采用单环网、两供一备接线，市区可采用单环网、两供一备供电方式；高负荷密度或对可靠性有特殊要求的地区可直接按目标网架进行建设与改造；电缆线路网架优化改造应充分考虑利用现有设备资源，提高设备利用率；各种接线方式应尽量考虑由两个不同变电站引接电源。

通过增设电源线路，加强线路间联络，按目标网架完善网络结构等方式进行网络优化，增强线路间互供能力，合理规划电网布局，形成简单清晰的配电网架。

10.2.3 设备改造

一级、重要开关站应全部实现自动化“三遥”，非重要站房、线路以提高配网监视能力为主兼顾控制能力，从主要到次要，进行差异化、渐进式的改造。

B市开关站供电接线方式比重较大，其中一级开关站是变电站10kV母线的延伸，重要开关站承担着向重要客户供电的任务。提高一级、重要开关站自动化“三遥”比例，对于提高整个配网自动化水平起到至关重要的作用。具体改造原则如下：

1）对于已装设配电监控终端，具备自动化接入条件的站点应优先实现“三遥”功能。

2）一级开关站及重要开关站高压柜具备可靠电动操动机构，装设有具备通信功能测控一体化微机保护，可直接通过现场通信布线，增设配电通信管理单元的方式实现“三遥”功能。

3）高压柜具备可靠电动操作机构，采用早期电磁型保护、晶体管保护等，无法实现通信功能的，可考虑进行保护技改，改造为测控一体化微机保护增设配电通信管理终端的方式以实现“三遥”功能。

4）一级开关站及重要开关站符合下列条件者可列入一次设备改造：属于淘汰型产品的设备；运行年限已超过开关柜折旧年限（15年），已准备近期改造的设备；部分早期设计的高压柜型，不具备可靠电动操动机构，安全可靠性较差，故障率高，在经技术鉴定小组进行健康状况鉴定后予以改造成满足自动化要求的一次设备。

B 市共有 150 座一级、重要开关站。其中已实现自动化的开关站共有 90 座；已具备通信接入条件的共有 30 座；可进行自动化终端改造的有 10 座，其余需根据现场设备进行一、二次设备改造。

10.2.4 主站改造

考虑到未来 B 市信息量 80 万点的数据接入和处理能力，目前 6 套 SUN890 服务器完全可以满足，故硬件设备资源可以充分利用。为保证配调机构合并的平滑过渡，同时也最大程度地发挥现有资产效益，B 市使用整合主站系统的过渡方案。采用逐个合并的方法，对图形、模型及终端设备、通信网络进行整合。原有分区终端直接连到分区主站的，现将分区主站降级为子站，将该子站连接到集中的新主站。图 10-4 为 B 市配电自动化系统整合示意图。

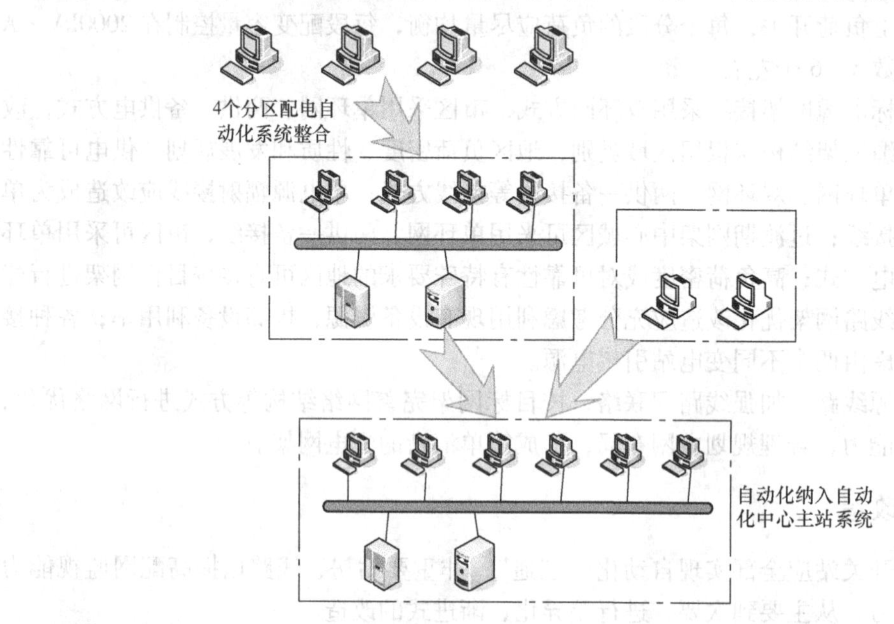

图 10-4 配电自动化系统整合示意图

整合现有系统除了投资上的绝对优势之外，在工程实施过程中减少了大量工作量；充分利用原有设备，还可以大大减少设备投资。表 10-3 为自动化系统整合所需设备清单，本次整合只需增加工作站、一些网络设备及软件升级即可，服务器与磁盘整列全部沿用旧设备，大大减少设备投资。

表 10-3 整合系统配置清单

序 号	设备名称	单 位	数 量
1	终端服务器	台	23
2	标准机柜	面	6
3	常规通道前置服务器	台	2
4	网络通道前置服务器	台	2

（续）

序　号	设备名称	单　位	数　量
5	系统实时服务器	台	2
6	历史服务器（UNIX）	台	2
7	磁盘阵列	台	1
8	Ⅲ区数据服务器2（UNIX）	台	2
9	磁盘阵列	台	1
10	内网数据代理服务器	台	1
11	Web服务器	台	1
12	整合配网新配置工作站	台	10
13	各分局工作站	台	0
14	UPS	台	1
15	交换机	台	4
16	正向物理隔离设备	台	2
17	19寸机柜	台	1
18	2M转换器机箱（含12块2M通信板）	台	1
19	单台2M转换器	台	5
20	线缆附件	套	1
21	模型整合	套	1
22	图形整合	套	1
23	终端设备收发通信整合	套	1

10.2.5 配电自动化终端建设

立足B市岛内配电网的现状，坚持技术先进的同时，注重经济性和实用性，建设以“三遥”为主，“一遥”、“两遥”为补充的多样化的配电自动化模式。

配电自动化建设及改造遵循以下原则：

1）一次网架及设备改造时同步结合进行配电自动化改造。

2）对有环网出线和重要负荷的开关站、联络开关、环网站进行“三遥”改造。

3）对不满足“三遥”改造条件的开关站、分段开关、非联络环网站进行“一遥”或可扩展“两遥”改造。

4）对箱式变压器、架空线路、电缆分支箱等，通过安装故障指示器进行“一遥”改造。

5）新项目，按“三同步”原则建设，即同步设计、同步施工、同步投运。

6）配电自动化终端的选择应结合不同的应用场合进行。

7）对于断路器型开关站宜选用保护与测控合一的综合自动化装置或远动装置。

8）负荷开关型开关站、配电室、环网柜、箱式变电站应选用站所终端。

9）柱上开关应选用馈线终端。

10）配电变压器应选用配变终端。

11）架空线路或不能安装电流互感器的电缆线路，可选用具备通信功能的故障指示器。

12）对于既有断路器又有负荷开关的开关站、环网柜等站房，通过增加配电通信管理单元实现站内综合自动化装置、站所终端等不同通信接口、通信规约设备的信息采集、汇总、存储与转发。

站所终端、馈线终端等应具备数据采集、事件记录、时间校对、远程维护、参数设置、数据存储、自诊断自恢复、通信及电源管理等功能。

“三遥”站点根据就近接入的原则，与所在片区的子站、汇集点或直接与主站进行通信；“一遥”及可扩展“二遥”通过无线公网的通信方式向主站上传信息。

图 10-5 为实现“三遥”功能配电自动化系统的典型通信拓扑结构。

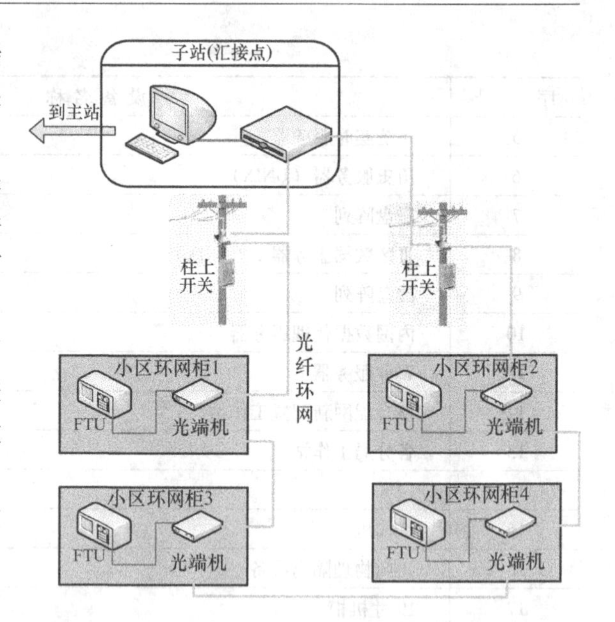

图 10-5 实现“三遥”功能配电自动化系统的典型通信拓扑结构图

架空线路通过装设带通信的故障指示器实现短路、接地故障的就地显示及故障信息的上传，如图 10-6 所示。

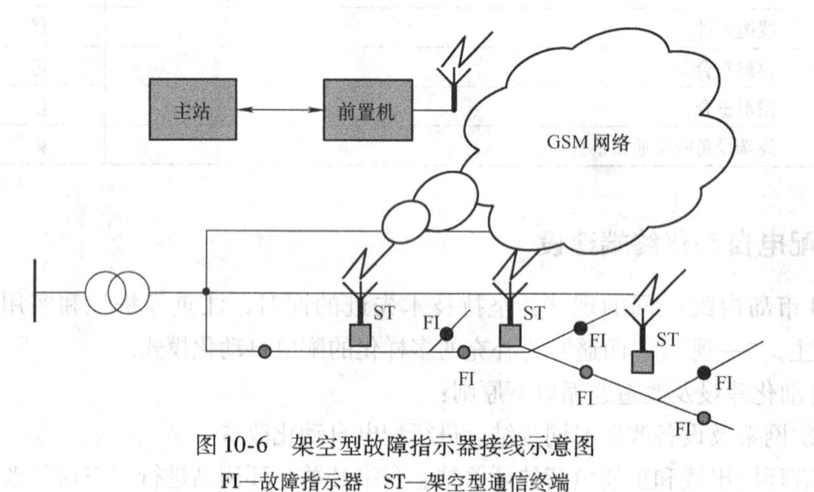

图 10-6 架空型故障指示器接线示意图
FI—故障指示器 ST—架空型通信终端

环网柜、配电室、箱式变电站等站房通过加装带通信，且具备测量功能的故障指示器实现可扩展“两遥”功能，图 10-7 为可扩展“两遥”功能故障指示器接线示意图。

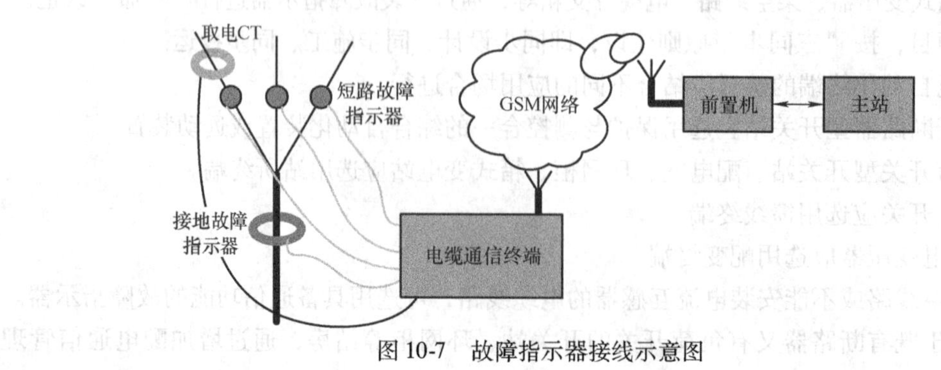

图 10-7 故障指示器接线示意图

B市新增1589个监控点，其中378个“三遥”监控点、809个可扩展“二遥”监测点、402个“一遥”监测点，扩大配电自动化监控范围，实现试点区域内配网监控点达2172个。形成以“三遥”为主，“一遥”、“两遥”为补充的多样化的配电自动化模式。实现一级、重要开关站“三遥”覆盖率100%，配电站房自动化率100%，架空线路自动化率100%，新建站房自动化率达100%。

10.2.6 通信系统建设

从技术、安全以及运行维护等方面综合考虑，为满足配电自动化、电力用户用电信息采集等系统的通信需求和二次系统安全防护技术规范，B市配电通信网采用光纤、载波和无线相结合的多样化的通信方式，部分试点以太网无源光网络技术（EPON）组网。通信介质首选光纤，这主要考虑光纤通信稳定、带宽大、业务丰富，能够满足各类应用的要求。在老市区或在施工难度大、建设成本高的区域有限地使用中压载波通信。在通信线路敷设困难，对数据实时性要求不高，且数据量较小的场合适量使用无线通信。预计共新敷设光缆320km，安装375套光通信终端，25套子站光通信设备。

配电通信网络采用分层结构，骨干层优先选择调度通信网并直接承载在其上开通的配电自动化IP VPN上。

建成的配电通信网络整体架构如图10-8所示。

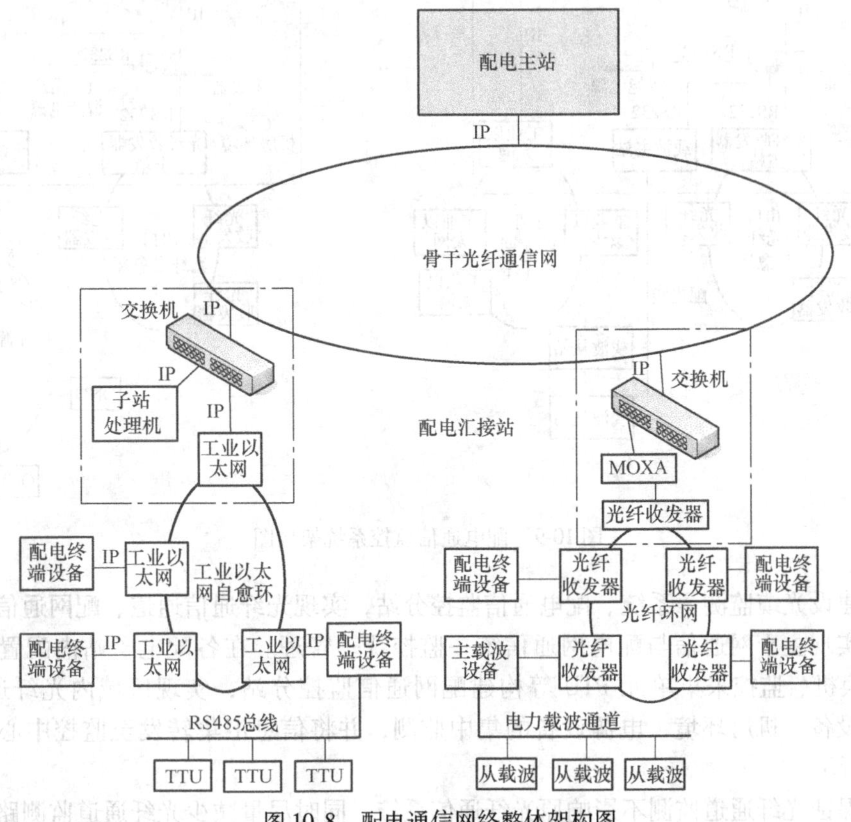

图10-8 配电通信网络整体架构图

按统一规划、节约投资的原则，为避免项目的重复建设，配电通信网的综合监控和光缆监测将纳入到 B 市主干网络的监控系统。通信监控系统采用分层架构体系，主站系统使用 B 市已建设的集中监控主站系统，在各配电子站设立相应的通信监控分站系统，分站向主站发送所采集的各种数据，通信监控分站到通信监控主站通过骨干光纤通信网的以太网通道进行通信连接，如图 10-9 所示。

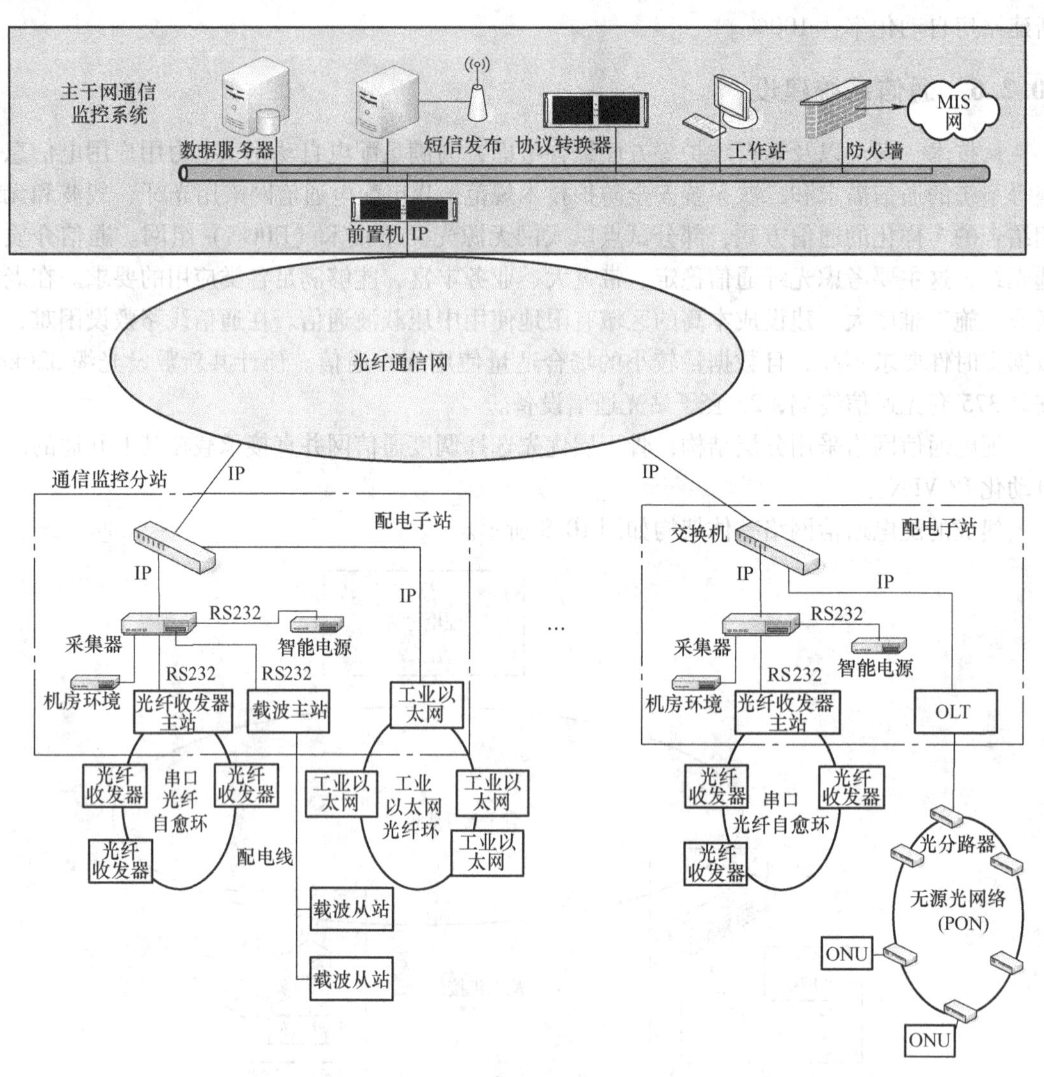

图 10-9　配电通信监控系统架构图

项目建设光缆监测子系统、配电通信监控分站，实现光纤通信通道、配网通信设备的集中监控，实现主干网通信与配电网通信统一监控统一管理。在各配电子站内配置光缆监测 RTU、交换机、监控采集单元 PTU 等构建配网通信监控分站，实现区域内光纤通信通道、配网通信设备、机房环境、电源设备的集中监测，并将信息汇集转发至监控中心主站，如图 10-10 所示。

为了保证光纤通道监测不影响原光纤通信系统，同时尽量减少光纤通道监测路由上的衰减，增大测试距离，采用离线的监测方式，即利用各段光缆的备用纤芯进行离线监测。对于衰耗余度较大或者备用纤芯比较紧张的光缆段，采用在线的监测方式，因此设备的选型支持

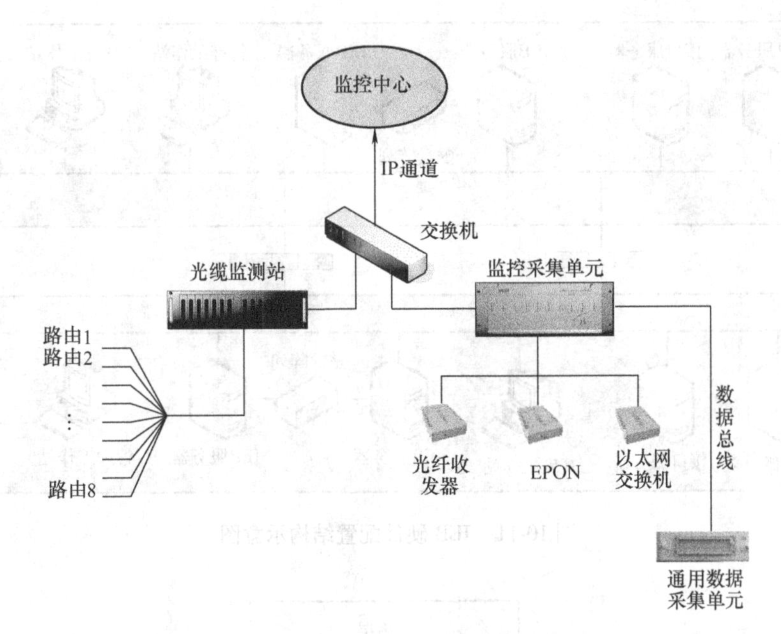

图10-10 监控系统分站结构图

在线监测。

2010年B市光缆线路新建320km。配电通信网的综合监控子系统和光缆监测子系统将纳入到B市主干网络的监控系统，实现对配电通信资源及通信终端的统一监控和管理。同时，统一通信资源及设备管理平台。

10.2.7 信息交换总线建设

信息交换总线（IEB）基于IEC61968信息交换模型规范、IEC61970 CIM的数据模型定义，对配网业务领域采用先进的信息交换模型，设计了基于SOA架构的系统集成框架，定义符合IEC要求的接口规范。构建信息交换总线，实现跨部门、跨系统、跨平台、跨安全区的工作流程及信息共享，具有标准性、安全性、可靠性和便捷性，具备跨越电力安全防护的Ⅰ、Ⅱ、Ⅲ、Ⅳ区的信息交换传递。

1. 硬件结构配置

从硬件结构来看，整个系统跨越两个安全区中，分别为安全区Ⅰ和安全区Ⅲ，在两个安全区内的配置是完全对等的。安全区Ⅰ与安全区Ⅲ之间设置正向与反向专用物理隔离装置，如图10-11所示。

IEB系统逻辑上包括IEB应用服务器、商用数据库服务器、系统开发工作站、系统管理工作站和接口服务器。为保证系统的高可用性，IEB服务器采用基于集群技术来保证。

2. 软件体系结构

IEB系统的体系结构如图10-12所示。

从系统运行的体系结构看，IEB系统是由跨平台的操作系统层、消息层、接口组件层/系统服务层、应用服务层和应用层共五个层次组成。这五个层次和IEB的运行框架的对应关系见表10-4。

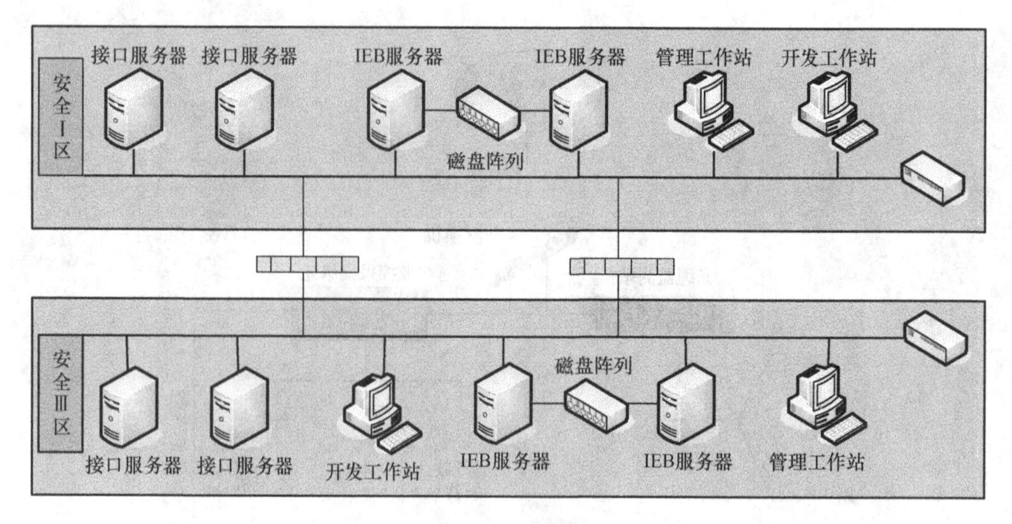

图 10-11　IEB 硬件配置结构示意图

图 10-12　IEB 系统体系结构图

表 10-4　IEB 软件体系结构与运行框架对应表

IEB 软件体系结构	IEB 运行框架
应用层	组件
	组件适配器
应用服务层	接口规范
接口组件层/系统服务层	中间件适配器
	中间件服务
消息层	通信服务
跨平台的操作系统层	平台环境

3. 相关系统基于 IEB 信息交换总线接口开发

生产管理系统（GPMS）目前使用私有模型定义，为使其基于信息交换总线与其他系统的交互更加高效运行，需要对其底层模型进行改造，采用 UML 及组件化技术，遵循 IEC61970 配网扩展 CIM 模型，使用全省统一的设备编码规范，实现建模系统的标准改造，对外提供遵循 IEC 标准的接口，实现配网模型/图形的共享，维护口径唯一。

配电 GPMS 和其他相关系统都基于 IEB 技术总线开发服务，并挂接到总线中，实现系统

之间的信息互通。具体如图 10-13 所示。

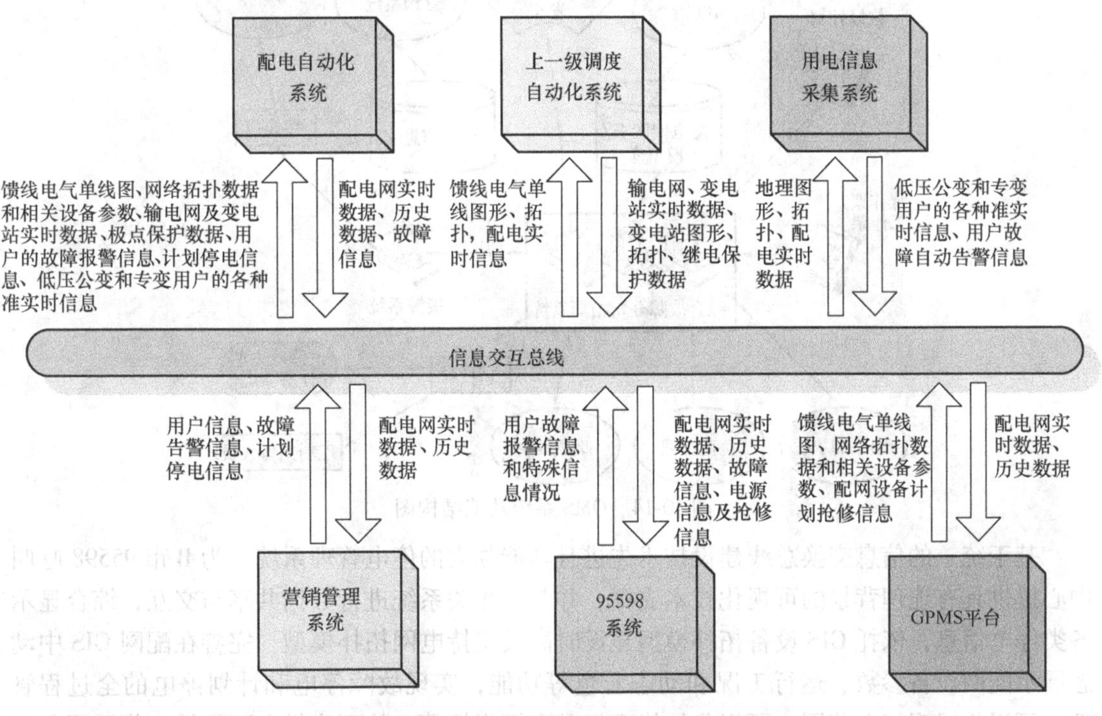

图 10-13　多个系统基于信息交互总线的集成示意图

各系统与信息交换总线的接口基于 IEC61968 信息交换模型（IEM）实现，可提供的数据分别如下：

1）配电自动化系统可向相关应用系统提供配电网图形（系统图、站内图等）、网络拓扑、实时数据、历史数据、分析结果等信息。

2）上一级调度（一般指地区调度）自动化系统可提供高压配电网（包括 35kV、110kV）的网络拓扑、相关设备参数、实时数据和历史数据等。

3）生产管理系统（GPMS）提供中压配电网（10kV 及以下）的相关设备参数、配电网设备计划检修信息和计划停电信息、馈线电气单线图、网络拓扑等；低压配电网（380V/220V）的网络拓扑、相关设备参数和运行数据等。

4）95598 系统可提供用户故障信息等。

5）营销管理信息系统可提供低压公变和专变的用户信息等。

6）用电信息采集系统可提供低压公变和专变用户的运行信息及故障信息等。

10.2.8　停电管理系统建设

结合 B 市 95598 呼叫中心建设需求，基于 IEC 标准的信息总线技术，通过对配电自动化、营销管理、用户用电信息采集、变电站 SCADA 等系统间的信息集成，在配电 GPMS 里建设停电管理功能模块，实现配网停电的全过程管理，主要功能包含：配网综合接警分析、故障停电管理、抢修车辆管理、停电区域可视化管理、预安排停电管理、现场工作管理、配网运行监视管理、转供电管理等，功能结构如图 10-14 所示。

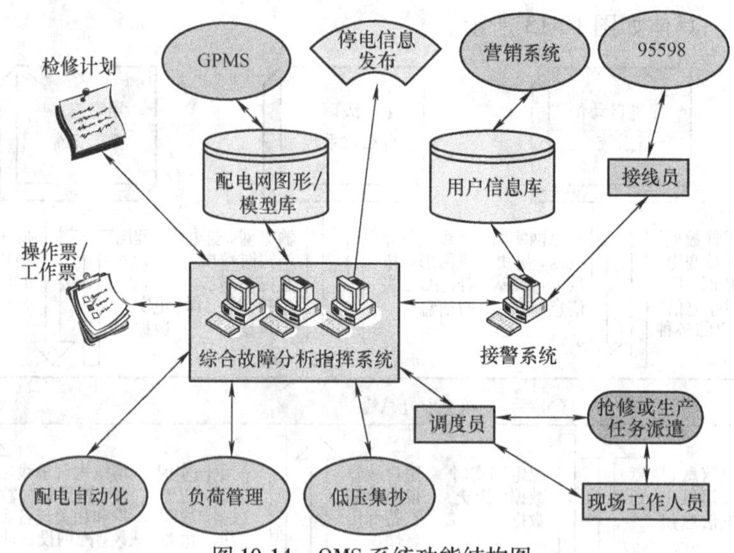

图 10-14　OMS 系统功能结构图

基于统一的信息交换总线建设技术先进且功能强大的停电管理系统，为 B 市 95598 呼叫中心提供具有地理背景的可视化技术支撑，并与各相关系统进行数据共享与交互，综合显示各类停电信息，依托 GIS 设备拓扑模型建设时高效支持电网拓扑模型，完善在配网 GIS 中动态展示配网设备参数、运行工况和动态着色等功能，实现故障停电和计划停电的全过程管理，可视化展现停电范围，可视化抢修现场及车辆指挥等，从而为供电可靠性、优质服务提供保证。OMS 的功能有：

1）对于预安排停电，可分析出停电影响的配变信息，传递给南北呼叫中心。

2）对于 SCADA 等系统监测到的开关跳闸停电信息，系统能及时获取并同步更新。

3）对于故障停电，查找到故障点后，能实时分析出停电影响的配变信息，传递给南北呼叫中心。

4）实现在地图上对停电区域进行着色及统计出影响户数等数据分析结果，并基于 Google Maps 地图提供停电区域公共服务查询服务。

5）将配电系统中的馈线、变压器、杆号、表箱信息与营销系统中的客户基础档案信息相互关联，通过图形化界面为 95598 座席代表提供地理信息支撑。

6）对于故障停电，抢修过程的时间节点、停电影响的用户，传递给供电可靠性系统，进行可靠性分析。

7）整合 GPMS 智能移动终端现场管理应用系统及配电自动化系统中遥测遥信信息、用电信息采集平台中的客户实时用电信息，实时掌握客户所处区域的供用电情况，并依托短信平台实现信息的及时发送；进而以更加主动的工作模式提高 95598 座席代表的工作效率、提升服务品质。

1. 功能架构

首先基于Ⅲ区构建统一的停电管理工作平台；其次基于统一的数据模型接入主网 SCADA、配电自动化系统、配电 GPMS、用电信息采集平台、95598 呼叫中心、可靠性系统、电压管理等相关数据，基于共享的数据模型汇集各类终端采集的数据和故障报修的相关信息；最后进行停电的计算、分析与评价，向 95598 呼叫中心系统提供信息显示展示和 Web 发布。具体功能如图 10-15 所示。

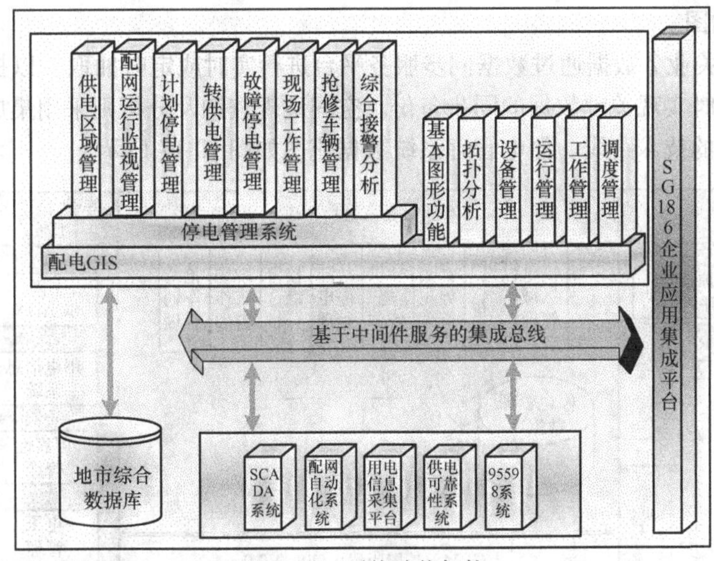

图10-15 系统功能架构

2. 网络架构

停电管理系统主要是对有关数据进行统计分析和多维度查询，为业务管理提供辅助决策依据。完整的电网模型在配电GPMS中建立，无需进行电网模型编辑，可完全采用国网公司要求的J2EE技术架构，如图10-16所示。

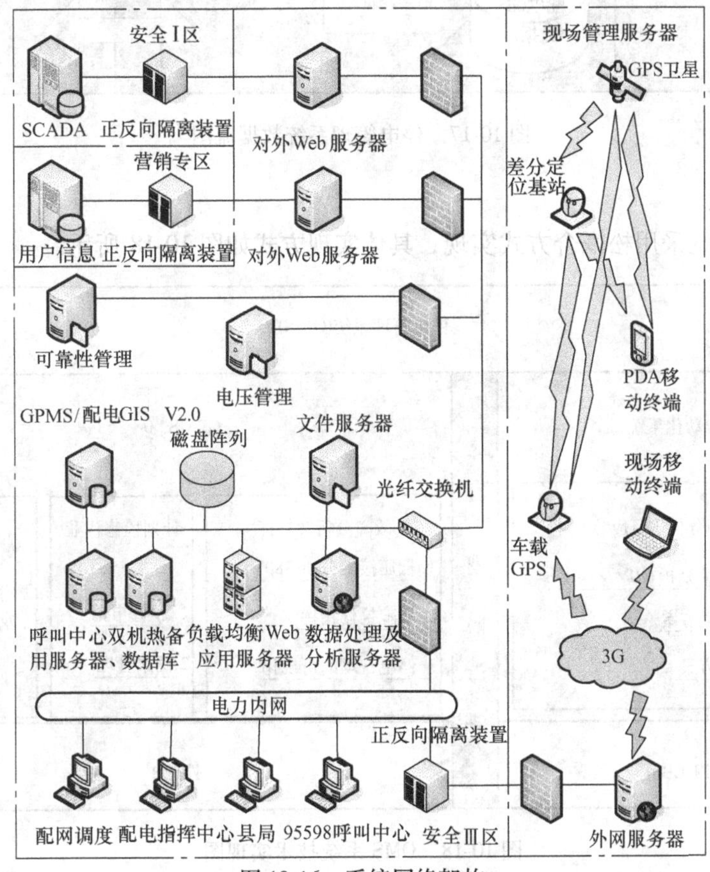

图10-16 系统网络架构

3. 数据架构图

B市对于相关业务数据通过数据同步服务平台进行实时或定时抽取，以提供分析、查询应用的需要，同时实现关键数据的同步备份。空间地理查询及分析则采用集成调用全省统一的GIS图形服务的技术路线。停电管理系统数据流图如图10-17所示。

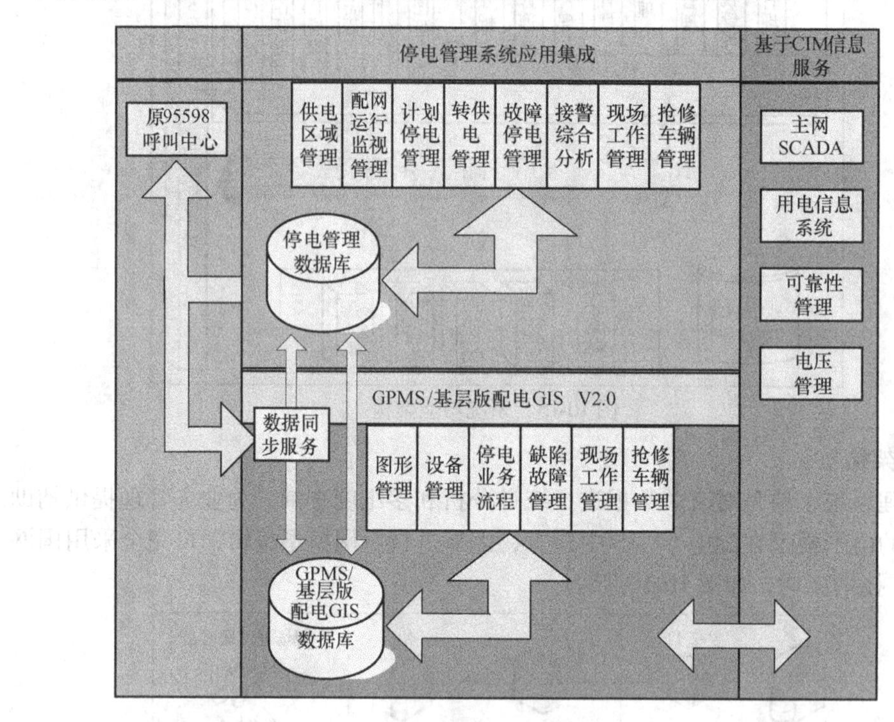

图10-17　停电管理系统数据流图

4. 实现方式

停电管理系统采用松耦合方式实现，具体实现方式如图10-18所示。

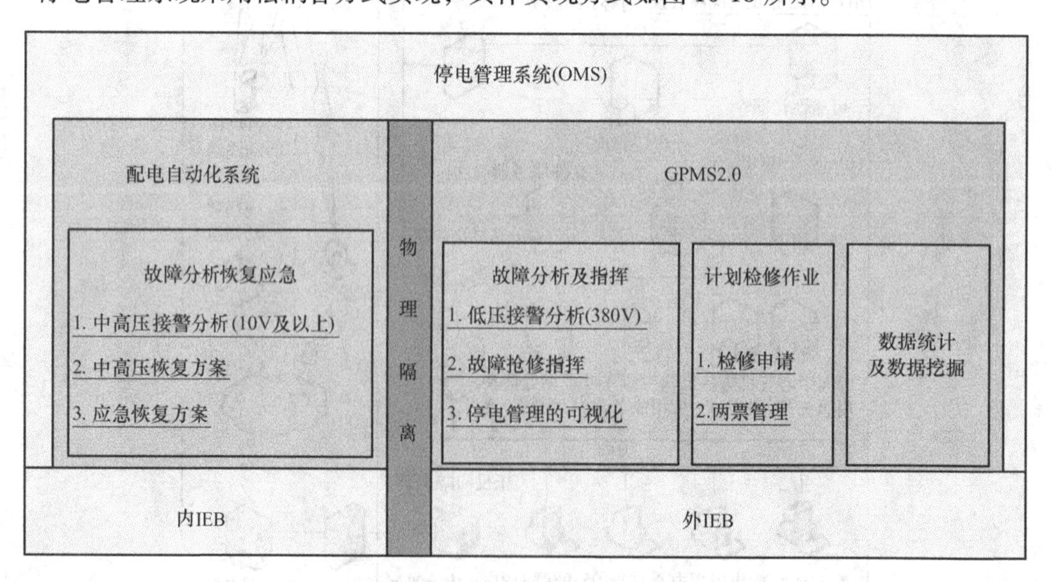

图10-18　OMS系统技术实现图

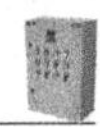

各模块具体实现功能如下：

1）OMS 相关联的配网系统（如 95598 呼叫中心系统、营销系统等，DMS 与 GPMS 之间的中压配网模型、图形的交互也通过 IEB 进行）数据集成与共享由 IEB 采用遵循 IEC61968/IEC61970 标准的方式实现。

2）低压接警分析在 GPMS 中实现，中高压接警分析及恢复决策方案在配电自动化系统中实现。

3）接警分析电话一般是从 380V/220V 低压用户开始，因此低压接警分析主要与用户信息关联度比较大，而 GPMS 具有完整的低压用户信息，因此低压接警分析建议在 GPMS 开发时实现。

4）在大范围停电情况下，需要在 10kV 甚至更高的电压等级、从全网的角度进行综合分析，在 DMS 上可以和地调系统形成地/配一体化的完整拓扑，在分析大型和复杂故障时需要这样的拓扑模型支持，从拓扑角度进行综合分析，并给出恢复决策方案。

5）在配网发生实时故障，配电自动化系统故障分析恢复应急模块会把故障影响的台区变压器通过 IEB 发送给 GPMS 进一步分析及展现。

6）在发生大面积故障情况下，尤其是在自然灾害（比如沿海地区常见的台风）引起的大面积停电故障时，实时信息量会很大，配电自动化系统故障分析恢复及应急模块会自动分析应急指挥调度方案，并通过 IEB 发送给 GPMS 展现。

7）基于地理背景的 OMS 界面展现等工作在 GPMS 上实现。

8）由于 GPMS 有比较好 GIS 应用基础，OMS 界面展现在 GPMS 上实现。但为了保证图形调用速度和 OMS 运行效率，GPMS 的相应模块与 GIS 平台、生产管理系统采用松耦合方式实现。

停电管理系统建立后的停电管理信息流如图 10-19 所示。

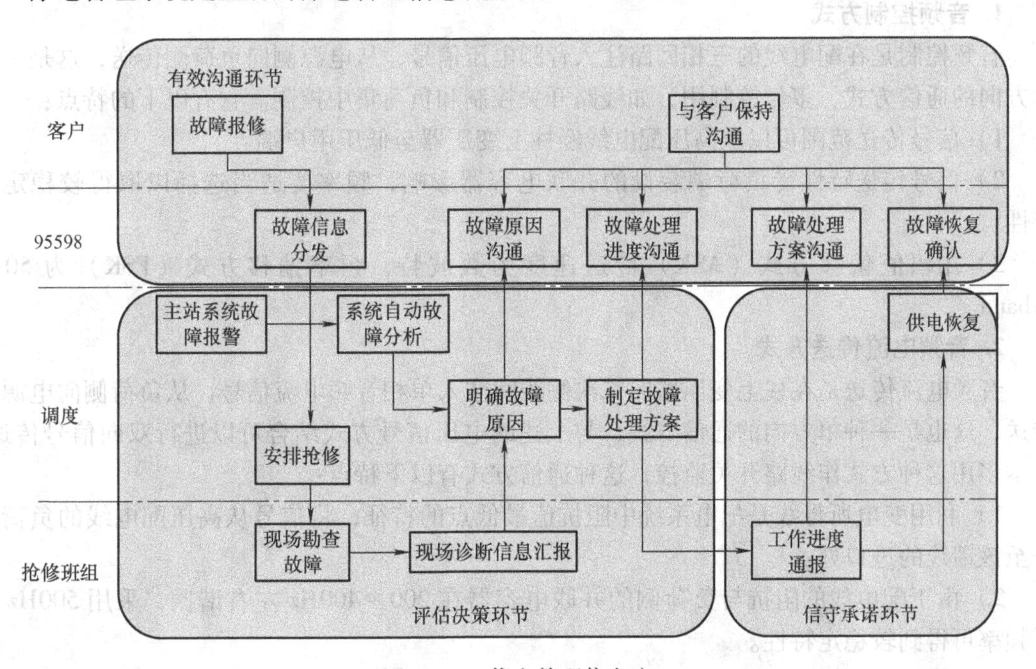

图 10-19　停电管理信息流

10.3 日本配电自动化工程

对于配网自动化，目前国外在认识上虽然还有一定的不同，但比较一致的看法是，自动化对事故处理肯定起作用，但配网自动化一定要建立在良好的环网结构基础上。从长远来看，为适应配网的迅速发展、提高配网运行的现代化管理水平，城市电网实施配网自动化系统是非常必要的。城市配电自动化的内容是对城域所辖的柱上开关、开闭所、配电变压器进行监控和协调，既要实现三遥功能，又要具备对故障的识别和控制功能，从而配合配电自动化主站实现城区配电网运行工况的监测、网络的重构、优化运行等。

日本是配电自动化发展得比较快的国家，到1986年全国9个电力公司的41 610条配电线路已有35 983条（86.5%）实现了故障后的按时跟自动顺序送电，其中2788条中（6.7%）实现了配电线开关的远方监控。

10.3.1 日本配电自动化通信方式

通信系统是配电自动化系统的一个重要环节，由于配电系统结构复杂，变压器、分支线、电容器等很多，传统的高压输电网的载波通信技术在配电线路上使用时会使信号有较大的衰耗和失真。目前在日本研究和使用的配电网通信方式有多种，每一种通信方式都有一定的长处和弱点，尚没有一种单一的通信技术可以很好地适用于配电自动化系统所有层次的需要。在一个配电自动化系统内，往往由多种通信技术组合成综合的通信系统，各个层次按实际需要采用合适的通信方式。由于无线电通信频段大部被电台占用而很难切实得到保证，日本在配电自动化基本不采用无线电通信。光纤因处在发展阶段，只在少数地方使用。比较普遍的是利用通信电缆和配电线路来传送信号。使用较多的配电线信号传送方式有：

1. 音频控制方式

音频控制是在配电线的三相回路注入音频电压信号，从电源侧向负荷侧传送，这是一种单方向的通信方式，多作控制用，如线路开关控制和负荷集中控制。它有以下的特点：

1）信号传送范围可以从高压配电线经柱上变压器至低压用户端。

2）信号传送特性受负荷端装设的并联电容器影响，频率要适当选择以取得较稳定的特性。

3）用幅值偏移方式（ASK）传送速度为数波特，频率偏移方式（FSK）为50～60baud。

2. 音频电流传送方式

音频电流传送是在柱上变压器的二次侧线间注入单相音频电流信号，从负荷侧向电源侧传送，这也是一种单方向的通信方式，与上述的电压信号方式结合可以进行双向信号传送。日本多用这种方式作线路开关监控，这种通信方式有以下特点：

1）利用变电所母线是配电系统中阻抗值最低点的特征，将信号从高压配电线的负荷侧送至该馈线的进口处。

2）由于配电线的阻抗与负荷侧的并联电容器在200～400Hz左右谐振，采用500Hz以下频率可得到较稳定特性。

3）采用频率偏移方式（FSK），信号速度可达50～60baud，频率多用375Hz/425Hz或

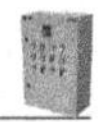

475Hz/525Hz

3. 位相脉冲方式

位相脉冲方式用于低压配电线路，在柱上变压器端与负荷端相互间传送信息，可以实现双方向通信，这种方式的特点是：

1）信号发生原理是在工频电源电压任意的相位上用晶闸管控制电容器放电而得到脉冲波。

2）在工频波上杂音小的相位上，即0°与180°的附近叠加时间分配脉冲可以得到相当高的传送速度。

3）传送可靠性受电容器等负荷阻抗变化的影响。

10.3.2 日本配电自动化系统软件功能

配电自动化系统的主要功能为：

1）监视功能：在线/离线的状态监视、控制，监视变电站CB，监视配电线电流，监视变压器负荷，控制变电站开关。通过具有现实功能的CRT来监视系统状态和配电线的过负荷。

2）事故时的操作功能：配电线路和变电站发生事故时，通过最佳负荷调整来进行系统运行方式的改变。

3）运行计划操作功能：在系统计划停电检修时，通过最佳负荷调整来进行系统运行方式的改变。

4）设备计划的支持：根据供电能力、事故时的转送、损耗电力等自动计算最佳系统。

5）维护功能：配电系统设备数据和系统图的资料的交互式维护。

6）训练模拟：设有各种事故情况、系统状态、现场装置的对应条件等，能实时模拟系统的动作、状态。

7）配电系统设备规划：按照今后配电系统的规划，计算规划系统的电压的下降、通过电流，事故时的电力调整能力和工程费用等，从而支持未来的最佳配电系统规划。

10.3.3 日本配电自动化发展历程

在20世纪70年代中期，关西电力公司开始在自己的配电系统中引入时序重合闸系统，并安装柱上真空开关，以减少停电持续时间。时序重合闸系统的主要部件是带远程终端装置（RTU）的自动分段开关，能够把出现故障的一段从配电网中隔离出来，客户能够在最短的时间内，通过变电站的自动重合闸装置连接到配电网的健全段上继续用电，并闭锁故障段的每一个开关。

20世纪90年代初期，关西电力公司就实现了初级配电自动化。初级配电自动化系统的基本功能是，能够通过监测和控制自动分段开关，远距离操作配电设备，观测配电变电站设备运行状况，自动化系统的执行机构能够自动操作。

高级配电自动化系统，配电自动化的第一个层次是采用柱上真空开关（PVS）、开关供电设备（SPS）、故障检测继电器（FDR）等柱上自动装置，已经在日本全国普及；配电自动化的第二个层次是在第一个层次的基础上实现遥控自动化控制，通过主站控制计算机采用轮询方式与柱上RTU通信，通道采用配电线路载波或专用通信线路；配电自动化的第三个层次是计算机自动化控制，九州电力公司福冈营业所所采用的东芝公司的配电自动化系统已进入配电自动化的第三个层次。日本国内第一个配电自动化系统工程东京配电自动化主站系统如图 10-20 所示。

图 10-20　东京配电自动化主站系统

日本配电自动化发展历程：

1）20 世纪 60 ~ 70 年代，研究开发了各种就地控制方式和配电线开关的远方监视装置，并着手开发依靠配电设备及继电保护进行配电网络运行自动化的方法。

2）1985 年：采用 GIS，真正意义的大规模配电自动化系统建设完成。

3）1986 ~ 1990 年：北陆电力、关西电力、四国电力、东北电力、中部电力、北海道电力先后引入配电自动化系统，到 1986 年，日本约 86.5% 实现了故障后按时限自动顺序送电，其中 6.7% 实现了配电线开关的远方监控。

4）1994 年：九州电力实现 100% 开关的远动化。

5）1996 年：开发功能分散型的配电自动化系统。

6）1997 年：开发多服务器开放型系统。

7）2001 年：在九州电力已有 80 个配电自动化系统投运。

配电自动化的发展动向基本是：

1）通信方式的优化达到可靠性、正确性、快速性，通信的专用性、多元性、经营性。

2）配电网网络的规范化。

3）自动化实施的普及化。

4）自动化设施的技术要求标准化、实施的基本功能实用化。

10.3.4　日本配电自动化带来的效益

日本实施了配电自动化后带来了以下几个方面的成果：

1）缩短事故停电时间、提高可靠性。

2）减少工作量：减少操作开关工作量；减少指挥业务的工作量；减少编制工作计划、设备计划等业务的工作量。

3）提高效率：通过电网操作，提高配电线设备的利用率；减少线损。

通过对比自动化已经实施的结果（通过3000次事故的统计），原来的平均停电恢复时间33%为4min、50%的停电恢复时间为42min、17%的停电的恢复时间达到73min；采用自动化以后，33%的停电时间为4min、50%的停电的恢复时间降低到6min以内、17%的停电时间降低到55min以内；由上面的统计可以很明了地看到50%故障的停电时间由原来的平均42min降低到6min以内的效果是十分明显的，总的平均停电恢复时间比原来的停电恢复时间缩短了2.5倍。

10.4 韩国配电自动化工程

韩国配网自动化系统（Distribution Automation System，DAS）主要有三种模式，即小规模DAS、大规模DAS、单服务器型大规模DAS。小规模DAS主要用于小城市和农村地区；大规模DAS主要要用于大城市。单服务器型大规模DAS可作为中型城市或大城市配网自动化初期的发展模式。

10.4.1 韩国配电自动化设备简介

1）小规模DAS主站采用单PC。

2）大规模DAS主站采用server/client结构，双冗余服务器，MS SQL Server2000数据库，通信规约采用DNP3.0，地理信息系统为自己研制的MFC系统。

3）单服务器型大规模DAS同大规模DAS类似，主站采用server/client结构，单台服务器，MS SQL Server2000数据库，通信规约采用DNP3.0，地理信息系统为自己研制的MFC系统。

线路由串联的自动断路器配合使用，长线路通过安装分段开关，分成了几个小的区域。

10.4.2 韩国配电自动化通信方式

韩国在实施配网自动化的过程中，对通信系统进行了研究和探索。目前，应用的通道主要有电话线、移动电话、光纤、无线等。具体情况见表10-5。在众多的通信方法中，只有Trunked radio是电力公司投资建设的，其他均为租用社会上的。因此，在选用通信系统的时候，费用的高低是进行决策的重要依据。

表10-5 韩国通信系统通道情况表

介 质	速率/（bit/s）	费用（韩元/月）	应用时间	比 例
配电线载波	72	0	1987	撤去
双绞线	1200	0	1995	2%
电话线	1200	25300	1998	48%
CATV	9600	0	1998	取消
Mobile data	9600	15000	1998	24%
光纤	1200	28000	2000	12%
PCS（便携电话）	9600	10 000	2000	检讨中
Trunked radio	9600	0	2000	14%

10.4.3 韩国配电自动化系统软件功能

韩国配电自动化系统软件功能为：

1）小规模DAS主要功能是配电系统运行的远方监视、控制。

2）大规模DAS主要功能是配网系统监视控制、故障自动判/隔离、非故障段自动恢复供电、配电系统网损最小化等。

3）单服务器型大规模DAS功能同大规模DAS类似。

10.4.4 韩国配电自动化带来的效益

韩国对配网自动化的实施做了比较详细的经济效益评估，认为配网自动化的投资主要包括以下几个方面：

1）系统建设费用。

2）设备维护费用。

3）通信费用。

4）研究和开发费用。

实施配网自动化的收益主要来自以下几个方面：

1）减少停电时间，提高用户供电可靠性。

2）降低线损。

3）推迟配网建设投资；目前配电线路负荷率约60%，计划将负荷率提高到80%。

4）提高变压器负荷率。

5）节省人力。

通过研究发现，在通过实施配网自动化得到的收益中，第三条“推迟配网建设投资”是收益最大的一项。

10.4.5 韩国配电自动化发展历程

韩国从1987年开始考虑配电自动化问题，最初曾考虑委托国外咨询公司，但发现咨询顾问的思路不符合韩国实际情况，加上咨询费用很高，后决定由韩国电力公司研究院牵头，联合当地有关企业自己干，直到1993年才确定基本技术方案。

韩国配网自动化分步实施的方案：

1）1994年配电自动化系统首次在汉城的江东供电局投入试运行，通信为双绞线，1200bit/s，涉及125个负荷开关。

2）从1998年到2001年，有174个供电局实施了小规模配电自动化系统。

3）2000~2001年建立了3个大型配网自动化系统，2000~2002年开发了部分配电自动化系统高级应用程序、地调SCADA和配电自动化系统的接口、新配电信息系统和配电自动化系统的接口。

4）2002年正在建设9个大型配网自动化系统。

5）2003年计划在除汉城外的其他7个大城市建立大型配网自动化系统（从以前的小规模配网自动化系统升级而来）。

6）2006年以后开发人工智能型配电自动化系统、开发多功能和高可靠性的配电自动化

用终端装置、开发最适用于配电自动化系统的信号转送网、提高配电线路互连力量（5分段3联络）。

10.5 美国博尔德市智能配电网工程

埃克西尔能源公司认为下一代电网，将由数字技术提供支持，为整个网络的发电商、分销商以及消费者提供更多控制，以保证其提高效率，并降低运营成本。2008年，在全面努力下，埃克西尔能源公司（Xcel Energy）开始引进智能电网技术，这将使科罗拉多州（Colo）博尔德市（Boulder）成为第一座智能电网城市。

埃克西尔能源公司的智能电网城市概念，完全依赖于信息技术丰富的动力系统，高速实时双向通信，遍及整个电网的促使快速诊断和纠正的传感器，峰值效率的决策数据和支持，分布式发电，自动化“智能变电站”，居家能源控制装置及自动化家庭能源使用。

10.5.1 博尔德市未来电网的特征

业内观察人士认为，美国电网运营的基本方式在过去100年里并没有太多改变。然而现在，由于美国部分地区电力放松管制和市场定价，公用事业正在寻找一种使电力消耗与发电相匹配的方法。许多业内人士关于全网络连接电网的愿景是：该电网能够识别电网的方方面面，并就其状态及自动化决策系统的消耗决策进行交流。

根据埃克西尔能源公司发电分析师近期编写的白皮书，智能电网的一般定义是：在最低程度的人工干预下，利用各种燃料来源（例如煤炭、太阳能、风能），将其转换成电力，供消费者最终使用（热、光及温水）的智能化自动平衡自我监测电网。他们断言，这将是一个使可再生能源得以优化利用，并使环境得以最大程度保护的解决方案。智能电网能够察觉系统组成部分所出现的过载现象，并能变更电流的路程，以降低过载，防止潜在的停电。此外，智能电网促使消费者和公用事业之间进行实时交流，从而允许公用事业基于人类环境和价格参考对消费者能源的使用进行优化。

在过去的10年左右，几个公用事业已进行了涉及一个或一个以上智能电网技术的试验计划。大多数常见的计划是以先进计量设备促进旨在消减需求高峰的分时电价定价方案，但埃克西尔能源公司的计划似乎最能包罗一切。

由埃克西尔能源公司为未来测试所建立的电网智能化技术实例如下：

1. 神经网络

该项目创造了有助于减少锅炉结渣和积灰的最新系统。锅炉传感器直接接入工厂的分布式控制系统，神经网络通过采用历史数据来“学习”锅炉运行方式。

2. 智能变电站

该项目采用前沿技术改造现有变电站，以便远程监测临界和非临界运营数据。该项目开发了一个分析机器，以便处理实时决策和自动化运行的大量数据。项目团队将监测断路器、变压器、电池、变电站的环境因素，如环境温度和可变风速。

3. 智能分布资产

该项目能够自动向埃克西尔能源公司发出停电通知，并帮助公用事业更迅速地恢复服务，并对现有仪表通信设备进行测试。

4. 智能停电管理

该项目对采用8个因素（包括设备维护和实时天气）的统计数据诊断软件进行测试，以便预测电力分布系统存在的问题，并建立一个停电原因模型。变电站馈电线分析系统，能探测和预测受监控变电站的电缆和装置故障。

5. 消费者网站入口

项目允许消费者根据小时能源成本和环境因素，为特定装置（如空调或洗碗机）或计划预设能源用量，并自动控制电力消耗。

6. 风能储存

该项目对美国明尼苏达州西南部 Minn Wind 风场的风力涡轮机 1MW 电池储能系统进行测试。该储能系统旨在储存风能，并在必要的时候将储存的风能返回至电网。该项目将示范增加风能的可用性，减少长期排放，帮助降低风变率。

10.5.2 博尔德市智能电网

为给智能电网建立一个形象工程，埃克西尔能源公司选择科罗拉多州的博尔德市作为美国第一座“智能电网城市”。接下来几年里，规划的系统将为客户提供旨在提高环境、金融和运营利益的技术组合。在资金方面，埃克西尔能源公司预计仅资助项目的一部分，并计划调动其他来源，包括政府补助金。

博尔德市居民一直被视为拥有进步思想和新兴技术的市民，尤其是与环境相关技术的早期采用者。因此，他们坚决支持保证有效资源使用和提高客户控制的现代化电网资源这一构想，就显得不足为奇了。

“我们意识到这是一项庞大的任务，这就是为什么我们采取协作方式来完成这项任务的原因。智能电网城市只有在所有利益相关者和联盟伙伴的帮助下才能实现。”埃克西尔能源公司信息技术运营和策略总经理迈克·兰姆（MichaelLamb）说。

除了地理集中、规模理想以及使用所有电网组件外，博尔德市被选为第一座智能电网城市还因为它是科罗拉多大学和一些联邦机构的所在地，包括为联邦政府智能电网做出努力的美国国家标准与技术研究院。

智能电网城市以大量的基础设施升级和为客户提供方案为特色，其中包括：

1）创建一个（通过电力线宽带）为整个配电网提供实时高速双向通信的通信网络。

2）将变电站转换成能够远程监控、准实时数据采集和通信，以及优化性能的“智能”变电站。

3）应客户邀请，安装可编程居家控制装置和全面自动化居家能源使用所必需的系统。

4）整合基础设施，以支持易于调度的分布式发电技术（如采用汽车电网技术的即插即用型混合电力汽车、电池系统、风力涡轮机及太阳电池板）。

智能电网城市的第一阶段于2008年8月到位，整个城市的智能电网建设将持续整个2009年。联盟于2009年开始初始评估。在初始执行和评估后，埃克西尔能源公司对8个州立服务进行更大部署。

“我们还没有完全理解我们执行智能电网系统时，将要面临的技术和经济挑战。”兰姆说，“这就是实施智能电网城市如此重要的原因。博尔德市成为美国第一座全集成智能电网城市，并将充当所有这些技术的试验平台。”

参考文献

[1] 郭谋发，高伟，陈彬．配电自动化技术［M］. 北京：机械工业出版社，2012.
[2] 胡孔忠．供配电技术［M］. 合肥：安徽科学技术出版社，2007.
[3] 李天友．配电技术［M］. 北京：中国电力出版社，2008.
[4] 陈堂，赵祖康，陈星莺，等．配电系统及其自动化技术［M］. 北京：中国电力出版社，2003.
[5] 刘东．配电自动化系统试验［M］. 北京：中国电力出版社，2004.
[6] 李景恩．变配电设备［M］. 北京：煤炭工业出版社，2005.
[7] 王明俊，于尔铿，刘广一．配电系统自动化及其发展［M］. 北京：中国电力出版社，1997.
[8] 王晓丽．供配电系统［M］. 北京：机械工业出版社，2004.
[9] 刘健，倪建立，邓永辉．配电自动化系统［M］. 北京：中国水利水电出版社，2003.
[10] 孙成宝，苑微微，黑晓红，等．配电技术手册（10-35kV 部分）［M］. 北京：中国电力出版社，2005.
[11] 马定林．配电设备［M］. 北京：中国水利水电出版社，1995.
[12] 刘用瑞．配电设备［M］. 西安：西北大学出版社，1990.
[13] 何正友．配电网故障诊断［M］. 成都：西南交通大学出版社，2011.
[14] 刘健，董建洲，陈星莺，等．配电网故障定位与供电恢复［M］. 北京：中国电力出版社，2012.
[15] 徐腊元．配电网自动化设备优选指南［M］. 北京：中国水利水电出版社，1997.
[16] 刘健，倪建立．配电自动化新技术［M］. 北京：中国水利水电出版社，2003.
[17] 罗毅，丁毓山，李占柱．配电网自动化实用技术［M］. 北京：中国电力出版社，1998.
[18] 黄汉棠．地区配电自动化最佳实践模式［M］. 北京：中国电力出版社，2011.
[19] 袁钦成．配电系统故障处理自动化技术［M］. 北京：中国电力出版社，2007.
[20] 苑舜．配电自动化开关设备［M］. 北京：中国电力出版社，1997.
[21] 焦留成．实用供配电技术手册［M］. 北京：机械工业出版社，2001.
[22] 刘介才．实用供配电技术手册［M］. 北京：中国水利水电出版社，2002.
[23] 王益民．实用型配电自动化技术［M］. 北京：中国电力出版社，2008.
[24] 隋振有．中低压配电实用技术［M］. 北京：机械工业出版社，2000.
[25] 要焕年，曹梅月．电力系统谐振接地［M］. 北京：中国电力出版社，2009.
[26] 国家电网．Q/GDW514-2010 配电自动化终端/子站功能规范［S］. 北京：中国电力出版社，2011.
[27] 国家电网．Q/GDW382-2009 配电自动化技术导则［S］. 北京：中国电力出版社，2010
[28] 国家电网．Q/GDW625-2011 配电自动化建设与改造标准化设计技术规定［S］. 北京：中国电力出版社，2011.
[29] 国家电网．Q/GDW639-2011 配电自动化终端设备检测规程［S］. 北京：中国电力出版社，2012.
[30] 国家电网．Q/GDW514-2010 配电自动化终端子站功能规范［S］. 北京：中国电力出版社，2010.
[31] 国家电网．Q/GDW513-2010 配电自动化主站系统功能规范［S］. 北京：中国电力出版社，2010.
[32] 国家电网．Q/GDW567-2010 配电自动化系统验收技术规范［S］. 北京：中国电力出版社，2010.
[33] 国家电网．Q/GDW626-2011 配电自动化系统运行维护管理规范［S］. 北京：中国电力出版社，2011.
[34] 郭谋发，杨耿杰，黄建业，等．配电网馈线故障区段定位系统［J］. 电力系统自动化学报，2011，23（2）：18-23.
[35] Chaari. O，Meunier. M，Brouaye. F，Wavelets：a New Tool for the Resonant Grounded Power Distribution Sys-

tems Relaying [J]. IEEE Transactionson Power Delivery, 1996, 11 (3): 1301-1308.

[36] Chaari. O, Bastard. P, Meunier. M, Prony's Method: an Efficient Tool for the Analysis of Earth Fault Currents in Petersen-coil-protected Networks [J]. IEEE Transaction on Power Delivery, 1995, 10 (3): 1234-1241.

[37] Bi Daqing, Wang Weijian, Gui Lin, et al. A New Selective Transient Protection for the Ground Fault of Large Unit-Connected Generators [J]. IEEE-PES/CSEE Inter. Conference on Power System Technology, 2002: 2622-2626.

[38] 薛永端，冯祖仁，徐丙垠. 中性点非直接接地电网单相接地故障暂态特征分析 [J]. 西安交通大学学报，2004，38 (2)：195-199.

[39] 王军芬. 配电网单相接地故障判别的多重算法研究与 DSP 实现 [D]. 北京：华北电力大学，2005.

[40] 彭仕欣. 谐振接地系统故障选线新方法研究 [D]. 昆明：昆明理工大学，2008.

[41] 庞清乐. 基于智能算法的小电流接地故障选线研究 [D]. 济南：山东大学，2007.

[42] 龚林春. 小波神经网络在配电网馈线单相接地故障定位的研究 [D]. 长沙：中南大学，2008.

[43] 贾旭彩. 小电流接地系统单相接地故障的选线与定位 [D]. 南宁：广西大学，2003.

[44] 霍琤. 小电流接地系统馈线故障定位方法及其应用研究 [D]. 长沙：湖南大学，2006.

[45] 王坚. 小电流接地故障选线装置的研究 [D]. 重庆：重庆大学，2004.

[46] 孙霞. 配电网单相接地故障选线方法的研究 [D]. 淮南：安徽理工大学，2007.